Practical Operations of
Engineering Project General Contracting

工程总承包项目
运作实务

曹珊 主编　　王洋 副主编

法律出版社
LAW PRESS · CHINA

—— 北京 ——

图书在版编目（CIP）数据

工程总承包项目运作实务／曹珊主编；王洋副主编.
北京：法律出版社，2024. -- ISBN 978 - 7 - 5197 - 9544 - 3

Ⅰ. TU723

中国国家版本馆 CIP 数据核字第 2024AA1706 号

工程总承包项目运作实务 GONGCHENG ZONGCHENGBAO XIANGMU YUNZUO SHIWU	曹 珊 主 编 王 洋 副主编	责任编辑 李沂蔚 装帧设计 李 瞻

出版发行 法律出版社	开本 710 毫米×1000 毫米 1/16
编辑统筹 法律应用出版分社	印张 26.25 字数 428 千
责任校对 朱海波	版本 2024 年 10 月第 1 版
责任印制 刘晓伟	印次 2024 年 10 月第 1 次印刷
经 销 新华书店	印刷 三河市兴达印务有限公司

地址:北京市丰台区莲花池西里 7 号(100073)

网址:www.lawpress.com.cn 销售电话:010 - 83938349

投稿邮箱:info@ lawpress.com.cn 客服电话:010 - 83938350

举报盗版邮箱:jbwq@ lawpress.com.cn 咨询电话:010 - 63939796

版权所有·侵权必究

书号:ISBN 978 - 7 - 5197 - 9544 - 3 定价:108.00 元

凡购买本社图书,如有印装错误,我社负责退换。电话:010 - 83938349

编　委　会

主　编

曹　珊

副主编

王　洋

主要编审人员

（按姓氏首字母排序）

曹　珊　陈　然　范项林　高　攀
郭勇初　管梦颖　何学源　黄舒雨
李旸帆　卢潇翔　庹惠铭　王　洋
颜　妍　张　琦　朱　洁

　　随着国家层面"一带一路"倡议的高质量推进、新基建的大力发展以及绿色低碳转型的迫切需求,工程总承包模式作为一种集设计、采购、施工于一体的综合性项目管理模式,因其高效、集约化的特点,日益成为国内外工程项目实施的主流趋势。但在具体实施过程中,无论投资者还是承包商仍存在大量概念性或应用性的误区,包括对工程总承包模式内涵及其外延的理解误区,以及在具体项目实施过程中所存在的管理思维误区及风险管控误区。《工程总承包项目运作实务》一书,正是在此背景下应运而生,旨在为广大工程建设从业者提供一部全面、系统且实用的"案头书",以应对工程总承包项目运作中的种种挑战,规避项目实施过程中存在的潜在风险。

　　本书的撰写,基于作者及作者团队近二十余年来在建设工程法律领域的实践经验与理论研究,结合了作者及作者团队在处理该类纠纷时所遇到的各类风险条款及风险事件,深入剖析工程总承包项目的全生命周期运作实务。

　　本书共十章,分为上篇和下篇两部分,上篇可理解为总则部分,下篇则为分则部分。总则部分,从项目实施方式、运作模式的策划建议及实施要点,到项目招投标阶段、合同订立阶段、项目实施阶段及项目结算阶段的风险防控,再到各类建筑企业转型工程总承包商时的实操建议,每一章节都力求详尽地阐述关键环节的操作要点、潜在风险及应对策略。分则部分则针对现行市场中常见的房屋建筑领域、交通运输领域、工业制造领域、新能源领域以及新型基础设施领域等多个关键领域,分别阐述了各领域项目的运作实务及关注要点,并提供了针对性的解决方案与处理思路,尽可能为不同领域的工程建设者提供些许参考与启示。

"纸上得来终觉浅,绝知此事要躬行",我们衷心希望,《工程总承包项目运作实务》能成为广大工程总承包项目投资者、管理者、设计者、施工者以及相关专业人士的良师益友,助力各类单位、企业在工程总承包项目的征途中,不断突破自我,创造更多辉煌。同时,我们也期待来自业界同人的宝贵反馈,以督促我们不断完善与更新,共同推动工程总承包项目运作理论与实践的持续发展。

最后,感谢所有为本书撰写、编辑、出版付出辛勤努力的同人,以及提供宝贵意见的合作伙伴,特别是团队小伙伴在日常繁忙的律师工作之余抽出了大量宝贵的时间历经近两年时间完成了本书的起草、修订、审核及定稿工作。希望我们编写的这本有关工程总承包项目运作的新书可以切实解决各类单位、企业在转型工程总承包商或实施工程总承包项目过程中所遇到的问题,推动我国工程总承包项目的规范化、健康化发展。

CONTENTS
目 录

◆ 上 篇

第一章　工程总承包项目概述　　　　　　　　　　　　　　3

第一节　工程总承包模式发展历程　　　　　　　　　　3

一、工程总承包模式的国际发展视野　　　　　　　　3

二、工程总承包模式的国内发展历程　　　　　　　　5

第二节　工程总承包项目概念界定及实施流程　　　　12

一、工程总承包项目的内涵定义　　　　　　　　　12

二、工程总承包项目的外延范围　　　　　　　　　16

三、工程总承包项目的实施流程　　　　　　　　　18

第三节　工程总承包项目现行法律法规及各地政策性规定梳理　23

一、工程总承包项目现行法律法规梳理及重点条款解读　23

二、工程总承包项目各地政策性规定梳理及重要内容识别　33

第二章　工程总承包项目常见实施方式分析与实务建议　41

第一节　设计采购施工总承包(EPC)模式　　　　　　41

一、设计采购施工总承包(EPC)模式概述　　　　　41

二、设计采购施工总承包(EPC)模式的典型适用项目及问题梳理　44

三、设计采购施工总承包(EPC)模式的实施要点及实施建议　47

第二节　设计施工总承包(DB)模式　　　　　　　　57

一、设计施工总承包(DB)模式介绍　　　　　　　57

二、设计施工总承包(DB)模式典型项目及问题梳理　59

三、设计施工总承包(DB)模式实施要点及建议　　63

第三节　设计采购总承包(EP)模式　66

一、设计采购总承包(EP)模式介绍　66

二、设计采购总承包(EP)模式典型项目　67

三、设计采购总承包(EP)模式实施要点及建议　69

第四节　采购施工总承包(PC)模式　72

一、采购施工总承包(PC)模式介绍　72

二、采购施工总承包(PC)模式风险问题梳理　73

三、采购施工总承包(PC)模式实施要点及建议　76

第五节　设计采购与施工管理总承包(EPCM)模式　81

一、设计采购与施工管理总承包(EPCM)模式介绍　81

二、设计采购与施工管理总承包(EPCM)模式问题梳理　85

三、设计采购与施工管理总承包(EPCM)模式实施要点及建议　87

第三章　工程总承包项目常见运作模式分析与实务建议　91

第一节　融资＋工程总承包(F＋EPC)运作模式　91

一、F＋EPC 运作模式介绍　91

二、F＋EPC 运作模式实施风险及实施要点　98

三、F＋EPC 模式运作建议　102

第二节　政府和社会资本合作＋工程总承包(PPP＋EPC)运作模式　105

一、PPP＋EPC 运作模式介绍及现行政策体系　105

二、PPP＋EPC 运作模式实施风险及实施要点　114

三、PPP＋EPC 模式运作建议　118

第三节　工程总承包＋运营(EPC＋O)运作模式　122

一、EPC＋O 运作模式介绍及现行政策体系　122

二、EPC＋O 运作模式实施风险及实施要点　128

三、EPC＋O 模式运作建议　131

第四节　工程总承包＋项目管理(EPC＋MC)运作模式　133

一、EPC＋MC 运作模式介绍及现行政策体系　133

二、EPC＋MC 运作模式实施风险及实施要点　139

三、EPC＋MC 模式运作建议　141

第四章　工程总承包项目全过程实施法律风险识别与防范　142

第一节　工程总承包项目招投标阶段风险识别与防范　142

一、招标制度概述及招标问题法律定性　142

二、工程总承包项目招标风险识别与防范　151

三、工程总承包项目招标时的特殊问题处理　157

第二节　工程总承包项目合同订立阶段风险识别与防范　167

一、合同用语定义不明的风险及防范　168

二、合同文件解释顺序风险及防范　168

三、文本送达信息约定不明的风险及防范　169

四、承包范围约定不明的风险及防范　170

五、工程质量标准或规范约定引起的风险及防范　171

六、发包人提供资料错误、冲突、不全面的风险及防范　171

七、总承包管理费计取与合同条款设置风险及防范　172

八、工程总承包单位与建设单位和监理单位、全过程工程咨询单
位之间管理关系界定不明的风险及防范　173

九、工程总承包合同其他关键性条款风险及防范　173

第三节　工程总承包项目实施阶段风险识别与防范　184

一、开工手续不全的风险　184

二、合同交底不充分的风险　185

三、工程项目部（项目经理）对外签订合同不规范的风险　186

四、设备材料进场或移交不规范的风险　188

五、发包人指定分包的风险　189

六、质量责任及安全责任的风险　190

七、工期责任的风险　194

八、变更风险以及对承包人合理化建议、设计优化区分不清的风险　197

九、工程款支付的风险　200

第四节　工程总承包项目结算阶段风险识别与防范　201

一、拖延结算的风险　202

二、结算价款经审价被核减的风险　203

三、以政府审计为结算依据的风险　206

第五章 各类建筑企业转型工程总承包商的实操建议 211

第一节 工程总承包模式的市场前景及政策走向 211

一、工程总承包模式在国内及国际方面的市场前景 211

二、国内对工程总承包单位转型需求的政策走向 212

第二节 建筑企业转型总承包商或作为牵头人时的共性法律风险及防控要点 214

一、管理思维层面的风险及防控 214

二、组成联合体时的法律共性风险及防控要点 216

第三节 施工企业转型总承包商或作为牵头人时的个性关注要点及实操建议 219

一、施工单位转型工程总承包商或作为牵头人时常见的风险类型 219

二、施工单位转型工程总承包商或作为总承包牵头人时的风险防控建议 222

第四节 设计单位转型总承包商或作为牵头人时的个性关注要点及实操建议 224

一、工期责任风险与防控建议 224

二、质量责任风险与防控建议 226

三、安全责任风险与防控建议 229

四、造价责任风险与防控建议 231

五、保修责任风险与防控建议 232

第五节 工程总承包项目管理实操建议 233

一、建立项目经理选任机制 233

二、建立合作伙伴的选择机制 234

三、建立配套的合同履约签证管理的审核及跟踪管理机制 234

四、与合作单位共同建立与建设单位的沟通协调机制 235

第六节 施工单位或设计单位在收并购时需要注意的事项 235

◆ **下　篇**

第六章　房屋建筑领域工程总承包项目运作实务　　　241

　第一节　保障性住房工程总承包项目　　　241

　　一、保障性住房项目简介及建设特点　　　241

　　二、保障性住房项目的实施现状及相关政策梳理　　　244

　　三、保障性住房项目建设的实施方式及运作模式实务解析　　　246

　　四、保障性住房项目收并购尽职调查注意事项　　　253

　第二节　医疗卫生工程总承包项目　　　257

　　一、医疗卫生项目简介及建设特点　　　257

　　二、医疗卫生项目的实施现状和政策导向　　　261

　　三、医疗卫生项目建设采用 EPC 模式的实务解析　　　264

　第三节　公共文化工程总承包项目　　　268

　　一、公共文化项目简介及建设特点　　　268

　　二、公共文化项目的实施现状和政策导向　　　270

　　三、公共文化项目建设采用 EPC 模式的实务解析　　　273

第七章　交通运输领域工程总承包项目运作实务　　　277

　第一节　公路工程总承包项目　　　277

　　一、公路项目简介及特征　　　277

　　二、公路工程总承包项目的现状及关注要点　　　282

　　三、公路工程总承包项目实施时的注意事项　　　285

　第二节　铁路工程总承包项目　　　291

　　一、铁路项目简介及特征　　　291

　　二、铁路工程总承包项目的实施现状及关注要点　　　297

　　三、铁路工程总承包项目实施时的注意事项　　　301

　第三节　机场工程总承包项目　　　306

　　一、机场项目简介及特征　　　306

　　二、机场工程总承包项目的实施现状及关注要点　　　312

三、机场工程总承包项目实施时的注意事项　　316

第八章　工业制造领域工程总承包项目运作实务　　321
　第一节　化工工程总承包项目　　321
　　一、化工项目简介及特征　　321
　　二、化工工程总承包项目的实施现状、关注要点及尽职调查注意事项　　322
　第二节　电子芯片工程总承包项目　　327
　　一、电子芯片项目简介及特征　　327
　　二、电子芯片工程项目的相关政策梳理及注意事项　　328
　第三节　机械制造工程总承包项目　　338
　　一、机械制造项目简介及特征　　338
　　二、机械制造工程总承包项目的相关政策梳理及尽职调查注意事项　　339

第九章　新能源发电领域工程总承包项目运作实务　　343
　第一节　新能源发电总承包项目相关概念　　343
　　一、光伏发电项目简介及发展现状　　343
　　二、风力发电项目简介及特征　　346
　第二节　新能源总承包项目的实施要点　　347
　　一、新能源工程总承包项目的招投标要点　　348
　　二、新能源领域工程总承包项目的资质要点　　350
　　三、新能源工程总承包项目的合同风控要点　　352
　第三节　新能源项目经典案例分析及尽职调查注意事项　　359
　　一、新能源项目纠纷典型案例分析　　359
　　二、新能源项目尽职调查注意事项　　368

第十章　新型基础设施发展领域工程总承包项目运作实务　　376
　第一节　大数据中心工程总承包项目　　376
　　一、大数据中心项目简介及建设特点　　376
　　二、大数据中心项目的实施现状及产业政策　　379
　　三、大数据中心项目建设实务解析　　383

第二节　新能源汽车充电桩工程总承包项目　　　　　　　　391

　一、新能源汽车充电桩工程项目简介及建设特点　　　　391

　二、新能源汽车充电桩工程项目的实施现状及产业政策　　　395

　三、新能源汽车充电桩工程项目建设实务解析　　　　　399

上篇

工程总承包项目概述

第一节　工程总承包模式发展历程

一、工程总承包模式的国际发展视野

传统的工程建设模式中,设计与施工阶段相分离,建设单位在设计工作完成后才进行施工部分的招标/发包,导致整体的建设周期变长。在传统的工程建设模式下,设计与施工相分离,建设单位对于成本控制和施工管理的压力相对较大。同时,设计单位与施工单位之间可能就图纸问题经常产生争议,影响施工效率。当出现工程质量问题时,设计单位与施工单位之间也极有可能互相推诿,导致建设单位难以明确质量责任的主体。由于部分建设单位并非专业的项目开发企业,缺乏相应的项目管理能力和经验,传统的设计、施工模式无形中增加了建设单位的经济成本、人力成本和管理成本,工程总承包模式作为一种新型的建设模式应运而生。

工程总承包模式是一种高效且经济的建设模式,由专业的工程总承包商负责项目设计、采购、施工的全过程,减轻了建设单位进行建设管理的压力,同时赋予了承包商通过设计与施工融合等专业能力扩大利润的空间,是目前海外工程尤其是复杂工程中颇受青睐的一种建设模式。

20 世纪 80 年代开始,国际市场上的工程总承包模式开始进入飞速发展的阶段,尤其是在大型基础设施建设项目中开始广泛采用工程总承包模式。工程总承包模式下,项目交由一家承包商完成设计、采购、施工和试运行的全部工作,由一家承包商对项目质量、成本、工期等实行总负责,完全能够满足业主对于大型基础设施的建设及管理需求。随着多年的发展,目前国际上已经形成了一批知名的工程总承包商企业,这些知名的工程总承包商业务领域宽,涉及多种行业,国际工程经验丰富,已经建立了与工程总承包模式相适应的管理组织架构。

当然,工程总承包模式在国际上的发展也不能一概而论,受各国经济条件、建设需求、法律制度、历史背景等因素的影响,各个国家的工程总承包模式发展历程也存在比较明显的差异。

以美国为例,早在1913年美国就出现了第一个采用工程总承包模式建设的电灯厂,随后在一些工业厂房的建设中开始应用工程总承包模式。至20世纪60年代,工程总承包模式逐渐在一些小型建设项目中适用。但是,在20世纪90年代以前,工程总承包模式未能在美国基础设施建设中充分发挥作用,根据1972年的布鲁克斯法则的规定,设计—招标—建造模式(DBB模式)是20世纪90年代以前美国基础设施建设的主要建造模式。而且在20世纪80年代末,美国财力充足,政府也有能力对公共项目进行直接投资。此外,美国公共部门采用工程总承包模式进行采购的额度和领域均受到法律法规的限制。① 然而,以DBB模式作为基础设施的主要建造模式,导致美国形成庞大的官僚机构冗余,每年高达3500亿美元的基础设施维护管理费用使政府财政负担加重。因此,20世纪90年代以后,工程总承包模式在美国开始受到重视并逐步运用到多个领域,至1996年已有超过一半的州采用工程总承包模式,市场份额占到非住宅建筑市场的24%。进入21世纪,美国的工程总承包模式更是得到了快速的发展,并成为多数州公共部门接受的项目建造模式。

在日本,工程总承包模式则有着相对悠久的历史。日本的许多大型商社起源于17世纪主要负责建筑设计的木匠工作。由于当时木匠工作成果获得认可,业主不断委托其开展设计及后续的建造工作。直至20世纪西方建筑模式引入日本后,独立设计师才出现。但是受到日本传统建设模式的影响,设计与施工分离的

---

① 参见陈勇强、胡佳、贾冰:《美国工程总承包市场的发展及其启示》,载《国际经济合作》2007年第3期。

建设方式在日本也并未扩张。① 据统计,1989 年日本大量的承包商超过 1/3 的业务为工程总承包项目。2000 年,美国设计建造总承包协会(Design – Build institute of America,DBIA)研究表明,70% 的日本工程使用了总承包模式。②

在韩国,工程总承包模式自 20 世纪 70 年代初开始推广。韩国于 1975 年通过制定《有关大型工程合同的预算会计法施行令特例规定》,为设计—施工总承包模式提供了法律依据,随后在 1977 年韩国政府首次以设计—施工总承包模式发包三—港湾石化港口工程项目。③

在新加坡,自 1970 年,新加坡政府尝试从小项目着手发展工程总承包模式。1970 年至 1990 年间,工程总承包模式主要用于一些小型、营利性的项目之中,尚处于起步阶段。1990 年初,新加坡政府决定全面推广工程总承包模式。在新加坡的所有住宅工程中,工程总承包模式的市场份额从 1992 年的 1% 开始,增长到 1998 年的 23% 以上;在 1992 年至 2000 年间,总承包模式在公共工程中的市场份额达 16% ,在私人工程中的市场份额达 34.5% 。④

由此可见,20 世纪 80 年代是工程总承包模式在国际市场中高速推进的时期。各个国家都给予了工程总承包模式发展的空间。进入 21 世纪以后,国际市场上的工程总承包模式应用日趋成熟和稳定,工程总承包模式的市场占有率已近 50% 。通过各项数据分析,工程总承包模式适合应用于建设过程相对复杂、投资规模较大的建设领域(如石油、化工、电力、大型交通工程等),涉及复杂技术、专业要求高、管理难度大的项目中,同时工程总承包模式的绩效表现也相对优于传统 DBB 模式。

二、工程总承包模式的国内发展历程

相较于工程总承包模式在国际市场上的发展,我国的工程总承包模式的起步

---

① 参见张东成等:《浅析工程总承包模式的国际发展与实践绩效》,载《水电与抽水蓄能》2018 年第 6 期。

② 参见张东成等:《浅析工程总承包模式的国际发展与实践绩效》,载《水电与抽水蓄能》2018 年第 6 期。

③ 参见池红美:《韩国工程总承包模式之简介(上篇)——基于中韩两国比较的角度》,载威科先行 2019 年 10 月 10 日,https://law. wkinfo. com. cn/professional – articles/detail/NjAwMDAxMjA2NTA%3D? module = 。

④ 参见张东成等:《浅析工程总承包模式的国际发展与实践绩效》,载《水电与抽水蓄能》2018 年第 6 期。

则相对较晚。20 世纪 80 年代,当国际市场上工程总承包模式进入了大面积推广的阶段,我国的工程总承包模式才处于刚刚起步的阶段。此后近 30 年间,我国的工程总承包模式通过学习和借鉴国际经验,逐步发展出适应我国建设需求的工程总承包模式。我国的工程总承包模式主要经历了以下几个发展阶段:

1. 萌芽阶段(1984—2001 年)

1982 年,随着我国改革开放进入新时期,世界银行开始对中国发放贷款。我国的鲁布革水电站是我国利用世界银行贷款开展的第一个工程建设项目,是我国第一个公开向国际招标的工程建设项目,也是我国首次按照国际惯例开展项目管理的工程。随后在 1984 年,国务院印发《关于改革建筑业和基本建设管理体制若干问题的暂行规定》(国发〔1984〕123 号)中提出:"建立工程承包公司,专门组织工业交通等生产性项目的建设。……工程承包公司接受建设项目主管部门(或建设单位)的委托,或投标中标,对项目建设的可行性研究、勘察设计、设备选购、材料订货、工程施工、生产准备直到竣工投产实行全过程的总承包,或部分承包。"自该规定首次将工程总承包模式纳入我国基本建设模式后,便开启了工程总承包模式在我国的发展历程。其中,化工行业最先引进了工程总承包模式,并在该模式中积累了丰富的实务经验。

鲁布革水电站工程的顺利实施,充分展示了国际工程建设模式的高效和经济,对我国在计划经济模式下的传统建设模式产生了极大的冲击。因此,在总结鲁布革水电站的成功经验后,原国家计划委员会等五部委于 1987 年联合下发了《关于批准第一批推广鲁布革工程管理经验试点企业有关问题的通知》(计施〔1987〕2002 号),提出要有步骤地调整改组施工企业,逐步建立以智力密集型的工程总承包公司(集团)为龙头,以专业施工企业和农村建筑队为依托,全民与集体,总包与分包,前方与后方,分工协作、互为补充,具有中国特色的工程建设企业组织结构。

1987 年 4 月 20 日,原国家计划委员会、财政部、中国人民建设银行、国家物资局联合印发《关于设计单位进行工程建设总承包试点有关问题的通知》(计设〔1987〕619 号),授权 12 家试点设计单位进行总承包项目试点工作。该《通知》中提出设计单位进行总承包试点的,必须具有工程管理、设备采购、财务会计、试车考核等专门人才和必要的装备;试点单位须对承包的工程项目实行项目经理负责制,对承包工程的实施和管理全面负责。

1990 年 10 月，原建设部下发了《关于进一步做好推广鲁布革工程管理经验创建工程总承包企业进行综合改革试点工作的通知》(90 建施字第 511 号)，进一步提出了："试点企业可对工程项目实行设计、采购、施工全过程的总承包。对于设计能力不适应所承包工程需要的，可采取与设计单位联合或委托设计的方式，共同完成总承包业务。"此后在 1997 年颁布的《建筑法》第 24 条亦明确了提倡对建筑工程实行总承包。

1992 年 4 月 3 日，原建设部印发了《工程总承包企业资质管理暂行规定(试行)》(建施字第 189 号)，将工程总承包企业资质分为三个等级。随后在 1992 年 11 月 17 日，原建设部印发《设计单位进行工程总承包资格管理的有关规定》(建设字第 805 号)，提出设计单位提出申请经审批并取得工程总承包资格证书后，可以在批准范围内承担总承包任务。

为了推动我国勘察设计单位深化体制改革，建设一批具有设计、采购、建设总承包能力的国际型工程公司，1999 年 8 月 26 日，原建设部印发《关于推进大型工程设计单位创建国际型工程公司的指导意见》(建设〔1999〕218 号)。该《工程公司的指导意见》中强调了国际型工程公司应当具备项目咨询、可行性研究、工程设计、设备采购、施工管理、开车服务(试运行)、培训、售后服务等工程项目总承包的全功能，具有相应的组织机构和科学的管理体系，拥有先进的工艺技术和工程技术，具备相应的技术人员等。

尽管在这一时期国家提出了"总承包"和"部分承包"的概念，并且推行了工程总承包资质制度，然而相关的政策文件并未能够支撑工程总承包制度的快速发展。从后续我国建筑市场的发展以及相关立法的情况来看，"部分承包"的模式得到了较好的立法支持，建筑市场上也以设计和施工分离的承包模式为主，国家更是从法律、行政法规、部门规章、规范性文件等各个方面对施工总承包模式进行了细致的规定。从这一时期的政策文件也不难看出，萌芽阶段的工程总承包制度建立主要是以设计单位改革为主导方向，然而在 2002 年，国务院《关于取消第一批行政审批项目的决定》(国发〔2002〕24 号)中取消了《设计单位进行工程总承包资格管理的有关规定》的"工程总承包资质核准"。

2. 缓慢发展阶段(2002—2013 年)

2003 年 2 月 13 日，原建设部颁布的《关于培育发展工程总承包和工程项目管理企业的指导意见》(建市〔2003〕30 号)中强调了推行工程总承包的重要性和必要性,并明确了工程总承包的基本概念和主要方式。该《意见》中提出进一步推行工程总承包的各项措施,鼓励具有工程勘察、设计或施工总承包资质的勘察、设计和施工企业,通过改造和重组,发展成为具有设计、采购、施工(施工管理)综合功能的工程公司,在其勘察、设计或施工总承包资质等级许可的工程项目范围内开展工程总承包业务,或者通过组成联合体的形式对工程项目进行总承包。

2004 年,原建设部印发《建设工程项目管理试行办法》(建市〔2004〕200 号),提出凡是具有勘察、设计资质或施工总承包资质的企业都可以在企业等级许可的范围内开展工程总承包业务。

2005 年 5 月,我国第一部国家标准《建设项目工程总承包管理规范》(GB/T 50358—2005)正式颁布。该规范主要适用于总承包企业签订工程总承包合同后对工程总承包项目的管理,对指导企业建立工程总承包项目管理体系、科学实施项目具有里程碑意义。

2005 年 7 月 12 日,原建设部、国家发展和改革委委员、财政部、原劳动和社会保障部、商务部、国务院国有资产监督管理委员会联合印发《关于加快建筑业改革和发展的若干意见》(建质〔2005〕119 号),明确了我国建筑业改革的方向和意见。该意见提出要大力推行工程总承包建设方式。以工艺为主导的专业工程、大型公共建筑和基础设施等建设项目,要大力推行工程总承包建设方式。大型设计、施工企业要通过兼并重组等多种形式,拓展企业功能,完善项目管理体制,发展成为具有设计、采购、施工管理、试车考核等工程建设全过程服务能力的综合型工程公司。

此后,铁道部于 2006 年 12 月 10 日印发了《铁路建设项目工程总承包办法》,于 2007 年 5 月 15 日印发了《关于加强铁路隧道工程安全工作的若干意见》,指导铁路工程采用工程总承包模式开展建设。

2011 年 9 月 7 日,住房和城乡建设部、国家工商行政管理总局联合印发了《建设项目工程总承包合同示范文本(试行)》(GF—2011—0216),为国内工程总承包项目提供了合同范本。2012 年,《中华人民共和国标准设计施工总承包招标文件》出版,为国内工程总承包项目提供了实际操作的制度依据。

经过近 20 年的探索,我国的工程总承包市场的发展取得了一定的成绩。在这一时期,我国的工程总承包市场不断扩大,采用工程总承包的行业从原先的化工行业逐步拓展至冶金、纺织、电力、铁道、机械、电子、建材、石油天然气、市政、兵器、轻工、城市轨道交通、房屋建筑等行业。[①] 同时,为了应对我国加入世界贸易组织以后国内、国际工程总承包业务的发展,以及为了实施建筑企业"走出去"的战略,2003 年和 2004 年原建设部分别印发了《关于培育发展工程总承包和工程项目管理企业的指导意见》《建设工程项目管理试行办法》,允许具有勘察、设计资质或施工总承包资质的企业开展工程总承包业务,这标志着我国工程总承包和项目管理制度进入新的历史发展阶段。然而在这一时期,《建筑法》等相关法律法规对于工程总承包制度仅作出了原则性的规定,指导工程总承包制度发展的相关规定仍以规范性文件为主,效力层级相对较低。并且,国内市场发育以及资质壁垒问题,导致国内仍是以施工为主体的建筑企业为主,这些企业的业务以施工总承包加上深化施工图设计为主,真正能够涵盖设计、采购、施工全过程的工程总承包企业仍然较少。建设单位仍然习惯于设计和施工分开招标,而且基于建设单位自身利益考虑,建筑市场上平行发包、支解发包等情形也并不少见,建设单位对于施工过程管理仍然处于深度参与。种种原因导致这一时期尽管有国务院出台的规范性文件指导,工程总承包制度仍然处于缓慢发展的阶段。

3. 快速推进阶段(2014 年至今)

随着 2008 年经济危机影响的消退,我国社会环境越发巩固和稳定,深化改革也进入了攻坚阶段,建筑业持续深化改革也势在必行。这一时期,加速推进工程总承包模式成为建筑业深化改革的重点工作之一。

2014 年 7 月 1 日,住房和城乡建设部印发了《住房和城乡建设部关于推进建筑业发展和改革的若干意见》(建市〔2014〕92 号),针对促进建筑业发展方式转变,提出加大工程总承包推行力度。倡导工程建设项目采用工程总承包模式,鼓励有实力的工程设计和施工企业开展工程总承包业务,并且允许工程总承包合同中涵盖的设计、施工业务可以不再通过公开招标方式确定分包单位。

2014 年至 2016 年间,住房和城乡建设部同意浙江省、吉林省、福建省、湖南省、广西壮族自治区、四川省、上海市和重庆市住房和城乡建设厅(建委)开展工程总承包试点工作。

2015 年 6 月 26 日,交通运输部印发了《公路工程设计施工总承包管理办法》

---

① 参见《关于印发〈王素卿司长在全国建筑业企业工程总承包研讨会暨 2005 年度优秀项目经理表彰大会上的讲话〉的通知》(建市设函〔2006〕32 号)。

（以下简称《管理办法》），针对公路工程的工程总承包项目提供制度支持。《管理办法》鼓励具备条件的公路工程实行总承包，并允许实行项目整体总承包或分路段进行总承包。

2016 年 5 月 20 日，住房和城乡建设部印发《关于进一步推进工程总承包发展的若干意见》（建市〔2016〕93 号），提出要大力推进工程总承包模式。《关于进一步推进工程总承包发展的若干意见》中明确了工程总承包的主要模式是设计—采购—施工总承包（EPC）和设计—施工总承包（DB），推荐建设单位优先采用工程总承包模式开展建设。《关于进一步推进工程总承包发展的若干意见》从工程总承包项目的发包阶段、建设单位的项目管理、工程总承包单位的选择、工程总承包企业的基本条件、工程总承包项目经理的基本要求、工程总承包项目的分包、严禁转包和违法分包、工程总承包企业的义务和责任、工程总承包项目的风险管理、工程总承包项目的监管手续等方面，就工程总承包制度提出了明确的指导意见。《关于进一步推进工程总承包发展的若干意见》中确定的部分制度也在后续出台的《房屋建筑和市政基础设施项目工程总承包管理办法》予以延续。

2017 年连续出台了多项政策，支持工程总承包模式的发展。2017 年 2 月 21 日，国务院办公厅出台《关于促进建筑业持续健康发展的意见》（国办发〔2017〕19 号），要求加快推行工程总承包模式，装配式建筑原则上采用工程总承包模式，政府投资工程带头推行工程总承包，允许工程总承包单位直接发包总承包合同中涵盖的其他专业业务。4 月 26 日，住房和城乡建设部印发《建筑业发展"十三五"规划》（建市〔2017〕98 号），提出了"十三五"期间产业结构调整目标之一就是促进大型企业做强，形成一批以开发建设一体化、全过程工程咨询服务、工程总承包为业务主体的龙头企业。5 月 4 日，住房和城乡建设部发布《建设项目工程总承包管理规范》（GB/T 50358—2017），该规范自 2018 年 1 月 1 日起正式实施。9 月 4 日，住房和城乡建设部办公厅印发《建设项目总投资费用项目组成（征求意见稿）》《建设项目工程总承包费用项目组成（征求意见稿）》。

2019 年 12 月 23 日，住房和城乡建设部、国家发展和改革委员会联合印发《房屋建筑和市政基础设施项目工程总承包管理办法》（建市规〔2019〕12 号）（以下简称《工程总承包管理办法》），自 2020 年 3 月 1 日起正式实施。《工程总承包管理办法》总结多年工程总承包推行的经验，结合我国建筑市场的实际为工程总承包模式正式提供了制度支撑。《工程总承包管理办法》从效力位阶上来看仍然属于规范性文件,不属于民事主体必须遵守的强制性规定。尽管如此,《工程总承包管理办法》是住房和城乡建设部、国家发展和改革委员会在结合深化改革的大背景下制定的、用于指引工程总承包制度有序发展的重要政策文件,对于我国工程总承包市场有序发展具有非常高的指导价值。

2020 年 8 月 28 日,住房和城乡建设部、教育部、科学技术部、工业和信息化部、自然资源部、生态环境部、中国人民银行、国家市场监督管理总局、原中国银行保险监督管理委员会等九部委联合印发《关于加快新型建筑工业化发展的若干意见》(建标规〔2020〕8 号),提出在新型建筑工业化项目中积极推行工程总承包模式,促进设计、生产、施工深度融合。《关于加快新型建筑工业化发展的若干意见》则是将工程总承包模式推入新的发展高度。

2020 年 11 月 25 日,在总结工程总承包发展经验的基础上,住房和城乡建设部、市场监管总局印发了《建设项目工程总承包合同(示范文本)》(GF—2020—0216),为工程总承包项目提供示范合同文本,指导建设单位与工程总承包企业的合同签订,合理地分配建设单位与工程总承包企业之间的权利义务关系,公平分配各方主体之间的风险。

2021 年 1 月 8 日,中国民用航空局印发《运输机场专业工程总承包管理办法(试行)》,就机场运输专业工程采用工程总承包项目的条件、工程总承包项目的发包、建设单位承担的风险、工程总承包项目的实施等问题作出规范,进一步将工程总承包模式的适用范围拓展至运输机场专业工程。

2022 年 5 月 9 日,《“十四五”工程勘察设计行业发展规划》(建质〔2022〕38号)在“推进多元服务模式,完善发展方式”中提出稳步推进工程总承包模式,发挥了以设计为主导的工程总承包示范项目引领作用,鼓励政府投资项目和国有企业投资项目优先采用工程总承包模式。

2022 年 12 月 26 日,中国建设工程造价管理协会发布了团体标准《建设项目工程总承包计价规范》(T/CCEAS001—2022),且已于 2023 年 3 月 1 日开始正式实施。本规范的发布将为工程总承包模式下的工程造价计价提供规范依据,填补了我国工程总承包计价缺少标准的空白,不但从宏观上指导了政府造价管理行为,更重要的是从微观上规范了发、承包双方在市场化条件下的造价计价行为。自此,工程总承包模式的“三驾马车”(管理办法、示范文本、计价规范)设立完成,也标志着我国工程总承包模式进入了全速发展阶段。

由此可见,2014 年以来,我国的工程总承包模式得到了快速发展。工程总承包模式作为一种先进的且与国际接轨的建筑形式,受到了充分的重视,国家也给予了工程总承包模式发展的空间。

第二节 工程总承包项目概念界定及实施流程

一、工程总承包项目的内涵定义

工程总承包模式相较于传统的施工总承包模式在工程项目全过程管理中具有高效、责任主体单一、设计施工深度融合、投资控制等优势,已经成为我国在建筑领域大力推广的建设模式,也将成为我国建筑业施工组织方式的未来发展趋势之一。自我国推行工程总承包模式开始,针对工程总承包制定的规范性文件层出不穷,但是各个规范性文件之中并没有对工程总承包的内涵进行统一规定,各类规范性文件对于工程总承包模式的内涵理解有明显偏差。因此,本节拟结合现行法律法规等规范性文件的规定,以及国际上的工程总承包实践成果,对我国工程总承包模式的内涵及外延进行阐释分析。

（一）国际市场中的工程总承包

目前在国际上对于工程总承包没有统一的定义,各国对于工程总承包模式的理解和规定存在一定区别。例如,美国的设计建造协会(dBI-a)对总承包模式的定义为:设计—建造(design-build,DB)模式,也称为设计—施工(design-construct)模式,或单一责任主体(single responsibility)模式。[1] 在这种建设模式下,由一个单一的承包主体完成设计和施工的全部工作。在美国市场上,常见的总承包模式包括 DBB(design-bid-build)、DB 和 CM(construction management)三种建造模式[2],EPC 模式则是 DB 模式的一种延伸模式。韩国《以国家为合同当事人的相关法律施行令》第 79 条第 5 项规定:"一体化投标是指投标人根据政府提供的工程一体化招标基本计划书及指南,在投标时一并提交该工程的设计图

---

[1] 参见陈勇强、胡佳、贾冰:《美国工程总承包市场的发展极其启示》,载《国际经济合作》2007 年第 3 期。

[2] 参见陈勇强、胡佳、贾冰:《美国工程总承包市场的发展极其启示》,载《国际经济合作》2007 年第 3 期。

及其他施工所需图纸和文件的设计—施工一体化投标。"①

国际咨询工程师联合会(FIDIC 组织)编制的标准合同文本中对于 EPC 模式、DB 模式进行了定义,但并未对工程总承包模式进行统一的定义。FIDIC 组织发布的《设计采购施工(EPC)/交钥匙工程合同条件》(Constructions of Contract for EPC/Turnkey Projects)在"前言"部分说明其适用范围为:"可以适用于以交钥匙方式提供加工或动力设备、工厂或类似设施项目或其他类型开发项目。这种方式,……(ii)由承包商承担项目的设计和实施的全部职责,雇主介入很少。交钥匙工程的通常情况是,由承包商进行全部设计、采购和施工(EPC),提供一个配备完善的设施,('转动钥匙'时)即可运行。"国际咨询工程师联合会发布的《生产设备和设计—施工合同条件》(Conditions of Contract for PLANT and Design - Build)在"前言"部分说明其适用范围为:"推荐用于电气和(或)机械设备供货,以及建筑或工程的设计和实施。这种合同的通常情况是,由承包商按照雇主要求,设计和提供生产设备和(或)其他工程,可以包括土木、机械、电气和(或)构筑物的任何组合。"

可见,尽管不同国家、国际组织对于工程总承包模式的规定存在细微差别,但是工程总承包的内涵是基本一致的。在工程总承包模式中,建设单位将工程的设计、采购、施工、调试、试运行等核心工作委托工程总承包商实施,由工程总承包单位对建设项目的整体进行总负责,在项目全部完成后交付建设单位,建设单位可以直接投产使用。

（二）我国现行法律法规等规范性文件对工程总承包的定义

在我国的《民法典》《建筑法》《招标投标法实施条例》《建设工程质量管理条例》中,对建设工程总承包的模式均作出了规定,这也是我国现行建设工程采用工程总承包模式的原则性法律基础。

其中《民法典》第 791 条第 1 款规定:"发包人可以与总承包人订立建设工程合同,也可以分别与勘察人、设计人、施工人订立勘察、设计、施工承包合同。发包人不得将应当由一个承包人完成的建设工程支解成若干部分发包给数个承包人。"《建筑法》第 24 条第 2 款规定:"建筑工程的发包单位可以将建筑工程的勘

---

① 参见池红美:《韩国工程总承包模式之简介(上篇)——基于中韩两国比较的角度》,载微信公众号"建纬律师"2019 年 10 月 10 日,https://mp.weixin.qq.com/s/9c3w2bjSZagIWgpZAs84ww。

察、设计、施工、设备采购一并发包给一个工程总承包单位,也可以将建筑工程勘
察、设计、施工、设备采购的一项或者多项发包给一个工程总承包单位……"《招
标投标法实施条例》第29条第1款规定:"招标人可以依法对工程以及与工程建
设有关的货物、服务全部或者部分实行总承包招标。以暂估价形式包括在总承包
范围内的工程、货物、服务属于依法必须进行招标的项目范围且达到国家规定规
模标准的,应当依法进行招标。"2019年修订的《建设工程质量管理条例》第26条
第3款规定:"建设工程实行总承包的,总承包单位应当对全部建设工程质量负
责;建设工程勘察、设计、施工、设备采购的一项或者多项实行总承包的,总承包单
位应当对其承包的建设工程或者采购的设备的质量负责。"

从前述法律法规等规定不难看出,在法律层面对于工程总承包模式的规定较
为原则性,仅规定工程总承包模式应包含勘察、设计、施工、设备采购中的一个或
多个阶段,但是工程总承包模式中必须包含哪个或哪几个建设阶段,工程总承包
模式是否是几个建设阶段的随意组合,在前述法律法规中并未明确规定。

（三）政策文件对于工程总承包模式的定义

我国在推广工程总承包模式的过程中经历了对工程总承包模式内涵理解的
变化。在1984年国务院印发的《关于改革建筑业和基本建设管理体制若干问题
的暂行规定》(国发〔1984〕123号)中提出:"……工程承包公司接受建设项目主
管部门(或建设单位)的委托,或投标中标,对项目建设的可行性研究、勘察设计、
设备选购、材料订货、工程施工、生产准备直到竣工投产实行全过程的总承包,或
部分承包。"

2003年原建设部印发的《关于培育发展工程总承包和工程项目管理企业的
指导意见》(建市〔2003〕30号)中则提出:"工程总承包是指从事工程总承包的企
业(以下简称工程总承包企业)受业主委托,按照合同约定对工程项目的勘察、设
计、采购、施工、试运行(竣工验收)等实行全过程或若干阶段的承包。"

2016年住房和城乡建设部印发的《关于进一步推进工程总承包发展的若干
意见》(建市〔2016〕93号)规定:"工程总承包是指从事工程总承包的企业按照与
建设单位签订的合同,对工程项目的设计、采购、施工等实行全过程的承包,并对
工程的质量、安全、工期和造价等全面负责的承包方式。"

2019年住房和城乡建设部与国家发展和改革委员会联合印发的《房屋建筑
和市政基础设施项目工程总承包管理办法》(建市规〔2019〕12号)第3条中则规

定了工程总承包是指总承包单位对工程项目的设计、采购、施工或者设计、施工阶段实行总承包,并对工程的质量、安全、工期和造价等全面负责的工程建设组织实施方式。

从前述政策文件的发展可以看出,对于工程总承包模式包含的建设阶段,在不同时期明显存在不一样的理解。在工程总承包模式刚刚推行的初期,可行性研究阶段也囊括在工程总承包模式之中,而随着工程总承包模式的发展,工程总承包模式包含的建设阶段在逐步限缩。《民法典》《建筑法》以及《建设工程质量管理条例》中明确工程总承包模式可以包含勘察阶段,然而在2016年住房和城乡建设部印发的建市〔2016〕93号以及2019年印发的《工程总承包管理办法》之中,则未再包含勘察阶段。这是由于工程总承包模式下,建设单位对于项目的管理和介入远远少于施工总承包模式,工程总承包单位承担了项目建设中的大部分风险。而且,工程总承包模式通常采用总价合同形式,除合同约定的风险范围之外通常合同价款不予调整。因此,工程总承包模式对于承包单位提出了相对较高的要求。

同时,根据国际咨询工程师联合会发布的银皮书、黄皮书等标准合同文本的介绍也可以看出,工程总承包模式并不是万能的建设模式,只有在适合的工程领域采用工程总承包模式才能够最大化地发挥其作用。工程总承包模式要求工程总承包单位在实施前应当对于工程现场情况、边界条件、地质条件、工作范围等内容进行详细的了解和核查,再决定能否承接相应的工程总承包项目。为了平衡建设单位与工程总承包单位之间的权利义务和风险分配,住房和城乡建设部出台的政策文件中并未直接将勘察阶段包含在工程总承包模式之中,而是由发、承包双方根据项目情况自行确定。当然,原则上勘察工作仍应当由建设单位自行完成,建设单位可在完成勘察工作之后结合项目实际情况决定是否采用工程总承包模式,同时勘察工作完成后也能够保障建设单位向施工单位提供的工程前期资料的准确性,更能够匹配我国目前对工程总承包模式应用的初级阶段。

值得注意的是,国际上工程总承包模式主要包括设计—采购—施工(EPC)模式、设计—施工(DB)模式、设计—采购(EP)模式和采购—施工(PC)模式。其中,比较常见的是EPC模式和DB模式,在我国工程总承包模式建立和发展的过程中,EPC模式也是最主要、最常见的建设模式。而在《工程总承包管理办法》出台以前,不少人将工程总承包模式直接与EPC模式画等号,认为工程总承包模式就是指 EPC 模式。这种理解明显没有准确把握工程总承包模式的内涵。

为了科学推进我国工程总承包模式的发展,便于我国行政主管部门对工程总承包项目实施监管,《工程总承包管理办法》对我国工程总承包模式的内涵予以明确:首先,我国的工程总承包模式是指工程总承包单位对设计、施工、采购(EPC)或设计、施工(DB)阶段实行的总承包。如工程总承包单位对采购、施工阶段或施工、试运行阶段等建设阶段随意组合的,则不属于《工程总承包管理办法》语境下的工程总承包模式。其次,工程总承包单位应当对工程总承包项目的质量、安全、工期和造价等方面全面负责。最后,工程总承包项目的范围应当满足工程总承包单位全面负责的要求。例如,在常规房屋建筑项目中,设计 + 施工的组合即可满足总包单位全面负责的要求,而在机电安装工程中,机电设备的采购、安装和试运行是项目重点,此类项目只有包含了采购、试运行等阶段才能满足建设单位要求。

二、工程总承包项目的外延范围

在明确了工程总承包的内涵后,我们还应当对工程总承包的外延进行探讨,明确工程总承包模式的具体操作模式以及相应模式下的特点。

1. 设计—采购—施工(EPC)模式

EPC 模式是《工程总承包管理办法》中明确的工程总承包模式之一,也是国际上最常见的工程总承包模式。在 EPC 模式中,工程总承包商主要向建设单位提供设计、采购、施工的服务。具体来说,设计工作主要包括按照建设单位提出的功能和要求进行项目的设计工作,并通过建设单位的审核或批准。采购工作则主要是合同中约定的材料以及设备的采购。施工工作则是为达到建设单位提出的功能目的而实施的全部施工工作,并对施工安全、造价、进度等进行管理,确保工程质量和工期进度。EPC 模式常常用于系统复杂、合同总金额较高、设备物资要求较高的项目之中,因此 EPC 项目特点通常是工程规模庞大、采购需求较大、建设周期相对较长、管理难度较大。

EPC 模式往往能够实现资源的优化配置,有利于项目经济和技术目标的实现。而且,EPC 模式中涉及的参与主体主要是建设单位和工程总承包单位,有利于明确建设单位和工程总承包单位之间的权利义务分配,实现权责统一,减少在项目实施过程中各方扯皮的风险。同时,在 EPC 模式中设计、采购和施工之间深度融合,工程总承包单位能够通过有效管理降低交易成本、缩短交易时间,实现项目效益的最大化。当然,EPC 模式的一些缺点也不容忽视。由于 EPC 模式下建设阶段的高度融合,对工程总承包单位的管理能力提出了非常高的要求,一旦工程总承包单位缺乏相应的管理和实施能力,不仅无法做到成本、工期、质量控制,还极有可能出现成本失控、工期超期等问题。对于建设单位来说,有实力的工程总承包单位相对较少,建设单位选择的空间也相对有限。并且,EPC 模式下工程总承包单位介入项目的阶段较早,需要工程总承包单位对于项目风险有合理的把控,在总承包合同中对于项目风险与建设单位进行合理分担,这就导致工程总承包单位对于合同的管理难度较大,在项目实施过程中也容易因为合同条款存在歧义而产生纠纷。

2. 设计—施工(DB)模式

DB 模式是《工程总承包管理办法》中规定的另外一种工程总承包模式,是国内常见的工程总承包模式之一。在 DB 模式中,工程总承包单位负责完成设计和施工工作,设备及主要材料采购由建设单位自行完成。在 DB 模式中,工程总承包单位同样应当对工程的质量、安全、工期和造价全面负责。在 DB 模式中一般由同一个工程总承包单位同时负责设计和施工工作,在投标阶段即提出设计方案和施工报价,在项目开始实施后设计和施工工作有可能同时进行。

DB 模式合同通常适用于对工程技术要求较低、施工难度较低、工期较短的工程。DB 模式下施工内容主要以土建工程为主,因此 DB 模式通常用于公路、桥梁、公共交通设施、污水处理等市政基础设施建设项目以及一般房屋建筑项目中。由于 DB 模式中设计和施工由同一家工程总承包单位负责,有利于设计和施工的统筹协调,减少出现传统设计施工分离的建设模式下设计与施工之间可能产生的纠纷。而且,工程的设计和施工连贯一体,工程总承包单位的人员相对固定,便于建设单位与工程总承包单位之间的有效沟通。在 DB 模式下,通常允许合同价格进行一定的调整,DB 项目也可以采用分阶段发包的方式,有利于建设单位控制项目成本及工期。

3. 工程总承包模式适用的项目类型

除 EPC 模式和 DB 模式之外,国际上常见的工程总承包模式还包括 EP 模式和 PC 模式,本书第二章会对工程总承包项目的各类模式进行详述。鉴于工程总承包模式的特性、对于工程总承包单位的要求,工程总承包模式并非适用于任何类型的建设项目。

首先,工程总承包模式最早在化工类项目中应用,后续逐渐发展至石油、电力、冶金、大型交通工程等大型建设项目之中。此类项目中包含大型设备安装、调试和试运行工作,大型工业设备安装较为复杂,一般建设单位不具备相应的技术和管理能力。而且,设备安装占据了整个建设项目的重要部分,设备采购成本也相对较高。因此,电力、化工、冶金、石油、大型交通等项目中适宜采用工程总承包模式,由总包单位统一负责设计、采购和施工工作,降低沟通协调成本。

其次,在房屋建筑和市政基础设施领域适用工程总承包项目是推广工程总承包模式的改革性尝试。在《工程总承包管理办法》第 6 条中明确,对于建设内容明确、技术方案成熟的房屋建筑和市政基础设施项目,适宜采用工程总承包模式。对于建设单位要求不明确或者在建设后期存在较大变动风险的项目则不适宜采用工程总承包模式,否则极有可能导致建设过程中,建设单位与工程总承包单位就风险分担问题产生比较大的争议。

最后,在政府和社会资本合作项目(Public Private Partnership, PPP)或特许经营项目(Build Operate Transfer, BOT)之中,也适宜采用工程总承包模式。PPP 项目和 BOT 项目主要集中于政府负有供给义务的公用事业和市政基础设施项目,此类项目需要满足社会公共利益的需求。公用事业和市政基础设施建设项目因为公益属性较强,相对来说投资收益范围有限。社会资本方需要在满足公共利益的前提下,通过控制建设成本和提升建设效率等手段,获得投资收益。显然,PPP 项目和 BOT 项目的特性与工程总承包模式的优越性具有一定程度的契合性,在 PPP 项目和 BOT 项目中采用工程总承包模式有助于为社会公众提供更好的公共服务。

三、工程总承包项目的实施流程

(一)项目投资决策阶段

在项目投资阶段,建设单位需完成项目机会研究、可行性研究、项目立项、项目实施准备后,方能进入项目实施阶段。在项目投资阶段,建设单位需根据项目投资主体类型以及资金来源不同,完成项目审批、核准或备案手续后,方能对外进行发包。

建设单位取得工程总承包项目的审批、核准或备案是项目实施的前提条件。

2004年7月16日,国务院发布《关于投资体制改革的决定》(国发〔2004〕20号)中提出健全投资项目三级审核制度,包括:政府投资项目采用审批制,相应主管部门审批通过后方能立项实施;对于列入《政府核准的投资项目目录》的企业投资类项目,经过主管部门核准后方能立项实施;对于《政府核准的投资项目目录》以外的企业投资项目,由企业自主决定实施并向主管部门进行备案。2017年实施的《企业投资项目核准和备案管理条例》中规定了企业在我国境内投资建设的固定资产投资项目,对于重大项目和限制类项目采用核准制,其他项目则实行备案制。2019年实施的《政府投资条例》中明确了政府投资,即在我国境内使用预算安排的资金进行固定资产投资建设活动的,应当严格履行审批制度。因此,对于工程总承包项目,建设单位应当严格区分投资主体项目类型,落实项目审批、核准或备案程序后再进行发包。需要注意,对于不同投资主体投资的工程总承包项目,其发包阶段也有所不同。

其一,政府投资项目应当在初步设计完成后进行发包。住房和城乡建设部印发的《关于进一步推进工程总承包发展的若干意见》(建市〔2016〕93号)中规定:"建设单位可以根据项目特点,在可行性研究、方案设计或者初步设计完成后,按照确定的建设规模、建设标准、投资限额、工程质量和进度要求等进行工程总承包项目发包。"《政府投资条例》第9条中明确规定对于政府采取直接投资方式、资本金注入方式投资的项目,项目单位应当编制项目建议书、可行性研究报告、初步设计报投资主管部门审批。因此,政府投资项目需要在完成初步设计后才能进行发包,以便通过投资概算控制项目投资,防止出现"决算超预算、预算超概算、概算超估算"的情形出现在政府投资项目中。

其二,采用核准制的企业投资项目应当在完成项目申请书后发包。《企业投资项目核准和备案管理条例》第6条规定:"企业办理项目核准手续,应当向核准机关提交项目申请书;由国务院核准的项目,向国务院投资主管部门提交项目申请书。项目申请书应当包括下列内容:(一)企业基本情况;(二)项目情况,包括项目名称、建设地点、建设规模、建设内容等;(三)项目利用资源情况分析以及对生态环境的影响分析;(四)项目对经济和社会的影响分析。企业应当对项目申请书内容的真实性负责。法律、行政法规规定办理相关手续作为项目核准前置条件的,企业应当提交已经办理相关手续的证明文件。"按照《企业投资项目核准和备案管理条例》的规定,在申请项目核准时无须完成具体的设计工作,仅须说明项目基本情况即可。因此,核准类企业投资项目在完成项目申请书后即可发包。

其三,采用备案制的企业投资项目应当在完成项目申请书后发包。《企业投资项目核准和备案管理条例》第 13 条规定:"实行备案管理的项目,企业应当在开工建设前通过在线平台将下列信息告知备案机关:(一)企业基本情况;(二)项目名称、建设地点、建设规模、建设内容;(三)项目总投资额;(四)项目符合产业政策的声明。企业应当对备案项目信息的真实性负责。备案机关收到本条第一款规定的全部信息即为备案;企业告知的信息不齐全的,备案机关应当指导企业补正。企业需要备案证明的,可以要求备案机关出具或者通过在线平台自行打印。"对于备案制的企业投资项目,在《企业投资项目核准和备案管理条例》中也并未提出备案时应当完成的设计阶段要求,因此备案项目在完成项目申请书后即可发包。

当然,尽管法律法规对于企业投资类项目发包前的设计阶段没有明确规定,在实际操作中建设单位仍然需要根据项目情况完成一定的设计阶段工作后再进行发包。建设单位完成的设计阶段应当满足发包方和承包方对于合同价款、风险分担、项目收益等的可预见性,对于双方权利义务、合同条件等能够相对具体地约定,避免后期造成项目失控。

(二)项目实施阶段

1. 建设单位通过招标或直接发包的方式选择工程总承包单位

建设单位在取得项目审批、核准或备案后即可对外进行发包。根据《建筑法》第 19 条的规定,将工程的设计、施工、设备采购的一项或几项发包给一个工程总承包单位的,属于建设工程发包。在《关于进一步推进工程总承包发展的若干意见》中指出建设单位可以通过招标或直接发包的方式选择工程总承包企业。由于我国《招标投标法》及其实施条例中并未直接规定工程总承包项目必须招标的范围和标准,对于工程总承包项目的发包需要结合项目设计、施工、采购各项是否属于《招标投标法》及其实施条例、国务院及国家发展和改革委员会的相关文件中规定的必须招标的范围和标准,只要有一项属于必须招标项目的,建设单位应当通过招标方式选择工程总承包单位,反之,建设单位可以通过直接发包的方式选择工程总承包单位。

2. 建设单位与工程总承包单位签订工程总承包合同

建设单位通过招标或直接发包方式选定工程总承包单位后,由双方签订相应的工程总承包合同。2020 年,住房和城乡建设部和市场监管总局印发了《建设项目工程总承包合同(示范文本)》,该示范文本是主管部门结合我国工程总承包模式发展的实际情况、国际工程合同文本,经多次研讨修订后编制的,建议工程总承包项目双方当事人参考使用该示范文本。

建设单位与工程总承包单位在签订合同时需特别注意合同价款的约定以及双方的风险分配条款。由于工程总承包合同一般都是总价合同,工程总承包单位在编制投标报价时应尽量按照住房和城乡建设部发布的计价规则结合项目实际情况编制投标报价,防止投标报价过低导致工程总承包单位难以继续履行其职责及工作。此外,风险分担也与合同价格密切相关。当建设单位将自身应当承担的风险分配给工程总承包单位时,应当适当增加合同价款,否则会导致建设单位与工程总承包单位之间的利益失衡,亦有可能导致工程总承包合同难以继续履行。而且,工程总承包合同的总价并非完全固定不可调,在合同履行过程中可能发生双方当事人无法预见的情形从而影响工程价款,建设单位与工程总承包单位应当在签订合同时结合项目实际情况对调价条款进行合理约定,或者双方另行协商签订补充协议等,以此合理平衡双方之间的权利义务关系。

3. 工程总承包单位按照工程总承包合同约定开展设计、采购、施工等工作

工程总承包单位需要建立与项目相适应的管理组织,通过项目管理目标责任书的形式确定项目经理的职责、权限和利益,组建项目部并确定项目各部门的职能。在项目的初始阶段,工程总承包项目部应当开展项目策划工作,并编制项目管理计划和项目实施计划。

根据建设单位发包阶段的不同,工程总承包单位在设计阶段需要完成的工作有所区别。一般来说,设计工作按阶段分为方案设计、初步设计和施工图设计。建设单位完成初步设计后发包的,工程总承包单位的工作即从扩初设计开始,随后完成施工图设计,建设单位完成施工图审批工作后领取建设工程规划许可证。值得注意的是,在工程总承包项目中,由于设计和施工高度融合,一般采取边设计边施工的项目实施方式,因此分阶段进行施工图审查对于工程总承包项目是必要的。尽管《工程总承包管理办法》中并未对施工图分阶段审查作出规定,但是多个省市出台的工程总承包管理办法等政策文件中都对施工图分阶段审查作出了规定。总结各地的政策可以看出,部分省市(如辽宁省、四川省、天津市)的分阶段审查是按照分部工程的阶段进行划分,从建设流程和使用功能上的独立性来划

分施工图审查阶段;部分省市(如江苏省、广东省、吉林省)的分阶段审查则是根据功能或区域将整体工程中的建筑进行划分。推动施工图分阶段审查的改革能够便于工程总承包商选择最合适的施工图送审方式,加速工程总承包项目的落地,加快项目实施进度,充分发挥出工程总承包模式高效的优势。

在后续采购、施工等环节,其实施流程与传统施工总承包模式并无显著的差异,但是工程总承包模式中的项目管理格外重要。一般来说,采购程序包括编制采购执行计划,采买,对采购内容进行催交、检验、运输与交付,仓储管理,现场服务管理,采购收尾。工程总承包的项目采购管理一般由采购经理负责,采购经理接受项目经理和工程总承包企业采购管理部门的管理。在项目施工管理中,应当从施工进度控制、施工费用控制、施工质量控制、施工安全管理、施工现场管理和施工变更管理等方面落实管理工作。

(三)项目交付使用阶段

在工程总承包项目完工的交付使用阶段,工程总承包单位应完成竣工试验、竣工验收工作,并配合发包人完成竣工后试验工作。

首先,在竣工试验阶段,承包人应至少提前 42 天向工程师提交详细的竣工试验计划,该计划应载明竣工试验的内容、地点、拟开展时间和需要发包人提供的资源条件。然后承包人按照经工程师确认的竣工试验计划进行竣工试验。进一步来说,竣工试验应按顺序分阶段进行;第一个阶段为承包人进行启动前试验,包括适当的检查和功能性试验,以证明工程或区段工程的每一部分均能够安全地承受下一阶段试验;第二个阶段为承包人进行启动试验,以证明工程或区段工程能够在所有可利用的操作条件下安全运行,并按照专用合同条件和《发包人要求》中的规定操作;第三个阶段为承包人进行试运行试验,即当工程或区段工程能稳定安全运行时,承包人应通知工程师,可以进行其他竣工试验,包括各种性能测试,以证明工程或区段工程符合《发包人要求》中列明的性能保证指标。完成上述各阶段竣工试验后,承包人应向工程师提交试验结果报告,试验结果若符合约定的标准、规范和数据,则视为通过竣工试验。

其次,在竣工验收阶段,承包人应确保合同范围内的全部单位/区段工程以及有关工作,包括合同要求的试验和竣工试验均已完成,并符合合同要求。同时应确保已按合同约定编制了扫尾工作和缺陷修补工作清单以及相应实施计划,并已按合同约定的内容和份数备齐了竣工资料。在此基础上,承包人可向工程师报送竣工验收申请报告,然后发包人进行竣工验收工作,竣工验收合格后,发包人应及时向承包人颁发工程接收证书。

最后,关于竣工后试验阶段,该阶段原则上系发包人接收工程或区段工程后由发包人组织完成,并由发包人提供全部电力、水、污水处理、燃料、消耗品和材料,以及全部其他仪器、协助、文件或其他信息、设备、工具、劳力,启动工程设备,并组织安排有适当资质、经验和能力的工作人员实施。发包人在启动竣工后试验前原则上应至少提前 21 天将该项竣工后试验的内容、地点和时间,以及显示其他竣工后试验拟开展时间的竣工后试验计划通知承包人,承包人进场提供指导工作。在竣工后试验完成后,其试验结果应由发、承包双方进行整理和评价,并适当考虑发包人对工程或其任何部分的使用情况,以及该使用情况对工程或区段工程的性能、特性和试验结果产生的影响。

第三节　工程总承包项目现行法律法规及各地政策性规定梳理

一、工程总承包项目现行法律法规梳理及重点条款解读

由于我国工程总承包模式在推行之初采取了试点改革的方式逐步推广,并在不断总结试点经验的基础上建立了初步的工程总承包体系。因此,国家层面一直通过政策性文件的形式指导工程总承包模式的发展。直至目前,我国有关工程总承包模式的立法依然较为薄弱。

其中效力位阶最高的《民法典》和《建筑法》中对于工程总承包模式仅有原则性的规定。其中《民法典》第 791 条第 1 款规定:"发包人可以与总承包人订立建设工程合同,也可以分别与勘察人、设计人、施工人订立勘察、设计、施工承包合同。发包人不得将应当由一个承包人完成的建设工程支解成若干部分发包给数个承包人。"《建筑法》第 24 条第 2 款规定:"建筑工程的发包单位可以将建筑工程的勘察、设计、施工、设备采购一并发包给一个工程总承包单位,也可以将建筑工程勘察、设计、施工、设备采购的一项或者多项发包给一个工程总承包单位;但是,不得将应当由一个承包单位完成的建筑工程肢解成若干部分发包给几个承包单位。"

可见,《民法典》第791条和《建筑法》第24条仅从原则上明确可以将建设工程进行工程总承包,然而缺乏对工程总承包模式的实践指导意义。

对于此后陆续出台的规范性文件,无论是国家层面还是地方层面的规范性文件,其效力位阶都较低,缺乏法律层面的强制力。但尽管如此,我们也不能忽视国家层面出台的政策性文件对于工程总承包制度发展的重要指导意义,尤其是原建设部印发的《关于培育发展工程总承包和工程项目管理企业的指导意见》、住房和城乡建设部印发的《关于进一步推进工程总承包发展的若干意见》和《房屋建筑和市政基础设施项目工程总承包管理办法》等文件。

因此,本部分将对前述文件的重点内容进行梳理,以期对我国工程总承包制度发展脉络以及发展方向予以明晰,便于实施者把握政策方向。

(一)《关于培育发展工程总承包和工程项目管理企业的指导意见》的解读

2000年10月,党的十五届五中全会上通过的《中共中央关于制定国民经济和社会发展第十个五年计划的建议》提出要实施"走出去"战略,努力在利用国内外两种资源、两个市场方面有新的突破。2001年,"走出去"战略正式写入了《国民经济和社会发展第十个五年计划纲要》,"走出去"战略上升至国家战略,我国的改革开放发展为"引进来"和"走出去"双轨并重。在我国加入世界贸易组织后,为了实施"走出去"战略,推动我国建筑市场与国际市场中的工程总承包模式及项目管理模式接轨,原住建部于2003年印发了《关于培育发展工程总承包和工程项目管理企业的指导意见》(以下简称《关于总承包和企业的指导意见》),指导国内培育和发展工程总承包市场。

1.《关于总承包和企业的指导意见》明确了工程总承包的基本概念和主要方式

1984年国务院印发的《关于改革建筑业和基本建设管理体制若干问题的暂行规定》中提出工程总承包公司可以对项目的可行性研究、勘察设计、设备选购、材料订货、工程施工、生产准备、竣工投产的全过程实行总承包或部分承包。1990年10月,原建设部印发的《关于进一步做好推广鲁布革工程管理经验创建工程总承包企业进行综合改革试点工作的通知》则提出试点企业可以对项目设计、采购、施工全过程进行总承包。很显然,在当时对于工程总承包的内涵,工程总承包具体涉及的范围仍存在不同的认知。

《关于总承包和企业的指导意见》中则第一次明确对工程总承包模式进行定义,提出工程总承包是总承包企业对工程项目的勘察、设计、采购、施工、试运行(竣工验收)等实行全过程或若干阶段的承包。

2. 明确了工程总承包和项目管理的主要模式

《关于总承包和企业的指导意见》中提出工程总承包模式主要包括 EPC 模式、DB 模式、EP 模式和 PC 模式,其中 EPC 模式和 DB 模式是常见的工程总承包模式。并且,《关于总承包和企业的指导意见》中强调了在 EPC 模式和 DB 模式下,工程总承包单位对承包工程的质量、安全、工期、造价全面负责。

另外,针对工程总承包模式的发展,工程总承包项目管理模式也需要进行改革。《关于总承包和企业的指导意见》中提出工程项目管理是管理企业代表业主对工程项目的组织实施进行全过程或若干阶段的管理和服务。《关于总承包和企业的指导意见》结合国际上常见的项目管理经验,提出工程项目管理的主要方式包括项目管理服务(PM)、项目管理承包(PMC)两类。

《关于总承包和企业的指导意见》对于推动我国工程总承包模式的发展具有重要的意义,为采用工程总承包模式的建设项目提供了操作依据。尽管在此后,我国的工程总承包模式发展因各种原因仍然处于缓慢进展的阶段,但我们不能忽视《关于总承包和企业的指导意见》为后续政策出台、工程总承包模式推进奠定的基础。

(二)《关于进一步推进工程总承包发展的若干意见》的解读

在发展需求和国家鼓励的大背景之下,《关于进一步推进工程总承包发展的若干意见》(以下简称《工程总承包发展的若干意见》)应运而生。《工程总承包发展的若干意见》对于指导国内的工程总承包制度发展有以下亮点:

1. 明确工程总承包企业的资质问题

1992 年 4 月 3 日,原建设部印发了《工程总承包企业资质管理暂行规定(试行)》,将工程总承包企业资质分为三个等级;在 2002 年,国务院《关于取消第一批行政审批项目的决定》(国发〔2002〕24 号)中取消了《设计单位进行工程总承包资格管理的有关规定》的"工程总承包资质核准"。此后,工程总承包企业资质实际上成了困扰承包单位的问题。2003 年原建设部颁布的《关于总承包和企业的指导意见》中提出:"鼓励具有工程勘察、设计或施工总承包资质的勘察、设计和施工企业,通过改造和重组,建立与工程总承包业务相适应的组织机构、项目管理体系,充实项目管理专业人员,提高融资能力,发展成为具有设计、采购、施工(施工管理)综合功能的工程公司,在其勘察、设计或施工总承包资质等级许可的工程项目范围内开展工程总承包业务。"然而,《关于总承包和企业的指导意见》和其他现行法律法规中又未明确指出达到了何种标准即构成具有"设计、采购、施工(施工管理)综合功能的工程公司"。而且,按照《建筑法》《招标投标法》等相关法律法规的规定,勘察单位、设计单位、施工单位仅能在其资质许可的范围内从事建筑活动。因此,若施工单位或设计单位单独承接工程总承包项目的,显然存在违反《建筑法》对于资质管理的要求。

《工程总承包发展的若干意见》中则对工程总承包企业的资质条件提出了明确的要求,工程总承包企业应当具备与工程规模相适应的设计资质或施工资质,对工程总承包企业提出了单资质(且排除了勘察资质)的要求。当然,尽管《工程总承包发展的若干意见》相较于原建设部印发的《关于总承包和企业的指导意见》更进一步对资质问题予以明确,但是由于《工程总承包发展的若干意见》的效力位阶太低,仍未能从根本上解决工程总承包企业资质问题与《建筑法》《招标投标法》之间的冲突。

2. 明确了工程总承包企业及项目经理的基本要求

原建设部印发的《关于总承包和企业的指导意见》中没有对工程总承包企业及项目经理的基本要求作出明确的规定。而真正能够有效推动工程总承包模式的发展,不仅需要工程总承包企业加强自身的能力,同时需要培育一批具有工程总承包管理能力的人才。工程总承包模式不是设计与施工的简单组合,而是需要工程总承包企业对于设计、采购、施工的综合管理和协调,最终实现施工效率提升、节约工程成本的目的,实现各方利益的最大化。长期以来,我国的承包单位都是单一资质,难以做到设计与施工的深度融合,不具有单独实施工程总承包模式的能力。而且,在工程总承包模式的发展过程中,不少承包单位仅是单独设立了工程总承包部负责推进相应的业务,缺乏完整的组织机构和管理体系。《工程总承包发展的若干意见》中则强调了工程总承包企业应当具有相应的组织机构和项目管理体系,项目管理专业人员以及相应的业绩。

原建设部印发的《关于总承包和企业的指导意见》中提出高校和行业协会要培养工程总承包和项目管理的专业人才,但是并未对相关人员的具体要求予以明确。管理好工程总承包项目,对于承包商的项目经理等人员的管理能力提出了较高的要求。而在过去工程总承包模式发展中,不少承包单位存在"设计的懂设计,施工的懂施工,工程总承包模式只要将设计和施工人员拼凑在一起"的思维。大量承包单位严重缺乏具备工程总承包管理能力及经验的专业人才,设计单位的项目经理不懂施工管理,施工单位的项目经理用施工总承包管理模式管理工程总承包项目,长此以往必然导致工程总承包项目出现各种各样的问题,也无法发挥出工程总承包模式的优势。针对这一现状,《工程总承包发展的若干意见》中明确要求工程总承包的项目经理应当取得工程建设类注册执业资格或高级专业技术职称,担任过工程总承包项目经理、设计负责人或施工经理,熟悉工程建设相关法律法规和标准,同时具备相应工程业绩。《工程总承包发展的若干意见》中对于工程总承包项目经理提出的要求,在 2019 年印发的《房屋建筑和市政基础设施项目工程总承包管理办法》中亦得到了延续。

3. 针对工程总承包项目中的分包模式予以明确

《建筑法》第 29 条第 1 款规定:"建筑工程总承包单位可以将承包工程中的部分工程发包给具有相应资质条件的分包单位;但是,除总承包合同中约定的分包外,必须经建设单位认可。施工总承包的,建筑工程主体结构的施工必须由总承包单位自行完成。"《招标投标法》第 48 条规定:"中标人应当按照合同约定履行义务,完成中标项目。中标人不得向他人转让中标项目,也不得将中标项目肢解后分别向他人转让。"

关于承包项目的转包问题,《建筑法》和《招标投标法》主要是针对施工总承包模式进行的制度设计,尚未考虑到工程总承包项目的实践需求。这导致在实践中,如果设计单位承揽了工程总承包项目,则无法将施工部分对外分包,否则将存在违反《建筑法》和《招标投标法》强制性规定的法律风险。《工程总承包发展的若干意见》为了解决这一问题,明确了单一资质的单位在承接工程总承包项目后,应当将其自身无法实施的部分分包给具有相应资质的单位,也即设计单位作为工程总承包商时应当将施工部分对外分包,施工单位作为工程总承包商时应当将设计部分对外分包。

当然,《工程总承包发展的若干意见》中亦强调了工程总承包单位不得转包或违法分包,设计单位或施工单位单独作为工程总承包商时,设计/施工的主体结构部分应当由总承包商自行完成,不得对外分包,否则将构成违法分包。

4.鼓励采用综合评标法纠正行业乱象

《工程总承包发展的若干意见》中鼓励工程总承包项目评标的采用综合评标法,对工程总承包报价、项目管理组织方案、设计方案、设备采购方案、施工计划、工程业绩等因素进行综合评价。在建设工程实践中,"低价中标、多索赔、高结算"已成为行业常态,而这种操作模式导致很多工程的结算价款远超投标报价,不利于建设单位进行成本控制,也无法发挥工程总承包模式控总价的核心优势。

工程总承包模式通常采用固定总价作为合同计价方式,在合同约定风险范围内的事项不予调价,这对建设单位和工程总承包单位的成本控制能力和项目管理能力都提出了较高的要求。采用综合评标法有助于建设单位对工程总承包单位的综合能力进行判断,在报价优势之外关注工程总承包单位的履约能力、项目管理能力等,选择合适的工程总承包单位。

除前述亮点之外,《工程总承包发展的若干意见》中还明确了工程总承包项目的发包阶段,优化工程总承包项目的行政审批手续,提出支付担保制度,推动工程信息化建设等。《工程总承包发展的若干意见》是结合我国工程总承包30年发展历程、各省市试点经验出台的指导意见,为工程总承包快速推进提供了政策指引,并且《工程总承包发展的若干意见》中提出的多项制度在《工程总承包管理办法》中得以承继。

(三)《工程总承包管理办法》的解读

2019年《工程总承包管理办法》的出台标志着我国工程总承包模式在建筑领域全面推进。尽管《工程总承包管理办法》在效力位阶上仍然属于规范性文件,但是《工程总承包管理办法》是对房屋建筑和市政基础设施建设领域开展工程总承包建设的指导性文件,为工程总承包模式在我国有序推广以及推进后续立法工作提供了有力的制度支撑。因此,《工程总承包管理办法》中的制度亮点值得我们予以关注。

1.明晰了工程总承包模式的定义,并且落实"总包负责制"

《工程总承包管理办法》中明确提出了工程总承包范围为设计、采购、施工或设计、施工等阶段的总承包,工程总承包单位对项目质量、安全、工期和造价全面负责。《工程总承包管理办法》一改过往政策文件中提出的"全过程或分阶段承包"的定义方式,终结了在司法实践中可能对工程总承包模式认定产生的争议。

根据《建筑法》《建设工程质量管理条例》《建设工程安全生产管理条例》的

相关规定,采用工程总承包模式的,总承包单位应当按照总承包合同的约定对建设单位负总责。《工程总承包管理办法》通过在第 16 条、第 22 条、第 23 条和第 24 条中细化规定,进一步落实了上位法中提出的"总包负责制"。"总包负责制"的本质即除建设单位原因外,无论建设工程的质量、安全、工期问题是否是工程总承包单位所导致,工程总承包单位均应先行向建设单位承担相应的责任,此后再向责任方进行追偿。工程总承包模式下合同主体简单、权利义务关系较为清晰,这也是工程总承包模式的重要优势之一。

2. 针对工程总承包单位、工程总承包项目经理的条件提出了具体的要求,并且明确提出了工程总承包单位应当具备"双资质"的要求

由于工程总承包项目的复杂性,《工程总承包管理办法》在《工程总承包发展的若干意见》的基础上进一步要求工程总承包企业建立与工程总承包相适应的组织机构和管理制度,同时工程总承包企业应当具备项目设计、采购、施工和试运行的全过程管理能力,以及提高对工程质量、安全、工期、造价、节约能源、环境保护的注意义务。

《工程总承包管理办法》中对于项目经理的资格条件的规定基本承袭了《工程总承包发展的若干意见》中的要求,针对"取得相应工程建设类注册执业资格"条件,明确了其范围包括注册建筑师、勘察设计注册工程师、注册建造师或注册监理工程师等,未实施注册执业资格的应取得高级专业技术职称。另外,《工程总承包管理办法》中额外强调了项目经理应当具备较强的组织协调能力和良好的职业道德。需要特别注意的是《工程总承包管理办法》要求项目经理仅能在一个工程总承包项目中任职,由于工程总承包项目的建设周期往往较长,这可能导致工程总承包的项目经理在一段时间内成为稀缺资源。

需要重点关注的是,《工程总承包管理办法》中强调了工程总承包单位应当同时具有与工程规模相适应的工程设计资质和施工资质,或者由设计单位与施工单位共同组成联合体。这一规定终结了过去单资质的操作模式,工程总承包单位也不得再将承接的工程总承包项目中的设计工作或施工工作整体对外转包,否则将存在被认定为违法分包的法律风险。为了推动设计和施工的融合,培育真正具有工程总承包能力的企业,住房和城乡建设部也在条款中明确了设计和施工资质互认条款,鼓励设计单位申请施工资质,鼓励施工单位申请设计资质,最大化推进我国工程总承包建设模式的发展。

3. 对于建设单位和工程总承包单位之间的风险分担问题予以明确

《工程总承包管理办法》第十五条规定:"建设单位和工程总承包单位应当加强风险管理,合理分担风险。建设单位承担的风险主要包括:(一)主要工程材料、设备、人工价格与招标时基期价相比,波动幅度超过合同约定幅度的部分;(二)因国家法律法规政策变化引起的合同价格的变化;(三)不可预见的地质条件造成的工程费用和工期的变化;(四)因建设单位原因产生的工程费用和工期的变化;(五)不可抗力造成的工程费用和工期的变化。具体风险分担内容由双方在合同中约定。鼓励建设单位和工程总承包单位运用保险手段增强防范风险能力。"

由于工程总承包项目的发包阶段相对较早,建设单位很难提供充分的工程前期资料以保障工程总承包单位对于建设项目的情况进行充分了解,在实践中承包单位的现场复核制度也很难落到实处。在这种情况下,如果将建设项目的风险过多地分担给工程总承包单位的话,将明显导致建设单位与工程总承包单位之间的利益失衡,不利于工程总承包项目的稳定执行。《工程总承包管理办法》结合我国的实际情况和建筑市场的特性,合理地确定了建设单位与工程总承包单位之间的风险分担原则。因此,建设单位与工程总承包单位在签订工程总承包合同时,原则上不应当突破《工程总承包管理办法》的规定,过分加重工程总承包单位承担的风险。

当然,受限于《工程总承包管理办法》的效力位阶,对于风险分担的规定并非属于效力性强制性规定,即使突破该规定也并不会影响工程总承包合同的效力。但是从公平原则出发,若建设单位将自身应当承担的风险分配给工程总承包单位时,应当向工程总承包单位支付合理的对价,否则将明显违反公平原则和等价有偿原则。当然,此种不合理分担风险的行为亦将干扰工程总承包模式的推广和建筑市场的健康发展,建议谨慎调整。

(四)工程总承包项目现行法律法规梳理(见表 1-1)

序号	发布时间	文件名称	文号
1	1984.09	《关于改革建筑业和基本建设管理体制若干问题的暂行规定》(已废止)	国发〔1984〕3 号
2	1987.04	《关于设计单位进行工程建设总承包试点有关问题的通知》	计设〔1987〕619 号

序号	发布时间	文件名称	文号
3	1987.07	《关于批准第一批推广鲁布革工程管理经验试点企业有关问题的通知》	计施〔1987〕2002号
4	1990.10	《关于进一步做好推广鲁布革工程管理经验创建工程总承包企业进行综合改革试点工作的通知》	〔90〕建施字第511号
5	1992.04	《工程总承包企业资质管理暂行规定（试行）》（已失效）	建施字第189号
6	1992.11	《设计单位进行工程总承包资格管理的有关规定》（已失效）	建设字第805号
7	1997.11	《建筑法》（已失效）	中华人民共和国主席令第91号
8	1999.08	《关于推进大型工程设计单位创建国际型工程公司的指导意见》	建设〔1999〕218号
9	2002.11	《国务院关于取消第一批行政审批项目的决定》	国发〔2002〕24号
10	2003.02	《关于培育发展工程总承包和工程项目管理企业的指导意见》	建市〔2003〕30号
11	2004.11	《建设工程项目管理试行办法》	建市〔2004〕200号
12	2005.05	《建设项目工程总承包管理规范》（已失效）	建设部公告第325号
13	2005.07	《关于加快建筑业改革与发展的若干意见》（已失效）	建质〔2005〕119号
14	2006.11	《王素卿司长和王早生副司长在推进工程总承包与对外工程承包高峰论坛上的讲话与总结》	建市综函〔2006〕69号
15	2006.12	《铁路建设项目工程总承包办法》	铁建设〔2006〕221号
16	2007.05	《关于加强铁路隧道工程安全工作的若干意见》	铁建设〔2007〕102号
17	2011.04	《建筑法》（已失效）	中华人民共和国主席令第46号

续表

序号	发布时间	文件名称	文号
18	2011.09	《建设项目工程总承包合同示范文本（试行）》（已失效）	建市〔2011〕139号
19	2011.12	《简明标准施工招标文件和标准设计施工总承包招标文件》	发改法规〔2011〕3018号
20	2011.12	《招标投标法实施条例》（已失效）	国务院令第613号
21	2014.07	《关于推进建筑业发展和改革的若干意见》	建市〔2014〕92号
22	2015.06	《公路工程设计施工总承包管理办法》	中华人民共和国交通运输部令2015年第10号
23	2016.05	《关于同意上海等7省市开展总承包试点工作的函》	建办市函〔2016〕415号
24	2016.05	《关于进一步推进工程总承包发展的若干意见》	建市〔2016〕93号
25	2016.07	《关于开展铁路建设项目工程总承包试点工作的通知》	铁总建设〔2016〕169号
26	2017.02	《关于促进建筑业持续健康发展的意见》	国办发〔2017〕19号
27	2017.04	《建筑业发展"十三五"规划》	建市〔2017〕98号
28	2017.05	《建设项目工程总承包管理规范》	中华人民共和国住房和城乡建设部公告第1535号
29	2017.07	《关于工程总承包项目和政府采购工程建设项目办理施工许可手续有关事项的通知》	建办市〔2017〕46号
30	2017.09	《建设项目总投资费用项目组成（征求意见稿）》《建设项目工程总承包费用项目组成（征求意见稿）》	建办标函〔2017〕621号
31	2017.12	《房屋建筑和市政基础设施项目工程总承包管理办法（征求意见稿）》	建市设函〔2017〕65号

序号	发布时间	文件名称	文号
32	2017.12	《招标投标法》	中华人民共和国主席令第86号
33	2018.12	《房屋建筑和市政基础设施项目工程总承包计价计量规范(征求意见稿)》	建办标函〔2018〕726号
34	2019.05	《房屋建筑和市政基础设施项目工程总承包管理办法(征求意见稿)》	建办市函〔2019〕308号
35	2019.12	《房屋建筑和市政基础设施项目工程总承包管理办法》	建市规〔2019〕12号
36	2020.05	《建设项目工程总承包合同示范文本(征求意见稿)》	建司局函市〔2020〕119号
37	2020.11	《建设项目工程总承包合同(示范文本)》	建市〔2020〕96号
38	2021.01	《运输机场专业工程总承包管理办法(试行)》	民航规〔2021〕2号
39	2022.03	中国工程建设标准化协会关于发布《装配式建筑工程总承包管理标准》的公告	第1142号
40	2022.05	《"十四五"工程勘察设计行业发展规划》	建质〔2022〕38号

二、工程总承包项目各地政策性规定梳理及重要内容识别

(一)各地方工程总承包相关政策梳理

根据国家全面推进工程总承包模式发展的政策导向,各省(自治区、市)也相继出台了配套政策支持各地推广工程总承包模式。2017年,多地方通过推进建筑业改革发展实施意见或推进装配式建筑实施意见等各类意见中的专项条款的形式对工程总承包加以规范;2018年,新增10个省(自治区、市)也是以推进建筑业改革发展实施意见或推进装配式建筑实施意见等各类意见中的专项条款的形式对工程总承包加以规范,与此同时也有多地另行出台了针对工程总承包的专项规范性文件;2019年共有6个省级地方出台了工程总承包专项或相关文件;进入

2020 年,为贯彻落实国务院、住房和城乡建设部一系列文件精神,全国各省、自治区、市密集发文。浙江、上海、福建、广东、广西、湖南、湖北、四川、吉林、陕西等地启动了工程总承包试点,相继发布工程总承包的相关政策,出台本地区的《房屋建筑和市政基础设施项目工程总承包管理办法》,重点在房屋建筑和市政建设领域推行工程总承包模式。本部分对于各地方出台的工程总承包政策文件梳理情况见表 1 - 2:

表 1 - 2　地方工程总承包政策文件

序号	地区	文件名称	发布日期
1	北京	《关于在本市装配式建筑工程中实行工程总承包招投标的若干规定(试行)》	2017 年 12 月 26 日
2	山西	《关于进一步推进山西省房屋建筑和市政基础设施工程总承包的指导意见》	2021 年 7 月 6 日
3	河北	《关于支持建筑企业向工程总承包企业转型的通知》	2020 年 3 月 25 日
4	河北	《河北省房屋建筑和市政基础设施项目工程总承包管理办法》	2021 年 12 月 29 日
5	黑龙江	《关于在房屋建筑和市政基础设施领域推行工程总承包的通知》	2020 年 3 月 18 日
6	黑龙江	黑龙江省住房和城乡建设厅关于《在全省房屋建筑和市政基础设施领域工程项目实行工程总承包和全过程工程咨询服务》的函	2021 年 2 月 9 日
7	吉林	《关于促进建筑业改革发展的若干意见》	2018 年 4 月 13 日
8	吉林	《关于规范房屋建筑和市政基础设施项目工程总承包管理的通知》	2020 年 4 月 14 日
9	辽宁	《辽宁省房屋建筑和市政基础设施项目工程总承包管理实施细则》	2020 年 9 月 29 日
10	辽宁	《辽宁省水利厅关于推进全省水利建设项目工程总承包指导意见(试行)》	2021 年 4 月 13 日
11	上海	《上海市建设项目工程总承包管理办法》	2021 年 3 月 19 日
12	江苏	《关于推进房屋建筑和市政基础设施项目工程总承包发展实施意见》	2020 年 7 月 23 日

续表

序号	地区	文件名称	发布日期
13	浙江	《浙江省水利建设工程总承包管理办法（征求意见稿）》	2019 年 6 月 28 日
14	浙江	《关于进一步推进房屋建筑和市政基础设施项目工程总承包发展的实施意见》	2021 年 1 月 29 日
15	安徽	《关于加快推进房屋建筑和市政基础设施项目工程总承包发展有关工作的通知（征求意见稿）》	2020 年 8 月 7 日
16	福建	《福建省水利建设项目工程总承包管理办法（试行）》	2021 年 1 月 26 日
17	福建	《关于开展工程总承包延伸全产业链试点的通知》	2021 年 7 月 7 日
18	江西	《江西省水利建设项目推行工程总承包办法（试行）》	2018 年 6 月 1 日
19	山东	《关于进一步促进建筑业改革发展的十六条意见》	2019 年 3 月 23 日
20	山东	《山东省水利工程建设项目设计施工总承包指导意见（试行）》	2019 年 1 月 17 日
21	山东	《贯彻〈房屋建筑和市政基础设施项目工程总承包管理办法〉十条措施》	2020 年 7 月 13 日
22	山东	《山东省水利工程建设项目设计施工总承包指导意见》	2022 年 6 月 9 日
23	河南	《关于进一步做好房屋建筑和市政基础设施项目工程总承包管理的通知》	2021 年 8 月 25 日
24	湖南	《湖南省建设工程总承包计价规则》	2023 年 5 月 29 日
25	湖北	《湖北省人民政府关于促进全省建筑业改革发展二十条意见》	2018 年 4 月 10 日
26	湖北	《湖北省房屋建筑和市政基础设施项目工程总承包管理实施办法》	2021 年 1 月 28 日

序号	地区	文件名称	发布日期
27	广东	《关于进一步规范 EPC 项目发承包活动的通知》	2020 年 12 月 31 日
28	广东	《广东省促进建筑业高质量发展的若干措施》	2021 年 5 月 10 日
29	广东	《规范发展房屋建筑和市政基础设施项目工程总承包的十条措施（公开征求意见稿）》	2021 年 11 月 12 日
30	广西	《关于推进广西房屋建筑和市政基础设施工程总承包试点发展的指导意见》	2016 年 12 月 26 日
31	广西	《关于进一步加强房屋建筑和市政基础设施工程总承包管理的通知》	2018 年 7 月 27 日
32	广西	《房屋建筑和市政基础设施项目工程总承包管理办法》	2020 年 3 月 21 日
33	广西	《南宁市房屋建筑和市政基础设施工程总承包管理实施细则》	2021 年 7 月 18 日
34	广西	《广西壮族自治区水利建设项目工程总承包管理办法》	2021 年 12 月 31 日
35	四川	《关于推动四川建筑业高质量发展的实施意见》	2019 年 8 月 20 日
36	四川	四川省住房和城乡建设厅关于公开征求《四川省房屋建筑和市政基础设施项目工程总承包管理办法（征求意见稿）》意见建议的公告	2019 年 9 月 23 日
37	四川	《四川省房屋建筑和市政基础设施项目工程总承包管理办法》	2020 年 4 月 2 日
38	四川	《深化水利工程建设改革 稳步推行水利建设项目工程总承包指导意见（试行）》	2020 年 9 月 29 日
39	四川	《关于进一步加强全省房屋建筑和市政基础设施工程总承包监督管理的通知》	2021 年 12 月 15 日
40	四川	《四川省房屋建筑和市政基础设施项目工程总承包合同计价的指导意见》	2022 年 10 月 8 日

续表

序号	地区	文件名称	发布日期
41	贵州	《房屋建筑和市政基础设施项目工程总承包管理办法》	2019 年 12 月 23 日
42	陕西	《陕西省政府投资的房屋建筑和市政基础设施工程开展工程总承包试点实施方案》	2018 年 10 月 19 日
43	陕西	《房屋建筑和市政基础设施项目工程总承包管理办法》	2020 年 5 月 29 日
44	甘肃	《推进建筑业持续健康发展的实施意见》	2018 年 7 月 31 日
45	甘肃	《关于贯彻落实住建部、国家发改委〈房屋建筑和市政基础设施项目工程总承包管理办法〉推行工程总承包的通知》	2020 年 3 月 3 日
46	新疆	《新疆维吾尔自治区房屋建筑和市政基础设施项目工程总承包管理实施办法》	2020 年 12 月 30 日
47	新疆	《自治区关于促进建筑业高质量发展的若干意见》	2021 年 12 月 6 日
48	西藏	《西藏自治区房屋建筑和市政基础设施项目工程总承包管理办法(试行)》	2022 年 11 月 14 日
49	宁夏	《宁夏水利建设项目工程总承包管理办法(试行)》	2022 年 11 月 29 日
50	海南	《海南省房屋建筑和市政基础设施项目工程总承包管理实施细则(试行)》	2022 年 12 月 30 日

(二)各地方工程总承包政策重要内容识别

1.适用工程总承包模式的项目类型

《工程总承包管理办法》第 6 条第 2 款规定:"建设内容明确、技术方案成熟的项目,适宜采用工程总承包方式。"第 7 条规定:"建设单位应当在发包前完成项目审批、核准或者备案程序。采用工程总承包方式的企业投资项目,应当在核准或者备案后进行工程总承包项目发包。采用工程总承包方式的政府投资项目,原则上应当在初步设计审批完成后进行工程总承包项目发包;其中,按照国家有关规定简化报批文件和审批程序的政府投资项目,应当在完成相应的投资决策审批后进行工程总承包项目发包。"在各省、市出台的工程总承包管理办法及相关政策文件中基本均延续了《工程总承包管理办法》中的前述规定。

此外,在《工程总承包管理办法》的两版征求意见稿中均提出了"政府投资项目、国有资金占控股或者主导地位的项目应当优先采用工程总承包方式,采用建筑信息模型技术的项目应当积极采用工程总承包方式,装配式建筑原则上采用工程总承包方式",但是在最终出台的《工程总承包管理办法》中则删除了采用工程总承包模式的项目类型规定,避免在前述项目中建设单位不加筛选地采用工程总承包模式。但是,各省级出台的文件中则对适用工程总承包模式的项目类型作出了细化的规定。

各省级大多鼓励政府投资项目采用工程总承包模式,四川、江苏、浙江、陕西、河南等则推荐装配式建筑采用工程总承包模式。江苏省提出"单独立项且合同估算价在 5000 万元以上的房屋建筑和市政基础设施,2000 万元以上的装饰装修、安装、幕墙,1000 万元以上的园林绿化、智能化工程项目适宜采用工程总承包发包",并且要求每年有不少于 20% 的国有资金投资占主导的项目实施工程总承包。河南省则要求建设内容明确、技术方案成熟的政府投资项目或国有企业投资项目应采用工程总承包模式,未采用的应当向招投标监管部门说明原因。

2. 关于工程总承包企业的资质要求

2016 年 5 月 20 日,住房和城乡建设部印发的《关于进一步推进工程总承包发展的若干意见》中仅要求工程总承包企业具备设计资质或施工资质。而 2019 年印发的《工程总承包管理办法》与之前的管理要求的一个主要区别就在于《工程总承包管理办法》提出了双资质的要求。

《工程总承包管理办法》第 10 条第 1 款规定:"工程总承包单位应当同时具有与工程规模相适应的工程设计资质和施工资质,或者由具有相应资质的设计单位和施工单位组成联合体⋯⋯"各省市出台的工程总承包管理办法及相关政策也基本延续了《工程总承包管理办法》中的双资质要求,但少数省市在资质问题上规定存在细微差异。例如,吉林省在《关于规范房屋建筑和市政基础设施项目工程总承包管理的通知》中提出:"鉴于我省目前双资质企业较少,为培育工程总承包企业发展,在 2023 年 6 月 30 日之前,建设单位也可根据项目情况和项目特点,选择具有甲级设计资质并在上一年度信用综合评价中获得 AAA 等级的设计企业;具有特、一级施工总承包资质并在上一年度信用综合评价中获得优良等级的施工总承包企业从事工程总承包;木结构公共建筑可采用设计为龙头的工程总承包模式。"四川省则提出除了技术复杂的大型房屋建筑项目,跨越铁路、公路及其桥梁、涵洞等的大型市政基础设施项目,联合体成员原则上不宜超过 3 家。

3. 关于分包的规定

在单资质模式下,设计单位作为工程总承包商的可以将施工部分进行分包,施工单位作为工程总承包商的可以将设计部分进行分包。《工程总承包管理办法》提出双资质的要求后,根据《建筑法》及《招标投标法》的相关规定,设计和施工的主体结构部分均应当由工程总承包单位自行完成,否则将构成违法分包。

在双资质的背景之下,四川省进一步明确了工程总承包单位不得将工程总承包项目中的主体设计或者主体结构、关键性专业施工业务分包;联合体成员之间若约定一方既不承担施工工作、设计工作也不对工程进行管理,仅收取一定费用的,构成联合体一方将承包的工程转包给其他方。上海市也进一步明确了工程总承包单位应当完成自行承包工程范围内的主体工作,对于承包工程范围内的非主体工作可以根据法律、法规规定和合同约定将其分包给具有相应资质的分包单位。山东省则提出除以暂估价形式包括在工程总承包范围内且依法必须招标的内容外,工程总承包单位可以直接发包总承包合同中涵盖的其他非主体工程业务。

4. 关于计价方式

《工程总承包管理办法》第 16 条第 1 款规定:"企业投资项目的工程总承包宜采用总价合同,政府投资项目的工程总承包应当合理确定合同价格形式。采用总价合同的,除合同约定可以调整的情形外,合同总价一般不予调整。"工程总承包项目通常采用总价合同的形式,对此各省市出台的政策中亦予以明确,而且部分省市对于工程总承包项目的合同价格形式作出了更加细化的规定。

如四川省针对合同价格形式问题细化规定:(1)企业投资项目的工程总承包宜采用总价合同,政府投资项目的工程总承包应当合理确定合同价格形式;(2)建设单位和工程总承包单位应当在合同中约定工程总承包的计量规则和计价方法;(3)依法必须进行招标的项目,合同价格应当在充分竞争的基础上合理确定;(4)采用总价合同的,招标文件及合同中应明确建设范围、建设规模、建设标准、功能需求、主要材料设备型号(技术参数)与质量要求等内容。浙江省则允许因工程项目特殊、条件复杂等难以确定项目总价的项目采用单价合同、成本加酬金合同。江苏省则结合合同价格形式的不同对于期中支付、结算审核的事项也作出了规定,建设单位仅须对合同约定的可调部分进行费用审核,对固定总价包干部分不再审核。

第二章

工程总承包项目常见实施方式
分析与实务建议

第一节　设计采购施工总承包(EPC)模式

一、设计采购施工总承包(EPC)模式概述

(一)EPC 模式的概念及其发展现状

1. EPC 模式的概念

EPC 模式是现行市场较为主流的一种工程总承包模式,即设计(engineering)、采购(procurement)、施工(construction)相结合的"交钥匙"承包模式。EPC 模式下建设单位仅需向承包商提出要求和需求,由承包商负责整个项目建设的总体策划、组织实施、勘察设计、材料和专业设备选型采购、施工和设备安装、设备调试以及项目试运行。在项目试运行合格后,由承包商将"项目钥匙"交予发包人,发包人"转动钥匙"即可实现投产,从而实现项目建设的便捷化。此外,在整个项目的实施过程中,承包商对建设工程的质量、安全、工期和造价等全面负责,并承担项目建设的绝大多数风险,发包人无须承担项目建设风险,可有效控制项目投资总额。

2. EPC 模式的实施现状

根据住房和城乡建设部在 2021 年 9 月发布的统计数据[①],2020 年全国具有

---

① 《2020 年全国工程勘察设计统计公报》。

勘察设计资质的企业营业收入总计 72,496.7 亿元,其中,工程总承包收入 33,056.6 亿元,占比近 50%。可见,我国 EPC 模式的实施已逐步铺开。但不可忽视的是,仍有相当数量的 EPC 项目不是真正意义上的 EPC,而是对传统施工总承包模式下各项业务的机械捆绑,这样不仅不能发挥 EPC 模式应有的优势,反而连传统模式优势的发挥也会受到束缚,容易导致项目开展遭遇困难。

当前,我国正处于"十四五"规划时期,EPC 模式的推行力度也在逐渐加大,对于我国建筑业而言,推行 EPC 模式必将成为建筑企业实现降本增效和转型升级的重要举措,对真正 EPC 模式的有效利用也将是未来行业规范的重点。

(二)EPC 模式的特点及优势

1. 相较于传统施工总承包(DBB)模式的特点

相较于传统的施工总承包(DBB)模式[①],EPC 模式主要具有以下两个特点:

(1)权责界面单一,责任主体明确,对发包人的管理要求较低

在传统施工总承包模式中,发包人不仅与施工单位存在施工合同关系,还与设计单位存在设计合同关系,与供应商存在采购合同关系。而在 EPC 模式中,发包人的合同相对方只有总承包方一方,工程的设计、采购和施工均由总承包方一方承揽。因此,在 EPC 总承包模式下,法律关系简单,合同主体的权利、义务和责任明确具体,建设工程的质量责任主体是唯一的。

此外,EPC 模式对发包人的项目管理水平要求并不高,在整个项目的实施过程中,发包人较少介入工程管理,更多的是对项目的原则性、目标性问题进行管控,只要总承包方最终能够交付符合合同约定、满足使用功能、具备使用条件并经竣工验收合格的建设工程即可。

对于承包商来说,由于承包商不仅须对项目的设计、采购和施工全权负责,还须对所承揽的建设工程的质量、安全、工期、造价等全面负责,因此,为了保障项目的顺利实施,总承包方必须对项目建设的质量、进度、费用、安全、合同和信息等进行全方位的控制与管理,对承包人综合管理能力要求较高。

(2)有效保障工程质量,缩短项目工期,有利于发包人控制投资

传统施工总承包模式下,设计、施工分别发包的方式容易导致设计单位与施

---

① DBB 模式即设计—招标—建造(Design – Bid – Build)模式,是我国较为传统的一种工程项目管理模式,这种模式最为突出的特点是强调工程项目的实施必须按照 D – B – B 的顺序进行,一个阶段结束另一阶段才能开始。

工单位的工作不契合,致使设计、采购、施工之间互相脱节,容易产生工期延误的后果并对发包人的投资产生不可控影响。而在 EPC 模式下,由总承包方承揽工程的设计、采购和施工,在确保工程整体目标实现的同时,可以把优化设计、合理采购及文明施工有机地结合起来。

一方面,EPC 模式有利于充分发挥设计的主导作用,实现设计、采购和施工的深度交叉和内部协调,从而实现整个工程的系统统筹和整合优化。在该模式下,施工单位可以充分参与设计阶段,促使设计单位在满足发包人要求的基础上,制定更为合理优化的施工图纸,减轻施工难度,从而达到降低建设成本、提高共同利润的目的。另一方面,该模式也可以充分发挥施工单位在材料选择及采购方面的优势,将材料选择前置至设计阶段,促使设计单位在满足发包人质量要求和功能需求的基础上,采用更具性价比的施工原材料,从而在保证工程的质量,缩短建设周期的同时,真正实现成本管控,利于发包人的投资控制。

2. 相较于设计施工总承包(DB)模式的特点

相较于我国另一种较为主流的设计、施工总承包(DB)模式[①],EPC 模式主要具有以下两个特点:

(1)EPC 模式的采购范围更加广泛

DB 模式主要包括设计、施工以及一般意义上的建筑设备材料采购工作,不包括工艺装置和工程设备的采购工作。

而 EPC 模式中的采购(procurement)则是由总承包方承担 EPC 项目相关的一切货物的采购,包括一般意义上的建筑设备材料采购以及项目运转所需要的工艺装置和工程设备采购工作,一般不存在设备材料甲供或甲控的情形。

(2)EPC 模式所涵盖的设计范畴更加全面

尽管 DB 模式和 EPC 模式均包含设计工作内容,但是两者的设计内容有很大的不同,存在本质性的区别。DB 模式中的设计(design)仅指项目的详细设计,一般来说采用 DB 模式的项目,发包人对项目已经有了足够的认识,在招标时往往已经完成了方案设计或可行性研究,有明确的设计方向和总体规划,承包商承担的设计工作主要是对建筑物或构筑物空间的划分、功能的布局、各单元之间的

---

① DB 模式即设计—施工(Design – Build)总承包模式,是广义工程总承包模式的一种,是指工程总承包企业按照合同约定,承担工程项目的设计和施工,并对承包工程的质量、安全、工期、造价全面负责。

联系以及外形设计和美术与艺术的处理等。

而 EPC 模式中的设计(engineering)涵括项目立项、投资研究、方案设计、初步设计、详细设计、工程策划、工程验收、合同履约等工程全过程全方位的总体策划,发包人只需要提出对项目的概念性和功能性的要求即可。

3. EPC 模式的优势

(1)发包人角度的优势

如上所述,EPC 模式下发包人可以实现项目管理的最轻便化,并且可以有效实现投资控制和风险控制。此外,EPC 模式下设计、采购、施工在承包商内部进行,设计工程师、采购工程师、施工工程师可以随时相互沟通和对接,能有效地克服以往设计、采购、施工分离从而造成的相互制约和脱节的矛盾,可以有效避免施工环节由于没有完全理解设计意图而造成采购和施工的错误和问题,从而控制项目质量。

(2)承包人角度的优势

作为项目的全面管理者和实施方,EPC 项目中,承包商对项目的整体实施和进展具有一定的统筹能力,能够很好地控制实际设计、采购以及各个施工环节的衔接,确保工程质量,提高建造品质。

并且,承包商可以通过设计、采购、施工等阶段的有效融合,实现降低建造成本,增加工程利润。此外,EPC 承包模式的熟练运用也可以有效助推承包企业走向国际总承包市场,增强企业布局的多元性。

二、设计采购施工总承包(EPC)模式的典型适用项目及问题梳理

(一)典型适用项目

结合 EPC 模式所具备的特点及优势,实践中,EPC 模式主要适用于设备、技术集成度高,采购工作量大,专业技术要求高,管理难度大的工业项目,如石油工程、电力工程、化工工程等。当然,对于其他工程项目,诸如房屋建设、市政基础设施等项目同样适用 EPC 模式,中央及地方政府主管部门也在大力推广房屋建设、市政基础设施项目积极采用工程总承包模式。不过采用 EPC 工程总承包模式的问题是容易导致投资偏高,并且房屋建设、市政基础设施项目的发包人一般对项目都有足够的认识,有明确的设计方向和总体规划,因此,目前实践中房屋建设、市政基础设施项目一般都是采用 DB 工程总承包模式进行建设。

此外,2018 年底的中央经济工作会议强调要加快 5G 商用步伐,加强人工智能、工业互联网、物联网等新型基础设施建设。2022 年 4 月的中央财经委员会第十一次会议再次强调,基础设施是经济社会发展的重要支撑,要统筹发展和安全,优化基础设施布局、结构、功能和发展模式,构建现代化基础设施体系,为全面建设社会主义现代化国家打下坚实基础。并要求加强交通、能源、水利等网络型基础设施建设,加强城市基础设施以及农业农村基础设施建设。可见,新型基础设施、城市农村基础设施以及交通、能源、水利等重大工程仍是我国的建设重点。

对于上述提到的以人工智能、工业互联网、物联网等为代表的新型基础设施建设,因其具备投资金额大、专业技术要求高、系统复杂庞大等特点,可适用 EPC模式进行建设。对于交通、能源、水利等已具备一定实施经验的重大工程来说,可根据发包人需求,合理选择 EPC 模式或 DB 模式。而对于城市基础设施或农村基础设施等项目,因政府投资方可能面临的资金压力、隐性债务等问题,可采用DB 模式或其他工程总承包模式进行建设。

（二）EPC 模式的现存问题梳理

1. 法律体系尚未完善

当前,我国有关 EPC 模式的立法依然十分薄弱,无论是在立法层级、规范文件或合同范本方面,都不足以为 EPC 模式的实践提供强有力的支撑。即使是目前效力等级较高的《民法典》和《建筑法》,对于 EPC 模式也只有原则性的规定。虽然 2019 年 12 月住房和城乡建设部、国家发展和改革委员会联合印发的《工程总承包管理办法》为 EPC 模式和 DB 模式提供了指导性规范,并从招投标规章制度及市场准入资质等方面进行了规定,但《工程总承包管理办法》的出台也仅是EPC 模式在法律规范体系建设方面的起步文件,并且《工程总承包管理办法》也仅规范了房屋建筑和市政基础设施领域的相关规定,诸如上文所提到的 EPC 模式适用的典型项目中,很难具有直接适用性。

此外,2020 年底,住房和城乡建设部联合国家市场监督管理总局共同制定了《建设项目工程总承包合同示范文本》（GF—2020—0216）,该示范文本的出台为工程总承包模式的实施提供了履行基础,但是,该示范文本中的内容主要还是针对设计、施工总承包（DB）模式,对于 EPC 模式的适用目前暂无相关示范文本。

因此,我国当前 EPC 模式仍存在法律规范体系不完善的问题,仍需出台正式、高效、统一的法律规范,并对 EPC 规范性管理文件、工程合同范本、招标投标制度及市场准入资格等作出统筹安排,从而满足 EPC 模式的现实需求。

2. 市场基础较为薄弱

市场基础较为薄弱的问题主要体现在 EPC 模式与传统施工总承包模式存在的天然冲突方面。传统施工总承包在我国建设领域依然占据主流。传统施工总承包模式的实践使项目发包人在选用 EPC 模式时存在较高的学习成本,"设计主导或牵头""按图施工""设计施工相分离""低价中标"等思维难以在短期内改变。对于 EPC 项目承包商而言,EPC 模式的管理体系并非简单的设计管理、采购管理和施工管理的累加,而是一个系统工程。在设计方面,EPC 中的"E"不单纯代表施工图设计,还包含整个建设工程的总体策划以及整个项目的组织管理;在采购方面,EPC 中的"P"不单指一般意义上的建筑施工设备材料采购,还包括专业设备、材料的采购;在施工方面,EPC 中的"C"也并非仅仅局限于工程施工,还包括安装、试车、技术培训、工程管理咨询等一系列内容。

因此,项目发包人和承包商应及时转变经营和管理思维,项目发包人需改变一味"最低价中标"的招投标模式,接受"价责对等"的招投标模式;承包商则需建立一套完善的管理体系,包括制度化的组织机构、职能职责、资源配置、程序文件、项目管理等,以适应 EPC 项目的统一性需求。

3. 承包商能力仍存欠缺

目前,我国具备工程总承包能力的承包企业并不多,大多数设计单位与施工单位仅具有设计或施工的单一资质。实际上,从我国开始关注在房屋建筑和市政基础设施领域推行工程总承包模式以来,大多数建筑企业面临着如何开展 EPC 项目的疑惑,即使在政策鼓励、行业推广以及自身实践的情况下,大多数企业实践工程总承包模式仍然是摸着石头过河。我国当前仍处于 EPC 模式的初级阶段,现有承包商仍难以满足工程总承包模式的核心需求,不少企业还存在"设计人员只管设计、施工人员只顾施工"的机械思维,缺乏真正的综合性人才,也难以实现真正的设计、采购与施工的深度融合,这也是当前市场中存在较多"假 EPC 模式"的最根本原因。而《工程总承包管理办法》也是充分考虑到这一问题,因此,在要求承包商"双资质"主体资格的同时,亦规定了设计单位与施工单位可通过组成联合体的方式承建工程总承包项目,作为发展工程总承包企业的缓冲形式。

因此,对于国内建筑企业而言,应利用好目前所提倡的联合体承包模式,尽快加强人才储备,培养一批高素质的复合型人才,打造一支适应 EPC 模式的管理团队,对于一些重要 EPC 项目,更要做到精准跟踪和及时总结,为更好进行 EPC 模式的实践、打造工程总承包企业打好基础。

三、设计采购施工总承包(EPC)模式的实施要点及实施建议

(一)发包人角度的实施要点及实施建议

1.详细的项目前期调研

详细的项目前期调研对项目的实施非常重要,将直接影响项目实施的顺利与否以及项目未来可能投入的实际成本,前期调研的范围主要包括:项目所在地政策环境调研、项目所在地营商环境调研以及项目所在地自然环境调研。

政策环境调研主要是对项目所在地 EPC 建设相关政策性文件、税收政策以及当地是否存在经营限制的考察。良好的政策环境有利于项目的开展和落实,诸如上海市住房和城乡建设委员会出台的《上海市建设项目工程总承包管理办法》(沪住建规范〔2021〕3 号)便明确倡导"建设内容明确、技术方案成熟的项目,适宜推行工程总承包模式;鼓励市、区(特定地区管委会)重大建设项目、重点产业类项目带头推行工程总承包模式。市、区(特定地区管委会)行业管理部门应当积极倡导条件成熟的保障性住房、学校、医院等房屋建筑项目和中、小型市政基础设施、交通、园林绿化、水利项目选择推行工程总承包模式。推行工程总承包模式的项目,应当率先在规划、设计、施工等阶段全过程应用 BIM 技术"。给常规房屋建筑和市政基础设施之外的项目在上海市行政区域范围内采用 EPC 模式建设提供了政策性指引。

对于拟在国外建设的项目,还需考察项目所在地对外资承包企业是否存在法律限制等情况。因项目建设需要大量的资金、劳动力及原材料,可以为当地创造经济价值的同时解决大量的就业问题,但基于竞争的需要和对当地国营企业的保护,多数国家会在政策层面设置显性或隐性障碍。比如同样为工程大国的土耳其,对外国承包企业设立 25% 的价格壁垒,排斥了大量外国承包企业承建当地项目。国内部分地区也存在通过设置市场准入条件、要求本地经营业绩等方式限制外地承包企业,但随着《关于加快建设全国统一大市场的意见》的出台,明确提出要加快建立全国统一的市场制度规则,打破地方保护和市场分割,打通制约经济循环的关键堵点,加快建设高效规范、公平竞争、充分开放的全国统一大市场,这将使国内部分地区设置准入壁垒的现象成为历史。

营商环境调研主要是对项目所在地建设审批流程是否便捷、项目所在地是否存在多个大型工程同时开工以及项目所在地金融政策的考察。对拟建项目所在地自然资源管理部门、住建管理部门审批流程以及审批周期的考察有益于发包人对项目建设周期的把控。若项目所在地存在多个大型工程则会对当地劳动力、原材料、交通等各方面的供需变化造成影响，从而影响市场价格甚至会对项目工期产生影响。

对于拟在国外建设项目的，还需考察项目所在地的金融政策。包括是否存在外币使用限制、是否存在通货膨胀情况以及金融市场利率是否稳定等的考察，以把握发包人的投资资金是否会因当地金融政策而产生缩水。

自然环境调研主要是对项目所在地水文气象条件、地质地貌条件以及自然灾害发生频率的考察。根据《工程总承包管理办法》第 15 条的规定，建设单位应承担的风险包括不可预见的地质条件造成的工程费用和工期的变化以及不可抗力造成的工程费用和工期的变化。此外，发包人还需对其向承包人提供的基础资料的准确性、完整性负责。因此，发包人在项目建设前期需着重对项目所在地水文气象条件、地质地貌条件以及自然灾害发生频率进行考察，考察清楚后，一方面，可以在提供的基础资料中进行完善，准确把控项目实施过程中是否存在增大投资的风险；另一方面，发包人也可以在合同条款中明确不可抗力的范围，将项目所在地可能出现的各类自然灾害的风险涵盖在工程总承包合同条款中。

综上，发包人应尽可能在上述项目详细调研的基础上，确定项目的目标，对项目的目标进行系统设计，并对投资估算数额进行确定。

2. 编制完整准确的发包人要求

发包人要求是 EPC 项目中发包人建设意图的真实表现，是实现建设目标的具体要求，与 FIDIC 银皮书中的 Employer's Requirement（雇主要求）意思相似。发包人应将项目的建设目标、建设标准及功能需求、管理规定、质量标准等所有内容通过发包人要求进行表述，进而明确建设目的、标准和需求。同时发包人要求也是招标文件的重要组成部分以及发、承包双方权利义务关系的落脚点，可见，发包人要求的作用极其重要。

作为发包人最终验收项目的重要依据，发包人要求的编制应尽可能满足整体性、完整性以及准确性的要求，进而避免项目运行过程中的风险，降低项目实施过程中沟通成本。发包人在编制发包人要求时，应注意以下几方面内容。

第一,原则性要求主要包括以下三方面:

其一,发包人要求应尽可能清晰准确,对于可以进行定量评估的工作,发包人要求不仅应明确规定其产能、功能、用途、质量、环境、安全,并且还要规定偏离的范围和计算方法,以及检验、试验、试运行的具体要求。其二,对于承包人负责提供的有关设备和服务,对发包人人员进行培训和提供一些消耗品等,需要在发包人要求中一并予以明确。其三,对于工程的技术标准、功能要求高于或严于现行国家、行业或地方标准的,也应当在发包人要求中予以明确。

第二,具体建议主要包括广度和深度两方面:

其一,编制广度的建议。从详尽规范以及能够有效约束发、承包双方权利义务的角度来讲,在编制发包人要求时,应尽可能包括以下十二个方面的内容:(1)功能要求。包括工程目的、工程规模、项目建设用途条件、性能保证指标、产能保证指标等内容。(2)工程范围。包括项目概述、承包方所需进行的工作范围、发包人提供的现场条件、发包人提供的技术文件等。(3)工艺安排或要求。包括系统实施方案、施工组织计划、工程管理要求、环境保护与水土保持、劳动安全与工业卫生、节能降耗等。(4)时间要求。包括开始工作时间、完成时间、进度计划、竣工时间、缺陷责任期、质保期、工程进度管理要求等。(5)技术要求。包括设计阶段和设计任务、设计标准和规范、技术标准和要求、质量标准、设计施工和设备监造及试验、样品、供货及工程范围及交付进度和要求等。(6)竣工试验。包括竣工试验所需的人、材、机等人力资源与设备物资的条件要求,以及试验运行与产出的性能、产能等指标规范。(7)竣工验收。包括参与验收的人员、程序,符合验收要求的各项规范、标准等。(8)竣工后试验。包括竣工后试验的程序与相关的技术标准、规则等。(9)文件要求。包括设计文件及其相关审批核准备案的要求、沟通计划、风险管理计划、竣工文件和工程的其他记录、操作和维修手册文件等。(10)工程项目管理规定。包括里程碑进度计划、支付条件、健康、安全与环境管理体系、沟通和变更等。(11)其他要求。包括对承包人的主要人员的资格要求、相关审批核准和备案手续的办理、对项目发包人人员的操作培训、缺陷责任期的服务要求、报价要求等。(12)附件。在上述前十一部分的内容基础上,附件可对文字表述进行完善,如性能保证表、工作界区图、发包人需求任务书、发包人已提供的文件、承包人文件要求、承包人人员资格要求及审查规定、承包人设计文件审查规定、承包人采购审查与批准规定、工程试验规定、竣工试验规定、竣工验收规定、竣工后试验规定等。

其二,编制深度的建议。因发包人要求其本质是在没有详细规划的情况下,将发包人的意图及其对工程的具体要求传达给承包人,因此,对于发包人要求的深度编制亦需注意。从这个角度出发,在编制发包人要求时,应尽可能在以下三方面达到深度要求:(1)发包人要求中的内容应当明确。《发包人要求》中对建设内容、技术方案、标准要求的编制应当是明确的,尽量要具有针对性及充分性,使项目的推进具有可操作性。(2)发包人要求的定位应当准确。发包人要求具有什么样的合同地位,取决于合同条件的解释顺序,在《建设项目工程总承包合同(示范文本)》(2020版)的通用合同条件中,《发包人要求》的解释顺序是低于中标通知书和投标文件的,其与专用合同条件并列在第三解释顺位。当然,此前提到,《建设项目工程总承包合同(示范文本)》(2020版)一般适用于DB模式的工程总承包项目,发包人在项目实施过程中的参与度会高一些,也就难免存在投标文件中的设计方案更能体现发包人意图的情形。而在EPC模式中,发包人参与度较低,因此,发包人要求的定位也就可以根据发包人的需求适当提高。(3)发包人要求的标准应当突出特点。发包人在编制发包人要求中的标准时,对于国家有关法律法规规章、国家强制性标准和项目所在地的地方标准、规章已经明确要求的,原则上可不再重复,而发包人对于工程的技术标准、功能要求高于或严于现行国家、行业或地方标准的,则应当在发包人要求中予以突出。

3. 选择合适的计价方式

目前市场较为常见且各地政府部门推荐使用的EPC项目计价方式主要包括总价包干模式、模拟工程量清单模式、定额下浮模式以及成本加酬金模式。不同价格形式的选择需要结合发包人的投资需求、项目发包阶段以及发包人要求的编制深度进行确定。

(1)总价包干模式

总价包干模式,又称固定总价模式,是当前较为主流的EPC项目价格模式,也是政策文件的指引方向,《工程总承包管理办法》第16条第1款规定:"企业投资项目的工程总承包宜采用总价合同,政府投资项目的工程总承包应当合理确定合同价格形式。采用总价合同的,除合同约定可以调整的情形外,合同总价一般不予调整。"并且EPC项目在国际上通常以采用总价包干为主,原因在于,总价包干模式能够最大限度发挥工程总承包的价值,有利于发包人控制工程投资,也有利于总承包单位提高效率,优化设计。当然总价包干并非绝对的概念,而是一个相对的概念,总价包干是在一定的边界条件内的包干,对于边界外的部分,仍应增加相应价款。

其优点在于,在明确交付标准的前提下,发包人可以事先锁定投资成本,方便发包人对项目建设成本的管控,规避进度与成本失控的风险,发挥 EPC 模式的优势。并且可以有利于调动承包商对成本进行控制的积极性,充分结合施工优化设计,节约成本。

其缺点在于,对发包人明确需求的能力要求较高,对招标准备时间要求也较高。并且对承包人的报价能力和风险承受能力要求较高,项目实施过程中容易因不可预见事件的发生而产生争议,甚至影响工程进度。

总价包干模式一般适用于方案设计深化完成或者初步设计概算批复后的项目。因此,相较于项目审批、核准或者备案后的发包项目,在方案完成或者初设概算批复后,项目的主要功能需求、建设范围及建设内容已基本确定,发包人要求的编制深度已经可以达到建设范围、建设内容、功能需求(配置标准)、品牌要求及品质标准等所有拟建内容进行详细阐述的程度,无论对于发包人还是承包人来说总价包干的风险都相对较小。

(2)模拟工程量清单模式

模拟工程量清单模式,是指发包人以初步设计(或可研、方案设计)或类似项目为依据,编制工程量清单,清单中的项目和数量均为估算,是虚拟的,没有实际约束力,投标人针对各项报出相应单价,在此基础上形成最终的合同签约价。如果实际完成的工程量与模拟清单相近,则结算按照合同签约价进行支付,若实际完成工程量与模拟清单差距过大,则竣工结算时按实际完整工程量进行结算。

福建省《关于房屋建筑和市政基础设施项目工程总承包招标投标活动有关事项的通知》(闽建办筑〔2019〕9 号)对此计价方式有明确规定:"工程总承包项目推行模拟清单计价模式。模拟清单列出项目实施过程中实际要发生的和可能要发生的各类项目清单,包括项目名称、项目特征与工程内容、计量单位及综合单价等,招标人不提供工程量,投标人根据招标要求填报工程量与综合单价。省厅组织编制工程总承包模拟清单计价与计量规则,并另行发布。"这种模式实质上是一种重新计量的单价合同,在缺少施工图的情况下,预先编制模拟工程量清单,只是为了提供投标单位相同的工程量作为报价基础,目的是锁定大部分的清单综合单价,作为合同单价执行。

其优点在于充分吸收了工程量清单计价的优点,实质上是分部分项清单和单价措施项目清单采用单价承包的合同计价形式,单价措施外的总价措施既可以按相应下浮包干不调价,也可以与分部分项清单合价挂钩,按照投标时的比例确定,有利于实施期过程造价控制和结算。并且可以减少招、投标的时间,适用于投标准备期不足的工程总承包项目,有利于发包人随时调整产品指标以及交付标准,可以适用于工程指标比较复杂的项目。相较于定额计价下浮率的模式,可以形成有效的市场竞争。

其缺点在于承包商通常会向着最终造价更有利于自身的方向进行设计,工程造价中量的风险又由承包商转移回了发包人,工程造价难以控制。并且难以调动承包商设计优化的积极性,该模式下发包人需花费大量的成本用在组建专业成本管理团队与造价咨询团队上,管理成本较高,结算也比较复杂。

模拟工程量清单模式适用于发包人要求的编制深度甚至超过总价包干模式下的深度要求。要能达到能编制模拟工程量清单需要的标准,对前期招标准备时间要求较长,而且对清单编制的咨询公司的业务复合能力要求较高。

(3)定额下浮模式

定额下浮模式,其实质是单价计价、按实计量的计价模式,只是该单价不是总承包单位在投标时直接投报的综合单价,而是以定额计价为基础,以其投报的下浮率下浮后确定的单价。

其优点在于,该模式下对于发包人的招标准备时间无过多要求,适用于投标准备期不足的 EPC 项目,对于常见的 EPC 项目来说,只要有适用且唯一的定额,单价比较容易确定,并且有利于发包人随时调整项目指标以及交付标准。

其缺点在于,该模式下的工程量仍属于发包人承担的风险,而设计却由总承包单位负责,发包人的投资控制需求可以与总承包单位的实施目的背道而驰。在满足功能需求的情况下,发包人希望减少工程量,承包商则希望加大工程量,有违工程总承包模式的初衷。因此,若采用该种价格模式,发包人可能需要尽可能介入实施过程,也会对项目实施进度产生影响。

定额下浮模式一般适用于项目审批、核准或者备案程序后即启动招标的项目,对发包人要求的编制深度亦无过高要求。

（4）成本加酬金模式

成本加酬金模式，是指由发包人向承包商支付工程项目的实际成本，并按事先约定的某一种方式支付酬金的承包模式，其本质是以项目实际执行后的项目成本，加上按照约定方式计取的酬金，形成最终的 EPC 合同价，即先定标后定价。

关于项目成本的核算，实践中主要包括以下两种方式：（1）定额下浮计取，即在合同中明确约定适用某地、某版定额，市场信息价等为计价依据，按照确定的下浮率计算最终的项目成本，参考前述定额下浮模式；（2）通过二次竞价方式确定，即由发包人和承包人组成联合招采小组，通过公开或邀请的方式选择分包单位，分包单位的价格形式采用固定总价或固定单价模式，通过分包单位的合同价计算项目最终的项目成本。

关于项目酬金的计取，实践中主要包括以下三种方式：（1）固定酬金模式，即针对项目约定固定的酬金数额，酬金数额不随着项目执行的最终实际成本发生变动；（2）比例酬金模式，即针对项目约定计取酬金的比例，酬金数额根据项目执行的最终实际成本计算；（3）奖惩模式酬金，即针对项目约定计取酬金的固定数额或比例，同时明确约定项目最高限价，若实际成本低于项目最高限价的，按照约定方式给予奖励，若实际成本高于项目最高限价的，按照约定方式给予惩罚。

其优势在于，可以减少招投标准备的时间，适用于投标准备期不足的 EPC 项目，并且可以调动承包商设计优化的积极性，有利于发包人随时调整产品指标以及交付标准。

其缺点在于，总投资额及成本价难以控制，并且发包人的管理成本较高。此外，如果没有设置完善的设计激励条款，会导致承包人优化设计的动力不足，可能会导致设计标准提高，被动扩大发包人投资。

成本加酬金模式实践中主要适用于两类项目：一是施工技术特别复杂，专业工程较多，工艺方案、技术标准在招标时难以确定，没有类似项目经验可供借鉴，成本无法准确预测的项目；二是发包人希望尽快启动的项目，即项目从实施开始便面临紧张的工期要求，若采用固定总价或其他计价方式，可能需要较长的周期选择承包人，无法满足项目需求，而成本加酬金模式可以基本满足承包人的竞价要求，又可以尽快确定承包人以保证项目的快速推进。该模式下对发包人要求的编制深度要求较低，与定额下浮模式相似。

(5)EPC 项目计价方式的选择建议

通过上述对比可以看出,不同价格模式都有其各自的优缺点,目前国际 EPC 项目较为通行的价格形式为总价包干模式,这也是 EPC 项目优势得以实现的主要计价模式。现阶段我国政策层面主推的也是总价包干模式,如《工程总承包管理办法》第 16 条规定:"企业投资项目的工程总承包宜采用总价合同,政府投资项目的工程总承包应当合理确定合同价格形式……"当然,我国 EPC 项目的发展仍处于起步阶段,对于部分项目来说,采用总价包干模式外的其他计价方式可能更切实际,比如某些招标准备时间不足、面临政府审计以及发包人需要深度介入项目实施的 EPC 项目。

当然,具体采用何种计价方式还需结合项目资金来源确定。对于企业投资项目来说,通常不会存在审计压力或赶工压力,因此更适合使用总价合同的价格类型,可以减轻发包人对项目的管理压力,并且可以保证招投标时间的充裕,给予承包商更多的时间分析项目风险,制定项目实施方案,最大化实现 EPC 模式的优势。对于政府投资项目来说,由于该类项目通常存在政府审计压力,且项目实施周期较为严苛,项目进程也会受到各监管部门的监管,因此相对来说,适用总价包干模式可能会导致项目实施过程中产生较多问题。当然,具体采用何种计价方式要结合项目类型来确定,如评价指标较多、投标期短的项目不适合选择总价形式;而评价指标单一、投标期较为充裕的项目,则可以根据实际情况合理选择总价形式。

此外,在实践中,若选择单价合同的话,可考虑使用模拟工程量清单的计价方式并根据项目特征辅以目标激励。但需提醒发包人注意的是,单价合同形式无法充分调动承包商设计优化的积极性,也难以有效控制项目投资金额,难以发挥工程总承包模式的优势,且该种工程总承包计价方式并非国际通行的模式,无法与国际真正接轨,仅是国内工程总承包模式发展阶段的一种过渡形式。因此,以长期发展为出发点,在项目实施时,还是应坚持以总价形式为原则,其他形式为例外的方式进行。

(二)承包人角度的实施要点及实施建议

1.选择合适的联合体组成方式

《工程总承包管理办法》第 10 条第 1 款规定:"工程总承包单位应当同时具有与工程规模相适应的工程设计资质和施工资质,或者由具有相应资质的设计单位和施工单位组成联合体。工程总承包单位应当具有相应的项目管理体系和项目管理能力、财务和风险承担能力,以及与发包工程相类似的设计、施工或者工程总承包业绩。"这条规定说明,现阶段我国政策层面要求工程总承包项目的承包单位应具备"双资质"主体资格,但为兼顾我国工程总承包项目的发展程度,《工程总承包管理办法》同时明确了由具有相应资质的设计单位和施工单位组成联合体的承包方式。实践中,我国 EPC 项目的承包商仍以联合体方式居多。

但联合体的承建方式也出现了一些现实困境,在某些将设计单位作为牵头人的工程总承包项目中,存在设计单位缺乏项目管理经验、内部运行机制不完善以及权责不匹配的缺陷,进而影响了工程总承包项目的实施,有违联合体成员共同建设、共同获益的初衷。在国际项目中以及国内部分水利项目中,存在一种"联营型"的工程总承包联合体组成方式,可有效避免上述现实困境。

"联营型"工程总承包联合体是指在工程总承包项目中,联合体成员之间组成命运共同体,共同投入资金、共同经营管理、共享项目收益,并共担项目风险的承包方式,也可称之为"工程总承包联营体"。共同投入资金、共享项目收益是指设计单位和施工单位通过协议方式约定各自的出资金额或出资比例,在项目完成后,根据协议约定的出资金额或出资比例分享项目收益。具体出资金额或出资比例可以按照项目整体设计费与施工费的相互比例进行约定,也可以结合项目具体情况由设计单位和施工单位自行约定。简单来说,就是设计单位和施工单位共用"一本项目账",从项目前期投标阶段到项目实施阶段再到项目试运行阶段,所有需由承包商支出的费用,包括投标保证金、履约保证金、建设垫资成本、前期材料采购费用等,均由设计单位和施工单位按照协议约定的出资金额或出资比例共同支出。在项目结算完成并收回各自成本后,再将项目所得总利润按照协议约定的出资金额或出资比例进行分配。

共担项目风险则是指在项目实施过程中、项目竣工结算后乃至项目投标时,承包商所承担的各类风险均由设计单位和施工单位按出资比例承担,而不再区分造成的责任是设计单位所致还是施工单位所致。比如在项目投标时,因某些原因导致项目流标并被没收投标保证金,此时的投标保证金亏损则需由设计单位和施工单位按照各自出资比例进行承担;或者在项目实施过程中,某些原因导致项目工期延误并产生了工期违约金,此时的工期违约金需由设计单位和施工单位按照各自的出资比例进行承担,具体延误系由哪方所致则在所不问。

相较于常规的工程总承包联合体,"联营型"最大的特征在于内部责任、收益分配的划分不同。常规工程总承包联合体的内部责任、收益分配划分一般是根据各自的工作范围进行的,而在"联营型"的工程总承包联合体模式下,其内部责任、收益分配的划分则是根据各自的出资比例进行,可以切实实现联合体方的共同利益,充分保障项目的建设工期并有效提升企业的管理能力,实现有效的资源整合,达到强强联合的效果,并且有利于提升联合体组成企业的 EPC 项目管理能力。

2. 详细核查发包人要求及发包人提供的基础资料

如前文所述,在 EPC 项目中发包人要求的重要性极高。对于承包人来说,首先,在拿到发包人要求后,应尽早展开项目研究并尽快启动项目实施方案编制工作;其次,在开展项目研究的同时,承包人还应注意对发包人要求以及发包人提供的其他基础资料的复核,发现错误或有歧义的,应及时书面通知发包人补正或要求发包人澄清,避免项目实施后,相关基础资料欠缺的风险转移给承包人;最后,承包人还应认真勘察项目现场,核实发包人要求以及基础资料与项目现场情况是否一致,存在不一致情形的,承包人也应及时向发包人提出并要求澄清。

3. 高度融合设计、采购与施工环节

EPC 模式的核心在于设计、采购与施工环节的高度融合,将施工部署、措施及材料性能等各项需求高度融入设计环节,可以确保建造的便捷性及经济性。

具体来说,承包商应注意让施工人员充分参与设计环节,保证设计人员在满足发包人要求的基础上,制定出更为合理的施工图纸,减轻施工难度,减少施工过程中的设计变更,达到降低建设成本的目的。同时,承包人还应注意将材料、设备的选择和采购前置至设计环节,突出设计与采购工作的统一性,保证设计人员在满足发包人质量要求和功能需求的基础上,采用更具性价比的施工原材料并做好安装设备的预埋预留工作,避免项目实施时的二次剔凿,从而有效实现成本管控。

比如在某大型承包企业承揽的某保障性住房 EPC 项目中,承包商便通过项目管理组织架构搭建、控制招采成本、建筑、结构、机电与装修的一体化设计、BIM应用等方式充分实现了设计、采购、施工的全周期融合,为项目的顺利推进打下了优良的实施基础。在管理组织架构方面,项目部将管理层级分为了两部分,分别为 EPC 管理层和施工管理层。EPC 层级下设设计总协调管理设计院,实现总体控制,便于协调设计、采购、施工总承包,利于把握项目全局,统筹计划。施工总承包层级落实具体实施细节,实现对工程质量、安全、进度的整体把控。在控制招采成本方面:第一,项目部利用施工企业对材料采购的市场优势,扩大了物资和设备的自主采购范围,通过直采模式减少中间供应链,增加自身的利润点;第二,项目部充分利用了规模采购的方式,发挥规模采购的优势,提高规模采购效益;第三,项目部通过采购价格预警及纠偏的方式,对项目投标前的成本测算及开工后的盈亏进行分析,建立采购价格红线管理,确保价格合理,降低采购成本;第四,项目部通过采购与设计相融合的方式,实现设计部门关注采购进度,并在此基础上完成设计优化;第五,因本项目系装配式建筑方式,项目部在招采环节充分考虑了深化、加工以及试拼装的时间节点,有效促进了项目的高效建造。在建筑、结构、机电与装修的一体化设计方面,项目部采用机电管线在结构和墙体内一次性预埋预留,墙体布置、机电管线预埋预留和定位须与装修要求一致,无现场剔凿,满足了预制构件生产以及装配式施工的要求。在 BIM 应用方面,项目部将 BIM 管理部与设计部融为一个部门,充分实现了 BIM 工程师与设计工程师的融合,并且将建筑、结构、机电各自组成一个小的 BIM 团队,各团队由专业设计师牵头管理,对设计方案优化、施工方案优化、图纸审查、深化设计、管线综合、施工模拟等进行综合把控,实现了设计与 BIM、BIM 与现场的无缝衔接。

4. 重视一般设计变更与发包人要求变更的区别

EPC 模式下,承包商需特别注意对一般设计变更和发包人要求变更的区别。传统的施工总承包项目中,设计单位由发包人委托,只要是设计单位提出或确认的变更,由此造成的合同价格变化都应当由发包人承担。但对于工程总承包项目,特别是 EPC 模式的工程总承包项目,则完全不同,EPC 模式下几乎所有的建设风险都应由承包商承担,对于非发包人实质性要求的变更,不足以调整合同价款。

这也就要求承包商在对发包人要求进行认真研究的基础上,在合同中尽可能明确一般设计变更与发包人要求变更的界限,以及发包人要求变更达到何种程度时可以调整合同价款。此外,对于较难在项目投标前就对其工程量加以准确评估的项目,合同中应尽可能针对性地约定相应的工程增量和价格调整条款,避免在实际施工过程中出现巨大的工程增量而导致工程项目成本失控。

第二节　设计施工总承包(DB)模式

一、设计施工总承包(DB)模式介绍

D - B(Design - Build)模式直译为设计施工总承包模式,原建设部《关于培

育发展工程总承包和工程项目管理企业的指导意见》指出,设计施工总承包是总承包企业按照合同约定,承担工程项目设计和施工,并对承包工程的质量、安全、工期、造价全面负责,实现建设生产工程组织集成化的一种工程总承包模式。《工程总承包管理办法》第3条亦对DB模式进行了明确,且在现行工程实践中,相较于EPC模式,DB模式的适用性更为普遍,也是我国承包商转型为工程总承包商的主要过渡模式。

(一)设计施工总承包(DB)模式的优点

作为一种先进的项目管理模式,设计施工总承包中设计和施工均由一个单位负责,可以避免设计单位与施工单位互相推卸责任,最重要的是可以避免设计、施工脱节,总承包人可以将施工方法、施工组织等提前融入项目设计阶段,甚至是边设计边施工。设计施工总承包中设计和施工均由一个单位负责,有利于设计、施工整体方案的优化,更有利于设计、施工合理交叉、动态连接,并最终可以降低成本、缩短建设周期,创造更好的社会效益。

(二)设计施工总承包(DB)模式的缺点

DB模式由于是同一单位负责设计与施工,因此在投标环节中,各投标人的不同设计方案与施工方案之间的评比较为复杂与困难,相较于传统采购竞争性较小。此外,在项目组织非常复杂时,对总承包人的协调与管理能力存在较大的考验。在设计方面,由于兼顾施工,总承包人比较容易倾向于较为经济的施工方案,而舍弃较佳甚至最优的方案。而且由于业主在招标时仅提供概念设计等,设计深度较浅,招标时项目仍然有较多不确定因素,而项目最终的质量控制主要取决于业主招标时的质量标准,因此需要建设单位在招标时尽可能详尽地编制招标文件等材料,提出准确的需求与标准,否则在后续的施工以及验收环节中很容易因此产生争议。

(三)设计施工总承包(DB)模式的管理体制

如图2-1所示,DB模式采用由业主、总承包人、工程师组成的三元管理体制。其中,业主与总承包人、业主与工程师之间是合同关系,而工程师与总承包人之间是监督与被监督的关系,工程师辅助业主对项目进行监督管理。

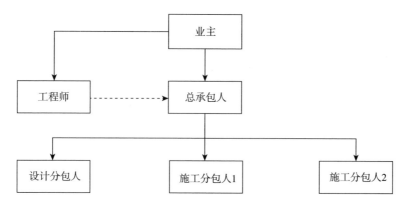

图 2－1　DB 模式管理体制

DB 模式的三元管理体制中业主采用较为严格的控制机制,委托工程师对总承包人进行全过程监督管理,过程控制比较严格,对项目有一定的控制权,总承包人承担较大的风险。

二、设计施工总承包(DB)模式典型项目及问题梳理

(一)设计施工总承包(DB)模式典型项目

1.项目概况

某设计施工总承包项目为某高速的联络线,路线经杭州市、诸暨市,工程建设路线长约 33.33km,项目主线采用双向六车道高速公路标准,设计速度 100km/h,整体式路基宽 33.5m,分离式路基宽度 2×16.75m。沿线共设置 4 处互通式立交,同步建设互通连接线长约 4.97km,连接线按二级公路标准,设计速度 60km/h,路基宽度 12m。

该项目土建工程部分采取设计施工总承包模式,由三家公司组成联合体负责项目的设计施工。项目共设置桥梁 9230m/49.5 座,其中大桥 7588m/24.5 座;主线共有隧道 13538m/10 座,其中特长隧道 3542m/1 座,长隧道 8201.5m/5 座,中隧道 772m/1 座,短隧道 1022m/3 座,连接线隧道 550m/1 座。

2.项目亮点

(1)分阶段设计、分阶段审批

由于该项目土建工程建设合同工期仅 24 个月,时间紧,任务重,为充分发挥 DB 项目优势,加快工程进度,经向浙江省交通运输厅汇报并取得同意后,结合项目实际情况,对项目施工图勘察设计进行分阶段设计、分阶段审批,施工单位可对

先行节点批复的施工图组织施工。

(2)设计与施工深度融合

在 DB 管理模式中,"设计"和"施工"两大板块是相辅相成、互不可缺的,两者通过融合来实现优势互补。实现设计与施工的融合,是项目成败的关键,也是最能体现 DB 模式优点的关键。

①机构的融合

该 DB 项目联合体成员单位成立由主要领导或分管领导组成的联络协调小组,负责成员单位之间的沟通协调。DB 项目部设置总协调人岗位,负责项目的总体协调工作,优化了组织机构和人力资源配置。为加强设计与施工的融合,DB 项目部成立设计施工融合办公室,建立工程管理与协调制度,明确参建各方的责任,合理调配设计和施工力量,实现资源共享。在联合总承包的模式下,设计单位充分发挥设计方面的优势,施工单位充分发挥施工方面的特长,互相补充。

②设计施工衔接促进技术融合

项目开展隧道、高边坡、不良地质路基处理、填石路基、钢板组合梁、预制桥墩等专项设计;共同编制项目管理大纲、总体施工方案;联合进行"三集中"临建设计、三改工程及隧道洞口施工场地永临结合设计、施工便道平纵横设计,施工组织综合设计;积极引进"四新技术",实施科研技术创新等措施,实现技术融合。通过设计和施工的交流融合,互相补位,实现施工效率最大化,节约工期、降低成本,并结合项目特点,分析施工过程中常见问题,提出针对性控制措施建议,达成精细化设计。结合沿线钢筋集中加工场地布置情况,对于运输距离较远的桩柱钢筋笼,通过增设三角支撑钢筋等措施,解决运输、吊装过程中的变形问题。预制 T 梁横隔梁钢筋不方便整块钢模板施工,设计采用预留套管连接,外模采用整块钢模,提高施工机械化程度。对于部分桥隧结合路段,填方路基长度短、土方量小的部位,难以压实的,采用素混凝土或泡沫轻质土填筑,保证施工质量。

3.通过设计优化合理降低工程造价

该项目为充分体现 DB 项目优势,设计与施工人员各自发挥专业所长,激发优势,互补短板,实现效能最优,进行动态优化设计。在施工现场,通过设计和施工的无间交流,互相补位,以实现施工效率最大化,避免资源浪费,充分发挥"设计为施工着想,施工为设计实践反馈"的协同管理优势。在确保施工安全和工程质量前提下,及时进行设计图纸优化,让设计图纸具有更强针对性和更强操作性,以达到缩短工期、保证质量、节省资源的目标。最终项目在施工阶段完成优化设计内容主要有桩基底标高调整、隧道围岩级别调整及支护参数优化调整、填石路基优化、路基边坡防护优化等相关内容,通过设计优化节省工程造价约 8500 万元。

(二)设计施工总承包(DB)模式问题梳理

由于工程总承包模式在国内尚处于培育和推广阶段,从法律法规的配套到市场主体对该模式各方面的陌生以及我国推行施工总承包 30 年以来的思维惯性,DB 模式在实际运用中存在诸多问题。

1. 相关配套的法律和政策尚不完善

随着 2019 年 12 月《工程总承包管理办法》)的出台以及 2020 年 11 月《建设项目工程总承包合同(示范文本)》的印发,工程总承包项目在立法领域、合同文本领域均迎来了新的里程碑,采用工程总承包模式建设的项目也逐年增多。尤其是 2022 年 12 月《建设项目工程总承包计价规范》的发布,更意味着工程总承包领域的"三驾马车"已经配套完成,将进一步助推工程总承包市场的发展。但是工程总承包方面的相关法律法规仍处在较为缺乏的阶段,目前仅在政策层面通过不断地打补丁方式进行规范,缺少具有强制力的法律进行制约,无法根本解决工程总承包项目在运行中操作规范的缺失问题。

2. 对工程总承包的理解与认识还停留在施工总承包阶段

虽然我国推行工程总承包已经有段时日,但是传统施工总承包在建设领域依然占据主流,"设计主导或牵头""按图施工""设计施工相分离""低价中标"等思维难以在短期内改变,部分发、承包人仍然按照施工总承包思维管理并实施工程总承包,发包人按照施工总承包模式深度介入。而部分承包人仍然有"低中标、勤签证、高索赔"的想法,随时都在考虑签证变更问题。各总承包人都极度缺乏具有贯穿设计与施工管理能力及经验的专业人才。不少企业还停留在"设计的懂设计,施工的懂施工,做好 EPC 只需要组成联合体投标,中标后各做各的"的机械理解上。

3. 未明确辨析 EPC 模式与 DB 模式

由于实践中有将 EPC 模式错误翻译成设计施工总承包或者将 EPC 模式完全等同于工程总承包等的错误认识,导致实践中存在混淆 EPC 模式与 DB 模式的情形。实际上,EPC 模式与 DB 模式,在工作范围、管理体系、发承包双方承担的风险范围、发包人的控制程度等方面均有所区别，将二者混用，很可能因为承担风险范围不同，而影响合同价格变更等环节，产生签订合同前未能预想到的风险。

4. 项目招标不规范

鉴于工程总承包项目以目的为导向的特点，招标时经常有不确定因素，许多在验收、结算阶段的爆雷，其实在招投标阶段便已经埋下。在工程总承包项目招标的实践中，常见的不规范问题有以下三类：

(1)项目初步设计审批未完成，却在初步设计前就发包，使工程信息的未知因素较多，很容易导致承包人在方案设计、初步设计后发现建设项目所需要的实际投资超过最初投资估算/概算，使建设项目陷入建设困难甚至最终被迫停止，也容易加重地方政府的隐性负债。

(2)项目实为施工总承包但却按照工程总承包项目建设模式进行招标，就算是联合体中标，但在实施中设计和施工仍然是各自为政，设计主要依照业主的要求或指示开展工作，项目没有设计与施工的深度融合，导致承包人价款风险极度增大，项目建设过程中因产生争议而停工的项目屡见不鲜。

(3)实际中存在发包人要求编撰不规范的情况，虽然发包人招标技术要求的文件看似篇幅很长，内容很具体，但是对工程总承包项目的内容、范围、规模、标准以及最重要的质量等部分存在缺项或模糊的情形，尤其是项目最终的质量控制主要取决于业主招标时的质量标准，因此可能导致项目在实施和验收阶段发生重大争议。

5. 业主不合理压缩工期

工程总承包模式对建设单位而言的一大优势即可以较大程度地提高建设效率、节省工期，从而达到项目尽快投产以回笼建设资金的目的。因此业主往往在招投标阶段或合同签署时就已经根据工程情况设置了较为严格的工期要求。在此基础上，如工程实施过程中发生非工程总承包单位的原因导致工期延误的，业主也往往希望仍按既定的工期要求竣工，从而会提出赶工要求。如果工期本身的设置已经接近合理工期的临界点或已严重压缩了定额工期且该工期延误时间确实导致承包人无法按期完工的，业主要求赶工的行为则可能属于不合理压缩工期，将会产生合法合规性风险，严重的还将影响工程的质量安全。

6. 工程总承包项目争议纠纷解决模式单一

在工程总承包项目发生争议后各方当事人选择诉讼或仲裁意愿都不高，其最主要的原因为诉讼与仲裁无论时间成本还是经济成本都很高。实践中工程总承包项目因为各方争议僵持不下,通过诉讼或仲裁解决因耗时过长最终导致停工情形也屡见不鲜,因此各方在权衡后都不倾向于选择诉讼与仲裁。而目前对于工程总承包发生争议纠纷调处方式与机制尚不完善,实践中对于第三方调解和第三方争议解决机制运用较少。

三、设计施工总承包(DB)模式实施要点及建议

工程总承包既是国际流行的工程交付模式,也是中央及地方政府正在大力推广的承包模式;既是工程发展的主要方向,也是培育建筑企业提升管理、做大做强的有效途径。因此对于各市场主体在适用设计施工总承包(DB)模式,建议抓住以下要点。

(一)结合相关政策以及合同范本及时对公司合同版本进行修改

随着加速推进工程总承包,更多正式、高效、统一的法律规范,以及有关工程总承包的规范性文件、工程合同范本、工程总承包计价规范等已相应出台,各市场主体应当及时把握市场的最新动向,结合区域内不同层级文件以及合同范本及时对公司合同版本进行修改,充分保护公司合法权益,也能避免新的工程总承包项目仍然沿袭过去施工总承包模式。

(二)加强工程总承包人才培养

设计施工总承包模式无论在项目设计、施工的前期策划、相互融合还是综合管理方面都对配备专业人才团队有着更高要求,因此,加强贯穿设计与施工的人才储备便至关重要。随着国家政策的扶持力度不断加大,市场上设计施工总承包项目数量也与日俱增。但我国工程总承包的整体人才建设还比较落后,复合型人才严重缺失,人员结构还是以施工管理为主,以设计为龙头的复合型管理人员结构偏低。

当前,工程领域的人才结构主要还是顺应了传统模式发展的需求,既懂设计,又懂施工,或者具有项目全过程管理经验的复合型人才则少之又少。故而要加大工程总承包项目管理人才的培养力度,重视设计人才队伍、项目管理人才队伍以及施工管理人才队伍的建设,培养一批符合工程总承包项目管理所需的项目经理、设计经理、采购经理、施工经理、财务经理,以及合同管理方面的复合型人才。

（三）强化工程总承包项目的招标

工程总承包项目应当严格执行《房屋建筑和市政基础设施项目工程总承包管理办法》等相关规定要求，在招标阶段建设单位应当在发包前完成项目审批、核准或者备案程序。采用工程总承包方式的企业投资项目，应当在核准或者备案后进行工程总承包项目发包。采用工程总承包方式的政府投资项目，原则上应当在初步设计审批完成后进行工程总承包项目发包；其中，按照国家有关规定简化报批文件和审批程序的政府投资项目，应当在完成相应的投资决策审批后进行工程总承包项目发包。

同时建设单位要严格按照编制工程总承包项目招标文件的内容要求编制招标文件，特别是发包人要求应当列明项目的目标、范围、设计和其他技术标准，同时完整准确地描述项目的内容、范围、规模、标准、质量、工期、验收、主要和关键设备的性能指标和规格等要求。

（四）投标前有效识别并合理考虑风险因素

设计施工总承包是一柄双刃剑，风险和利益并存，我国企业"走出去"从事工程总承包，按照国内情况投标造成巨额亏损的比比皆是。由于设计施工总承包的评标首先是对设计内容的评审，在投标过程中就需要设计做大量的工作，中途放弃或未中标都会承担不小的代价。对于总承包人来说，用精准的眼光选择好的项目，是比投标、中标更加困难的事。

因此，建议承包人在投标前以及投标过程中，要考虑好以下问题：其一，是否熟悉当地的工程总承包模式，防止因所投项目与公司擅长或熟悉的模式不符，使得项目"水土不服"，在容易造成亏损的情况下仍不能使业主满意。其二，公司是否具备在设计施工总承包项目中面对复杂情况的统筹管理能力，如果只是将懂设计和懂施工的两批人马组成"统筹管理机构"是否能够对项目的全过程进行有效管理也需要重点评估。其三，面对设计施工总承包中里程碑等常见支付方式，企业是否能够承担一定的垫资压力，垫资行为是否会影响到公司的正常运转。综上事项，只有根据企业实际情况，合理地考虑风险，能够有限度地承担项目中的一些风险，才能做到决胜于千里之外。

（五）进行部分风险转移

虽然在 DB 模式中，总承包人相较于 EPC 模式少承担了部分风险，但 DB 模式仍存在不小的风险，因此尽可能地降低总承包人的风险，也就显得格外必要。

在招投标合同签订环节,承包人一般处于弱势甚至是非常弱势的地位,但仍建议在合同签订时尽全力将一些承包人难以控制而业主容易控制的风险由业主来承担,比如常见的、会影响施工进度的施工用地、用水、用电,施工范围内的动拆迁,不明地下障碍物等风险因素。此外,除工程一切险和第三方责任险外,在工程规模大、主体项目非本企业专业强项、地域社会资源不充足等情况下,可采用联合投标方式,或者通过明确部分工程的分包价格、主要材料设备价格的锁定、项目流动资金财务费用锁定等方法将风险转移给第三方。

(六)强化设计的责任和权利

在传统的施工总承包模式中,设计方的责任和权利并没有与设计工程量的大小直接挂钩。因此在许多工程总承包项目中,处理设计和施工方之间关系时,往往只注重对设计费率和设计完成节点的掌控,容易忽视设计对整个项目的重要性,不能充分发挥设计方的积极性和设计潜力。在设计施工总承包项目中,应明确设计方的责任和权利,在投标过程中,设计方案既要考虑项目功能要求,又要充分考虑施工成本。中标后将设计工程量估算作为设计方的基本责任指标,如果施工图设计工程量超过该估算指标,由设计方承担主要费用;如果对施工图设计阶段进行了设计优化,并因此减少了实际工程量,设计方则应得到一定比例的权益。

(七)引入多元化纠纷调处机制解决工程总承包争议

工程中的争议评审制度,是指在工程开始或者进行过程中,由订立合同的双方当事人选择独立的评审专家或者组建评审机构,就当事人之间发生的争议及时提出解决建议或者作出决定的争议解决方式。争议评审由双方选定的专业人士在工程早期介入,定期跟踪工程进展情况,在工程进行过程中协助化解分歧并及时地评审以解决争议,防止争议扩大造成工程拖延、费用损失,保障工程顺利进行。

从实践角度来讲,争议评审可以有效结合调解和仲裁/诉讼的优点,既可以保证争议解决的保密性、专业性,又可以保证项目实施不受影响,不会导致"争议不解决,项目不复工"的尴尬境地,并且在争议评审过程中,评审专家会充分听取发、承包双方的真实意思,并不完全局限于招投标文件的要求以及工程总承包合同的约定,可以最大限度地保障发、承包双方的自主权益。

当然,交由评审委员会裁决的前提是发、承包双方在合同专用条款中进行了约定或者在争议产生后通过签订补充协议的方式进行约定。当事人双方可依照示范文本中的指引约定争议评审小组的确定方式、争议评审的程序、争议评审员的报酬分担、争议小组的决定、争议小组决定对合同当事人的约束力等具体事项。

第三节 设计采购总承包(EP)模式

一、设计采购总承包(EP)模式介绍

EP(Engineering Procurement)模式直译为设计、采购总承包,其广泛应用于石油、化工及冶金等工程建设项目。EP 模式实际是 EPC 模式的一种变换形式,EP 总承包人负责工程的设计和采购工作,还可以在施工、安装及调试阶段向业主提供咨询服务,更为关键的是 EP 总承包人作为整个工程项目的项目管理牵头方,承担着项目集成管理、接口管理工作,对项目整体进度、质量、成本进行把控,工程施工由其他承包人承包。

由于其兼顾了总承包集成化项目管理、减少责任盲区和业主分别委托项目可降低工程成本的优点,因此可以充分发挥承包人和业主各自在工程设计、制造和当地施工单位管控上的优势,极大程度地保证了项目的成功和共赢。

(一)设计采购总承包(EP)模式的特点

作为一种高度集成化的先进项目管理模式,EP 模式主要具有以下特征及优势:

1. 业主只和 EP 总承包人及施工总承包人签订合同,减少了业主面对的承包人数量,减少了业主的管理工作。

2. EP 总承包人负责各专业的设计及设备采购的协调管理,保证了工程建设设计、采购的连续性,减少了责任盲区,从而保证了业主既定的项目总目标的实现。

3. 由于承包人的大量减少,有效地减少了合同纠纷和索赔。设计各专业间、设计与供货商间的协调都由 EP 总承包人负责。

4. EP 总承包人负责工程的设计、设备的制造、设备的供货,由于设计方与制造方的直接沟通,对设备制造的特殊要求得以落实,使质量得到了有效的控制。

(二)设计采购总承包(EP)模式的管理体制

业主与总承包人签订 EP 总承包合同。总承包人按照合同的要求,完成工程

的设计、采购、试运投产和工程保修的任务,确保合同约定的质量、工期、成本等目标的实现;总承包人接受业主项目部全过程监督、管理,及时向其报告工程进展、质量和费用等情况,并按规定报送各种报表和报告。

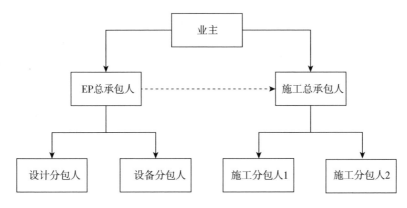

图 2 – 2　EP 模式的管理体制

EP 总承包人、施工总承包人与业主之间的关系如图 2 – 2,EP 总承包人与施工总承包人之间没有直接的合同关系,二者与业主分别签订 EP 总承包合同和施工总承包合同,共同组成了项目的总合同。EP 总承包人按合同要求负责项目的设计及采购,施工总承包人按照合同要求,以 EP 总承包人提供的设计和设备进行施工及安装,在此过程中,EP 总承包人有时会向施工总承包人提供技术咨询。

分包人在合同规定范围内,对 EP 总承包人负责,受 EP 总承包人监督和管理。同时,根据合同要求,分包人对项目监理和项目经理部承担相应的责任。EP 总承包人的分包人包括设计分包人和设备分包人。

二、设计采购总承包(EP)模式典型项目

1.项目概况

越南某水电站 EP 项目,电站装机容量 2 × 260MW,为地下式厂房,厂房内装混流式机组 2 台,额定水头 151m,最大水头 182m,最小水头 144m,设计年发电量19.042 亿 kWh,是越南一大型水电站,也是越南第一个地下式厂房电站。从海防港市至工地的运输方式分为内部水运加陆运,陆运方式运输限制条件 12m(长)× 5.5m(宽)× 6m(高),最大载重 80t。电站按无人值班(少人值守)设计,所有成

套设备均应满足无人值班(或少人值守)的要求。电站土建部分及机电设备安装均由建设单位完成。

合同模式采用 FOB 价,主要包括电站水轮发电机组及其附属设备、厂房桥机、电站辅助系统和电气设备设计、供货及安装指导等。

2. 项目亮点

项目电站地处越柬边境,属于政治敏感区,无法办理劳动许可证,签证最长时间为 3 个月,而且入驻现场人员签证信息必须在到达工地前 7 天发给业主到当地公安部门进行备案,否则不得入驻营地。由于无法长期派驻工人,该项目无法通过 EPC 的方式进行招标,只能拆分为 EP + C 的模式,由建设单位完成电站土建部分及机电设备安装。其他现场人员进驻也必须根据当地实际情况进行周密安排和计划,否则容易造成人员无法按时到位、行程安排不恰当,浪费费用之外,甚至影响现场服务人员的到位,直接耽搁工期进展,造成负面影响。

国际机电设备成套项目由于执行标准不一样,导致很多按照国内标准设计出来的图纸,在送业主审批时不通过,经过重新改版多次才最终变成施工图。项目水电站有 7 台单相变压器,6 台工作,1 台备用,每台变压器均有变压器室,在设计变压器布置图时,分包商的图纸中,变压器布置方向跟招标图纸不一致,土建又由于底部电气设备层的影响,而把每个变压器室的尺寸设计得不一致,导致每个变压器距离墙体的净距离不一致。根据越南消防规范和公安消防验收的标准,每台变压器各个方向最外面的部件离墙体的距离至少要 1500mm,为满足这一规范要求,最终 7 台主变压器的油枕在加工制作时均不一致。此外,根据主合同的技术要求,7 台变压器均要有套完整的牵引系统。由于项目水电站是地下厂房,业主在施工时,经常会根据隧洞的开挖情况来调整砼的施工面,主变压器牵引系统设计后,需要预埋牵引锚钩,但是部分预埋锚钩的位置,土建单位已经浇筑完成砼,无法再预埋锚钩,从而导致牵引系统的图纸多次改版,供货的牵引设备也多次修改。这体现了设计采购总承包中以目的为导向,可及时由专业承包人对设计进行修改、指导的优点。

项目部采购计划根据项目周期以及总进度计划进行编制,编制采购计划统筹安排设备招标时间、设备设计制造周期、实验时间、出厂发运时间、海运周期、设备交货时间等。依据合同和同发包方的沟通,对于运输和海关手续比较麻烦的设备,在评估价格可行的基础上,在越南当地现场采购。比如润滑油,在充分调查越南市场的基础上,决定在越南当地采购,不仅节约运输成本,也减少了不少繁杂的通关手续,而且价格合适,建设单位对采购环节十分满意。项目部根据现场进度的需要,大量设备都集中在 2014 年 10 月～2015 年 7 月期间运输到现场。根据物流计划,现场做好与业主的沟通,把每一批发货的信息都预估给业主,包括设备名称、包装、总箱数,同时,跟业主强调设备的仓储规范,把设备按照存储级别进行分类存放,确保设备到达现场后的安全存放,累计完成海运批次达 12 次,包装箱数达 508 箱。从预埋阶段到第一台机组并网发电,总计两年时间,圆满完成项目。

三、设计采购总承包(EP)模式实施要点及建议

对于各市场主体在适用设计采购总承包(EP)模式,建议抓住以下要点。

(一)结合相关政策以及合同范本及时对公司合同版本进行修改

虽然由于工业项目具有种类多、建设周期长、接口复杂、技术难度大、性能考核方法不一等特点,国际上对工业项目 EP 工程总承包模式的合同还没有统一的范本可以参照,但实际上,大部分 EP 总承包人是在该细分领域深耕多年的资深设计公司,因此基本都有适用自身特点的 EP 工程总承包合同模板。建议作为市场主体,应结合区域内不同层级文件以及现有住房和城乡建设部合同范本及时对公司合同版本进行修改,充分保护公司合法权益。

(二)提高 EP 总承包人的设计管理

设计能力是 EP 总承包人的核心能力,是采购、施工、试车的基础,对工程质量、成本、进度起着关键性作用。设计工作的难点在于标准的选择,一些项目所在国直接采用欧美、欧洲、日本标准作为本国标准,大部分海外工程项目的业主工程师来自欧美公司,一般会要求承包人的设计满足欧美标准。为了应对国内、国外设计标准不统一情况,EP 总承包人项下的国内设计企业可采取以下方法。其一,设计转化。国内设计企业进行初步设计和详细设计,聘请国外设计公司进行设计转化,由当地有资质的工程师盖章确认。其二,联合设计。国内设计企业进行概念设计或者初步设计,国外设计公司在此基础上进行详细设计、施工图设计和设计审查。其三,推动中国标准“走出去”。我国大部分工程设计标准和欧美标准相差不大,一些专业如电气、化工等直接采用国际标准。我国设计企业要注重对国际标准进行研究,对比中国标准与国际标准的差异,做好对标工作,并形成技术积累,向业主和监理证明中国标准的优势,推动中国标准“走出去”,占领行业和

产业链制高点,这也是我国工程承包企业未来的趋势和方向。

(三)加强对土建承包人的管理

EP 总承包人与土建承包人之间没有直接的合同关系,二者与业主分别签订 EP 总承包合同和施工总承包合同,EP 总承包人向施工总承包人提供技术咨询与指导。但因为 EP 总承包人又作为整个工程项目的项目管理牵头方,承担着项目集成管理、接口管理工作,对项目整体进度、质量、成本进行把控,因此 EP 合同中要注意和土建承包人之间接口的责任和义务的约定。土建承包人依据 EP 总承包人提供的设计方案和设备进行施工及安装,设备进场的进度又依赖于土建工作的进度,同时设备的安装质量直接影响着后续的调试等。EP 总承包人在签署 EP 合同之前要做好市场调研,包括项目本身的特点和难点、业主的管理能力、土建分包商的实力和信誉,对项目进行专项风险分析,在合同谈判阶段重点关注工作范围、边界责任、支付条款、和土建承包人之间的接口管理、争端解决、索赔程序、合同终止等条款,做好风险控制。

1. 进度接口控制

EP 总承包人在制定整体进度计划时要和土建承包人充分沟通,尤其关注进度计划中涉及工期、成本索赔的关键路径、关键工作,要和土建承包人确定好各自的责任、权利和义务,并落实在书面文件上。在项目实施过程中,对进度计划的执行情况进行动态跟踪检查,对影响进度的各种因素,包括人力投入、施工机具、设备材料采购等及时跟踪,分析进度偏差产生的原因以及对项目进度目标的影响,促使项目各参与方及时采取有效措施消除影响进度的不利因素,并为计划的必要调整提供信息。

2. 设计接口管理

EP 总承包在设计过程中要注意土建工程的设计标准,可以和当地设计公司或者熟悉项目所在国设计标准的第三方设计公司合作进行联合设计,或者委托其进行设计审查。开工前组织土建承包人进行设计会审、设计交底,及时收集土建承包人的反馈,审查设计的可施工性,进行设计优化,确保设计质量。

3. 施工督导

土建承包人按照合同要求以及 EP 总承包人提供的设计图纸和设备进行施工和安装,土建的质量直接影响着设备安装质量,设备的安装质量又影响着后续的调试,从而影响着整体性能。施工督导是工程实施过程中的重要环节,施工督导把设计意图更好地贯彻到施工当中,为施工提供后期设计服务,更好地衔接设计和施工两个环节,可以从施工中发现设计的问题,及时进行设计变更。

4.沟通协调

EP 总承包人和土建承包人要建立通畅的沟通协调方式,包括但不限于:建立定期的沟通例会制度;派驻设计人员现场代表,及时收集施工反馈;建立重大事项的业主、监理、EP 承包人、土建承包人多方沟通协调机制;采用信息化手段建立沟通信息平台,提高信息和数据传递储存的时效,确保信息的可追溯性。

(四)加强工程总承包人才培养

在我国,EP 总承包模式的发展还不是很完善,EP 总承包商多数由设计院发展而来,EP 项目严重缺乏优秀的项目全过程管理人才。设计院目前的项目经理扮演了一个"设计经理"或"专业负责人"的角色。随着国际工程的发展,竞争日益激烈,国际工程总承包市场需要一批由掌握外语、贸易、金融、法律、工程等知识的高素质人才建立的智力型密集承包组织,采用国际融资形式,运用国际惯例,对工程项目进行总承包管理。因此,培养和吸收可以担任项目全过程管理的优秀项目经理等人才,已是中国 EP 总承包商生存、发展的关键所在。

只有加速对项目经理等优秀人才的培养,按照国际通行的项目管理模式、程序、方法、标准进行管理,培养熟悉各种合同文本和各种项目管理软件,能够进行质量、投资、进度、安全、信息控制的复合型高级项目管理人才,才能真正实现"管理出效益"。

(五)引入多元化纠纷调处机制解决工程总承包争议

工程中的争议评审制度,是指在工程开始或者进行过程中,由订立合同的双方当事人选择独立的评审专家或者组建评审机构,就当事人之间发生的争议及时提出解决建议或者作出决定的争议解决方式。争议评审由双方选定的专业人士在工程早期介入,定期跟踪工程进展情况,在工程进行过程中协助化解分歧并及时地评审,以解决争议,防止争议扩大造成工程拖延、费用损失,保障工程顺利进行。建设工程项目投资规模大、专业性问题多、建设周期长、涉及主体多、复杂程度高等多种因素,致使该领域一直以来争议多发,而且纠纷解决的难度和成本较高。在建设工程争议解决方面,争议评审制度通过先期解决纠纷将纠纷控制在萌芽阶段,成功解决了许多大型工程项目纠纷,为降低工程纠纷解决成本和完善工程管理提供了新渠道。

第四节　采购施工总承包(PC)模式

一、采购施工总承包(PC)模式介绍

(一)基本概念

采购—施工总承包模式是指业主选定的总承包商,按照投标承诺,全面负责项目的材料设备采购,以及全部施工内容,建设单位不再直接管理项目的建设过程,总承包商全面管控项目进度、质量、安全,并承担成本超支的风险。这种模式是业主将工程项目的设计发包给设计单位,而把项目的材料、设备采购以及整体施工管理发包给总承包商的一种合同模式。总结来说,采购—施工总承包模式是介于传统施工总承包模式和 EPC 模式之间,属于不包含设计环节的、不完整的总包"交钥匙"模式。

(二)采购—施工总承包模式的可行性和优越性

1. 可行性

首先,随着建筑业的不断发展,行业内出现了能够在采购—施工总承包模式下真正负担起总承包商管理责任并具备综合管控水平的工程公司,进而使这种模式的广泛落地变为可能。

其次,采购—施工总承包模式能够极大地提升总承包商对项目整体建设的把控水平,更加广泛的管控范围也使提高项目的建设速度和效率变得更加切实可行。

再次,从业主的角度出发,采用采购—施工总承包模式建设项目,能够全面发挥这种模式的优势,在降低业主管理压力的同时,提高项目的整体管控水平。

最后,采购—施工总承包模式将传统模式下业主与总承包商和专业分包进行管理沟通的模式转变为以总承包商和分包商之间进行管理沟通为主,而业主只与总承包商一方进行管理沟通,在不丧失对项目的控制力和话语权的同时降低了沟通成本,提升了管理效率。

2. 优越性

首先,采购—施工总承包模式能够极大限度地降低项目建设成本,此模式下的成本超支风险大部分都由总承包商来承担,这无形中很大程度地降低了项目成

本超支风险。

其次,从管理的角度出发,该模式明显减弱了业主项目工程管理方面工作量,可以减少人员配置、节约管理经费。

最后,得益于总承包商关于采购和施工的整体统筹管理,项目的建设过程和效率将得到明显的提升。

二、采购施工总承包(PC)模式风险问题梳理

1. 设计风险与应对措施

(1)设计风险

设计方案和图纸是项目正常建设的前提。如果设计方案不能及时敲定,图纸不能高质量地按期完成,将影响成本测算和施工组织。各专业分包的深化设计深度不足,也将会直接影响工程项目的开发节奏,因此设计风险管控是重中之重。

建设单位总部管理人员在总图、方案深化设计等方面起主要把控作用,初步设计和施工图主要由建设单位项目管理人员具体负责,到了能够指导施工的工艺深化图、现场样板段选取和施工的阶段主要就是由总承包商负责。项目的设计管控在不同的阶段需要由不同的部门在规定的节点完成相应的任务,否则就无法按时完成设计任务,直接影响项目的整体进度。

(2)应对措施

关于设计风险的管控,不同企业应根据自身项目设计管控的范围划分,按照阶段和板块逐步推动,有序完成设计工作。以商业项目为例,常规的总图和方案深化、强排一般由业主总部或区域中部负责,而初步设计深化和施工图则是由业主项目公司负责整理深化并上报审批。后续的工艺和样板及验收等则均是在地方项目公司由总承包商和项目公司共同研究解决。

各个阶段的主管部门、工作成果和时间节点是控制要点。这需要业主和总承包商各自做好自身的工作,同时加强沟通协调能力,总图确定时间尽快下发,自身的方案汇报则要重视设计思路的表达和工程实现的可行性,缩短总部的汇报轮次和审批流程也是非常关键的。

项目建设过程中,业主一定要敦促总承包商持续关注设计管理,定期召开设计管控专题会议,抓住图式审查和方案评审等一切机会前置解决设计和图纸问题,这样才能够全面管控设计风险,确保项目进展受控。

2. 采购风险及应对措施

（1）采购风险

采购管理关系材料设备采购的进度，同时关系项目施工进度计划能否实现，成本管控方面也必须要达到控制指标。一旦采购管控不当，将直接影响材料、设备的参数及规格的确认时间，同时拖慢工程进展，成本方面一旦选型错误或材料选择不当，有可能不能实现设计效果、影响实用功能，同时大大增加项目的成本。采购风险的另外一种表现形式体现在设计与成本系统之间的矛盾和分歧上，成本的管控标准和设计的选型选材需求之间往往存在巨大的差异，这个差异有可能导致材料设备封样和选型迟迟不能确认，直接拖慢工程进度，并引致其他风险。

（2）应对措施

采购风险管控方面，企业可以通过建立成熟的品牌库和采购数据库来做好价格管控。在价格因素影响采购决策时，无论是建设单位还是总承包商方面，都应该采取积极的措施，共同解决成本、设计问题，不管是调整设计风格、变更材料款式，还是最终增加项目成本，都需尽快作出决策，将这个因素对项目阶段性成果和整体管控目标实现的影响降到最低。

3. 履约管理风险及应对措施

（1）履约管理风险

采购—施工总承包模式下，虽然业主单位减轻了管理工作的压力，但是总承包商需要面对诸多专业分包商，并面对专业度和进度要求极高的模块工期和复杂的合同关系。因此专业分包管理工作必须要前置，要进行专项策划。此外，采购—施工总承包模式综合考量总承包商管理水平和实力，因此总承包商的自身实力和管理水平也是项目规避履约管控风险的重点之一，这需要业主选定总承包商前严格把关，以确保在选定单位后能够精诚合作，共同面对项目建设中的各种困难。

除了分包商管理方面存在的履约隐患，设计风险和采购风险一旦被触发，也都将直接作用于履约管理，形成对工期的影响，这就会打乱之前的工程策划和部署。商业地产项目，尤其是商业综合体项目的计划管理比较复杂，履约管控本来就是一个系统工程，自身繁杂同时极易受外界因素的影响，因此应给予更高的重视度。

（2）应对措施

关于履约风险的管控，在采购—施工总承包模式下，建设单位主要是前期的预控风险，首先是选择适合项目、满足工程需求的总承包商，其次是要求总承包商遴选实力强、水平高的专业分包单位,在项目推进中适度参与项目管理,一旦发现问题及时与总承包商进行沟通,提前预控。

总承包商的作用主要体现在以下两个方面:一是总承包商对自身工作的梳理和推进,二是总承包商对专业分包单位的管理。关于总承包商自身管理工作的梳理,需要业主加强过程监管,不能完全放任总承包商自行解决各类问题,完全脱离管理。一般来讲,成熟的总承包商梳理自身工作是没有风险的,只是在阶段性目标和节奏方面,从成本、人力、难度效率等来说会与业主之间存在分歧,这需要提前沟通达成共识。关于总承包商对分包商的管理,需要其通过专业水平和全局意识进行管控,同时可以借助业主对专业分包的约束能力,强化自身的管理力度,实现管理目标。

在项目实际建设过程中,总承包商和专业分包间的沟通需要极大的管理智慧,通过科学的项目策划、全面的项目统筹和完善的过程管控,使所有分包单位能够在项目大的框架体系下有机地融为一体,完成项目开发建设的全过程。

4. 成本风险及应对措施

(1)成本风险

采购—施工总承包模式的成本管控有别于传统施工模式和 EPC 模式。按阶段划分,其需要管控的成本包含项目的施工成本、采购成本、安装及调试成本、后续维护成本以及管理费等,成本风险贯穿项目的各个阶段和管理环节。

施工成本有可能因为比较复杂的原因带来的钢筋、混凝土等建筑材料的价格波动产生不确定的风险;采购方面,由于材料、设备加工和排产的周期性和阶段性,同样存在较大的价格波动风险,这对于管控项目成本,实现项目效益来说都是极不可控的风险因素。

安装、调试及后续维护阶段,由于业主的要求和项目实际运营的需要,可能要增加相应的投入,这也需要总承包商提前做好预控,否则也会对项目造成不利影响。

(2)应对措施

管控好成本风险的最佳选择,就是在采购—施工合同的各个执行阶段,做好成本管控的重点工作。项目的成本控制应该从采购、间接成本、直接成本、工程变更、索赔及签证等方面进行。采购方面,要重点对设备的规格、主要功能指标、项目的适用性和匹配度进行控制;而间接成本方面虽然总价不高,占比较小,但是由于其比较烦琐,分项较多,管控难度较大,应全面对分项设置指标并进行监控,直接成本按照合同条款做好过程管理和资料,对于变更、签证及索赔,则需要业主和总承包商都要严格按照合同条款执行,留足每一个施工过程环节的相关文字及影像资料。总体来说,成本风险管控的重点还需要建立完善的成本管理制度、体系和流程并在项目建设过程中严格执行。

5.分包商风险及应对措施

(1)分包商风险

一般情况下,采用采购—施工总承包模式的工程项目都具备工程规模大、施工涉及的专业范围广、难度高、施工周期紧张等基本特点,因此,总承包商需要再次选择专业分包商去完成相应的施工内容。一旦分包商的资质、资金、专业技术能力和合作意向出现问题,就会给项目造成工期延误、成本增加等不利影响,这就要求总承包商在选择专业分包商的时候必须慎重。因为项目整体管控的复杂性和工程进度计划的高度穿插,一旦某一家专业分包商出现延误或违约行为,将直接对项目的整体进度和其他分包商的进度计划造成影响。这使总承包商承担由分包商造成的损失的风险增大。

(2)应对措施

项目实际建设过程中,总承包商和专业分包商之间的沟通需要极大的管理智慧,通过科学的项目策划、全面的项目统筹和完善的过程管控,所有分包单位能够在项目大的框架体系下有机地融为一体,完成项目开发建设的全过程。

关于采购—施工总承包模式下分包商风险管理的重点,可以从整体监管、制度建设和项目管理三个方面进行梳理。在整体监管方面,不论是业主,还是总承包商,都需做好自查自纠,严禁贪污腐败现象的出现,否则会导致项目选择不适格或无法充分发挥分包商的作用;在制度建设方面,需要各参建单位根据采购—施工总承包模式对自身现有制度及流程的适用性进行检查;在项目管理方面,最重要的是要有总承包商的思维和高度,实现真正意义上对分包商的管理,实现项目的经营指标。

三、采购施工总承包(PC)模式实施要点及建议

(一)构建合理的采购—施工承包模式

1.合同界面

从模式上看,采购—施工总承包模式属于工程总承包合同的一种,但在合同

界面划分方面,将国内总承包商不擅长的设计环节整体打包,由业主委托专业设计单位进行设计的形式使这种模式在国内有更多的应用机会。关于设计单位和总承包商之间的界面划分,采购—施工总承包模式中有明确的要求和规定。总承包商的工程项目履约管控路径有了比较明显的延伸,管理的范围和责任也有了明显的扩大。结构施工及项目后续的所有专业分包都要由总承包商统一管理、把控。

对于图纸移交的流程、时间和标准也有界定,主要有三个原则,即全部涉及工艺深化设计的工作都由总承包商来完成;图纸审查过程中出现的图纸问题和争议由相关设计院按期回复;图纸审查阶段之后如再发现设计环节和图纸方面的"错、漏、碰、缺"问题,则由总承包商承担相关的责任和风险。在项目最终的商务结算环节,如非业主的使用需求,或法规、规范的变化导致需要变更设计,其余一律不计入结算。此模式不包含"不可预见费"或"风险预留金",这也对总承包商的专业水平、管理效率和全专业管理能力提出了更高的要求。

2. 权责划分

总承包商负责项目工程建设的全过程,包括工程建设、材料设备选型及采购、设备安装及调试等全部工作。所有相关的专业分包商,如幕墙、采光顶、空调、消防、精装修、弱电智能化等则需从业主对相应专业分包要求的品牌和厂家范围内,由总承包商自行招标。确认相关专业分包施工单位后与之签订合同,业主在项目建设过程中不再直接管理这些专业分包,而是由总承包商代为履行管理职责。在项目的履约过程中,分包商导致的任何工期延误、造价增加和损失,都不再作为总承包商的免责理由。设计阶段图纸一经确定,成本按图算量核价,即作为结算价格,过程中除了功能变化产生的签证和变更,其余一律不调整合同价格。

在采购—施工总承包模式的框架下,业主需要承担设计单位(设计总包)和工程总包两个主要单位的招标工作。设计方面,各专业设计单位单独向业主负责;工程方面,总承包商就施工组织和材料、设备采购向业主负责。执行期间,业主可以根据合同约定对总承包商进行管理,通过压力和指令的传递实现管理动作,在一定程度上该模式下的业主的管理力度及管理需求强于 EPC 模式。

3. 设计管理

由合同界面划分设定可知,采购—施工总承包模式下建设单位负责项目的规划、概念以及总图设计,同时各专业设计院将对项目的各个分部分项工程,尤其是涉及后期项目的运营、使用、维护等方面功能的相关设计工作负责。总承包商方面负责自身施工及其管辖的专业分包商施工范围,这关系到工程量是否可计量、工程施工能否按计划实现、专业与区域之间交叉部分的建筑做法是否能够闭合等方面的深化设计工作。同时,总承包商的分包商需要根据自身合同清单及施工图纸,将工作界面范围内实现设计效果需要完善的深化设计工作全部完成。与设计分工对应,业主对总体规划、项目设计意图和实用功能的调整以及实现方面的设计工作负责,总承包商负责自身及其专业分包施工范围内相应深化设计工作,而总承包商的分包商则是对自身施工方面需要的深化设计负责。如果不是业主项目使用功能方面的设计调整,则项目全部施工图纸的深化完成以及后期出现的错、漏、碰、缺将全部由总承包商自行承担。

4. 计划管控

采购—施工总承包模式下的计划管控,由项目具体性质,如商业、住宅等地产的模块计划统一运作。这一计划管理体系并不是单纯编制工程进度计划,而是包括业主总部的计划、设计、成本、营销、质监等,以及模块计划的内容,从项目挂牌、摘牌,到项目开工、前期证照办理、招标采购,一直到后期的竣工备案、项目开业等阶段,都将包括在内。这一计划管理体系从逻辑上将整个项目的开发过程串联起来。根据项目建设中各阶段关键工程的重要性程度,计划管控体系根据项目实际情况,将项目的重要节点分级别设置,每个节点都有具体的完成时间、完成标准、成果格式、填报要求及审批人员等。

通过对这些精确节点的系统性设置,项目的工程进度、品质、成本逐渐受控。在项目履约的过程中,如果出现节点延期的情况,则根据节点级别、延期周期、对后续节点的影响等方面,按照制度对总承包商进行工程款扣减、降低付款比例等处罚。

总承包商作为模块计划管理总的"主角",负责绝大多数模块节点的填报,并对工程相关的所有专业分包负责,各专业分包均需要在总承包商的整体协调和框架计划内完成各自合同范围内的施工内容。

5. 成本管控

成本管控方面,业主发包阶段需要对项目的整体成本完成基本概算,确认目标成本后,将项目成本进行分解和分摊,提前预留工程成本的设计调整空间。总承包商方面,通过招投标中标之后,需要严格按照合同条款、合同清单及价格,完成自身的成本分析,同时要关注设计环节,避免设计端的错、漏、碰、缺对工程成本造成影响,同时要根据业主的成本管理制度及流程,按时合规地上报相应签证、变更资料;专业分包需要在总承包的管理下,按照计划和流程要求,一步步完成对应的成本管控环节。管控流程方面,在施工方案评审和图纸下发两个阶段建设单位会通过第三方审图、结构优化、单位优化、建造成本指标复核等方式将建设成本限定在目标成本的控制范围之内;这个阶段总承包商需要积极参与和配合,尤其要与业主成本部门配合,通过市场调研、方案优化等方式完成这一工作,同时为自身下一阶段的施工做相应的测算和准备。

在成本管控方面需要重点关注的是,采购—施工总承包模式下,建设单位对于总承包商的成本管控是比较严格的,合同条款约定非常明确,因图纸错漏以及工艺深化问题出现的成本增加,全部要由总承包商自行承担,这就要求总承包单位要高度重视全过程技术管理和成本管控,否则一旦出现大量的成本增加情况,将对项目的整体建设进度造成较大负面影响。此外,在计价方式上,传统模式采用的是单价合同总价不封顶,而采购—施工总承包模式采用的是总价包干合同,计价方式也存在较大差异。

6.采购管理

采购—施工总承包模式,总承包商必须从业主的供应商库选择项目所需的专业分包,并根据该专业分包入库时上报的价格计算合同总价,完成合同签订。样板段施工选用的单位如没有出现重大问题,后续项目整体展开施工阶段,按照采购管理原则,应继续选用同一家单位。当某类工程单位在供应商库内数量不足时,总承包商要向业主汇报后,按照合同规定的程序进行单位的选取。专业分包商的施工、履约过程如果出现重大质量、安全事故或节点延期情况,总承包商有权在征得业主书面同意的前提下更换分包商。

采购—施工总承包模式下的所有专业分包、材料和设备的价格均执行业主采购供应商库的基准价格,如果施工内容或采购的材料和设备在供应商库没有指导价格,则需要履行新增单价手续,将相关价格通过调研和核价,补充到相应数据库内。这种模式下能够最大限度地保证项目所需材料、设备优质优价地进入现场,同时在品牌库和采购数据库的双重管理下,无论是材料、设备供应商,还是专业分包单位,都将在受到总承包商合同约束和现场管理的同时,接受业主的管理,这就加强了项目管控的力度,确保了管理的穿透力,能够让项目的建设过程更加受控。

7. 争议处理及风险分担

采购—施工总承包模式下的争议处理主要集中在合同签订前的议标和谈判阶段。在业主通过招投标的形式确认总承包商的过程中,实际上已经通过招标文件、标书制作、投标答辩和答疑环节确认了争议的处理方式。在这种模式下,争议主要有两种解决方式:一是过程谈判,在过程中消化分歧和争议,如果过程中双方无法达成共识,则在最终结算阶段,总承包商有一次整理、申诉的权利,业主区域或集团总部会综合考量总承包商所提事项的合理性,并结合项目整体建设过程给出裁决;二是法律诉讼,如果仍然不能解决争议,则按照我国法律法规要求,进行法律诉讼程序。

在这个模式的框架下,业主的风险大大降低了,而总承包商的管理风险、成本风险和履约风险都比较高,因此该模式中的专业分包商管理(指定分包商)、争议处理与裁决、不可抗力的界定与责任划分、基准日期与付款、缺陷责任期与索赔等方面都有必要深入研究、解读。在合同签订和履行阶段,一旦出现形式的误判和意外因素,很可能给项目的各参与方,尤其是总承包商带来利益损失甚至导致违法违规的结果。

(二)把握采购—施工总承包模式的关键要点

1. 总承包商的综合协调、管理能力和意识

采购—施工总承包模式考验的并不是传统施工模式下总承包商的常规管控范围,而是模式带来的管理外延,以及随之而来的一系列管控要素。以国内传统总承包商来说,如果其仍只专注于自施范围,没有适用这种模式的管理要求,其结果势必是将项目带入困境。在管理外延的同时,更主要的工作就是沟通、协调相关专业分包单位的施工、协调总承包商与各自设计单位的纠纷、协调各家专业分包之间的施工界面、周期等,这需要采购—施工总承包模式下的总承包商除了具备很强的综合协调能力,也要具备全面的专业知识,并且有主动管理的意愿,否则,采购—施工总承包模式对于业主和总承包商来说都将是灾难性的。

2. 设计和计划管理前置

由于合作模式的变化,之前传统模式中由业主负责对接和跟踪的设计问题现在都由总承包商负责跟踪、汇总并逐一核对处理,各个环节的重要性和时效性不言而喻。很多项目的开业运营时间是开工当天就确定下来的,这需要工程进度计划做得非常详尽、可行,而完成工程计划的基础是设计图纸到位、设备参数和规格

能够提前确定,之前由业主主要负责的工作现在全部由总承包商自行负责,因此设计管控和计划管理的前置、协调对于项目的顺利建设、运营极其关键。

3.专业分包商的选择

结合项目实际履约经验来看,项目专业分包的选择也是项目能够顺利完成的关键因素。这就要求建设单位需要着手组建专业的分包库,保证各个系统的施工内容、界面划分、施工窗口期等方面完备,品牌库内的单位也都非常熟悉相关节点,可以完成本就相对复杂的工作内容。

4.总承包商与业主之间的及时有效沟通

采购—施工总承包模式的管理实质是把需要由业主承担的大量管理和沟通工作下移给了总承包商,而总承包商对于这部分工作其实是不够熟悉的,因此需要通过大量及时有效的沟通掌握技巧,开展工作并使各个方面的管理受控。此外总承包商与业主之间关于合同、界面、成本、风险等方面的分歧会贯穿项目始终,因此保持及时、畅通的沟通渠道才有利于顺利完成项目的建设。

5.参与各方的合作意愿和风险承担能力

采购—施工总承包模式下,项目建设周期中的主要风险基本由总承包商承担,这就带来了一个问题:如果总承包商能够统筹组织,对风险进行有效管控,则业主也能够成为获益方;如果总承包商没有相关管理经验和意识,又缺乏风险承担的能力和意愿,那么就很容易把项目陷入困难的境地,进而直接影响业主的整体开发进度。因此总承包商、相关分包商的合作意愿和风险承担能力也是采购—施工总承包模式项目的实施成功与否的关键点之一。

第五节　设计采购与施工管理
总承包(EPCM)模式

一、设计采购与施工管理总承包(EPCM)模式介绍

(一)EPCM 模式的概念

EPCM,是 Engineering,Procurement,Construction Management 的缩写,中文即设计、采购及施工管理。EPCM 是项目管理模式发展过程中产生的一种很重要、很具代表性的形式之一,作为目前在国际工程行业更为通行的项目管理模式,其

被广泛应用于当前国际工程建设领域,尤其是在外资企业在我国投资的化工建设项目中。

根据常规 EPCM 服务合同范围,其承包商的职责是:(1)提供工程项目的设计服务(其中包括比较概念性的前端设计和进一步深化的详细设计);(2)提供采购服务(主要为设备和材料);(3)提供具体、深入的施工过程管理及合同管理服务(作为建设单位代表,受建设单位委托);(4)负责项目成本和预算、不同活动(设计、采购和施工)的进度、项目的文档控制等方面的管理。

从本质上说,EPCM 模式项目管理合同可以被描述为一种专业管理类的服务合同。EPCM 承包商既是业主的委托代理方,其身份又贴近项目咨询顾问,主要工作是配合业主选择和管理项目各承包商。但 EPCM 承包商又和传统的项目顾问的责任不同,EPCM 承包商只承担项目过程中管理方面的风险,只对项目执行过程中出现的关于成本预算、工期进度、设计和施工质量及安全方面负直接的管理责任。

（二）EPCM 与 EPC 模式的区别

EPC 和 EPCM 这两种项目合同模式交付方法常用于大型的石油化工、矿石和电力行业项目。单看英文缩写,这两个合同模型似乎是相似的,但两者间有一个明显区别,即"管理",该"管理"应区别于常规施工总承包项目中的"施工管理",此处的"管理"更倾向于"工程管理",意味着 EPCM 承包商不执行任何建设、施工工作,而是受业主委托代表业主管理施工过程。

与 EPC 合同模式相比,EPCM 合同模式是一种相对更成熟的项目管理模式或者委托方式。EPCM 分包商与业主签署服务合同,根据该模式合同要求,EPCM 承包商负责工程项目的详细设计;同时作为受项目业主(投资方)委托的代理或代表,承担项目规划和战略管理服务责任;负责将采购和施工工作分解成包,管理相关的招标、协助业主评标和授标过程以及项目执行过程中的供应商和分包的合同管理,以确保项目完成。与 EPC 合同不同,EPCM 合同金额大多是"成本加成"(或"成本补偿"),业主承担并支付项目产生的所有直接费用,包括项目采购材料、设备和所有现场工作产生的费用。业主支付 EPCM 承包商提供工程服务的实际直接成本(主要是劳动力),加上约定的利率,EPCM 承包商收取的利率取决于所承担的风险(通常为低风险)、该项目的规模(小型项目通常具有较高的利润率)和经济的供应与需求的关系。EPCM 模式比较适合那些在前期工作范围、输入条件和设计概念还未定义或者相关条件收集完整但又要求尽快启动的项目。

（三）EPCM 模式的特点与优点

1. EPCM 模式的特点

（1）EPCM 项目模式下，作为投资方的业主保留项目的投资决策主动权。

EPCM 承包商凭借其丰富的项目管理经验承担项目中从最初期的可行性报告研究到工程设计、再到工程项目的设备与材料采购以及施工管理等工作，业主根据项目的实际情况及风险分析来选择更为优化的执行方案，以最大限度地维护投资者的权益。

（2）EPCM 管理公司与分包商不存在任何合同关系，各分包商与业主直接签订项目合同。

作为业主在项目执行过程中的管理代表，EPCM 管理公司的职责是代表业主对各个相关承包商的工作进行管理。因此同其他管理模式相比，EPCM 这种管理模式有一个非常明显的特点也是优点，就是其能保证业主在项目过程中一直拥有项目的决策者的位置，可以最大限度地参与项目过程中不同阶段的决策，最终拥有决策权并且能够获得支持。

（3）与 EPC 模式相比，EPCM 的报价模式相对简单。

因为其合同范围和内容主要是提供管理服务，报价需要考虑的基本是以人工成本、日常办公以及利润等为主的因素，不涉及各种直接费用，比如设备材料采购费用或者施工费用等。

（4）EPCM 承包商的合同方式为"成本加成"，合同金额也比较低，利润值不高。

因费用组成主要是项目设计费用和相关的管理费用，基本为人员成本、日常行政费用以及利润，与项目建设的成本无直接关系。只是如果项目规模比较大、投资建设成本比较高的话，EPCM 承包商配套的人员规模也会比较大，人力费用、日常费用自然会增加。

（5）EPCM 模式下，业主参与采购、施工、进度与成本控制等活动，从而使项目所有过程更透明、公开，更接近国家相关法律的要求。

（6）EPC 作为项目总包承担整个项目的建设风险，而 EPCM 模式不一样，EPCM 模式下项目不存在传统概念中的总包单位，如果项目因为某种原因决定更换分包单位，那么对应的规模和风险要重新定义和划分。

（7）EPCM 总承包模式可以提供最大程度降低风险和成本的项目管理方案。

主要针对在项目建设前期对于建设方案和项目交付结果还不清晰、未明确的项目，尤其对于那些风险大、技术要求高、造价高、工期紧的项目来说，业主要拥有较大的决策空间，使其能够同时监控项目相关风险和项目的建设状态，选择合适的解决方案来规避未知的、不可预见的风险，以保障自身的投资利益。

（8）具有"边设计，边施工"的特点。

EPCM 承包商和业主组成一个团队共同负责组织和管理工程的规划、设计和施工。当项目完成某一单项工程设计后，便可以根据已经具备的设计条件对该单项工程进行招标、邀标、评标并授标给一家分包商，每个单项工程的分包合同都是由业主分别和相应的分包商直接签订，一般情况下土建包及详细设计都会早于机电安装包，最早具备施工条件，业主和 EPCM 承包商便可以先开始土建包的招标、评标等工作。

（9）业主独自承担和项目分包商有关的一切风险。

因为 EPCM 承包商只是作为业主代表的管理者，同各分包商不存在任何合同关系，所有的分包合同都是业主直接与各分包商直接签订。因此 EPCM 承包商只承担因其管理不足而造成的企业信誉风险，比如设备或者材料采购是否正确、是否按计划到达现场，施工安装过程中是否无误，运行是否正常等以及由于工期延误和成本费用超出预算等带来的其他一切管理责任的风险，这些都会影响管理公司的声誉。

2. 采用 EPCM 总承包模式的优点

（1）采用 EPCM 模式可以有效降低项目整体的成本

从某种角度可以说 EPCM 模式集中体现了 EPC 和 PMC 模式的优点，在保证投资方利益的前提下相对减少了项目的不可预见费用，同时又做到了工程设计、材料和设备采购以及施工等阶段的统筹安排。

（2）采用 EPCM 模式可以有效保证工期

EPCM 模式下，EPCM 承包商协助业主采用分散发包的方式进行集中管理。这种方式使设计工作和施工管理阶段的工作可以充分沟通和衔接，可以有效地降低因为设计修改而造成工期延误的可能性，从而有利于缩短项目的建设工期。

（3）EPCM 管理模式有效保证过程控制

尤其是对于工期紧迫、技术方面复杂或者存在很多不确定性的项目，业主通常会采用 EPCM 管理模式。工程项目的顺利执行得力于各个环节的紧密衔接,从设计到采购、再到施工管理等环节有效协调。比如设计人员根据得到的技术输入条件进行设计处理,将相关采购设备及材料技术参数要求提给采购人员,采购人员则根据设计人员提出的技术要求来选择合格供应商以采购相关设备和材料,其中主要的大型设备以及大宗材料采购数量大、费用比较大、占项目投资额的比例也比较高,采购周期一般也会在整个项目工期中占有比较大的比例;同一时间、同一空间内,不同分包商在现场施工活动也有很多交叉作业或者相互之间存在上下游关系等。作为专业的管理公司,EPCM 承包商可以提供更强的专业能力和丰富的管理经验来代替业主负责项目建设不同阶段工作的管理。

(4)EPCM 模式有利于业主工艺包等技术信息的保密

大多采用 EPCM 模式的项目多为化工项目,化工行业业主大多有自己的专利技术包或者工艺包,通常 EPCM 承包商设计工作要做的就是将工艺包工程化,但过程中并不涉及具体的技术参数、工艺选型等信息。这种方式可以很大程度地保证业主专利技术的保密性。

(5)EPCM 模式可以有效减少项目多方之间容易产生的工作矛盾

EPCM 承包商在整个项目管理过程中是统筹者、组织者或者协调者的角色,工作的原则是协调并统一整个项目不同参与方的工作,比如协调设计与施工、不同分包的施工单位、业主和施工分包等之间的关系,可以有效减少项目多方之间容易产生的工作矛盾。

二、设计采购与施工管理总承包(EPCM)模式问题梳理

1. 环境、进度和成本风险及应对措施

(1)环境、进度和成本风险

由于 EPCM 项目管理的特点,任何技术、采购、施工问题的沟通,都可能对项目的进度造成延误,同时,在国际项目中,受到环境因素的影响较大(主要分为政治环境、自然环境和文化环境等的影响),不确定性增大,施工进度和成本控制管理难度加大,会导致进度延误、成本大幅增加。社会治安环境直接影响施工人员的人身安全,并对施工人员的心理造成影响,进而对工程建设质量和工程项目的安全施工造成一定的影响。自然灾害和气候特点也给施工带来了一定的难度,进而影响施工进度。此外,社会文化背景不同,导致项目在开展的过程中出现交流

障碍和思想不同等问题,产生施工进度慢,管理难度大等现象。

(2)应对措施

在项目开展之前,应向业主表明或通过合同约定方式确定业主参与项目决策的事项以及流程等,明确接口,提高沟通效率;同时,对环境风险因素等不确定性情况以及会导致的严重后果进行说明。针对环境因素等不确定性因素,结合项目的实际情况与当地政府进行沟通,明确政府对项目建设和项目工作人员的保护责任,可以降低安全风险。做好工程项目安全管理和安全防范工作,安装监控系统、设立门禁制度、雇佣保安人员等。另外,应对施工人员展开安全知识培训,包括介绍施工当地文化背景,法律法规等,并与施工人员随时保持联系,建立签到机制,要求工作人员每日必须准时报到。应对自然风险,需要项目管理人员结合当地气候特征以及自然灾害发生概率编排施工计划,针对气候变化实施相应保护措施,进而有效保障施工顺利开展。

2. 技术风险及应对措施

(1)技术风险

这里的技术风险主要存在于 EPCM 项目管理中的设计阶段,在建设单位和施工方的对接环节,承包管理的弊端尽数显现。负责概念设计的公司,在工程开展前若未能提供准确和完整的数据基础,会直接影响设计的进一步深化以及设计的准确性与合理性,进而影响设计进度。由于业主追求完美的心理,需要不断变更设计内容,造成工程项目开展的复杂性,易延误工期,导致工程设计成本以及采购、施工成本的增加。

(2)应对措施

承包商应要求设计公司在工程项目开展之前确定项目的相关参数和设计方案,制定设计变更流程,保证设计变更的科学性和合理性。同时,承包商应为业主和设计公司建立有效的沟通平台,按照规定时间催促设计单位上交相应设计成果,保证项目建设的有效开展。

3. 采购和施工管理风险

(1)采购和施工管理风险

采购是 EPCM 项目管理的重要组成部分,采购过程中的风险将直接影响工程建设的开展和工程进度。采购厂家延迟交货会影响现场施工设备的安装和施工材料的使用,进而影响整个项目的进度开展,造成工程停工现象,严重增加项目成本。若项目需要的材料数量庞大,施工地点较远,设备和材料的运输过程中会存在物流风险,使材料和设备无法按时到达现场,进而影响项目的施工进度。

(2)应对措施

承包商应加强对采购过程的参与和监督,建立与厂商供应商有效的沟通方式,做好采购物品状态跟踪一览表,督促其按时上交报告表,实时监管设备和材料的状态。对材料和设备的运送过程的道路进行勘察,设计物流方案,强化催交工作,委托专业的物流团队,尽可能降低风险发生的概率。

沟通是助力施工现场管理有效实施的重要途径。在施工管理过程中,一旦发现质量问题,承包商应及时与分包商进行沟通,合理解决出现的问题。针对任何问题,都要通过沟通了解实际情况后再解决问题,并且对问题进行总结,不断积累管理经验,才能更好地开展相关项目管理工作。

三、设计采购与施工管理总承包(EPCM)模式实施要点及建议

(一)明确项目管控内容

国内承包企业更熟悉 EPC 总承包模式,而 EPCM 模式是对 EPC 模式的升级,可以向建设方提供项目建设期间的所有管理服务。具体来说,EPCM 模式下项目管控内容可以包括以下几个方面:

第一,工期保证。EPCM 承包商无须保证项目在预定期间内完工,只会向建设方承诺尽自身最大的努力达到建设方的时间要求。所以 EPCM 承包商只需要承担管理服务中工期延迟的责任,所以 EPCM 合同内不应涵盖工期损失赔偿的相关内容。

第二,合同价格控制。EPC 承包商需要承担项目成本超支引发的风险,而 EPCM 承包商一般不会承担项目成本超支的风险,只须将项目整体的造价作为一个期望值进行管控,无须承担超支风险,超支的部分由建设方承担。

第三,采购事项管理。EPC 承包商需要负责材料和设备的市场采购,作为设备所有者与供应商签订购买合同,而 EPCM 承包一般扮演着建设方的代理人角色,与供应商洽谈采购事宜,不需要与供应商直接签订合同,合同的签订依然由建设方负责签订。在有些项目中,项目的采购管理直接由建设方与各供应商签订合同,然后将合同交给 EPCM 承包商进行履约管理。

第四,项目质量与性能保证。正常情况下,EPC 承包商应确保建成之后的设

施可以达到相应的性能标准,比如效率与可靠性,且合同内带有损害赔偿机制,就像工期赔偿机制一样。而 EPCM 承包商无须向建设方提供质量与性能担保服务,他们会向建设方保证遵守专业服务质量标准。

第五,建设方参与承担。EPCM 模式下承包商不用承担太大的风险,建设方可以参与项目的管理,承包商协助建设方进行项目整改活动。当承包商提供设计服务时,EPCM 承包商就会向建设方提供关于设计环节缺陷的调整方案。

第六,安全和环境保护。EPC 模式中,施工现场安全责任由承包商承担,EPCM 模式下,这一职责由承包商负责监督,建设方与其他承包商来承担,通过主体间的协议划分确定责任承担内容,EPCM 承包商无须承担。为了缓解成本与工期上的压力,EPC 承包商会主动承担风险,但 EPCM 承包商没有这方面的压力,对项目只有专业监督的责任,所以不会冒风险进行管理。

(二)厘清各参与主体的职责

首先,投资企业,也就是项目建设方。需要深刻意识到 EPCM 管理模式的优势与缺点,EPCM 不是一种比 EPC 项目更先进的管理方法,而是适用于特殊情况下,能够防止项目风险得不到有效控制,避免建设方承受风险溢价。EPCM 承包方不对项目投资与工期控制、质量管理负直接责任,其管理风险主要体现在工作表现不理想而造成的声誉损失。

其次,施工承包单位。需合理应对 EPCM 项目下的合同管理和施工管理,面对专业化项目管理承包商,施工承包单位的考核方式与投资、进度没有关联,EPCM 承包方只是对项目进行直接管理,按照合同标准提出施工安全与环境保护等方面的要求。施工承包单位从投标阶段开始,就要深刻意识到项目执行标准的重要性,签订合同时,写清楚执行标准。日常施工管理环节,要求施工承包单位按照合同约定完成施工,加强与 EPCM 承包商之间的沟通。

最后,总承包单位与咨询单位。双方应意识到 EPCM 模式下对项目管理的专业性与综合性要求。与 EPC 模式相比,EPCM 模式下的管理服务风险比较小,且更加稳定。建设方选择 EPCM 模式的原因主要有:其一,项目施工复杂,工期紧张,需要在较短的时间内完工,且设计环节与施工环节紧密衔接,二者之间有部分程序需要重叠进行;其二,立项初期建设方未明确最终项目建设方案,或者未向承包方提供项目交付方案,只能一边建设一边进行方案的完善,这类情况适合采用 EPCM 管理模式;其三,项目价值高,对于建设方来说意义重大,建设方需要参与项目建设的全过程,或者设备采购费用较高,占项目总支出的一定比例,且建设方缺乏项目管理经验,没有专业化管理人员,为了加深对项目的理解,会选择聘请专业化总承包管理单位。

（三）做好 EPCM 项目中的设计与采购

在设计阶段,建设方需要合理地选择项目管理公司,好的管理公司能够保证成本、质量及进度等方面的相互平衡,且内部拥有成熟的设计团队、施工管理团队。EPCM 模式下项目成本控制以设计为关键,建设方考察项目管理公司时会结合对方的设计资质,经过对人员配备与设计能力的考察,最终确定与项目管理公司展开合作。材料与设备的采购进度关系施工进度,优秀的采购队伍不仅可以帮助建设方节约资金,还能有效平衡设备生产与施工进度的时间关系。EPCM 模式下,规模较大的承包方由于承包项目较多,在工作中有一定的话语权,他们对于设备供应商和施工分包商有相应的掌控能力,可以降低建设成本。此外,EPCM 承包商在管理工作方面有着突出的优势,积累了技术服务的丰富经验,可更好地向费控能力与管理能力较弱的企业提供服务。

在 EPCM 项目承包方的协助下,选择优秀的设计团队,合理地把握项目设计进度,兼顾经济性,对各方专业设计展开沟通与协调。在图纸会审工作中,加强对管道、机械、电气等专业图纸的审查,确保各部分设计没有矛盾,且图纸尺寸与位置没有任何误差,审查预埋位置的尺寸是否准确,一旦发现问题立即协调解决,避免 EPC 模式下缺乏图纸会审环节造成的一边建设一边修改的后果,防止成本浪费。

优秀的采购团队可以更好地达到建设方对于项目建设的需求,同时与设计团队、施工团队相互协调,合理把握材料与设备的采购进度。EPCM 模式下的采购管理要点如下:其一,合理选择供应商,从供应商资质与生产能力入手,考察供应商的供货能力,通过招投标的方式最终确定合作的供应商;其二,与设计人员、施工人员相互协调,要求各团队把握进度,做好监造与验收管控,确保材料在预期时间内进入现场,加强对材料的抽样检测,一旦结果不合格立即停止材料入场,验收通过后的材料进行入库管理;其三,文件管理,依据采购流程完成采购工作,加强文件审核,确保所有资料齐全且准确无误。如在生产类项目中,工艺设备的费用就占据项目投资一半以上,在这种情况下做好材料与设备的采购管理,有利于尽可能地节约项目投资。材料设备的交货进度将会对项目建设进度产生影响,材料设备到货就代表资金的回笼,其质量也会对项目费用产生影响,甚至会关系项目建成之后的安全运转。因此建议将采购纳入设计程序范围,这是 EPCM 管理模式下的常见做法。

(四)强化 EPCM 项目中的施工管理

各部分的施工进度、质量管理、成本控制及安全管理需要做到统一,施工部门与控制部门协调施工,做好交叉作业,协调施工计划,严格按照图纸展开施工,确保施工质量。安全控制是 EPCM 项目管理的重要内容,为了达到工期控制目标,各专业会出现交叉施工的情况,甚至其中存在较多的特种作业,要求施工人员与管理人员做好生产机械设施的质量检查,所有施工人员必须持证上岗,按照作业流程完成施工。做好进入施工现场的材料和设备质量验收,采用外观检查、抽样测试、性能测试等方式,必要的时候可对设备进行解体检查,核实设备合格证与装配图,检查材料设备试验报告,不适用任何不合格的材料设备,完成后填写材料验收单,在其中加入材质证明与检验证明。施工团队应严格按照相应规范展开施工,按照国家验收标准完成工程质量验收,保证当前工序合格后才能进入下一道程序。做好竣工材料等相关文件的采集与整理,这些是体现工程质量的重要文件,须贯穿项目建设的全过程,所以竣工阶段的资料整理必须客观反映项目内在质量。加强对项目成果的检验,从竣工验收与设备试运转等方面入手,强化各个专业之间的协调合作。

(五)扎实费控管理与试运行管理

EPCM 管理方需要负责做好费控管理工作,依据初步编制的投资估算,根据资金的使用情况制订使用计划,按照合同拨付与审批阶段付款,明确预付款、进度款及发货款的关系,审批施工单位每个月的实际工程量,按照合同拨付工程款,及时开具发票,加强税务管理,为固定资产编制资产移交表,再按照手续扣除各项违约款。EPCM 管理方应协助建设方做好项目预算的有效控制,在保障建设质量的基础上减少成本支出,不管是设备供应商或者施工方,都要按照合同要求将履约保函交给建设方,建设方须负责对上述内容的决策,完成各项文件的签批处理。

此外,EPCM 项目管理方需要做好项目开工试运行管理工作,加强人员编制计划,完善培训计划,丰富人员培训内容,合理编制岗位工作计划与运行方案,协助消防人员完成消防审查,做好防雷接地装置的审查,安排施工方完成特种设备的质量检验。

第三章

工程总承包项目常见运作
模式分析与实务建议

工程总承包作为国际通行的建设项目组织实施方式,目前已被作为深化建设项目组织实施方式改革的重要抓手。在这种模式下,由工程公司负责对工程项目的进度、费用、质量、安全进行管理和控制,并按合同约定完成工程。实际运用中,EPC 往上下游延伸,产生了多达 10 种的衍生运作模式。本章将探讨其最为常见的四种运作模式:融资 + 工程总承包(F + EPC)运作模式、政府和社会资本合作 + 工程总承包(PPP + EPC)运作模式、工程总承包 + 运营(EPC + O)运作模式和工程总承包 + 项目管理(EPC + MC)运作模式。

第一节　融资 + 工程总承包(F + EPC)运作模式

一、F + EPC 运作模式介绍

(一)F + EPC 运作模式背景

F + EPC(Engineering Procurement Construction + Finance)模式——融资 + 设计 + 采购 + 施工总承包模式,F + EPC 模式具备 EPC 模式的基本特征,在 EPC 模式基础上衍生出"融资"功能,通常是指公共设施项目的项目业主通过招标等方式选定承包商,由该承包商方直接或间接筹措项目所需建设资金,以及承揽

EPC 工程总承包相关工作,待项目建设完成后移交给项目业主,在项目合作期内由项目业主按合同约定标准向合作方支付费用的融资建设模式。值得一提的是,F + EPC 模式最初由国际工程领域引进,但现在国内外的 F + EPC 模式的实际运作存在不同。在国际工程中 F + EPC 项目社会资本方只提供融资支持服务,融资责任仍由业主承担,业主通过申请主权担保,与金融机构签订买方信贷协议。而在国内,往往由社会资本方垫付项目资本金,融资责任由社会资本方承担。①

2013 年,我国提出建设"新丝绸之路经济带"和"21 世纪海上丝绸之路"的合作倡议,在"一带一路"的推广实践中,我国对"一带一路"共建国家的基础设施工程建设投资力度逐渐加大,承包工程项目突破 3000 个,这为国内的建筑企业与施工企业提供了新的业务范围与发展契机。一方面由于"一带一路"共建国家大多属于发展中国家,其经济发展水平不高,从实际层面而言其有基础设施建设的紧急需求,但是国家的财政与金融能力却无法满足基础设施建设资金的需要;另一方面国际工程领域竞争加剧,国内社会资本方为拿到项目必须体现出比竞争对手更强的优势。因此依托国内金融机构支持,"带资进场"是非常重要的一种手段。此时传统意义上的 EPC 模式不能为"一带一路"共建国家提供基础设施建设的资金需求,因此,F + EPC(融资 + 工程总承包)运作模式在国际工程总承包中逐渐兴起,受到广大发展中国家的喜爱。

除去"一带一路"的因素,随着国内地方政府债务的不断加重,国家开始不断强化地方政府债务管理力度,出台了一系列政策限制地方政府举债问题,如国务院《关于加强地方政府性债务管理的意见》(国发〔2014〕43 号)明确提出地方政府举债采取政府债券方式;《关于进一步规范地方政府举债融资行为的通知》(财预〔2017〕50 号)提出地方政府举债一律采取在国务院批准的限额内发行地方政府债券的方式,除此以外地方政府及其所属部门不得以任何方式举借债务;财政部《关于规范金融企业对地方政府和国有企业投融资行为的通知》(财金〔2018〕23 号)也强调国有金融企业除购买地方政府债券外,不得直接或通过地方国有企事业单位等间接渠道为地方政府及其部门提供任何形式的融资,不得违规新增地方

---

① 参见清智咨询集团:《【清智研究】"EPC + F"未来将何去何从》,载微信公众号"清智工程咨询"2021 年 5 月 28 日,https://mp.weixin.qq.com/s/qvnDJWQSV2yqSIADckC5Vg。

政府融资平台公司贷款。在这种背景下,尝试采用新的模式,设法拓宽社会资本引入渠道成为各地方政府的重要选择。具有项目操作流程简单,落地效率快,社会资本参与热情高,实施程序和模式比较成熟等优点的 F + EPC 模式逐步在国内推广。

我国地方政府为了响应国家"一带一路"的号召,促进当地经济发展,也出台了相应的政策以推进 F + EPC 等运作模式的运用以加强境外投资建设。例如在赣州市南康区的《2019 年政府工作报告》中就提出:"深化金融改革创新,推动发行 7 亿元苏区振兴公司债、15 亿元项目收益债及'一带一路'债券,深入开展PPP、F + EPC、EPC 延期支付等模式融资破解项目融资瓶颈。"

(二)F + EPC 具体运作模式

根据实施主体不同,可以将 F + EPC 运作模式区分为政府方作为项目业主及企业作为项目单位两种实施方式。政府方作为项目业主是指由政府方作为项目业主进行 F + EPC 招标,项目承接主体在作为 EPC 主体承接项目的同时需要承担项目的融资责任,提供或者筹措资金用于项目建设。而企业作为项目单位是指出于规避合规风险的目的,大部分项目是由政府方指定或授权融资平台公司或者地方国有企业作为项目单位,由该项目单位作为 F + EPC 的操作主体。在企业作为项目单位的 F + EPC 模式中,又可以分为股权型 F + EPC、债权型 F + EPC 及延付型 F + EPC。

股权型 F + EPC 是总承包商与项目业主共同出资成立项目公司,由项目公司作为融资主体在总承包商的协助下筹措项目建设资金,用于支付总承包商的工程费用。典型的股权型 F + EPC 项目是张家口市未来之城综合开发项目,该项目的投资模式是在投标单位中标后,与招标人共同签署投资建设合同,中标人作为本项目的项目公司,负责本项目的整体策划、规划、开发、建设和运营。①

债权型 F + EPC 是指总承包商以委托贷款、信托贷款或者借款等方式向项目业主提供建设资金,由项目业主用于支付 EPC 工程总承包费用。

---

① 参见《张家口市"未来之城"综合开发项目投资人招标公告》,载全国公共资源交易平台 http://www. ggzy. gov. cn/information/html/a/370000/0104/202012/16/00372fe5bb60c5e942559d52dabca2170af9. shtml,最后访问日期:2023 年 3 月 25 日。

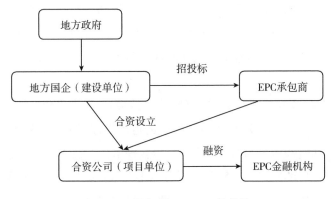

图 3 – 1   股权型 F + EPC 的结构

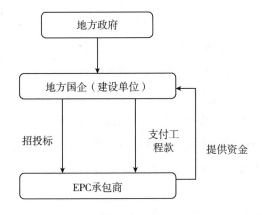

图 3 – 2   债权型 F + EPC 的结构

延付型 F + EPC 是指总承包商先行融资建设,项目业主在建设期支付部分或不支付总承包费用,偿还期内支付总承包费用及资金占用利息(约定部分或者全部总承包费用延期支付属于一种合法的工程款支付方式)。典型的延付型 F + EPC 项目是丽水机场项目,该项目配套工程建设模式为延付 EPC 模式。其中配套工程建设期 4 年,延付期为 8 年,一年支付一次。延付资金最低为 EPC 投资的70% ,延付利率最高为五年期贷款基准利率上浮 40% 。[①]

---

① 参见《丽水机场项目配套工程设计、采购、施工总承包资格预审公告》,载全国公共资源交易平台,https://www.bidcenter.com.cn/newscontent – 54357161 – 1.html,最后访问日期:2023 年 3 月 25 日。

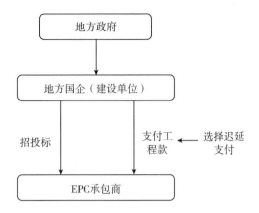

图 3 - 3　延付型 F + EPC 的结构

（三）F + EPC 运作模式的特点和优势

F + EPC 运作模式具有融资主体特殊性、参与主体复杂性及适用范围独特性三方面的特征。融资主体特殊性是指项目融资是由总承包商负责融资或为业主提供融资支持,进而满足基础设施项目的资金需求。参与主体复杂性是指参与主体包含了项目发起人、平台公司、总承包商、金融机构等参与人。项目发起人一般为政府或政府成立的国有公司,而项目的资金来源则需要项目发起人、平台公司、总承包商、金融机构等一起助力加以达成。适用范围独特性是指该运作模式主要适用于政府投资的基础设施和公共服务领域,既可以适用于非经营性基础设施项目,也可以适用于经营性基础设施项目与准经营性基础设施项目。

F + EPC 运作模式基于其自带融资属性的特点,具有以下几个方面的优势:

第一,在地方政府财权与事权不匹配的情况下,有助于缓解政府基础设施投资建设的财政压力,也为社会资金进入基础设施领域与政府利用闲置的社会资金提供了一条合理的途径。

第二,F + EPC 运作模式由总承包商负责整个项目的实施过程,有利于对项目总投资的控制,同时也有利于整个项目的统筹规划和协同运作,可以有效解决设计与施工之间的衔接问题,减少施工与采购的中间环节,顺利解决施工方案中的实用性、技术性与安全性之间的矛盾。

第三,有利于发起人与投资方针对基础设施投资建设与运营期的风险进行合理分担,在 F + EPC 运作模式中,总承包商可以帮助政府分担其投资阶段、建设阶段所产生的风险,合理的风险分担既有利于提高资源利用的效率,也有利于基础设施的建设发展。

（四）我国适用 F+EPC 运作模式的典型项目

1. 丽水机场项目①

2018 年 7 月 24 日发布的《丽水机场项目配套工程设计、采购、施工总承包》招标公告，该项目招标公告明确的招标人（建设单位）为丽水机场开发建设有限责任公司，系丽水市交通投资发展有限公司的全资子公司。同时，招标公告明确配套工程建设模式为延付 EPC 模式（F+EPC 模式），纳入 EPC 投资的费用主要为工程费用和相关的工程建设其他费、勘察设计费、预备费等，共约 12.59 亿元，征迁费用、前期费用、建设单位管理费、建设期利息等不纳入 EPC 投资。配套工程建设期 4 年，延付期 8 年，一年支付一次。延付资金比例最低为 EPC 投资的70%，延付利率最高为五年期贷款基准利率上浮 40%（建设期延付资金利率参照延付利率执行）。

2018 年 9 月，《丽水机场项目配套工程设计采购施工（EPC）总承包中标候选人公示》发布，公布中标候选人为中国葛洲坝集团股份有限公司。

2019 年 11 月 8 日，中国民航华东地区管理局、浙江省发展改革委员会联合印发《关于新建浙江丽水机场初步设计（第一批）的批复》（民航华东函〔2019〕380 号），标志丽水机场项目即将进入全面建设阶段。

2. 江西丰城梅林土地整治补充耕地项目②

2018 年 10 月 19 日，丰城市梅林镇政府发布《丰城市梅林镇 2018 年土地整治补充耕地项目（EPC+F）总承包工程招标公告》，该项目的招标人为丰城市梅林镇政府，建设资金由中标人进行融资，项目投资估算价 1.2 亿元，招标范围为丰城市梅林镇 2018 年土地整治补充耕地项目的设计—采购—施工—融资总承包，明确了本项目采取的是 F+EPC 模式建设，具体运作方式为：联合体成员中，投资单位中标人融资项目费用，包括项目可研、勘测、规划设计、预算编制的费用；项目施工费用；项目监理费用；项目竣工验收材料编制费用；项目土壤检测费用；项目审

① 参见《丽水机场项目配套工程设计、采购、施工总承包》招标公告，载 https://www.zmctc.com/zjgcjy/infodetail/? infoid=d30cc37f-8314-49c7-89f9-5b21be3ff69f，最后访问日期：2023 年 3 月 24 日。

② 参见《丰城市梅林镇 2018 年土地整治补充耕地项目（EPC+F）总承包工程招标公告》，载 http://www.fcgzj.gov.cn/Article/ShowArticle.asp? ArticleID=10862，最后访问日期：2023 年 3 月 24 日。

计报告编制费用。工程建设单位的建设资金全部由投资公司支付,工程可行性研究、勘测、规划设计、预算编制费用亦由投资单位支付。同时,投资单位中标后与丰城市人民政府另行签订投资协议,约定相关权利与义务。该项目投资回报机制为当新增水田面积经相关部门验收合格且占整个土地整治开发面积大于等于80%时,确定项目投资回报率为1.46倍(新增加耕地指标入库后,再向投资方支付投资成本和投资回报)。

3.浙江慈溪城南教育地块项目①

2018年8月30日,慈溪市城南建设投资有限公司发布《慈溪市城南区块教育地块(R-10)和周边市政道路工程EPC项目招标公告》,该项目招标人慈溪市城南建设投资有限公司系城南改造建设指挥部下属国有企业,同时,该招标公告明确招标范围为以投融资方式承担本工程总承包范围内的房屋建设及配套工程的施工图设计以及工程施工、设备采购和工程缺陷责任期内的缺陷修复和保修服务等工作,另包括两条市政道路的施工,竣工验收合格后将本工程移交给招标人,建设资金来源于自筹(资金来源),工程总投资约34,951万元,本项目建安工程费26,236.5709万元。

2019年6月20日,浙江省慈溪市城南区教育地块项目顺利取得1.5亿元项目建设资金贷款。该项目是慈溪市2018年度十大民生实事项目和重点建设项目,该项目以"F+EPC"建设模式运作,由城南改造建设指挥部下属国有企业——慈溪市城南建设投资有限公司投资实施,上海城建市政工程(集团)有限公司为该项目总承包商,以投融资方式承担工程的设计、采购、施工。

从上述几个典型案例来看,F+EPC模式在实践中的具体操作形式呈现了非常多样化的特点:从采购主体来看,既有以政府或职能部门作为采购主体的,也有以城投公司、地方国企作为采购主体的;从具体"F"模式来看,既有设立项目公司作为投融资主体的股权型融资,也有非股权型(包括工程款延付型)的融资模式;从承包商所承担的融资范围来看,既有仅承担设计施工采购总承包工程价款范围的融资责任的做法,也有将建设项目全部总投资(包括征地拆迁费用、工程款以外的工程建设其他费、建设期贷款利息等)全额纳入融资范围的做法。

---

① 参见《慈溪市城南区块教育地块(R-10)和周边市政道路工程EPC项目招标公告》,载https://www.bidcenter.com.cn/newscontent-56448041-1.html,最后访问日期:2023年3月24日。

（五）F + EPC 运作模式与其他"EPC +"运作模式的区别

其他"EPC +"运作模式主要是指 EPC + O 运作模式和 EPC + MC 运作模式。从前文上述模式的定义上来看，F + EPC 运作模式与其他"EPC +"运作模式都是在 EPC 的基础上赋予承包商不同的功能定位，因此，在实践中厘清 F + EPC 运作模式与其他"EPC +"运作模式的区别，核心在于鉴别承包商的附加属性，总体来看，它们在附加属性、适用范围、融资主体上存在区别：

1. 附加属性不同。这是区别"EPC +"运作模式的核心所在，从各种模式的定义看，F + EPC 运作模式是为项目附加融资功能属性；EPC + O 运作模式是为项目附加运营功能属性；而 EPC + MC 运作模式是为项目附加管理功能属性。

2. 适用范围不同。附加属性的不同会影响其适用的项目范围，F + EPC 运作模式主要适用于政府投资的基础设施和公共服务领域，既可以适用于非经营性基础设施项目，还可以适用于经营性基础设施项目与准经营性基础设施项目。而 EPC + O 运作模式的应用推广最初是为了解决地下综合管廊项目的建设运营脱节的问题，因此其主要适用于强运营属性的项目，集中在污水治理、水环境治理、市政管网等领域。而 EPC + MC 运作模式主要适用于项目复杂、周期性长且不适合采用传统施工总承包的项目，凸显管理的职能优势。

3. 融资主体不同。F + EPC 运作模式是由总承包商负责融资或为业主提供融资支持。而 EPC + O 运作模式是业主负责项目融资，但是建设费用及运营费用均涉及财政性资金支付。EPC + MC 运作模式是由业主负责项目融资，并为项目提供资金支持，但 MC 公司需要对最大工程费用进行保证。

二、F + EPC 运作模式实施风险及实施要点

1. 政策性风险

根据国务院 2014 年 10 月 2 日发布的《关于加强地方政府性债务管理的意见》的内容可知，为加强地方政府性债务管理，要加快建立规范的地方政府举债融资机制，地方政府举债可以采取政府债券方式，同时推广使用政府与社会资本合作模式。此外，2017 年 4 月 26 日财政部等发布的《关于进一步规范地方政府举债融资行为的通知》①，其要求进一步健全规范的地方政府举债融资机制，地方

---

① 参见《关于进一步规范地方政府举债融资行为的通知》，载中央人民政府网，http://www.gov.cn/xinwen/2017 – 05/03/content_5190675.htm，最后访问日期：2023 年 3 月 25 日。

政府举债一律采取在国务院批准的限额内发行地方政府债券方式,除此以外地方政府及其所属部门不得以任何方式举借债务。地方政府及其所属部门不得以文件、会议纪要、领导批示等任何形式,要求或决定企业为政府举债或变相为政府举债。从上述规定可以看出,因 F + EPC 运作模式所产生的债务不属于政策所允许的政府债务,政府投资的 F + EPC 项目面临着被认定为违规举债的风险。

政策性风险除了表现在违反政策性文件方面,还表现在违反法律法规规定的方面。2019 年 7 月 1 日,《政府投资条例》正式施行,其对 F + EPC 合规性的产生了重大的影响,《政府投资条例》明确了“政府投资”的概念范畴,即政府投资是指在中国境内使用预算安排的资金进行固定资产投资建设活动,包括新建、扩建、改建、技术改造等;第 22 条规定:“政府投资项目所需资金应当按照国家有关规定确保落实到位。政府投资项目不得由施工单位垫资建设。”并且再次强调了政府及其有关部门不得违法违规举借债务、筹措政府投资资金。

由于在 F + EPC 运作模式中,是由总承包方进行融资,其本质上仍属于承包人垫资的工程承包合同。[①] 判断 F + EPC 模式合规与否的关键在于确定是否存在政府违规举债或变相举债的情形,举债主体是判断是否造成违规的关键。若在政府投资项目中采用了 F + EPC 运作模式,即存在违反《政府投资条例》的风险。根据 2018 年新修订的《预算法》第 35 条的规定可知,地方各级预算按照量入为出、收支平衡的原则编制,除《预算法》另有规定外,不列赤字。经国务院批准的省、自治区、直辖市的预算中必需的建设投资的部分资金,可以在国务院确定的限额内,通过发行地方政府债券举借债务的方式筹措。举借债务的规模,由国务院报全国人民代表大会或者全国人民代表大会常务委员会批准。省、自治区、直辖市依照国务院下达的限额举借的债务,列入本级预算调整方案,报本级人民代表大会常务委员会批准。举借的债务应当有偿还计划和稳定的偿还资金来源,只能用于公益性资本支出,不得用于经常性支出。

除前款规定外,地方政府及其所属部门不得以任何方式举借债务。除法律另有规定外,地方政府及其所属部门不得以任何方式为任何单位和个人的债务提供担保。国务院建立地方政府债务风险评估和预警机制、应急处置机制以及责任追

---

① 参见《〈政府投资条例〉对施工企业的影响》,载北大法宝官网,https://www.pkulaw.com/lawfirmarticles/386e438373ec57a6b39abf1ba3364e26bdfb.html,最后访问日期:2023 年 4 月 5 日。

究制度。国务院财政部门对地方政府债务实施监督。由此可知,《预算法》严格了政府举债的方式,除发行地方政府债券及法律另有规定的方式外,不得以任何方式举债。因 F + EPC 运作模式并不属于法定的政府举债方式,因此在政府投资项目中,若采用 F + EPC 运作模式,则存在违反《预算法》的风险。

以企业作为立项主体,在企业投资项目且无政府直接股权投入的情况下,属于企业投资项目,则不受《政府投资条例》的约束。但应当注意的是,就公益性项目和部分准经营性项目而言,从实质来看其费用的最后承担方仍为政府。这种情况下,即使采用企业作为立项主体,仍应遵守《政府投资条例》的规定,否则存在很高的合规性风险。

综上所述,采用 F + EPC 运作模式的政府投资项目面临违反法律、法规及规范性文件的风险。《民法典》第 153 条第 1 款规定:"违反法律、行政法规的强制性规定的民事法律行为无效。但是,该强制性规定不导致该民事法律行为无效的除外。"因此,基于此项目所签订的总承包合同等一系列合同,或面临被认定为无效合同的风险。

2. 融资风险

融资风险主要是针对总承包方而言的,因为在 F + EPC 运作模式中,总承包方为项目提供资金支持,其采用债权融资或股权融资的方式将所筹资金投入项目建设中,而业主则是依据合同约定向总承包方支付费用。因此,总承包方面临着融资失败的风险。该风险主要表现在以下几个方面:

首先,F + EPC 项目中总承包方承担着融资的责任,融资主要分为股权融资与债权融资两种方式。股权融资是指总承包方与业主共同出资成立合资公司,合资公司在总承包方的协助下筹措项目建设资金,用于支付工程总承包费用;而债权融资是指承接商以委托贷款、信托贷款或者借款等方式向业主提供建设资金,由项目业主用于支付工程总承包费用。① 根据财政部 2018 年 3 月 28 日发布的《关于规范金融企业对地方政府和国有企业投融资行为有关问题的通知》的内容可知,除购买地方政府债券外,不得直接或通过地方国有企事业单位等间接渠道为地方政府及其部门提供任何形式的融资,不得违规新增地方政府融资平台公司贷款。国有金融企业向参与地方建设的国有企业提供融资时,应按照"穿透原

---

① 参见唐欢、雷雨田:《"F + EPC"参与各方的八大风险》,载《中国招标》2019 年第 36 期。

则"加强资金审查,应审慎评估融资主体的还款能力和还款来源。因此,总承包方在进行融资时,若项目本身存在"名股实债"、股东借款、借贷资金等债务性资金和以公益性资产、储备土地等方式违规出资或出资不实的问题,或经评估不具有自有经营性现金流以覆盖应还债务本息,那么总承包方则可能会出现融资失败,资金无法到位的风险。

其次,承包方提供资金的方式无论是自有资金还是融资贷款,相同的是各自的融资风险均会在一定程度上转移具备的收益偿债能力,考虑到项目的合法性,金融机构会从根本上落实国有金融资本管理制度。根据《财政部关于规范金融企业对地方政府和国有企业投融资行为有关问题的通知》,金融机构对于项目资本金的来源、融资主体本身的还款能力、项目合法合规性的审查较为严苛。在此环境下,对合资公司提出更高的要求,若缺乏有效的增信措施,可能由于自身条件不足而难以令银行方放款,甚至不具备通过银行审核的资格。此时,项目陷入融资难的困境中,不乏有部分资金难以落实到位,而项目的发展具有系统性,致使业主在工程款支付方面存在"心有余而力不足"的现象。

最后,F+EPC项目中总承包方还可能面临还款失败的风险,即项目业主或合资公司无法按合同约定标准向总承包方支付费用。F+EPC模式回报机制本质上仍是基于政府信用,其最终付费来源无法与地方财政支付责任挂钩,没有实质的担保和兜底,加剧了社会资本方投资回款风险。F+EPC方式下,项目公司的筹资是否如期到位影响着社会资本方获取工程费用,平台公司的资信能力影响着社会资本方股权回购;在建设过程中及项目竣工移交后,社会资本方能否如期获取回款,完全掌控在实际承担还本付息责任的项目业主手中,同样存在不确定性。另外,社会资本方除面临回款不确定风险,还面临资金支付不及时、贷款偿还困难时的追偿压力。

3. 资金流动风险

由于"F+EPC"模式项目管理模式有着建设周期长,涉及金额大等特点,使得建设单位与建筑工程企业的资金结算周期相对也比较长,并且在资金结算过程中还有着结算环节繁多的问题,若是在结算过程中有一个环节出现了问题,便会导致资金流动风险。

4. 效益风险

对于效益风险,其主要分为垫资风险和管理风险两个方面。对于垫资风险来说,其主要原因是建筑工程企业若为建设单位进行垫资,不仅会占用企业自身的资金,还会受到诸如货币贬值等因素的影响;而对于管理风险来说,很多企业在进行工程项目管理时,若有着管理不到位的问题,将可能出现资金使用无计划、无重点、无先后等问题,从而降低项目资金所能够发挥出的实际效果。[1]

三、F + EPC 模式运作建议

1. 规避项目被定性为政府投资项目

由于当前的政策环境,一旦 F + EPC 项目被定性为政府投资项目,项目便直接面临合规性问题,后续的发展存在很多隐患。但是当下的政策环境下,为了应对 F + EPC 模式的风险,可以采取 F + EPC 模式向 PPP + EPC 模式转变的方式。我国 PPP 模式已经过几十年的发展,不论是体系内容还是政策环境都相对健全与完善,而且 PPP 模式也可以解决当下基础设施发展的融资困境。PPP + EPC 模式可以规范项目融资、项目建设及运营事项,项目涉及政府方支出责任的,将依法纳入年度财政预算和中长期财政规划管理且财政承受力评估,最大限度地保证了总承包方的投资回报。[2]

2. 明确参与部门的职权责任

由于没有专门的 F + EPC 的管理条例,F + EPC 运作模式运作过程中涉及的主要行业主管部门,其职权与责任没有得以明确,这对于 F + EPC 运作模式的施行和推广是极其不利的。明确参与部门的职权与责任,有助于 F + EPC 运作模式合法、合规地施行与推广。

3. 规范 F + EPC 模式的运作流程

健全与完善 F + EPC 模式的运作机制,制定科学合理的程序。目前我国没有正式的 F + EPC 建设模式管理条例或相关的指引出台,造成了实际操作过程中容易出现"违规风险",使人们对"F + EPC"建设模式存在一定的避让心理,所以形成规范的 F + EPC 运作模式的实施流程,加快 F + EPC 运作模式的顶层设计,对 F + EPC 建设模式进行规范化管理,是推广 F + EPC 建设模式的根本解决途径。

"F + EPC"模式下,因建筑企业既是投资人,又是工程承包商,易产生内部利

---

[1]　参见寇国力:《"EPC + F"模式项目管理策略分析》,载《工程建设与设计》2020 年第 2 期。

[2]　参见周月萍、周兰萍:《F + EPC 模式的风险防范》,载《建筑》2018 年第 23 期。

益分配矛盾、监理人难以中立、结算审计风险等问题。故在项目运行过程中项目单位应当制定合理的管理办法,明确管理流程及决策程序,在确保建设单位对工程项目监督管理权利的同时,尊重总承包人的自主权,使建设单位真正减少对项目的干预,也避免廉政风险。此外,合作各方应制定合理的内部利益分配机制,避免内部发生利益冲突,同时高度重视监理角色定位与职责的约定,保障工程质量,推动项目的顺利开展。

4. F + EPC 模式项目资金管理制度优化

加强 F + EPC 模式项目下建筑业预算编制的科学性。对于 F + EPC 模式项目下建筑业来说,一定要采用科学合理预算编制,保证预算编制的全面性与科学性,同时针对该项目的特点,在项目资金筹集、采购、项目施工以及后期资金的回笼的各个资金使用节点,定期对预算编制进行优化调整,强化财务预算中的全面性、严谨性,确保建筑业企业资金安排到位;财务考核环节也需要注意调整资金管理模式,不断提高预算编制的准确性,这样才能保证预算资金执行到位;预算编制调整时必须加强各部门之间的沟通,采取最优的方案,既符合预算调整要求,又能保证资金使用到位,不影响工期。[1]

优化 F + EPC 模式项目下建筑业资金管理制度合理性。及时根据管理需要配套相关资金的管理制度,保证管理制度的流程设计合理性,加强对项目资金收支的管理。对于每期资金收支过程中存在的管理制度相冲突的情况,管理团队应定时定人负责追踪修订完善该项制度并执行到位,及时对项目资金进行内部管控,规范资金管理,明确项目资金管理人的职责权限,减少徇私舞弊的行为,确保资金管理制度的合理性并注重成本效能性。

合法合规地设置承包商融资部分资金的进入和退出方式。为保障项目的合规性,在设计交易模式时应当慎重安排,与政府的财政支付责任相脱钩,消除任何会构成政府隐性债务或违规担保的交易安排,合法合规地设置承包商融资部分资金的进入和退出方式,从根源上降低项目参与各方的风险。

此外,为了充分保障项目后续资金能够及时到位,避免项目实施过程中出现资金不足等问题,在项目初期应当充分论证分析、科学规划,合理设计融资方案,对各方在合作出资方面的权利义务、资金进入和退出、股东对融资的兜底性承诺

---

[1] 参见梁木芝:《关于公司 F + EPC 模式项目管控重点》,载《交流与探讨》2021 年 4 月。

和追加承诺等进行合理设置,并确定较为严苛的违约责任,同时设置一系列可供操作的替代解决方案,比如在合作方未及时提供资金时项目业主有权延后支付工程款,项目业主可自行寻找资金渠道,相应的资金成本由合作方承担等,以避免在项目开发建设时资金无法跟进导致项目停滞的风险。

5. 依法依规完成招标程序

根据《招标投标法》第 3 条及《必须招标的工程项目规定》第 2 条及 2020 年 3 月 1 日施行的《工程总承包管理办法》第 8 条之规定,国有企业选定投资方并不属于必须招标的项目;而工程总承包项目范围内的设计、采购或者施工中,有任一项属于依法必须进行招标的项目范围且达到国家规定规模标准的,应当采用招标的方式选择工程总承包单位。

2020 年 3 月 1 日施行的《工程总承包管理办法》第 6 条第 2 款规定:"建设内容明确、技术方案成熟的项目,适宜采用工程总承包方式。"第 7 条规定:"建设单位应当在发包前完成项目审批、核准或者备案程序。采用工程总承包方式的企业投资项目,应当在核准或者备案后进行工程总承包项目发包。采用工程总承包方式的政府投资项目,原则上应当在初步设计审批完成后进行工程总承包项目发包;其中,按照国家有关规定简化报批文件和审批程序的政府投资项目,应当在完成相应的投资决策审批后进行工程总承包项目发包。"

此外,该办法第 9 条对于总承包的招标文件主要内容构成进行了明确规定。总承包项目发包前,建设单位应完成水文地质、工程地质、地形等勘察资料,以及可行性研究报告、方案设计文件或者初步设计文件等,如果在尚未达到招标条件的情形下进行招标,势必存在一定法律风险。

6. 充分调查项目业主的自有资金实力,降低回款风险

F + EPC 模式下,因项目最终的融资成本等均需项目业主承担,故承包商在项目前期应当对项目业主的资金实力做详尽的调查,同时可要求项目业主提供一定的担保,以降低承包商的回款风险。在当前环境条件下,应选择有一定投资收益的项目推行 F + EPC 运作模式,以保证出资人的融资能够收回并取得一定的收益。如果项目以公益性为主,项目的衍生资源或相关资源就需明确为融资及其收益的保障,且这些资源要能覆盖项目所需的融资及其应有的收益。为规范引导,推行 F + EPC 运作模式时,应由项目法人提出,属地主管部门审核,属地政府在确认不增加政府债务的情况下批准许可。

7. 注意延付型 F + EPC 模式与承包商垫资施工的界限

根据最高人民法院《关于审理建设工程施工合同纠纷案件适用法律问题的解释》(已失效)第 6 条第 1 款规定:"当事人对垫资和垫资利息有约定,承包人请求按照约定返还垫资及其利息的,应予支持,但是约定的利息计算标准高于中国人民银行发布的同期同类贷款利率的部分除外。"据此,一旦被认定为承包商垫资施工,那么社会资本方在合同中约定的投资回报权利可能会被加以限制,故在合作过程中,需特别注意合理设置项目合同条款中的资金支付条件,把控 F + EPC 模式与承包商垫资施工的界限。

第二节　政府和社会资本合作 + 工程总承包 (PPP + EPC)运作模式

一、PPP + EPC 运作模式介绍及现行政策体系

(一)PPP + EPC 运作模式的内涵及现行政策体系

1. PPP 模式在我国的发展历程

PPP 模式,一般认为最早产生于法国,正式推行于英国,数十年间在全球获得广泛运用。PPP 在我国又被称为政府和社会资本合作,最早可以追溯到 20 世纪 80 年代的深圳沙角 B 发电厂项目中所采用的 BOT 模式,1996 年又出现首例民营资本投资 BOT 项目——泉州刺桐大桥,随后 10 年内又有南京长江二桥 PPP 项目、长江三桥 PPP 项目等。但是,PPP 模式在我国真正的兴起,始于 2014 年国务院发布《关于加强地方政府性债务管理的意见》(国发〔2014〕43 号),该文件提出"推广使用政府与社会资本合作模式",随后我国 PPP 模式进入蓬勃发展阶段,并在数年间发展为全球规模最大的 PPP 市场。

在我国,PPP 模式被广泛运用于基础设施建设领域,各级政府(主要是市、县/区)所指定的实施机构通过竞争性采购程序选定社会资本合作方,由其承担项目的投资、融资、建设、运营等义务,政府将建设投资、运营成本及社会资本的合理回报纳入预算安排,通过代际财政进行支付,该模式在响应国家大力拉动基础设施建设的政策下,又可以降低地方政府融资平台债务风险,所以自推行以来得到了很多政策文件支持。例如,2014 年印发的国务院《关于创新重点领域投融资机制

鼓励社会投资的指导意见》(国发〔2014〕60号)中明确:"积极推动社会资本参与市政基础设施建设运营。通过特许经营、投资补助、政府购买服务等多种方式,鼓励社会资本投资城镇供水、供热、燃气、污水垃圾处理、建筑垃圾资源化利用和处理、城市综合管廊、公园配套服务、公共交通、停车设施等市政基础设施项目,政府依法选择符合要求的经营者。政府可采用委托经营或转让—经营—转让(TOT)等方式,将已经建成的市政基础设施项目转交给社会资本运营管理。"自2014年始全国各地以PPP模式实施的项目大量出现,覆盖了能源、交通运输、水利建设和环境保护、市政工程、城镇综合开发等领域。2024年3月,更有国家发展和改革委员会、财政部、住房和城乡建设部、交通运输部、水利部和中国人民银行等6部委印发《基础设施和公用事业特许经营管理办法(2024)》,"鼓励和引导社会资本参与基础设施和公用事业建设运营",截至目前,该办法仍然是PPP模式管理规范中最高位阶的文件。

与此同时,PPP模式在我国的实施过程中出现了种种乱象,给地方政府债务管理带来了困难,尤其是随着大批央企和地方国企的入场,PPP有从PUBLIC - PRIVATE向PUBLIC - PUBLIC滑落的趋势。因此,2023年2月,审计署开启了政府和社会资本合作项目的清理核查,2023年6月审计署公布的国务院《关于2022年度中央预算执行和其他财政收支的审计工作报告》重点提及了408个PPP项目的审计情况;2023年12月审计署公布国务院《关于2022年度中央预算执行和其他财政收支审计查出问题整改情况的报告》,对PPP项目审计发现的问题进行报告,处理处分26个个人,6家中介机构。

值得注意的是,此轮PPP审计仅是PPP模式的中止,而不是终止,中央政府目前仍在投融资领域推广实施PPP模式。2023年12月12日中央经济工作会议强调"完善投融资机制,实施政府和社会资本合作新机制,支持社会资本参与新型基础设施等领域建设"[1]。2024年3月5日,国务院总理李强在第十四届全国人民代表大会第二次会议上作政府工作报告,提及"着力稳定和扩大民间投资,落实和完善支持政策,实施政府和社会资本合作新机制,鼓励民间资本参与重大

---

[1] 《中央经济工作会议在北京举行　习近平发表重要讲话》,载中央人民政府网2023年12月12日,https://www.gov.cn/yaowen/liebiao/202312/content_6919834.htm? mc_cid = fe48ea3315&mc_eid = 0498420851。

项目建设"①。这是自2023年11月3日《关于规范实施政府和社会资本合作新机制的指导意见》(国办函〔2023〕115号)印发以来,中央政府第二次在基础设施建设领域提及"PPP新机制"。PPP新机制时代,核心关键词是"规范发展,阳光运行""聚焦使用者付费项目""鼓励民营企业入局",具体有以下几处变化:(1)适用领域限定于有经营性收益的项目,主要包括公路、铁路、民航基础设施和交通枢纽等交通项目,物流枢纽、物流园区项目,城镇供水、供气、供热、停车场等市政项目,城镇污水垃圾收集处理及资源化利用等生态保护和环境治理项目,具有发电功能的水利项目,体育、旅游公共服务等社会项目,智慧城市、智慧交通、智慧农业等新型基础设施项目,城市更新、综合交通枢纽改造等盘活存量和改扩建有机结合的项目。(2)特许经营期限原则上不超过40年,特殊情况下可以延长。(3)特许经营方案的审查主体变更为地方各级发展改革部门。(4)最大限度地鼓励民营企业参与政府和社会资本合作新建(含改扩建)项目。(5)聚焦使用者付费项目,严防新增地方政府隐性债务,在建设期可进行投资支持,但是政府只能补贴运营,不能补贴建设成本。

　　上述指导意见开启了PPP新时代,但是新与旧的交接下,不可否认的是PPP模式在投融资模式和基础设施建设领域仍有存在的必要性和合理性。

　　2. PPP+EPC运作模式的内涵

　　通常情况下,PPP项目的社会资本方应该由实施机构通过政府采购程序依法选定;接着由社会资本方和政府方出资代表投资成立项目公司,由项目公司作为建设单位;建设单位负责选择项目设计、施工等建设承包方,与其签订相关合同,完成项目建设。

　　PPP项目通常属于《招标投标法》第3条第1款所规定的"大型基础设施、公用事业等关系社会公共利益、公众安全的项目",其勘察、设计、施工、监理以及与工程建设有关的重要设备、材料等的采购,必须进行招标。而根据政府采购的相关规定,PPP项目的社会资本方也需采用招标等方式选择,在选择过程中无可避免地涉及PPP项目建设中的工程质量、工期、成本等一系列问题。项目公司必须遵守和执行这些社会资本方与政府达成一致的条款和条件,并将其作为选择工程

---

① 《事关民营经济! 今年〈政府工作报告〉这样说》,载中央人民政府网2024年3月6日,https://www.gov.cn/zhengce/jiedu/tujie/202403/content_6936995.htm。

承包商的重要条件。更重要的是,在社会资本自身有建设能力并愿意自行建设项目的情况下,二次招标可能在第二次招标过程中使社会资本面临"合理而不合法"的尴尬或面临不能中标的风险。为避免重复招标造成时间和费用的浪费,同时也为了解决程序衔接造成的实际问题,财政部结合《招标投标法实施条例》中的 PPP 项目"两标并一标"措施,发布了《关于在公共服务领域深入推进政府和社会资本合作工作的通知》。该通知第 9 条明确规定了:"简政放权释放市场主体潜力。各级财政部门要联合有关部门,加强项目前期立项程序与 PPP 模式操作流程的优化与衔接,进一步减少行政审批环节。对于涉及工程建设、设备采购或服务外包的 PPP 项目,已经依据政府采购法选定社会资本合作方的,合作方依法能够自行建设、生产或者提供服务的,按照《招标投标法实施条例》第九条规定,合作方可以不再进行招标。"该通知虽已被财政部废除,但是结合《关于规范实施政府和社会资本合作新机制的指导意见》规定,PPP 项目全部采取特许经营模式实施,故直接适用《招标投标法实施条例》第 9 条规定,在特许经营项目投资人依法能够自行建设、生产或者提供服务时不再进行招标并没有法律障碍。

鉴于此,PPP 项目实际操作中的"两标并一标"实质上就是统一结合 PPP 模式和 EPC 模式。结合前文所述,本文论述的 PPP + EPC 运作模式仅是指在采购过程中两招并一招的 PPP + EPC 模式[1],即指 EPC 总承包商通过 PPP 模式下投融资的方式介入项目,实施设计、施工、采购、试运行等施工总承包的交钥匙工程,通过股权比例、特许经营协议及运营收入等方式获取相应回报,并于运营期限届满时将项目移交给政府的模式。

3. PPP + EPC 模式的先进性

自我国推广运用 PPP 模式以来,政府鼓励具备建设资质、运营能力的社会资本方通过组建联合体的形式参与 PPP 项目,以充分地利用社会资本参与基础设施的投资建设与运营,这也为 PPP + EPC 模式的结合提供了驱动力。

EPC 总承包模式自 2003 年在我国推行以来,经过 20 余年的发展与适用,很好地适应了如今基础设施建设工程项目规模与难度逐渐加大的情形,满足了政府、社会资本方对工程建设的高要求。我国 EPC 模式最早见于原建设部 2003 年

---

[1] 参见《PPP + EPC 模式在我国的研究发展与趋势》,载北大法宝网,https://www.pkulaw.com/lawfirmarticles/b1618863778cd9c7cd979b9591d1d08bbdfb.html,最后访问日期:2024 年 3 月 12 日。

2月13日发布的《关于培育发展工程总承包和工程项目管理企业的指导意见》，该文件首次明确了工程总承包模式的基本概念和主要方式，并提倡具备条件的建设项目，采用工程总承包、工程项目管理方式组织建设；鼓励有投融资能力的工程总承包企业，对具备条件的工程项目，根据业主的要求，按照建设—经营—转让（BOT）等方式组织实施。后国务院办公厅又在2017年发布的《关于促进建筑业持续健康发展的意见》中明确："加快推行工程总承包。装配式建筑原则上应采用工程总承包模式。政府投资工程应完善建设管理模式，带头推行工程总承包。加快完善工程总承包相关的招标投标、施工许可、竣工验收等制度规定。按照总承包负总责的原则，落实工程总承包单位在工程质量安全、进度控制、成本管理等方面的责任。"2019年12月23日发布的《总承包管理办法》从部门规章的制度设计高度推进工程总承包模式的发展，旨在提升工程建设质量和效益。

PPP + EPC运作模式，可以在确定PPP模式下的投资企业或机构时，一并确定项目建设工程总承包商，其中对于EPC总承包商而言，从项目的投融资阶段开始介入项目，完整经历了融资、设计、施工、采购甚至运营、移交等阶段。将PPP模式和EPC模式进行结合，使参与企业不仅作为政府的合作方，也作为项目工程建设的责任方。因此，可以通过构造PPP + EPC模式合作架构图体现出该模式相较于PPP模式和EPC模式的先进性，如图3－4所示。

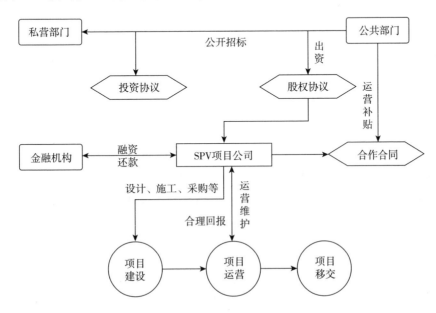

图3－4 PPP + EPC模式合作架构图

（二）采用 PPP + EPC 模式的优势

1. 减轻了政府在基础设施投资建设上的财政压力

首先，PPP + EPC 模式可以发挥 PPP 模式的融资优势。推进城镇化，修缮老旧设施，满足新进入城镇的居民的公共需求，以及完善公共服务缺失或供给不足地区的基础设施等，都是政府部门面临的挑战。若 PPP 设计合理，则可调动此前闲置且正在寻求投资机遇的本地、地区或国际范围内的社会资本及私人资本，从而减轻政府在基础设施投资建设上的财政压力。另外，结合 EPC 总承包模式有利于发挥 PPP 项目投资人对项目总投资超支风险的管控能力，通过 PPP + EPC 组合模式的实施将设计主导权与总投资超支风险分配给 PPP 项目投资人承担显然更符合 PPP 模式下风险公平分担的原则。政府部门和社会资本及民间部门可以取长补短，发挥政府公共机构和社会机构各自的优势，弥补对方的不足。采取 PPP 项目模式可将花别人的钱办别人的事，转为企业花自己的钱办自己的事，这样势必需要项目的建设进度更快，质量更佳，同时节省建设资金，尤其是节约从建设到运营的管理成本，提高生产效率。[1]

2. 有利于实现项目全生命周期价值最大化

PPP + EPC 模式有利于发挥 EPC 模式的工程建设优势，可以将设计采购施工整合打包，利用总承包商的管理、技术、建设等方面的优势，进行一体化运作，提高工程建设的质量与效率。[2] EPC 总承包模式有利于 PPP 项目投资人更早地参与项目策划设计环节，并从有利于后续长期运营及提升项目整体收益的角度完善设计方案、管控工程建设质量、优化项目建设及运营成本分布，从而实现项目全生命周期的价值提升。

3. 进行资源之间的优势整合，提高项目推进效率

PPP + EPC 模式可以进行资源之间的优势整合，该模式下的承包商兼具社会投资方的身份，因此其考虑问题比社会投资方或总承包商角度更多、更全面，更具有宏观性；其会在投资、建设与运营环节，在建设环节的设计、采购、施工阶段进行

① 参见王迎发、程合奎、程世特：《PPP + EPC 模式在建设领域中应用的探讨》，载《东北水利水电》2018 年第 5 期。

② 参见周月萍、周兰萍：《当 PPP 遇上 EPC，承包这片"鱼塘"你需要注意》，载微信公众号"中伦视界"2018 年 8 月 29 日，https://mp.weixin.qq.com/s/FhuE – qP29ZHg – sku8aaV5g，最后访问日期：2023 年 3 月 23 日。

协调与资源整合利用,减少各方之间的冲突与矛盾,做到利益的最大化,有助于实现项目的全过程管理。

根据《招标投标法实施条例》第9条规定,已通过招标方式选定的特许经营项目投资人依法能够自行建设、生产或者提供工程以及与工程建设有关的货物、服务的,可以不另行招标。新机制时代,PPP项目只能采用特许经营模式实施,直接适用该条款并无法律障碍,但仍应注意在投标过程中投资人本身需要满足EPC项目的资质要求。PPP+EPC组合模式也可基于该法律规定通过一次招标同时选定项目投资人与工程总承包商。[1] 此举既可满足大量建筑施工企业通过参与PPP项目投资带动其工程主业的目的,[2]也可降低政府方多次招标采购可能带来的风险及成本,有利于提高项目推进效率。

4.设计方案更加合理

以PPP+EPC模式设计工程时,前期的规划、勘察及测量等工作必须更加精细,以免造成投资偏差或产生频繁的变更,对项目的建设产生影响。"施工企业在设计阶段与设计单位深入沟通、密切合作,这样对企业管理人员综合能力的提高具有极大的推动作用"[3];设计、采购、施工都可以在一个项目部宏观控制下完成,技术人员可以相互交流,密切配合,使得设计更加易于施工操作。设计、采购、施工阶段部分工作深度交叉和融合,大大缩短了工程工期。优化设计还可以为社会投资人节约投资,工期缩短了降低了工程费用,工程也可以早日投产使用创造效益。[4]

(三)典型案例:贵州省荔榕高速公路项目[5]

贵州省荔波至榕江高速公路是麻尾—荔波—榕江段,是兰海和厦蓉两条国家高速公路的连接线。荔榕项目起点连接荔波机场和樟江旅游航运,终点连接榕江县贵广高铁的榕江站。项目里程67km,概算总投资为111.03亿元,荔波至榕江

---

① 参见周月萍、周兰萍:《当PPP遇上EPC,承包这片"鱼塘"你需要注意》,载微信公众号"中伦视界"2018年8月29日,https://mp.weixin.qq.com/s/FhuE-qP29ZHg-sku8aaV5g,最后访问日期:2023年3月23日。

② 参见王迎发、程合奎、程世特:《PPP+EPC模式在建设领域中应用的探讨》,载《东北水利水电》2018年第5期。

③ 余双林:《浅谈PPP+EPC模式项目优势》,载《中国建设报》2015年第7期。

④ 参见王迎发、程合奎、程世特:《PPP+EPC模式在建设领域中应用的探讨》,载《东北水利水电》2018年第5期。

⑤ 该案例发生在《关于规范实施政府和社会资本合作新机制的指导意见》出台之前。

高速公路是贵州省"678 网"中第八联"麻尾—榕江"高速公路的重要组成部分，是麻尾—荔波—榕江的末段，是兰海和厦蓉两条国家高速公路的连接线；起于三都县九阡镇西，与三都至荔波高速交叉，终点连接榕江县贵广高铁的榕江站；路线全长约 69.02km，设计时速 80km，双向四车道高速公路、设计速度 80km/h、路基宽度 24.5m。全线共设主线桥梁达 59 座 27.6km，隧道 17 座。

在落地实施过程中，贵州省交通运输厅和社会资本投资积极协商，按照防范化解隐性债务风险、稳定有效投资的总体要求，结合荔榕高速公路投资规模大、工程艰巨、投资风险较大等客观因素，创新了投融资模式即"PPP + EPC + 运营期政府双保底补贴"的建设模式，由政府授权股东联合社会资本成立项目公司，具体负责项目融资、建设、运营、移交等事宜，具体如下。经贵州省政府授权，贵州省交通厅作为该项目实施机构，负责 PPP 项目前期准备、依法通过公开采购程序选择社会资本、合同履约监管和移交等工作。贵州省交通厅作为甲方，黔南州与黔东南州共同作为丙方，经公开招标程序选择的社会资本作为乙方，三方共同签署《投资协议》，约定各方在项目公司组建及项目合作期的征地拆迁、出资、融资、监管、运营补贴、绩效考核、收益分配、履约担保等方面的权利和义务。贵州省政府授权交通厅指定贵州高速公路集团作为该项目的政府授权股东，与社会资本共同签署《股东协议》，组建项目公司（SPV），政府授权股东持有项目公司 40% 的股份，社会资本持有项目公司 60% 的股份。贵州省交通厅作为甲方，黔南州与黔东南州共同作为丙方，项目公司作为乙方，三方共同签署《政府和社会资本合作项目合同》。经贵州省政府授权，交通厅授予项目公司独家的、具有排他性的项目投资、施工建设、运营、管理的权利，收取车辆通行费的权利，项目沿线规定区域内的服务设施经营权、沿线规定区域内的广告经营权，等等。在建设完成后，项目公司仅享有该项目及其附属设施的使用权、经营权和收益权，在运营期内通过运营补贴和使用者付费，收回投资并获取合理收益，项目及其附属设施等各项有形及无形资产的所有权和处置权仍然归贵州省交通厅所有。在项目合作期满后，项目公司按照合同约定以良好的运营和养护状态将项目及其附属设施、相关资料及项目的经营权、收费权、广告经营权等权利无偿移交给贵州省交通厅或其指定机构。

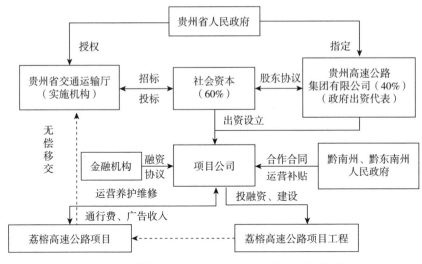

图 3-5　荔榕高速公路 PPP + EPC 项目合作框架①

　　荔榕高速 PPP + EPC 项目风险分配、合作模式、投融资结构、回报机制、边界条件、项目操作流程等边界设置,为后续贵州省 PPP 项目的推广实施起到很好的示范作用。该模式有助于政府按照 PPP 项目程序和方式与社会资本合作,以项目合作合同为基础明确双方的权利和义务,形成一种伙伴式的合作关系,在政府方的监督与管理下,主要由社会资本向公众提供基础设施与公共服务。该模式中政府不干预项目日常经营和管理,通过绩效导向和激励机制,可以充分利用和发挥社会资本的专业技术和管理经验优势,加快项目建设进程,降低项目全生命周期成本。同时,该模式中政府与社会资本建立了风险识别与分担机制,降低了项目建设与运营风险,确保项目有序开展。② 从政府方来看,项目投资规模大、生命周期长,采用 PPP + EPC 模式可以平滑财政支出,缓解短期投资压力,保障公共服务供给;从社会资本方来看,与政府方合作,运营收入较为稳定,其投资回报行为存在的风险较小。荔榕高速 PPP + EPC 项目真正使政企形成合力,共同达到"政府谋发展、企业谋效益"的双赢目的。

　　需予以关注的是,PPP 新机制时代,要求 PPP 项目聚焦使用者付费项目,项目

---

　　① 参见张华森:《PPP + EPC 模式下基础设施项目脆弱性研究》,中南财经政法大学 2020 年硕士学位论文。

　　② 参见吴建忠、詹圣泽、陈继:《PPP 融资与运营模式创新研究——以荔榕高速"PPP + EPC + 运营期政府补贴"模式为例》,载《工业技术经济》2018 年第 1 期。

经营收入需要覆盖建设投资和运营成本,这对项目本身的经营性和现金流提出了更高且更为严格的要求;因为基础设施领域项目侧重于公益属性,使用者付费一般较少,类似荔榕高速这一类收费公路、水务水利项目、公共停车场等能产生现金流的项目可能成为未来PPP重点运作领域,同样是PPP+EPC模式的应用高频领域。这一点在重庆推介政府和社会资本合作项目时已有体现,2024年1月18日重庆市发布52个项目,估算投资1556亿元,邀请民间资本投资,"其中,高速公路等交通运输项目17个、1295亿元,城市更新等盘活存量和改扩建有机结合项目8个、104亿元,污水处理、垃圾固废处理等环保项目13个、83亿元,产业园区基础设施、公共停车场、供水等市政基础设施项目5个、29亿元,体育等社会事业项目2个、21亿元,水库等水利项目3个、16亿元,能源项目4个、8亿元"。

二、PPP+EPC运作模式实施风险及实施要点

PPP+EPC运作模式属于PPP模式与EPC模式的融合,但是PPP模式与EPC模式总的来说也属于我国建筑领域的新兴事物,规范PPP+EPC模式不是仅依靠PPP模式与EPC模式的制度规范就可以实现的,这不是单纯的"1+1=2"的逻辑,而需要对PPP模式与EPC模式之间的冲突予以调和。目前来讲,PPP+EPC运作模式在我国尚缺乏制度上的规范,主要面临以下法律风险。

第一,合同价格形式和调价机制的冲突,具体如下。

1.因估算金额不够精确而产生的争议

不论PPP新机制出台前还是出台后,PPP项目的投资控制都是极易引发争议的点,PPP项目一般以经审批的可行性研究报告/项目申请书为确定总投资的依据,在项目完成审批、核准或者备案程序后一般就会开展社会资本方采购工作,而采取PPP+EPC模式的项目在采购社会资本方时一并完成了工程总承包商的采购。这一行为并不违反工程总承包项目发包的有关规定,但是此时初步设计尚未审批完成,如果将PPP项目的投资估算作为签订固定总价总承包合同的依据,那么后续极易因估算本身的不精确性使一方利益受损,并产生争议。

2.因价格形式和风险负担而产生的争议

以投资估算为依据签订固定总价总承包合同将引发争议,所以实务中有另一种常见做法,即社会资本方在报价时以费率形式进行报价,如对建安工程下浮率进行报价,未来竣工决算时进行下浮,并且EPC总承包合同也与此保持一致。这

一做法虽然可解决项目公司、总承包商之间的结算问题,但是国家推行 PPP 模式是希望优化投融资结构,不要新增地方政府债务,推广 EPC 模式也有类似考量,所以如果采取这一做法,社会投资人、总承包商对于控制投资就没有过多的积极性。这一风险在存量项目中非常常见,但是在 PPP 新机制时代,或许因为政府不再补贴建设成本而有所变化,笔者对此保持观望态度。

采取上述做法还有一点瑕疵在于,依据《工程总承包管理办法》第 16 条第 1 款的规定,企业投资项目的工程总承包宜采用总价合同,政府投资项目的工程总承包应当合理确定合同价格形式;采用总价合同的,除合同约定可以调整的情形外,合同总价一般不予调整。由此可以看出,适用 EPC 模式的项目往往适用固定总价的付费方式,除合同约定可以调整的情形外,合同总价一般不予调整;而在 PPP + EPC 运作模式中,其往往属于政府投资类项目,依据《工程总承包管理办法》的规定,其应当采取固定总价的计费方式,如果不采取这一计费方式,虽然并无法律后果规定,但是也存在瑕疵,可能会导致项目建设单位的决策压力。

3.因调价而产生的争议

调价与计价是合同价格最终确定的方式,在此处单列是因为调价中的基期价格、调价因素争议在 PPP 项目存量项目中是非常常见的争议点。

以基期价格为例,PPP 项目投资估算编制时一般会有一个基期,并以此确定估算总投资,但是这一测算依据并不常在 PPP 合同文本中明确并披露给相对方,可能较为完善的 PPP 合同文本中会对基期时点、调价因素等进行详细约定,而在总承包合同中一般也会有基期、调价等的约定。但是二者不是同一主体起草,所以在基期、调价上往往不会保持一致。

诚然,PPP 合同文件和总承包合同文件是不同主体签署的文件,基于相对性原则,合同文本只约束签署主体,但是在 PPP + EPC 模式下,工程总承包单位既是 PPP 项目社会资本方,又是自承包单位,可能还是对外分包的发包人。不同身份带来不同利益诉求,若该项目有且仅有一名社会资本方,那么相对争议较小;若有多名那么很可能内部就会因此产生争议,并影响对外的决策,进而产生争议。

PPP 新机制下,虽然政府不再补贴建设成本,但是相关争议仍难以避免,因为政府是项目发起一方,社会资本方是响应一方,考虑到政府采购程序的时效和测算本身的复杂程度,政府和社会资本方的数据测算口径、公式等不一致以及难以预见的商业风险,社会资本方中标后的收入有可能与其投标测算时产生较大偏离,其作为商事主体极有可能会与政府方就此产生争议。

第二,建设期与工期错配的矛盾。PPP 项目建设期一般是指完成项目全部建设所需的时间。PPP 项目在采购时一般会明确建设期起点和时长,社会资本方中标后将按照建设期筹集资金,包括资本金出资和开展融资活动。而工程工期一般是自总监理工程师发布开工令之日起算。通常来说,总承包单位可以通过工期筹划,让项目进度匹配建设期要求;但是前期手续尚未办理完全或项目采购后出现变更情形的,建设期一般无法覆盖工期,由此带来的工期延长、费用增加不仅出现在项目建设单位、总承包单位、分包单位间,也会导致 PPP 的建设投资、建设期利息等的增加,并引起争议。

第三,监理制度的矛盾。工程监理制度是指具有相关资质的监理单位接受委托,依据国家批准的工程项目建设文件,有关工程建设的法律、法规和工程建设监理合同及其他工程建设合同,代表委托人对受托人的工程建设实施监控的一种专业化服务活动。工程监理制度规定在我国《建筑法》第四章中,其内容包括了国家推行建筑工程监理制度;监理单位受建设单位委托进行监理活动;监理单位应当依照法律、行政法规及有关的技术标准、设计文件和建筑规模承包合同,对承包单位在施工质量、建设工期和建设资金使用等方面,代表建设单位实施监督。从上述规定可以看出,监理单位受建设单位委托监理施工单位的工作;但是在 PPP + EPC 运作模式中,建设单位既是 PPP 项目中的社会资本方,又是 EPC 工程的总承包商,出现"自己监督自己"的局面,监理单位的客观性、公正性、独立性受到极大的影响,很可能导致工程监理制度的弱化与缺失。

第四,缺乏完善管理 PPP + EPC 模式应用的法律法规。当前国家虽然在《招标投标法实施条例》中为 PPP + EPC 模式的合理应用提供了法律依据,但《招标投标法实施条例》中规定的投资人选择要求仅可以在由政府招标方式选定投资人情况下适用,这是保障投资人自主承建工程的要求。在实际的投资人选择中,除了招标,还有单一来源采购、磋商等方式,所以招标选择的方式并非唯一。以其他方式选择投资人进行建设的项目属于特许经营项目,满足《基础设施和公用事业特许经营管理办法(2024)》中规定的内容,但是也无法按照现行的条例规定给予投资人法律保障。①

---

① 参见钱军辅:《PPP 模式下建筑施工企业风险管控研究》,载《住宅与房地产》2016 年第 30 期。

第五，前期工作不完备的风险。根据现行文件规定，PPP 模式中社会投资人采购主要采用公开招标、竞争性磋商等竞争采购方式。公开招标方式适用于边界条件清晰，经济技术参数明确、完整，且在采购过程中不做更改的项目。而竞争性磋商方式主要适用于技术复杂或者性质特殊，不能确定详细规格或具体要求的采购项目。但实践中公开招标方式具备更为有力的"两标并一标"的法律依据，且所涉工程项目无论从规模还是功能、资金来源性质等方面看，大多属于必须以招标方式采购的项目，因此，在实践中往往作为首选采购方式。但我们也注意到，有部分 PPP 项目虽然采用公开招标方式，但因项目前期工作不完备，项目实施内容相对复杂等，在前期准备阶段实际难以设定明确的边界条件或经济技术参数，进而难以准确估算项目实际完成投资建设所需总投资金额。在这种情况下，若强行按 PPP + EPC 组合模式进行公开招标，无疑将给投标人带来巨大的潜在风险。此外，即使项目的边界条件相对清晰，因项目公开招标阶段时限仅为 1 个月左右，因此投标人对招标人提供的前期资料及项目现状的研究和了解往往不够深入，也极易造成投标报价与实际投资成本存在较大偏差，从而给投标人造成风险与损失。①

第六，报价失误风险。与传统工程总承包报价方式相比，PPP 项目的投标报价体系更为复杂。在价格构成方面，PPP + EPC 组合模式项目的报价既要考虑在EPC 总承包模式下基于工程设计、施工、设备采购等需要而提出的工程建设投资，还包括因 PPP 项目前期准备、融资、运营等工作需要而提出的其他相关投资运营成本及合理收益。尤其是 PPP 新机制时代以来，政府可在严防新增地方政府隐性债务、符合法律法规和有关政策规定要求的前提下，按照一视同仁的原则，在项目建设期对使用者付费项目给予政府投资支持；政府付费只能按规定补贴运营、不能补贴建设成本。除此之外，政府不得通过可行性缺口补助、承诺保底收益率、可用性付费等任何方式，使用财政资金弥补项目建设和运营成本。也就是说，政府付费只能补贴运营，建设期可以给予投资支持，不能补贴建设成本，这在实际运用中如何把握也是目前各方关注重点，仍待后续文件对此予以补充。但可以肯定的是，无论采用何种报价体系，均需基于项目全生命周期投资—融资—建设—运营活动的需要，拟制特定财务模型，进而根据招标人要求，填报相应报价。在实

---

① 参见周月萍、周兰萍：《当 PPP 遇上 EPC，承包这片"鱼塘"你需要注意》，载微信公众号"中伦视界"2018 年 8 月 29 日，https://mp.weixin.qq.com/s/FhuE－qP29ZHg－sku8aaV5g，最后访问日期：2023年 3 月 23 日。

践中,为了获得更高的投标评分,投标人还可能采用特定的不平衡报价策略。鉴于此,由于 PPP + EPC 组合模式项目投标报价更具专业复杂性,加之不平衡报价策略的运用,在实践中往往因特定成本费用的少计、漏计而造成投资人损失,或因财务投资人与工程总承包企业投资人存在不同的收益预期而发生收益分配争议。

第七,项目争议解决或索赔阶段的风险。当 PPP + EPC 组合模式项目发生合同争议或索赔时,索赔流程及索赔主体的确定也往往会成为困扰 PPP 项目投资人的难点问题。如前文所述,因总承包企业在 PPP + EPC 组合模式项目中往往既是项目投资人(项目公司股东)又是工程总承包方,同时 PPP 项目合同与 EPC 总承包合同的约定又具有一定关联性,因此在发生争议或索赔时,投资人往往比较纠结具体以何种身份、以哪份合同为依据以及向何方主张权益。[①]

三、PPP + EPC 模式运作建议

PPP + EPC 运作模式的法律风险产生的原因归根结底在于其缺乏独立、完备的制度设计与规范。从工程总承包模式与政府与社会资本合作模式的发展来看,二者皆是建筑领域未来发展的趋势所在,而 PPP + EPC 运作模式可以吸纳二者的优势,必然也会在今后的运用中越来越频繁,因此,为最大限度地发挥 PPP + EPC 运作模式的优势,提出如下具体运作建议。

(一)完善政策法规,保障项目合法合规

目前我国还未建立起针对 PPP + EPC 模式下基础设施项目的政策法规系统,依赖其他模式的法律条文进行规范管理难免会出现超出适用范围和自相矛盾的问题。现有的部委规章和地方法规时有政策不协调、法律法规的不健全以及法律、条例之间相抵触的情况可能会造成项目的合规风险。

因此,在该模式下工程建设单位在实际工作中面临各项操作步骤、原理符合法律要求,但是仍然有着法律缺陷的问题。针对该问题企业可以先承担风险进行建设工作,实现成本节约的目的,如果后续国家相关立法部门完善了法律条例,追认了建设单位以往工程的各项操作行为,赋予其合法性也可以促进企业有序发展。工程建设企业还可以在工作中,结合法律条例未明确说明的部分提前制作预

---

① 参见周月萍、周兰萍:《当 PPP 遇上 EPC,承包这片"鱼塘"你需要注意》,载微信公众号"中伦视界"2018 年 8 月 29 日,https://mp.weixin.qq.com/s/FhuE – qP29ZHg – sku8aaV5g,最后访问日期:2023 年 3 月 23 日。

案文件,内容包括在法律法规未明确支持 PPP + EPC 项目模式时,发生的罚款、责令整改等事宜要如何处理,并赋予预案法律效益,以此保护自身的权益。此外对于法律风险问题还可以转移、承担以及化解方式来进行优化处理,在工程建设期间认真总结相关的法律风险因素,按照风险严重程度制定风险预案,以便在发生威胁自身利益的法律风险时按照风险预案的要求处理各项事务。[①]

(二)转变政府职能,加强监管力度

政府是项目重要的参与者之一,对政治风险因素起决定性的作用,能够直接影响项目公司的运营。因此,政府应积极转变自身职能,从运营者的身份向监管者转变。政府监管主要分为三个阶段即前期准入监管、中期运营监管和后期绩效监管,监管贯穿全程。首先,在项目立项、审批初期,政府应避免程序复杂、办事效率低下、公私双方信息不对称导致前期成本增加。其次,在项目决策期,政府应提高自身决策能力,避免盲目口头承诺或不科学决策,同时也应减少政府部门对项目公司决策的直接干预,导致项目公司的正常运营受到影响。最后,设立独立的风险管理机构。政府部门身为监管者,应设立专门的风险管理部门,全程对项目进行动态的风险监控,合理评价风险,并及时做好应对措施,保障各阶段顺利进行。

(三)引导金融机构,拓宽融资渠道

目前 PPP + EPC 基础设施项目最主要的金融支持仍然来自商业银行。与一般的项目不同,基础设施项目投资金额巨大、全生命周期长、杠杆融资高,因此存在汇率风险、利率风险、通货膨胀风险等。因此,政府应给予项目公司充分的金融支持,在法定职权内为项目公司与金融机构达成合作协议保驾护航。另外,政府也应该积极引导金融机构参与项目,建立金融控制协调机制,实施多渠道融资,如建立产业基金,或者通过保险、信托等金融机构融资,在前期将金融风险控制在合理范围内,防止资金供应不及时、资金链断裂等风险,提高金融风险管理水平。

目前,国家发展和改革委员会已经成立民营局,并且起草了《民间投资引导专项中央预算内投资管理暂行办法(征求意见稿)》,未来将安排专项资金对符合条件的民营资本参与的具有公益属性的经营性项目进行支持。

---

① 参见陆松:《EPC + PPP 模式下工程建设企业面临的风险及其防范》,载《企业改革与管理》2018年第 18 期。

（四）结合项目实际情况审慎审查前期材料

PPP＋EPC 组合模式需要结合项目实际情况加以运用。对于前期工作不完善、项目实施边界条件不清晰、投入产出要求不明确或后续可能存在较大变动的项目，应尽量避免采用该模式进行招标或采购。对于投标人而言，即使对于边界条件相对清晰、技术相对成熟的项目，在报价前也应安排相关专业人员，审慎地对项目前期相关资料（如可研报告、地质水文勘察资料、初步设计文件等）进行研究，有条件的应安排现场查勘，充分预估项目隐含的潜在设计及施工风险，以避免对项目基础条件存在误判而造成较大的投标报价偏差。另外，投标人如在项目前期资料研究及现场查勘过程中发现项目的可研估算及批复金额不能满足项目实际投资需要，需及时提醒招标人按相关规定履行可研调整及重新审批工作。[①]

（五）积极参与 PPP 项目投标及 PPP 项目合同谈判

工程企业投资人应积极参与 PPP 项目投标及 PPP 项目合同谈判。一般而言，PPP 项目合同与 EPC 总承包合同中均会约定调价条款。基于 PPP 项目风险分配及传导的需要，通常 EPC 总承包合同的关键合同条件（如工期、质量、价格等）均与 PPP 项目合同中的对应条款相关联，并作出原则上不会优于 PPP 项目合同中相应事项合同条件的约定。例如，若 PPP 项目公司就材料调差事项与政府方约定的结算原则为不予调差，则原则上 PPP 项目公司与 EPC 总承包商签订的 EPC 总承包合同的材料调差条款也会相应约定为不予调差。在 PPP 新机制时代，政府方不能补贴建设成本，但是人工、材料价格变化是常见情形，在人工、材料价格变化时，政府方是否愿意通过调差条款调增、调减投资对社会资本方具有更大的影响。因此，后续以 EPC 总承包模式承接项目工程总承包任务的工程企业投资人，应积极参与 PPP 项目投标及 PPP 项目合同谈判，关注 PPP 项目合同中与自身总承包责任及风险相关的合同条款，并就工程项目在建设期内的可调价因素及可调价范围通过投标或谈判小组向政府方提出相应修改建议，切勿因轻易放弃合同谈判或无视 PPP 项目合同中的潜在风险，而在 EPC 总承包合同签订和履行过程中使自身处于极为被动或劣势的地位。

---

① 参见周月萍、周兰萍：《当 PPP 遇上 EPC，承包这片"鱼塘"你需要注意》，载微信公众号"中伦视界"2018 年 8 月 29 日，https://mp.weixin.qq.com/s/FhuE－qP29ZHg－sku8aaV5g，最后访问日期：2023 年 3 月 23 日。

（六）做好市场预测工作和风险分担机制

为保证项目运营,应充分做好市场调查,完善市场预测工作和风险分担机制。为合理预测市场,项目公司在运营阶段应建立合理的运营管理制度和内部管理体系,确保项目营运人员和营运资金能够落实到位。第一,应合理预测市场,在前期就应做好充分的市场调研,制定合理的收费标准,并对市场的动态进行把控,以及时调整收费政策,实行弹性化收费,避免造成损失。第二,建议社会资本方在投标阶段、PPP 合同文本中增设运营期的调价机制,充分考虑到物价变化、政策变更等可能导致的运营成本变化。第三,加强营运人员的风险意识和管理水平,采取措施提高营运管理能力。例如,将管理绩效与营运绩效挂钩,提高营运人员的积极性,建立有效的项目风险管理制度和措施,设立强有力的项目建设管理机构和运营管理机构,并设置专业人员对项目从前期可行性研究、设计、施工、验收到运营整个项目过程中的各项活动进行有机的计划、组织、控制、协调,主要对工程的设计标准、质量、进度、费用等关键因素进行严密的控制。[①] 第四,建立项目维护机制,监督运营人员做好对基础设施的日常养护与维修工作,定期对基础设施进行养护工作,实行专人巡逻制,及时处理报修,以防止意外事故发生。

此外,项目公司应合理地规划项目整体的设计、采购、建设、运营等工作,根据不同阶段的特点制订相应的计划,合理配置资源;建立与各个阶段相关的配套部门,制定针对各个阶段的风险管理流程;对项目进行全程监督,及时处理项目各个阶段中出现的不同风险,以保障推进项目顺利开展,优化项目全生命周期的要素整合。项目公司在设计阶段,应严格检查前期的勘测资料,确保设计的科学性,避免后期设计频繁变更,缩短设计周期;在采购阶段,应建立统一的采购制度与流程,实行专人监督,确保采购的物料与设备符合标准;在建设阶段,应科学规划施工进度,提高建设管理效率,严控建设成本超支等,使各个环节各成系统,形成深度交叉,有效、连续地控制各个阶段风险。[②]

同时,企业投资方还应重视合同履约管理及过程风险控制,注意收集和保存政府方原因导致工期延误、工程变更等后果的相关书面证明文件。一般而言,若

---

① 参见王迎发、程合奎、程世特:《PPP＋EPC 模式在建设领域中应用的探讨》,载《东北水利水电》2018 年第 5 期。

② 参见王晨:《PPP＋EPC 模式下基础设施项目风险评价研究》,中南财经政法大学 2019 年硕士学位论文。

发生政府方原因导致的工期延误或工程变更,则就延误期间或变更部分所导致的额外经济损失,应按约定应由政府方或合同甲方另行承担,而不应计入固定总价包干范围。

第三节 工程总承包 + 运营(EPC + O)运作模式

一、EPC + O 运作模式介绍及现行政策体系

(一)EPC + O 运作模式介绍和特点

EPC + O(Engineer Procure Construction – Operate)运作模式是在 EPC 运作模式中衍生而来的建设运营模式,具体来说是在传统的 EPC 运作模式的基础上又注入了相关的运营功能,即发包人将建设工程的设计、采购、施工等工程建设的全部任务以及工程竣工验收合格后期的运营一并发包给一个具备相应总承包资质条件的总承包人,由该总承包人对工程建设的全过程向发包人负责,直至工程竣工验收合格以及运营期结束后交付给发包人。[①]

EPC + O 运作模式具有适用范围特殊性、付款方式多样性、绩效考核的规范性的特点,具体是指:(1)EPC + O 运作模式不同于其他的基础设施投资建设运营模式,其是在传统的 EPC 运作模式的基础上注入运营功能,因此,其更加适用于强运营属性的项目,集中在污水治理、水环境治理、市政管网等领域;(2)业主可以选择建设期支付建设资金、运营期支付运营资金的方式,也可以选择建设期支付部分建设资金,将部分剩余的建设资金保留至运营期与运营资金一同支付,解决了政府项目资金来源短缺的问题;(3)EPC + O 项目的建设费用及运营费用均涉及财政性资金支付,因此,项目的运作规范应受财政预算管理及约束,通过设计较为严密的绩效考核条款,体现"按效付费",以实现项目全生命周期的管控,保障模式运用的规范性。

基于 EPC + O 运作模式的强运营属性,其具有以下几个方面的优势。

(1)建设运营一体化。EPC + O 运作模式是设计、施工和运营等环节的集成,

---

① 参见黄璟聪:《浅析农村生活污水治理项目采用 EPC + O 模式的优点以及实施中存在的问题》,载《河南建材》2019 年第 3 期。

其解决设计、施工和运营脱节的问题,将运营的需求前置到设计阶段,便于施工节省成本的建议及时反馈至设计团队,强化运营责任主体,使总承包商在设计和施工阶段就必须考虑运营策划、运营收益问题,促进设计、施工和运营各个环节的有效衔接,通过建设运营一体化来实现项目全生命周期的高效管理。另外,EPC+O 模式就技术方案的构思、工艺方案的设计、工程方案的实施、实施效果的评估到后期的运营维护管理都开展系统的思考和设计,能充分发挥设计在整个工程建设过程中的主导作用,有利于整体方案的优化,节省投资,优化资源配置。EPC+O 模式采用一体化的流程,还将其运营期的付费与绩效考核挂钩,因此可以促进总承包方加强前期施工部分的质量保证。[①]

(2)"两标并一标"。EPC+O 运作模式充分利用"两标并一标"的政策规定,往往只需要一次招投标选定总承包人,其他分包工作由总承包人自行负责,节约了招投标所需的时间成本、人力成本与财力成本。

(3)专事专办。采用 EPC+O 运作模式实现投资和建设运营的分离,政府通过专项债和市场化融资方式解决项目资金问题,而承包商和运营商专门负责项目建设、运营实施,这样大幅度提高投资效率。另外,EPC+O 模式业主只负责整体性、原则性、标准性目标的管理和控制,责任单一,减少了相关利益主体间的冲突和纠纷,避免工程实施过程不确定给业主带来的风险。

(4)缩短整体工期。由总承包单位全链条统筹,大幅减少建设单位的招采流程与沟通成本,有效提高管理效能,提升项目综合运营效益,降低全生命周期成本。EPC+O 模式可以发挥专业总承包商设计的主导作用,通过整体优化项目的实施方案实现设计、采购和施工各阶段的科学合理交叉与充分协调,达到期望的缩短工期、提高质量等目标。[②]

(5)减轻政府的负债。"EPC+O"模式下的建设项目,在建设过程中的进度支付比例相较一般项目支付比例有所降低,剩余进度款在完工后约定的运营期内每年等额支付回收项目,这将大大有利于减轻政府的负债。这样,同样的政府投资资金便可开展更多项目,后期能获得更多的经济效益和社会效益,为城市经济

① 参见郭金玲等:《EPC+O 模式的分析》,载《经济与社会发展研究》2019 年第 1 期。
② 参见何凯红等:《浅析商业建筑采用"EPC+O"模式的招标管控要点》,载《住宅与房地产》2022 年第 32 期。

发展提供源源不断的动力。①

（6）履约担保的全周期覆盖。传统 EPC 总承包模式下，承包商通常需要提交预付款担保、建设期履约担保和质保金等各种形式的履约担保。EPC + O 模式下，由于承包商的义务延伸至运营期，故除前述与建设有关的履约担保外，项目业主通常还会要求承包商提交运营期的履约担保，用于确保承包商按照承包或运营合同的约定履行在运营期内的相关义务。在《FIDIC 金皮书》中也有类似的规定，即业主在运营服务期内可从向承包商应付的款项中扣除 5% 的数额作为维修保留金或由承包商提供维修保留金保函。而承包商在运营期内需承担的履约担保责任，实践中往往会随着运营期的进行而逐步缩减。例如，在金溪县县城西生态高新产业园区工业污水处理厂建设项目设计施工运用总承包项目中，即约定运营期履约保证金在达标排放后第二年退 30%、达标排放后第三年再退 30%、达标排放后第四年再退 30%、达标排放后第五年退 10%。②

（二）EPC + O 模式与 DBO 模式的对比

在国际工程中，相比 EPC + O 模式，在项目实践中使用更多的是设计、施工和运营（Design – Build – Operate，DBO）模式。2008 年发布的《FIDIC 金皮书》将 DBO 表述为一种有别于传统的设计施工承包合同与运营合同相互独立的方式，而通过把设计、施工和长期运营整合到一个合同中授予一个承包商（通常为联合体或联营体），从而获得更优的创新、质量与性能的组合模式。因此，DBO 模式的内涵，与我们通常所称的 EPC + O 模式非常接近，但这两种模式之间仍然存在一定区别，主要表现如下。

1. 项目建设所涉的设备采购主体存在不同

在 EPC + O 模式下承包商一般应当承担包括设计、采购、施工在内的所有环节的工作，此时，设备采购的价款会相应纳入总承包合同总价中；而在 DBO 模式下，承包商应当承担的工作内容包括设计和施工，对于项目所涉的工程设备和工艺装置的采购工作则并未明确要求是由建设单位负责还是承包商负责。通常认

---

① 参见范伟：《"EPC + O" 总承包模式下政府监管的研究——以江门市蓬江区为例》，载《经济研究导刊》2021 年第 30 期。

② 参见周月萍、叶华军：《水环境治理 EPC + O 项目实务要点》，载微信公众号 "中伦视界" 2021 年 12 月 21 日，https://mp.weixin.qq.com/s/Bvhg7fIvhBZMtqpV94hQmg，最后访问日期：2023 年 3 月 23 日。

为该种模式下的总承包范围不包括专业工程设备和工艺装置的采购工作,而由建设单位自行采购或委托第三方进行采购,因此,该部分设备的采购价款也不属于工程总承包合同价款的组成部分。[①]

2. 承包商承担的设计责任有所差异

在设计和建造阶段,两种模式的另一差异体现在承包商所承担的设计内容上,一般认为 EPC 总承包模式中的设计工作范围要大于 DB 承包模式中的设计工作范围。《工程总承包发展的若干意见》要求:"建设单位可以根据项目特点,在可行性研究、方案设计或者初步设计完成后,按照确定的建设规模、建设标准、投资限额、工程质量和进度要求等进行工程总承包项目发包。"据此,采取 EPC 总承包模式时并不禁止将方案设计或者初步设计纳入总承包范围。《公路工程设计施工总承包管理办法》规定公路工程设计施工总承包招标应当在初步设计文件获得批准并落实建设资金后进行,即公路工程总承包模式下承包人并不负责初步设计工作,而由建设单位在招标前完成相关工作。[②]

3. 收费权归属和承担风险的不同

经营性项目进入运营期后,在 DBO 模式下一般项目收费权由建设单位所有,即项目的经营性收入归建设单位,建设单位基于承包商提供的运营维护服务向其支付数额相对固定的运营维护费。而在 EPC + O 模式下,由于目前缺乏明确的法律规定,对于该种模式下的收费权是否可以直接通过总承包合同授予承包商仍存一定争议。从实践情况来看,采取 EPC + O 模式的项目收费权既存在由政府方(建设单位)享有的情形,也存在由承包商享有的情形。两种模式中承包商所承担风险范围也有所不同:在 DBO 模式下建设单位将承担更多的风险,主要体现为采购风险和经营性风险;而在 EPC + O 模式下建设单位可将这两种风险转移给承包商。

(三)EPC + O 运作模式现行政策体系

EPC + O 运作模式并非一个法定的概念,在我国国家政策文件层面,最早提

---

① 参见周月萍、叶华军:《水环境治理 EPC + O 项目实务要点》,载微信公众号"中伦视界"2021 年 12 月 21 日,https://mp. weixin. qq. com/s/Bvhg7fIvhBZMtqpV94hQmg,最后访问日期:2023 年 3 月 23 日。

② 参见周月萍、叶华军:《水环境治理 EPC + O 项目实务要点》,载微信公众号"中伦视界"2021 年 12 月 21 日,https://mp. weixin. qq. com/s/Bvhg7fIvhBZMtqpV94hQmg,最后访问日期:2023 年 3 月 23 日。

及类似概念的文件是 2005 年国务院发布的《关于落实科学发展观加强环境保护的决定》(国发〔2005〕39 号),该决定要求"推行污染治理工程的设计、施工和运营一体化模式,鼓励排污单位委托专业化公司承担污染治理或设施运营"。这种运作模式在我国近几年主要适用于地下综合管廊项目的建设运营模式,主要是因为我国正处于城市化快速发展的阶段,但是地下基础设施建设无法满足我国城市化进程的需要,近年来随着城市快速发展,地下管线建设规模不足、管理水平不高等问题凸显,一些城市相继发生大雨内涝、管线泄漏爆炸、路面塌陷等事件,严重影响了人民群众生命财产安全和城市运行秩序。

基于此,国务院办公厅于 2014 年 6 月发布《关于加强城市地下管线建设管理的指导意见》(国办发〔2014〕27 号),提出"稳步推进城市地下综合管廊建设。在36 个大中城市开展地下综合管廊试点工程,探索投融资、建设维护、定价收费、运营管理等模式,提高综合管廊建设管理水平","进一步开展城市基础设施和综合管廊建设等政府和社会资本合作机制(PPP)试点。以政府和社会资本合作方式参与城市基础设施和综合管廊建设的企业,可以探索通过发行企业债券、中期票据、项目收益债券等市场化方式融资"。该意见的出台拉开了城市地下综合管廊建设改革的帷幕。之后,国务院办公厅于 2015 年 8 月发布《关于推进城市地下综合管廊建设的指导意见》,再次强调:"鼓励由企业投资建设和运营管理地下综合管廊。创新投融资模式,推广运用政府和社会资本合作(PPP)模式,通过特许经营、投资补贴、贷款贴息等形式,鼓励社会资本组建项目公司参与城市地下综合管廊建设和运营管理,优化合同管理,确保项目合理稳定回报。"

另外,为了规范试点城市地下综合管廊项目的申报工作,财政部、住房和城乡建设部 2016 年 2 月 16 日发布《2016 年地下综合管廊试点城市申报指南》(已失效)。该文件中首次提出:"建设运营模式。提出明确的建设运营模式。有明确的资金筹集渠道和有效的资金整合方案,经过充分的经济可行性论证;积极采取设计采购施工运营总承包(EPCO)等模式,实现地下综合管廊项目建设运营全生命周期高效管理。各方权利义务边界清晰,激励约束机制能够确保建设施工有序推进,运营管理高效实施。"这是 EPC + O 建设运营模式首次出现在政策文件中。

随后地方政府也跟上中央的脚步发布了相关政策,例如,2016 年 8 月 1 日杭州市人民政府办公厅发布了《关于加快推进城市地下综合管廊建设的实施意见》,其中明确提出:"积极采取设计采购施工运营总承包(EPCO)等模式,实现地下综合管廊项目建设运营全生命周期高效管理;加快新型建筑工业化在地下综合管廊建设中的应用,推进地下综合管廊主体结构构件标准化,积极推广应用预制拼装技术。"又如,2017年3月30日长沙市人民政府办公厅发布的《关于加强城市地下综合管廊建设管理工作的实施意见》也强调:"创新建设模式及投融资机制,科学界定地下综合管廊建设项目准公益性产品属性,因地制宜推广运用政府与社会资本合作(PPP),以及设计施工运营总承包(EPCO)等多种模式,建立政府与社会资本风险分担、收益共享的合作机制,采取明晰经营性收益权、政府购买服务、投资补贴、贷款贴息等多种形式,鼓励各类社会资本参与地下综合管廊建设和运营管理。"至此EPC+O模式在我国城市地下综合管廊项目上的运用有了政策上的引导和支持。

　　EPC+O模式不仅在城市地下综合管廊项目中展现出巨大的优势,也逐步在产业园区、污水处理、厕所革命项目中崭露头角。广东省东莞市人民政府发布的《关于深化改革全力推进城市更新提升城市品质的意见》(东府〔2018〕102号)中提出"鼓励活化更新和生态修复。探索通过EPC+运营权招标或公开遴选方式,引入产业园区综合运营服务企业和重点创新载体单位实施旧工业区、成片出租屋活化更新,提升镇村工业园区软硬件条件和运营效率"。而EPC+O模式代表性的项目表现为汕尾市城区9个省定贫困村农村污水治理工程EPCO项目与洞头区"花园厕所"工程项目。从实践来看,也有越来越多非环保领域的公共设施项目尝试以该种模式实施。

　　例如重庆市的"三河流域"项目。"三河流域"项目是重点工程,更是民心工程。为全面贯彻习近平生态文明思想,落实重庆市委市政府关于清水绿岸的部署,执行两江新区党工委管委会关于生态文明建设的要求,两江新区启动了"三河流域"水环境综合整治工程项目的建设。该项目总投资约19.4亿元,建设工期720天,运营管养期5年,涉及流域总面积约51.9平方千米、河道总长度约38.3千米、13座水库总库容约435.4万立方米,以各流域干、支流主要水质指标达到地表水Ⅳ类标准为建设目标。项目以"治水融城"为核心理念,大胆采用了EPC+O的建设模式、全过程工程咨询的管理模式,积极运用紫外光固化非开挖修复、鱼礁护坡等新技术。

　　"三河流域"EPC+O项目招标范围囊括了勘察、设计、采购、施工、运营等项目全生命周期,联合体由设计、施工及运营3家单位组成,作为牵头方的运营单位在项目设计阶段就已参与到项目中,并从运营方的角度为设计方案提供了优化意见。在项目方案设计阶段,某水库生态修复工程原本设计了包括基底改良、种植沉水植物、挺水植物和浮叶植物,配置光伏浮岛等多项工程措施,经联合体单位多轮考察及论证,认为该目标水库水质较好,改善水体透明度等感观的需求不大,且考虑到基底改良措施长期运营的有效性、光伏浮岛运维成本的经济性等问题,最终施工图阶段优化为仅保留挺水植物,其余工程措施均取消。此项设计变更为工程节约投资逾 800 万元,给项目投资控制带来了良好的正效应。该项目涉及的工程范围广、工程点位多,为典型的市政及水利复合型项目,同时还融合了绿化园林、生态环保、大数据信息化等多方专业信息,后期运维管理工作复杂。该项目在设计阶段后期,联合体已经在牵头单位的统筹下编制完成项目运营管养方案框架,虽然其内容仍需不断进行调整,但该尝试填补了原先流域管养方式、考核标准等方面的空白,形成了一定的理论雏形,这对于反推工程实施盲点,明确建设单位运营管养工作思路有着积极的意义。

二、EPC + O 运作模式实施风险及实施要点

EPC + O 运作模式是近几年兴起的基础设施建设运营模式,其尚未出台相关的制度文件加以规范实施,仅在相关的中央文件中出现并加以鼓励施行。不完善的制度内容,不成熟的实践体系,导致发包人与总承包方承担较大的不可预测的法律风险。

(一)法律法规适用模糊,存在被认定为垫资的风险

首先,相关法律法规适用模糊。《招标投标法》第 3 条第 1 款规定:"在中华人民共和国境内进行下列工程建设项目包括项目的勘察、设计、施工、监理以及与工程建设有关的重要设备、材料等的采购,必须进行招标:(一)大型基础设施、公用事业等关系社会公共利益、公众安全的项目;(二)全部或者部分使用国有资金投资或者国家融资的项目;……"EPC + O 运作模式作为适用于强运营型基础设施与市政工程项目的主要模式,其建设内容必须依照我国法律法规的规定进行招投标程序。与此同时,根据《政府采购法》第 2 条的规定,政府采购的范围包含了货物、工程和服务。EPC + O 运作模式的招标范围既包含了设计采购施工,也包含了运营内容。运营作为典型的服务内容,其应适用《政府采购法》,而设计采购施工的工程内容应适用《招标投标法》,法律层面适用的矛盾使得实践中无法选

择合适的法规加以适用,这样便造成 EPC + O 运作模式法律法规适用模糊的局面。

其次,长期运营服务期限与中期财政规划期限的矛盾性。根据财政部 2014年 6 月 4 日发布的《关于推进和完善服务项目政府采购有关问题的通知》的规定,要求灵活开展服务项目政府采购活动,采购需求具有相对固定性、延续性且价格变化幅度小的服务项目,在年度预算能保障的前提下,采购人可以签订不超过3 年履行期限的政府采购合同。后于 2017 年 5 月 28 日,财政部再次发布《关于坚决制止地方以政府购买服务名义违法违规融资的通知》,其要求严格规范政府购买服务预算管理,政府购买服务期限应严格限定在年度预算和中期财政规划期限内。而我国的财政预算依据国务院 2015 年 1 月 23 日发布的《关于实行中期财政规划管理的意见》的内容,实行的是 1 年财政当期预算和 3 年滚动中期财政规划预算体制。而 EPC + O 运作模式主要适用于强运营的基础设施与市政工程项目,其有着稳定且长期的运营需求,政策文件所规定的 3 年购买服务期限落实总承包方的运营责任也无法满足发包人的运营需求,导致了长期运营服务期限与中期财政规划期限之间的矛盾。

最后,项目存在被认定为垫资的风险。EPC + O 运作模式的合同价款主要包括工程费用和运营费用,通常情况下工程费用会按照工程建设的进度支付,运营费用则在运营期内支付。部分地方政府为缓解财政资金压力或加强运营考核约束效果,会将部分工程费用延期至运营期内平滑支付。[1] 但是依据《政府投资条例》第 22 条的规定,政府投资项目所需资金应当按照国家有关规定确保落实到位,政府投资项目不得由施工单位垫资建设。而部分地方政府将部分工程费用延期至运营期内平滑支付的方式存在被认定为垫资的可能。

(二)超额设计的风险[2]

在当前体制机制下,为了项目预算书顺利完成批复,提高项目进度支付比例,EPC + O 项目倾向于完成初步设计方案后再进行招标,这种情况下中标联合体只能够参与初步设计的优化,工程阶段的一些原则性的内容基本不能改变,这样就

---

[1]　《EPC + O、EPC + F 模式风险防范分析》,载搜狐网 2019 年 5 月 5 日,https://www.sohu.com/a/311813437_739751,最后访问日期:2023 年 3 月 25 日。

[2]　参见范伟:《"EPC + O"总承包模式下政府监管的研究——以江门市蓬江区为例》,载《经济研究导刊》2021 年第 30 期。

使设计单位从全生命周期高度参与项目的优势打了折扣。而如果从初步设计阶段就开始进行 EPC + O 招标，则项目总投资无法较为准确地估量，容易造成中标联合体单位定额设计甚至超额设计的情形。

这主要是由于建设单位仅完成勘察及初步设计工作，按照初步设计形成估算、概算，并无施工图设计及具体预算价，并以概算为招标价招标，经招投标下浮后形成 EPC + O 总承包合同价。而由此形成的合同价必定与之后的施工图预算价相差较大：初步设计时设计方无任何商业管理经验，设计无须深入，则设计成果往往流于表面；随后造价咨询单位采用定额基价、估计单方造价等十分粗略的指标编制概算，根本没有反映商业体的实际经营需要；概算形成至开始施工这段时间，若出现材料、设备、人工价格变化以及商业环境变化、商家变化、施工工艺淘汰更新、国家政策变化等，预算价必定会偏离合同价。这是采用 EPC + O 模式必定出现的风险难点。①

（三）主体职责不明

从当前 EPC + O 政府投资市政基础设施建设项目的运作实践来看，参建联合体单位由勘察、设计、施工、运营等企业组成，政府承担出资、监管责任，"融、投、技、建、运"各自承担各自领域的职责。但实施 EPC + O 模式的工程项目通常具有较强的系统性和综合性，强调项目全生命周期的统筹管理。而目前在建或已建成的 EPC + O 项目中，一个较明显的问题是项目综合管理角色缺位，勘察、设计、施工、运营企业在项目中全程各自为战，按收入比例承担绩效风险，导致人为割裂项目系统性，协调统筹难度较大，在一定程度上也加大了政府监管的难度。

（四）监管职能划分不合理

政府投资项目要做到高效高质，必须健全政府配套运行机制。然而 EPC + O 模式尚处于起步阶段，同国内一些发达地区相比，存在行业的规章制度和规范标准缺乏统一、机制的不成熟等问题，不利于政府投资经济市场的健康发展。此外，政府投资项目的代建费参考标准与当前市场行业指导价存在较大差异，监管人员及参建单位人员收入不高，与现有技术及城市经济发展现状脱节，难以提高监管效率及有效推进建设项目。

---

① 参见汪尉炫：《商业地产项目采用 EPC + O 模式投资建设的成本管理要点分析》，载《低碳世界》2020 年第 1 期。

EPC＋O 模式的政府监管涉及住建、城管、财政、资源、发改等多个部门,监管权的精细划分易导致监管的重叠或真空现象,造成监管边界模糊、责任不清、效率下降。同时对于监管部门又缺乏衡量其绩效考核的标准和制度,不利于激发监管单位的员工积极性。伴随着社会分工的细化,对监管人员的专业要求也日渐提高,新材料、新工艺、新标准的出现,亦急需监管单位补充相关专业人员参与监管。[①]

三、EPC＋O 模式运作建议

(一)明确实施主体

EPC＋O 项目由于涉及设计、施工和运营三大主要工程阶段,招标时对投标人的资格要求是一个关键控制点。对常规 EPC 项目来说,招标文件对于投标人的资格要求往往是有设计资质或者有施工总承包资质的单位,且一般情况下不接受联合体投标。而由于 EPC＋O 项目自身的强运营属性,投标人除具备设计和施工总承包能力外,还必须拥有较强的运营管理能力。

在当前国内建筑市场,同时具备设计资质和施工总承包能力的企业本来就较少,再考虑运营管理能力,选择就更加有限。因此,为充分优选实施单位,EPC＋O 项目应允许综合能力较强的设计、施工及运营单位组成联合体参与投标。当接受联合体投标时,招标文件中应明确联合体牵头单位类型。一般来讲,设计单位作为牵头单位能够更好地控制工程质量与成本,但设计与现场情况脱节的风险较大,后期变更的概率较高。相对地,施工单位牵头能较全面地考虑现场情况,遇突发事件也能尽可能降低沟通成本,其缺陷在于工程实施过程中设计、运营单位易受施工单位捆绑,导致“三边工程”的出现。

此外,运营单位作为牵头单位也是一种选项,由于 EPC＋O 项目运营需求贯穿始终,当运营单位牵头实施项目时,能够更好地从全局对项目进行规划和布局,也能将后期运营阶段的需求尽早反映到设计中,在一定程度上降低了变更频次。该选项也有明显的局限性:联合体成员中,运营单位往往是技术、经济实力最为弱势的一方,由运营单位担起牵头重任,其统筹协调能力存疑。

总而言之,设计、施工、运营三方作为联合体牵头单位时各有优势与不足,招

---

① 参见范伟:《“EPC＋O”总承包模式下政府监管的研究——以江门市蓬江区为例》,载《经济研究导刊》2021 年第 30 期。

标时应从 EPC＋O 项目自身特点出发,通盘考虑,充分权衡,选择最适合该项目的操作模式。

(二)明确约定限额设计及合同调价(变更、签证)的细节、条件

ETC＋O 项目总承包合同与施工总承包对比一大特点是承包单位负责设计工作,对设计成果、设计成本、设计进度负责,即设计工期[包括设计出图、图纸审查(承包方、建设单位、审图中心审核)、施工报建等]包含于合同总工期内;设计费一般为总价包干,杜绝工程费增加导致设计费增加的可能性;设计成果－施工图的质量由承包单位负责,设计缺项、漏项、错项调整增加的工程量在结算时不会得到补偿。基于以上特点,EPC＋O 总承包项目施工过程中除基于建设单位原因增加使用功能(因运营权归承包单位,该情况极少出现)或出现第三方不可抗力影响(如基础工程施工开挖发现旧桩、大型障碍物需清除,地质、地下水条件与勘察文件严重不符需改变工艺等极端情况),极少出现符合合同约定成立的工程变更签证。

根据《工程总承包管理办法》规定,即使是固定总价合同,建设单位也应承担一定范围内的风险,包括材料、设备、人工价差、国家政策、法律改变、不可预见、不可抗力等因素。故承包单位应重点关注工程范围及工程变更签证的范围、条件和结算取费依据、索赔等是否存在漏洞或条款缺失,在招标答疑时提出。

由于限额设计条款必定会与合同调价约定冲突,因此,在合同中必须明确限额设计与合同价格,调整二者的关系、适用条件,明确不同的超额程度及相应的解决办法。此外,合同中还应明确合同价格调整范围和调价因素,制定相应的调价条款;对争议解决程序进行明确约定,包括出现纠纷时可采取的协商、争议评审或仲裁等程序。

(三)引入全过程造价咨询单位

在 EPC＋O 项目中,引入全过程造价咨询单位,从项目决策、招标、设计、施工、竣工结算等各阶段提供连贯的造价咨询服务的优点如下。

(1)前期整个项目所有工程单项由一家咨询单位划分并作为标准,统一施工工艺标准;设计出图阶段所有施工图均按照统一标准编制预算,造价就能做到及时控制,单项控制,减少前述的归类不清。

(2)在设计阶段,紧密配合设计方做好方案优化和比选工作,尤其是对关键部位价值工程比选,如结构形式优化,能快速响应,提供费用估算参考。

（3）对建设单位来说要真正实现限额设计,提供限额指标能力。

（4）单项施工图预算确实必须超出估算概算价时,快速反馈至建设单位与总承包单位进行商讨,减少费用失控及合同纠纷。

（5）对现场产生的变更、签证事项能快速估算费用,及时收集资料,反馈给各参建单位完善书面签证,工程完工时基本就能得出结算价,从而大大加快工程结算进度。当然,引入全过程造价咨询服务只是手段,工作成效大小仍取决于建设单位与承包单位的配合程度。

第四节　工程总承包 + 项目管理（EPC + MC）运作模式

一、EPC + MC 运作模式介绍及现行政策体系

（一）EPC + MC 模式的历史沿革和现行政策体系

MC 模式又被称为管理承包模式,该模式起源于英国,主要从 CM 模式演变而来。CM 模式即建筑工程管理（Construction Management）模式,即业主委托一个被称为建设经理的人来负责整个工程项目的管理,包括可行性研究、设计、采购、施工、竣工和试运行等工作,负责协调咨询公司、承包商与业主之间的关系。[①]在这种管理模式中,建设经理提供专业的咨询服务,与业主是直接的合同关系。一般在项目的早期就任命 CM 管理公司,和业主直接签订合同,与建设经理组成一个团队,共同决定设计方案、控制造价和编制进度计划,选择承包商等。CM 模式中业主与主承包商之间是直接的合同关系,而 CM 管理公司与咨询工程师和主承包商不存在直接合同关系,仅依据 CM 管理公司和业主之间的合同进行工作上的衔接和协商。

CM 模式缘起于美国,随着现代化进程的推进,一些大规模项目的工艺技术越来越复杂,由此需要大量的工程技术人员参与项目的设计、组织和建设,并使得管理这些人员协同工作的重要性尤其突出。在发展过程中,专门为业主提供项目管理服务的公司出现。CM 经理或管理公司产生于 20 世纪 30 年代,这些项目管

---

① 参见康香萍、郭红英:《国内外常用工程项目管理模式综述》,载《中外公路》2010 年第 2 期。

理公司大部分是由以前的大的承包商转化而来的。在项目的建设过程中,这些公司积累了大量的管理经验、成本控制方法,能够编制切实可行的进度计划。它们能够较早地参与项目,为项目设计提供更好的建议和优化方法。同时,由于这些项目是设计一部分、招标一部分,因此,项目管理公司的这种专业服务对业主特别重要。因此 CM 模式因其效率高、成本低等优势使美国的建筑业得以迅速发展,适用的建筑项目规模也越来越大。

英国亟须借鉴美国 CM 模式以满足本国建筑业发展的需要,但是英国又无法直接移植 CM 模式加以适用,因此在 CM 模式的基础上发展出 CMAt – Risk 模式,该模式在英国被称为 MC 模式。MC 模式即管理承包(Management Contracting)模式。这种模式产生于 20 世纪 60 年代末,是传统的项目管理模式和 CM 模式相结合而产生的一种管理模式,这一点可以从 MC 公司的特点看出:MC 公司在这种组织结构中,既像传统模式下的总承包商,又像 CM 模式下的 CM 管理公司。在这种管理模式中,业主选择 MC 管理公司来管理基础设施项目的工程建设,但是 MC 公司自身并不从事任何的项目建设,而是把整个项目划分成合理的工作包,然后将工作包分发给不同的分包商,这些分包商在国外又被称作工作包分包商。[①] 自此,CM 模式依据是否代理,可分为代理型 CM 模式与非代理型 CM 模式。在代理型 CM 模式中,CM 公司代替业主进行工程的管理工作,监督管理承包公司的施工建设。在非代理型 CM 模式中,CM 公司负责项目的全部承包工作,但是 CM 公司并不参与直接的施工建设,而仅负责工程的管理,其将施工划分为不同的工作包进行逐一的分包,这也就是所谓的 MC 模式。

在政策层面,我国目前暂未单独就该模式进行规定,而沿用常规工程总承包模式的管理规范,具体内容本书第一章第三节已进行详细梳理,此处不再赘述。

(二)EPC + MC 模式的特点和优势

EPC + MC(Engineer Procure Construction – Management Contracting)运作模式是在 EPC 运作模式中衍生而来的工程运作模式,其在传统的 EPC 运作模式的基础上注入管理承包的功能。所谓 EPC + MC 模式即对设计采购施工进行直接管理的总承包模式,是指发包人将建设工程的设计、采购、施工全部的工程建设任务交由 MC 公司进行管理并由 MC 公司对最大工程费用(Guaranteed Maximum

---

① 参见康香萍、郭红英:《国内外常用工程项目管理模式综述》,载《中外公路》2010 年第 2 期。

Price,GMP)进行保证,但 MC 公司并不进行任何的项目建设,而将整个项目划分为合理的工作包,将这些工作包分包给不同的分包商进行建设的工程运作模式。①

传统的工程承包方式,即业主在完成项目立项、资金落实以后,组织专家评审团招投标;自身成立项目管理指挥部,分别与设计单位签订设计合同,与监理公司签订工程监理合同,与工程承包商签订施工承包合同,承包商在工程监理的质量监督下按设计图纸的要求进行施工,项目指挥部直接参与项目的实施管理,协调设计、施工、监理关系。

该组织模式对业主的项目指挥部提出了非常高的管理要求,需配备足够数量的技术专业人员,同时还要耗费大量的精力去全程参与、协调和平衡各合同方之间的关系,而且各合同方之间相互制约,缺乏有机的联系,对技术问题的协商机制比较弱,有时甚至相互推脱责任,阻碍项目的顺利实施。因此,该组织模式一般适用于建设单位人员充足且具备相应的专业技术能力、专业结构单一、资源调配关系不复杂的小型项目。合同计价形式一般是按验收通过的工程量分项计价,即单价合同。对于工程承包商而言,这种模式管理最简单,风险最少;反之,对于业主而言,管理要求最复杂、最高,风险承担也最多。②

随着市场经济的发展,业主的角色也逐步向项目投资人转变,更注重投资价值回报和项目的商业运作。与此同时,建筑企业做大做强,技术力量和资质水平提高,通过合并重组、收购并购等方式,获得了工程咨询、勘察设计、施工、设备供应、项目运营等方面的资质,具备了一体化管理和实施项目的能力。此外,市场竞争日益激烈,建筑市场趋向成熟,有多功能、一体化建筑成品配套服务的市场需求。因此项目投资人更愿意将部分职能和建设风险进行转嫁,精简自身管理机构,聘请综合实力强的公司负责项目的全过程管理和实施,提供一体化的建筑成品服务,从而催生了建立在"商业化契约精神"及"信托责任理念"基础上的EPC + MC 模式。

EPC + MC 模式是指在工程总承包模式的基础上,由业主委托的项目管理商对工程项目进行全过程、全方位的管理。EPC 工程总承包项目主要涉及设计、采

---

① 参见张尚:《建筑工程项目管理模式 CM 模式与 MC 模式的比较研究》,载《建筑经济》2005 年第 2 期。

② 参见姚颖:《EPC、DB、EPCM、PMC 四种典型总承包管理模式的介绍和比较》,载《中国水运(下半日)》2012 年第 12 期。

购和施工环境,全程都以总承包商为主导。而在 EPC + MC 模式下,项目管理公司将承担更为主要的角色。① 在该模式下,业主与一方项目管理商签订管理合同,与另一方或多方承包商签订 EPC 合同或其他形式的工程承包合同。项目管理商在这里承担业主代表和工程顾问的双重角色,配合业主对各承包商进行严格的选择和管理,但又有别于传统的工程顾问;项目管理商对项目的实施负有成本、质量、安全、进度等方面的直接管理责任,承担整个项目管理风险。该模式是项目业主在传统承包模式和 EPC 模式之间的一种折中选择,适用于大型、综合且复杂的工程建设项目。在该模式的合同关系当中,业主能有针对性地通过项目管理商的支持,共同行使项目过程控制职能,同时也规避了一般性问题的管理风险。比如,在 EPC 项目当中,业主基本上不会干涉项目的实施过程,大部分风险都由 EPC 方来承担,若 EPC 承包商掩盖风险,以致损失超出 EPC 承包商的承担范围,必定会连带损害业主的利益。因此,项目管理商承担主动替业主发现问题、处理问题的角色,同时也是为业主分担管理风险的担保人。

EPC + MC 模式具有管理模式的协调性、项目实施的分段性及适用范围的特殊性。管理模式的协调性是指其实现了单位对所有分包商管理的全面覆盖,有利于在一个庞大而复杂的施工现场,形成以单位为中心的指挥协调系统和良好的现场秩序,减少业主协调工作量。项目实施的分段性是指实现设计、招标、施工三者充分搭接,使总包合同价由传统的一次确定变成分若干次确定,合同价被化整为零,合同价的确定更有依据,对建设单位节约投资有利,同时施工可以尽早开始,进行分阶段施工,大大缩短了整个项目的建设周期。适用范围的特殊性是指该模式主要适用于复杂、周期性长且不适合采用传统施工总承包的项目。

EPC + MC 模式基于其自带管理属性的特点,具有以下几个方面的优势。(1)项目管理公司由建设单位根据建设要求指定,双方的信任度较高,管理收益结算方式灵活,可以采用费率模式、固定总价模式等多样化的结算方式,不单一依附于工程建设规模,向业主负责,更加贴近业主视角,维护业主利益。(2)介入项目时间早,甚至在项目规划阶段就提前介入,对项目理解充分,沟通过程全面,能够充分理解业主的项目要求。因为介入的时间早,MC 承包商可以根据当时最新

---

① 参见王芳:《EPC 工程总承包模式的困境及 EPC + M 创新模式的运用》,载《品牌与标准化》2022 年第 2 期。

的市场条件、设备价格、物质来源，使前期规划、预算工作更具现实性，设计更符合市场需求，充分考虑施工性、进度安排、工程成本等多种因素的影响，更能对项目的实施加以优化设计。(3)实现了工程总承包公司管理与建设的分离，工程总承包公司不再承担建设职责，主要负责工程的管理，这实现了决策管理的一体化与高效化。将整个工程划分为不同的工作包可以选取最为合适的社会资源加以利用，有利于充分利用社会资源，实现自身效益的最大化。(4)专业的项目管理公司具备较为全面的技术能力，涵盖设计、施工、采购等工程全过程，打破了技术壁垒和工作界限，真正打通了工程建设的各个环节，实现各项工作的有效衔接。(5)项目管理商充分替代了业主项目过程管理的职能，减轻了业主的工作量和负担职责。对业主而言，其既能享受总承包"交钥匙"模式的轻松，又能以项目管理公司为抓手，深入项目建设的方方面面，克服传统总承包模式下工程监管的缺失。(6)项目管理深入项目现场，监管现场并计量实际工作，为业主的成本核算提供可信的工程进度计量数据，化解业主置身项目之外无法把控建设资金支付进度的风险。[1]

（三）EPC + MC 运作模式与代建制的区别

根据《关于投资体制改革的决定》(国发〔2004〕20 号)，代建制是通过招标等方式，选择专业化的项目管理单位负责建设实施，严格控制项目投资质量和工期，竣工验收后移交给使用单位的政府投资项目模式。自此以后，各地政府相继出台相应规定来规范代建制，例如《湖南省政府投资项目代建制管理办法》中规定该办法所称代建制是指依法通过招标方式，选择专业化的管理单位(代建单位)负责政府投资项目的实施，控制项目投资、质量、工期和保证施工安全，项目竣工验收后移交使用单位的制度。又如《山东省省级政府投资项目代建制管理暂行办法》中规定该办法所称代建制是指按照"投资、建设、管理、使用"分离的原则，选择专业化项目管理单位，签订代建合同，负责项目建设的组织实施，并承担控制项目投资、质量、工期和施工安全等责任，项目竣工验收后移交使用单位的项目建设管理制度；代建期间，代建单位按照合同约定代行项目法人职责。

通过上述政策可以发现，政府明文出台的代建制政策的应用范围基本限定于政府投资项目，故这种代建制可称为政府代建制。政府代建制主要适用于政府投

---

[1]　参见王芳：《EPC 工程总承包模式的困境及 EPC + M 创新模式的运用》，载《品牌与标准化》2022 年第 2 期。

资的非经营性项目或公益项目。政府代建制一般涉及三方,即投资单位(委托方)、代建单位(受托方)、使用单位(指项目建成后实际接受、使用、管理并拥有项目产权的法人或组织)。实践中,政府代建制中的代建单位往往履行项目业主(建设单位)的职责,建设手续以代建单位名义办理,设计、施工、监理等工程合同由代建单位同施工方直接签订。

在非政府投资项目中,代建并无统一定义,其内涵和外延往往基于代建合同的具体约定有所差别,但总体而言,非政府投资项目的代建往往仅涉及业主(委托方)和代建单位二方,建设手续均以业主名义办理,设计、施工、监理等工程合同由业主同施工方直接签订,代建单位受业主的委托提供管理服务、品牌输出,并收取管理费。

代建制的结构如图 3 - 6 所示。

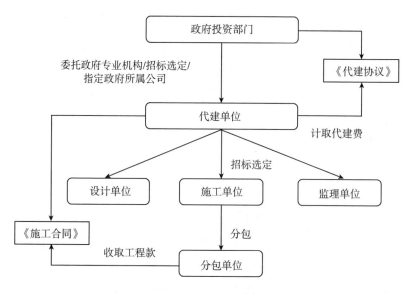

图 3 - 6　代建制的结构

从定义及结构上看,代建制和 EPC + MC 模式主要存在以下区别。

(1)适用范围不同。代建制是政府投资部门通过招标、指定或委托等方式选定代建单位,因此主要适用于非经营性政府投资项目。而 EPC + MC 运作模式主要是发挥管理优势,因此适用于复杂、周期性长且不适合采用传统施工总承包的项目。

(2)生存环境不同。代建制是我国参照美国 CM 模式在本土运作下的产物,符合我国的法律环境。而在 EPC + MC 运作模式下 MC 公司仅负责分包管理而不承担工程建设的工作,这种情况在我国存在违规风险。

(3)承担角色不同。在代建制中,代建单位承担发包方的角色。而在EPC+MC运作模式下,MC公司承担总承包方的角色。

二、EPC+MC运作模式实施风险及实施要点

EPC+MC运作模式属于一种新型的运作模式,它同时具备管理与承包的双重属性。但是EPC+MC运作模式在我国属于新生事物,其应用发展与我国政策环境与法治环境存在不相容的因素,主要将面临以下两方面的法律风险。

第一,总包风险。根据《工程总承包发展的若干意见》的相关规定,建设单位应当加强工程总承包项目全过程管理,督促工程总承包企业履行合同义务。建设单位根据自身资源和能力,可以自行对工程总承包项目进行管理,也可以委托项目管理单位,依照合同对工程总承包项目进行管理。项目管理单位可以是项目的可行性研究、方案设计或者初步设计单位,也可以是其他工程设计、施工或者监理等单位,但项目管理单位不得与工程总承包企业具有利害关系。《工程总承包管理办法》第11条第1款规定,工程总承包单位不得是工程总承包项目的代建单位、项目管理单位、监理单位、造价咨询单位、招标代理单位。由上述规定可以看出,项目管理单位需要独立于工程总承包单位,两者之间是管理与被管理的关系。但是在EPC+MC运作模式中,MC公司既承担管理职责也承担总承包职责,其虽然不参与直接的设计、施工或采购等工程建设活动,但是其将项目分割成不同的工作包予以分包,与分包单位之间存在直接的合同关系。依据我国《民法典》第153条第1款的规定,违反法律、行政法规的强制性规定的民事法律行为无效;但是,该强制性规定不导致该民事法律行为无效的除外。2019年11月最高人民法院发布的《全国法院民商事审判工作会议纪要》规定,人民法院在审理合同纠纷案件过程中,要依职权审查合同是否存在无效的情形。虽然EPC+MC运作模式下建设单位与MC公司签署的合同不一定被认定为无效合同,但是其运作模式与我国现行的政策规定相悖,极有可能面临违规所导致的法律风险。除此以外,还存在GMP风险。所谓GMP,是指最大工程费用,是指在EPC+MC运作模式中,由MC公司向业主作出最大工程费用的保证,承诺项目费用不超过此费用。若交付时项目费用超过此费用,则超出部分由MC公司承担或进行赔偿;若交付时项目费用未超过此费用,则节余部分归业主所有,MC公司获取一定百分比的

奖励。GMP 风险是 EPC + MC 模式独特的风险点,其意义在于方便业主对工程总价进行控制,防止 MC 公司逐一分包导致工程造价总量难以控制。但是这便将造价控制的难题由业主转移到 MC 公司,MC 公司需要依据 GMP 的数值进行合理的分包,同时需要考虑工程建设的变量因素。

第二,分包风险。EPC + MC 运作模式与我国的分包法律规定存在不相容的矛盾。根据《建筑法》第 29 条的规定,建筑工程总承包单位可以将承包工程中的部分工程发包给具有相应资质条件的分包单位;但是,除总承包合同中约定的分包外,必须经建设单位认可。根据《民法典》第 791 条的规定,承包人不得将其承包的全部建设工程转包给第三人或者将其承包的全部建设工程支解以后以分包的名义分别转包给第三人,建设工程主体结构的施工必须由承包人自行完成。根据《建筑工程施工转包违法分包等违法行为认定查处管理办法(试行)》(已失效)第 9 条的规定,施工总承包单位将房屋建筑工程的主体结构的施工分包给其他单位(钢结构工程除外)的,属于违法分包。虽然《工程总承包管理办法》允许工程总承包单位采用直接发包的方式进行分包,但是该分包以符合法律法规的规定为前提,即工程总承包企业自行实施设计的,不得将工程总承包项目工程主体部分的设计业务分包给其他企业;工程总承包企业自行实施施工的,不得将工程总承包项目工程主体结构的施工业务分包给其他企业。[①] 因此在 EPC + MC 运作模式中,MC 公司作为工程总承包企业,其仅负责管理而不参与直接的工程建设工作,这与我国法律法规要求的工程总承包企业主体工程不得分包的规定相违背。此外,存在业主指定分包的风险。指定分包的情形无论是在国际工程还是国内工程中都普遍存在。在国际上,依据《设计采购施工(EPC)交钥匙工程合同条件》中 4.5 指定的分包商的规定,该款中"指定的分包商"指雇主根据第 13 条"变更和调整"的规定,指示承包商雇用的分包商。而在我国,根据 2003 年发布、2013 年修正的《工程建设项目施工招标投标办法》第 66 条的规定,招标人不得直接指定分包人。2004 年发布、2014 年和 2019 年修正的《房屋建筑和市政基础设施工程施工分包管理办法》第 7 条规定,建设单位不得直接指定分包工程承包人,任何单位和个人不得对依法实施的分包活动进行干预。此外,依据最高人民法院

---

① 参见朱树英主编:《房屋建筑和市政基础设施项目工程总承包管理办法理解与适用》,法律出版社 2020 年版,第 312 页。

《关于审理建设工程施工合同纠纷案件适用法律问题的解释(一)》第 13 条第 1
款第 3 项的规定,发包人直接指定分包人分包专业工程,造成建设工程质量缺陷,
应当承担过错责任。从上述规定可以看出,我国禁止建设单位指定分包,并且对
于指定分包所导致的质量缺陷,建设单位还会面临承担过错责任的风险。在
EPC + MC 运作模式中,由于 MC 公司承担 GMP 的费用担保,若存在业主指定
分包的局面,不仅会影响 MC 公司对分包商进行自主管理工作,还极有可能导
致 MC 公司管理成本超出预算,影响工程的设计、采购、施工等环节,或影响项
目的总工期,最终导致交付项目的成本超出 GMP 的范围,直接损及 MC 公司的
利益。

三、EPC + MC 模式运作建议

需要指出的是,在国际工程总承包项目中,业主与工程总承包商以及分包商
之间事先签订框架性"桥接协议"(衔接拆分后的各子合同之间关系的总体协
议),其目的主要是避免项目所在国与总承包商所在国的双重征税,进行合法税
务筹划。将一份完整的 EPC 合同拆分为多份相互独立的子合同,在国际工程总
承包项目中是较为常见的操作,也并不会影响整个工程总承包合同的完整性。[①]
因此,EPC + MC 运作模式适用于国际项目时将项目切分为若干个工作包是合理
且可行的,但是我国政策监管的独特性会导致 EPC + MC 运作模式与国内法律环
境不相容的局面,主要体现为总包与分包两个方面的风险。

因此,在适用 EPC + MC 运作模式时,首先,需要准确判断国家的政策法律环
境,明确该模式的适用是否符合该国的政策法律要求,尽量避免出现违法违规的
情形。其次,由于 MC 公司需要针对 GMP 进行保证,承担了较大的工程造价风
险,故 MC 公司与业主在签订总包合同时,事前需要进行充分的 GMP 论证分析,
针对无法控制且危害重大的风险作出合理的风险分担约定。最后,MC 公司与业
主应尽量在政策法律规定的要求下合法进行分包工作,若发生业主指定分包的情
形,MC 公司应通过合同约定、留存证据等手段维护自身的利益,尽量降低指定分
包所导致的不可控风险对自身产生的不利影响。

---

① 参见徐寅哲、耿超:《【建纬观点】工程总承包合同拆分签订及此后对外分包的法律风险》,载微
信公众号"建纬律师"2018 年 3 月 29 日,https://mp. weixin. qq. com/s/Yr8IzqKisDgVaS26We3INg。

第四章

工程总承包项目全过程实施
法律风险识别与防范

第一节　工程总承包项目招投标阶段
风险识别与防范

一、招标制度概述及招标问题法律定性

(一)招标制度概述

由于建设工程项目往往涉及公共利益和社会民生,同时通常也涉及国有资金的投入,因此,严格按照招标采购程序来进行项目建设和资金安排是建设工程项目建设的内在要求,也是兼顾公共利益和市场竞争的两全之策。针对建设工程项目的招标采购程序,我国建立了相对完善的法律法规体系,但在工程总承包项目招标采购的实践中,仍然面临诸多疑难问题和实践痛点,有待探索解决。

《政府采购法》和《招标投标法》是规范我国境内招标采购活动的两大基本法律,在总结我国招标采购实践经验和借鉴国际经验的基础上,《招标投标法实施条例》和《政府采购法实施条例》作为两大法律的配套行政法规,对招标投标制度做了补充、细化和完善,进一步健全和完善了我国招标投标制度。根据《政府采购法》和《招标投标法》的相关规定,建设工程的工程总承包项目应以公开招标为主要方式。

1. 招标投标制度的历史沿革

招标投标起源于英国,早在18世纪英国政府就制定了有关政府部门公用品招标采购的法律。澳大利亚于1901年在有关法律中对政府采购作出了原则性规定,并以此为依据制定了《联邦政府采购导则》,并在1994年正式以法律形式公开实施。随后,美国在20世纪30年代初制定了《购买美国产品法》,并先后制定和颁布了《联邦财产与行政服务法》《联邦采购政策办公室宪法》《合同争议法》,以及与招标采购有关的《小采购补充法则》。同时,美国为了实施这些法律制订了一系列实施细则,如《联邦采购规则》《联邦国防采购补充规则》等。

自第二次世界大战以来,招标投标影响力不断扩大,以西方发达国家和世界银行等国际组织为代表,在货物采购、工程承包中大量推行招标投标方式。例如,意大利于1991年和1994年分别通过了《109号法令》和《406号法令》,专门规范本国的公共采购行为。瑞士于1991年根据关贸总协定的有关规定和本国的实际情况制定和颁布了《公共采购法》,确定除铁路、邮电等部门外,所有联邦政府部门的公共采购行为均应遵守该法。比利时也于1993年通过了《关于公共市场和一些为公共市场服务的私人市场的法律》,制定了公共采购框架,并授权国王就具体事项制定法令;1996年又颁布了两部关于传统公共采购和公用事业单位采购实施措施和程序的皇家法令。

近几十年来,发展中国家也日益重视和采用招标投标方式进行货物采购和工程建设。招标投标作为一种成熟的交易方式,其重要性和优越性在国内、国际经济活动中日益被各国和各种国际经济组织广泛认可,进而在相当多的国家和国际组织中得到立法推行。

我国建筑业于1981年起先后在深圳和吉林开始招投标的试点工作。其中,深圳国际商业大厦建筑面积52000m²,经招标确定施工单位,投资节省964.4万元,工期缩短半年,工程质量达到优良,取得了显著的经济和社会效益。① 吉林省吉林市从1985年开始在公用建筑及住宅小区试行招标制。原水利电力部于1982年7月,在鲁布革引水工程中首次进行国际招标投标,参加投标的企业有8家,日本大成公司以比标价低46%的价格中标,工期缩短120天。② 这些招投标

---

① 参见王世伦:《深圳市实行工程招标投标效果显著》,载《企业管理》1984年第8期。
② 参见陈秉良:《从鲁布革水电站引水工程国际招标看我国招投标问题》,载《中国水利》1984年第11期。

试点的成功,在中国工程建设领域引起了很大的反响。为了进一步推行招投标制度建设和完善,在此后近40年中,一系列法律法规和规范性文件陆续出台。例如,为进一步规范招标投标活动,适应加入世界贸易组织的需要,《招标投标法》1999年8月30日通过,并于2000年1月1日起施行。2011年12月20日,为进一步落实《招标投标法》,国务院颁布了《招标投标法实施条例》。上述法律法规构成了我国招投标的基本法律规范。

同时,为了落实招标投标管理,促进招标投标活动的规范化、制度化,我国还先后颁布了《关于禁止串通招标投标行为的暂行规定》(已失效)、《工程建设项目申报材料增加招标内容和核准招标事项暂行规定》、《评标委员会和评标方法暂行规定》、《电子招标投标办法》、《招标公告和公示信息发布管理办法》、《必须招标的工程项目规定》等规范性文件。

此外,针对不同的行业和专业领域,我国先后颁布了《房屋建筑和市政基础设施工程施工招标投标管理办法》《工程建设项目施工招标投标办法》《工程建设项目勘察设计招标投标办法》《工程建设项目货物招标投标办法》《建筑工程方案设计招标投标管理办法》《建筑工程设计招标投标管理办法》等规范性文件。

2. 招标投标法律体系

在现行法律体系中,规范招标投标活动、解决招标投标争议以及招标投标引起的工程争议的法律依据主要包括法律、行政法规、行政规章和最高人民法院司法解释,这其中主要涵盖"三法、三条例、一解释"。"三法"即《招标投标法》《建筑法》《民法典》;"三条例"是指《招标投标法实施条例》《建设工程质量管理条例》《建设工程勘察设计管理条例》;"一解释"即最高人民法院《关于审理建设工程施工合同纠纷案件适用法律问题的解释(一)》。

除了上述法律、行政法规和司法解释之外,国务院以及相关部委颁布的行政规章,各省级人大和人大常委会制定的地方性法规,各地方政府规章,以及其他政府主管部门颁布的规范性法律文件、最高人民法院和地方法院颁布的司法指导意见也都是招投标主体从事招标投标活动应当遵守和考虑的规范性法律文件。

因此,总结起来可将广义上的招标投标法律体系概括为招标投标法律法规体系与招标投标规范性文件(政策)体系,其是指全部现行的与招标投标活动有关的法律法规、规范性文件和政策组成的有机联系的整体。就法律规范的渊源和相关内容而言,招标投标法律法规体系与规范政策体系的构成可以按照法律规范的渊源和法律规范内容的相关性进行划分。

（1）按照法律规范的渊源划分

招标投标法律体系由有关法律、法规、行政规章及规范性文件构成。

一是法律，由全国人大及其常委会制定，通常以国家主席令的形式向社会公布，具有国家强制力和普遍约束力，一般以法为名称，如《招标投标法》《政府采购法》等。

二是法规，包括行政法规和地方性法规。其中，行政法规由国务院制定，通常由总理签署国务院令公布，一般以条例、规定、办法、实施细则等为名称，如《招标投标法实施条例》是与《招标投标法》配套的一部行政法规。地方性法规由地方人大及其常委会制定，通常以地方人大公告的方式公布，一般使用条例、实施办法等名称，如《北京市招标投标条例》。采用地方性法规这一立法方式的包括北京、天津、重庆、江苏、浙江、山东、福建、甘肃、云南、贵州等地。此外，采用《招标投标法》实施办法这一立法方式的包括广东、广西、河南、河北、江西、湖南、陕西、安徽、内蒙古、青海等地。

三是行政规章，包括部门规章和地方政府规章。部门规章由国务院所属的部、委、局和具有行政管理职责的直属机构制定，通常以部委令的形式公布，一般以办法、规定等为名称，如《工程建设项目勘察设计招标投标办法》《工程建设项目招标代理机构资格认定办法》等。地方政府规章由地方政府制定，通常以地方人民政府令的形式发布，一般以规定、办法等为名称，如上海市人民政府制定的《上海市建设工程招标投标管理办法》。

四是规范性文件，即各级政府及其所属部门和派出机关在其职权范围内，依据法律、法规和规章制定的具有普遍约束力的具体规定。例如中央机构编制委员会办公室《关于国务院有关部门实施招标投标活动行政监督的职责分工的意见》，是依据《招标投标法》第7条的授权作出的有关职责分工的专项规定；国务院办公厅《关于进一步规范招投标活动的若干意见》（已失效）则是为贯彻实施《招标投标法》，针对招标投标领域存在的问题从7个方面作出的具体规定。

（2）按照法律规范内容的相关性划分

招标投标法律体系包括招标投标专业法律规范和其他相关法律规范。

一是招标投标专业法律规范，即专门规范招标投标活动的法律、法规、规章及规范性文件，如《招标投标法》和《招标投标法实施条例》，国家有关部委关于招标投标的部门规章，以及各省、自治区、直辖市出台的关于招标投标的地方性法规和政府规章等。此外,属于政府采购范畴的招投标活动,还要受到政府采购法律规范的制约。

二是其他相关法律规范。由于招标投标属于市场交易活动,因此必须遵守规范民事法律行为和签订合同、确定价格、履约担保等采购活动的《民法典》和《价格法》等。另外,有关工程建设项目方面的招标投标活动还应当遵守《建筑法》《建设工程质量管理条例》《建设工程安全生产管理条例》等的相关规定,以及施工合同相关司法解释的规定(见表4-1)。

表4-1 招标投标相关法律规范一览

类别	文件名称	效力位阶	制定机关
招标投标	《招标投标法》	法律	全国人大常委会
	《招标投标法实施条例》	行政法规	国务院
	《必须招标的工程项目规定》	部门规章	国家发展和改革委员会等
	《必须招标的基础设施和公用事业项目范围规定》	规范性文件	
	《工程建设项目施工招标投标办法》	部门规章	
	《工程建设项目货物招标投标办法》	部门规章	
	《工程建设项目勘察设计招标投标办法》	部门规章	
	《工程建设项目可行性研究报告增加招标内容和核准招标事项暂行规定》	部门规章	
	《工程建设项目自行招标实行办法》	部门规章	
	《招标公告和公示信息发布管理办法》	部门规章	
	《评标委员会和评标方法暂行规定》	部门规章	
	《评标专家和评标专家库管理暂行办法》	部门规章	
	《工程建设项目招标投标活动投诉处理办法》	部门规章	
	《国家重大建设项目招标投标监督暂行办法》(已失效)	部门规章	
	《〈标准施工招标资格预审文件〉和〈标准施工招标文件〉试行规定》	部门规章	
	《关于印发〈标准设备采购招标文件〉等五个标准招标文件的通知》	规范性文件	

续表

类别	文件名称	效力位阶	制定机关
招标投标	《电子招标投标办法》	部门规章	国家发展和改革委员会等
	《工程项目招投标领域营商环境专项整治工作方案》	规范性文件	
	《公共资源交易平台管理暂行办法》	部门规章	
	《关于深化公共资源交易平台整合共享的指导意见》	规范性文件	
	《全国公共资源交易目录指引》	规范性文件	
	《通讯工程建设项目招标投标管理办法》	部门规章	工业和信息化部
	《公路工程建设项目招标投标管理办法》	部门规章	交通运输部
	《水运工程建设项目招标投标管理办法》	部门规章	
	《铁路工程建设项目招标投标管理办法》	部门规章	
	《水利工程建设项目招标投标管理规定》	部门规章	水利部
	《机电产品国际招标投标实施办法（试行）》	部门规章	商务部
	《国家广播电影电视总局工程建设项目招标暂行办法》	规范性文件	原国家广播电视电影总局
	《民航专业工程及货物招标投标管理办法》（已失效）	规范性文件	原中国民用航空总局
	《农业基本建设项目招标投标管理规定》	规范性文件	原农业部
	《科技项目招标投标管理暂行办法》（已失效）	规范性文件	科学技术部
	《关于进一步做好医疗机构药品集中招标采购工作的通知》	规范性文件	原卫生部等
	《医疗机构药品集中采购工作规范》	规范性文件	
	《关于进一步加强医疗器械集中采购管理的通知》	规范性文件	
政府采购	《政府采购法》	法律	全国人大常委会
	《政府采购法实施条例》	行政法规	国务院
	《政府采购非招标采购方式管理办法》	部门规章	财政部等
	《政府采购竞争性磋商采购方式管理暂行办法》	规范性文件	

续表

类别	文件名称	效力位阶	制定机关
政府采购	《政府和社会资本合作项目政府采购管理办法》（已失效）	规范性文件	财政部等
	《政府购买服务管理办法》	部门规章	
	《政府采购信息发布管理办法》	部门规章	
	《政府采购质疑和投诉办法》	部门规章	
	《政府采购进口产品管理办法》	规范性文件	
	《关于调整优化节能产品、环境标志产品政府采购执行机制的通知》	规范性文件	
	《政府采购促进中小企业发展暂行办法》（已失效）	规范性文件	
	《中央预算单位政府集中采购目录及标准（2020年版）》	规范性文件	
	《地方预算单位政府集中采购目录及标准指引（2020年版）》	规范性文件	
相关法律规范	《民法典》	法律	全国人大常委会
	《价格法》	法律	
	《建筑法》	法律	
	《建设工程质量管理条例》	行政法规	国务院
	《建设工程勘察设计管理条例》	行政法规	
	《建设工程安全生产管理条例》	行政法规	
	《关于审理建设工程施工合同纠纷案件适用法律问题的解释（一）》	司法解释	最高人民法院

（二）招标问题的法律定性

招标是招标投标行业术语，指招标人（买方）事先发出招标通告或招标单，提出品种、数量、技术要求和有关的交易条件，在规定的时间、地点，邀请投标人（卖方）参加投标的行为。① 在工程项目建设活动中，招标是关键环节，对于招标行为本身的法律属性界定关系到后续的投标行为的法律定性，也是确定工程合同成立和生效与否的重要条件。从现有法律法规的规定及合同法基本理论来看，判断招

① 参见阳光时代律师事务所编著、徐新河等主编：《招标投标法律实务：问题解答与实战案例评析》，法律出版社2019年版，第103页。

标的法律属性还需要根据具体的不同情形进行区分。

1. 招标法律属性的法律规定

原《合同法》规定，当事人订立合同采取要约、承诺方式。《民法典》第471条规定："当事人订立合同，可以采取要约、承诺方式或者其他方式。"《民法典》增加其他方式，是因为有理论认为竞争缔约方式因其程序特殊性而是一种不同于要约承诺方式的其他方式，如招投标方式、拍卖方式等。[①] 但由于竞争性缔约方式与要约承诺方式的差异主要是缔约程序差异，在实质上并不独立于要约承诺方式，因此，主要对其缔约程序进行特别法规制，如《招标投标法》和《拍卖法》分别对招标投标缔约程序和竞买缔约程序进行了规定。[②] 所以，对招投标程序的分析还需要从要约承诺角度入手。所谓要约，是指希望和他人订立合同的意思表示，该意思表示的内容必须具体确定，并且表明经受要约人承诺后，要约人即受该意思表示约束。承诺则是受要约人同意要约的意思表示，承诺不得对要约的实质性内容进行变更，否则构成反要约，承诺生效之时即为合同成立之时。因此，法谚"契约即允诺"就是对合同成立理论的最佳印证。[③]

建设工程合同作为合同的一种类型，自然也应当遵守《民法典》总则编关于民事法律行为及合同编关于合同成立等的规定，因此同样也需要遵守要约和承诺的方式和程序，只是对于必须采用招标投标程序的工程建设项目，相关的合同要约和承诺的方式（竞争性缔约程序）更为特殊。

《民法典》第473条也对要约邀请进行了规定，即要约邀请是希望他人向自己发出要约的表示，并进一步明确了招标公告属于要约邀请。同时，按照相关规定，招标公告并应当载明招标人的名称，地址，招标项目的性质、数量，实施地点、时间，投标截止日期以及获取招标文件的办法等。在实务当中，招标文件一般也都随招标公告予以发布，因此，就招标文件本身而言，其也应当属于要约邀请的内容，构成要约邀请的重要组成部分。

综合上述法律规定的内容来看，按照一般的原则和通常的理解，招标人的招标行为属于要约邀请，投标人的投标行为属于要约，而招标人对投标人的响应则

---

① 参见最高人民法院民法典贯彻实施工作领导小组主编：《中华人民共和国民法典合同编理解与适用（一）》，人民法院出版社2020年版，第61页。

② 参见隋彭生：《合同法要义》（第5版），中国人民大学出版社2018年版，第98页。

③ 参见［美］查尔斯·弗里德：《契约即允诺》，郭锐译，北京大学出版社2006年版，第5页。

是承诺,以中标通知书为主要载体。

2. 要约构成要件对招标属性的影响

要约的构成主要包括两点:一是愿意受拘束的明白表示;二是必要价款的描述。按照我国《民法典》的规定,要约是希望和他人订立合同的意思表示,该意思表示应当符合下列要件:一是内容具体确定;二是表明经受要约人承诺,要约人即受该意思表示约束。

在实务中,将招标视为要约邀请还有一个重要原因,即招标文件中的价款是不确定的,合同价格需要根据投标人的投标报价才能确定。而根据《民法典》第470条的规定,合同的内容一般应当包括当事人的姓名或者名称和住所,标的,数量,质量,价款或者报酬,履行期限、地点和方式,违约责任,解决争议的方法等。因此,在没有合同价格条款的情况下,招标文件不具备要约的构成条件。

但是,按照合同法理论,合同成立应当遵循意思自治的原则,在当事人订立合同的内容和方式不违反法律、行政法规的强制性规定的前提下,可以由当事人自由协商确定。此外,对于双方没有约定的内容,仍然可以通过法律进行漏洞填补来确定。因此,要约的内容应当具体、确定但并不一定要求完整、全面。在司法实践中,当事人对合同是否成立存在争议,人民法院或仲裁机构能够确定当事人名称或者姓名、标的和数量的,通常应当认定合同成立,而对合同欠缺的前述内容以外的其他内容,当事人无法达成协议的,人民法院或仲裁机构可以依照《民法典》的有关规定予以确定。因此,合同价格并非衡量是否构成要约的唯一要素。而且,在工程项目的招标中,虽然招标文件没有明确的合同价格,但通常会有合同价格的计算方法以及相对确定的工作内容和工作量,上述内容都可以作为确定合同价款的依据。

因此,在实践中,虽然大多数情况下都将招标公告定性为要约邀请,但一项具体的招标属于要约邀请还是要约,实质上取决于其意思表示的内容,而不宜单纯地以《民法典》规定的招标公告属于要约邀请来确定。换言之,如果招标公告和招标文件中已有较为明确的交易内容,符合要约的构成要件,那么招标就可以认为属于要约,而非要约邀请。

3. 不同采购方式下招标的法律性质分析

根据《招标投标法》和相关规定,工程建设项目的招标可以分为强制性招标和非强制性招标,强制性招标又可采用公开招标、邀请招标等方式,以及例外情形的应当招标而可以不采招标方式进行的采购。对于不同的采购情形,在涉及合同成立的问题上,其招标行为具体属于要约还是要约邀请也可能存在差别。

首先,强制招标的项目中招标人的公开招标行为及其招标文件针对的是不确定的多数人,而邀请招标的工程项目中招标人所邀请的潜在投标人一般是特定对象。但不论是公开招标还是邀请招标,招标人都是确定的。因此,从要约构成来看,招标符合要约应当由特定人作出的要件。

其次,在采用招标的工程建设项目中,按照《招标投标法》和相关规定,招标文件应当明确评标的办法和标准,比如最低价中标方式、投标文件应当对招标文件作出实质性响应等。在这种情况下,如果投标人的投标文件响应了招标文件的内容,那么招标文件构成要约也并非绝无可能。

最后,如果说强制招投标项目的招标在属于要约还是要约邀请这一法律问题上尚有可以探讨的地方,对于非必须强制招投标的工程建设项目,其招标行为是否也必然属于要约邀请则存在更多探讨的空间,即在招标人的招标文件足够具体明确而投标人对招标文件进行了全面的实质性响应的情况下,如果招标人最终未发出中标通知书,可否认为合同成立。

按照通常的理解,在大多数情况下招标行为属于要约邀请无疑,而在一些特殊情况下,如果招标符合要约的构成要件,那么也存在被认定为要约的可能。

二、工程总承包项目招标风险识别与防范

1. 工程总承包项目招标风险概述

与传统的设计、施工发承包模式相比,工程总承包模式能更加适应建设单位多样化需求,提高项目生产效益,也能为具备综合实力的承包单位提供较为丰厚的回报,是国际上广泛采用的模式。

近年来,我国大力推广工程总承包模式。2016 年 2 月 6 日,中共中央、国务院印发《关于进一步加强城市规划建设管理工作的若干意见》,提出"深化建设项目组织实施方式改革,推广工程总承包制"。2017 年 2 月 21 日,国务院办公厅印发《关于促进建筑业持续健康发展的意见》(国办发〔2017〕19 号),再次强调完善工程建设组织模式,加快推行工程总承包;装配式建筑原则上应采用工程总承包模式;政府投资工程应完善建设管理模式,带头推行工程总承包。2019 年 12 月23 日,《工程总承包管理办法》的出台标志着我国工程总承包正式走上法治化道

路。2021 年 1 月 1 日起施行的《建设项目工程总承包合同(示范文本)》是工程总承包领域的又一重要制度性建设,为保障工程总承包项目的更好推进起到关键作用。

但在工程总承包项目招标时,其模式特殊性导致存在一些不同于常规建设模式的风险,包括项目资金来源风险、实质性响应风险、项目信息描述不明确或复杂地质情况风险、报价形式风险、投标文件编制遗漏风险、固定总价认识偏差风险以及不平衡报价风险。

2. 工程总承包招标风险识别与防范

(1)项目资金来源风险识别与防范

工程总承包项目招标阶段的潜在风险如下。①要求投标人垫资的风险。EPC 项目通常与融资有着密切关系,由于偏重于融资安排,有些招标文件中招标人明确要求 EPC 总承包方带资承包,大量垫资影响总承包方的工程管理,造成大量资金被占用,损害了总承包方投资和业务扩展的能力。②政府投资项目要求投标人垫资的风险。政府投资项目要求承包人垫资施工或采用 BT 模式的,可能会导致项目无法办理施工许可手续、难以融资、无法办理验收手续等。③要求投标人缴纳除法定保证金之外的保证或现金,如诚信金等,且对扣还、返还不做任何明确的约定或承诺。

对此,可以采取的防范措施如下。①投标单位应当建立内部的项目承接底线管理规定,尤其是对需要垫资的项目设立明确的警戒线,或采取“一事一议”的审批方式,作出高于规定垫资比例的项目不允许投标、非长期合作的招标人或后期无较大合作空间的项目不允许承接等符合投标单位实际情况的管理规定。②政府投资项目要求垫资的,应当依据国家相关法律法规和政策,在投标答疑期间要求发包人澄清,并应在中标后合同中约定违反法律法规政策导致的风险由发包人承担。③承接项目前应对招标人的经营状况、资本结构、总资产水平、资金周转率、营业额等进行分析评估,从多渠道了解招标人其他项目的履约情况。对于招标人自筹资金的项目,承包商应当重点考察和审核招标人项目资金的来源是否可靠,自筹资金和贷款比例是多少,偿贷能力如何。④发包人不能提供资金来源证明的,要求发包人提供工程总承包合同款项支付担保、履约保证金退还的有效担保。⑤投标时应当特别注意在合同条款中明确付款比例,该类条款属于实质性内容,根据相关法律规定,中标后不得再签订招投标文件存在实质性变更的合同,因此合同的支付条件在中标后基本没有谈判变更的空间,投标人切勿抱着先中标再谈判的心态盲目接受苛刻的付款条件。⑥对于中标后发包人要求进一步让利、延长工程款支付期限或提高工程款支付条件,工程总承包人可以违背《招标投标法》第46条强制性规定为理由不予接受。

(2)招标文件审查及实质性响应风险识别与防范

基于目前招投标法律法规对于招标人招标文件哪些属于实质性内容规定并不明确,且不同类型项目的招标文件实质性内容往往存在特征上的差异,法律法规也没有强制规定发包人的招标文件应当将实质性内容统一条款表述,招标人往往以投标人未能进行实质性响应或未能满足实质性要求为由,对投标文件予以否决。但需要注意的是江苏、云南、上海等地的地方法律法规中,都有要求否决条款在招标文件中集中表述,未经集中表述的不得作为否决条件使用的规定。

对于前述风险,可以采取的防范措施如下。①全面梳理、分析招标文件,对其中注明的实质性响应条款在投标时作出积极响应。②招标文件未明确对需要实质性响应条款内容进行标注的,投标人不能准确把握时,可以在澄清阶段提出,要求招标人书面给予明确。③招标文件的招标流程和内容违反法律法规规定、招标文件前后一表述不一致的,要求招标人书面确认并解释。④招标人对否决条款在招标文件中未统一表述的,结合相关法律法规,要求招标人对否决性条款集中明示。

(3)项目信息描述不明或复杂地质情况风险识别与防范

在项目招标阶段可能发生的风险如下。①招标人未提供或未全面提供影响投标报价、设计施工技术方案相关的必要信息。②招标文件中规定,对于招标文件中的信息的准确性招标人不负责任,投标人有义务自己解读、分析并核实这些信息。如果投标人对相关信息的解读有误或遇到复杂水文地质情况,将由投标人承担由此带来的风险。③招标文件中对于招标人要求及竣工验收标准等涉及合同价款风险及工程交付的重要信息、标准或要求的规定不明确、不清晰。

对此,可以采取的防范措施如下。①全面审查招标文件,由投标归口部门负责收集其他投标相关人员对招标文件存在的疑问,并在招标文件规定的期限内以书面方式要求招标人进行澄清或补充,细化投标所需信息。②认真全面勘察现场,对于招标人提供的勘察资料不全、不准确的情形及时提出澄清或答疑;对招标人的勘察资料存在错误等问题,要及时书面通知招标人,并要求招标人对错误之处进行纠正。③如果投标期间发现招标文件不符合法律规定,存在不合理限制排斥潜在投标人,或者招标需求不明确影响公平竞标,投标人可以按照法律规定向招标人提出异议,招标人应当暂停投标活动,并在规定时限内进行处理。④在合同签署阶段争取约定招标人对前期勘察设计文件的真实性、准确性、完整性负责;招标人在招标文件中要求投标人自行复核的,争取约定承包人对于时间等客观原因导致无法复核及资质范围内即便尽到合理谨慎注意义务仍难以发现的勘察设计错误或偏差的责任由发包人承担。

(4)投标报价形式风险识别与防范

工程总承包一般采用固定总价合同,包含勘察设计、施工、采购及项目调试、试运行等全部工作内容。基于房建和市政项目正在培育工程总承包模式,为了减少投标成本、合理分配风险,应结合国内建筑市场现状,在政策方面引导由招标人完成项目的勘察。但是由于招标人在招标时仅提供前期设计咨询文件(可研或方案设计或初步设计)和项目要求,设计深度较浅且项目要求不确切,故招标时项目仍然有较多不确定因素。

对此,首先,承包商在投标报价中应充分考虑下列因素:①工程设计、采购、施工等的成本、利润和税费,以及项目调试、移交、培训等难以精确计入工程量清单综合单价的费用;②劳动力、原材料、设施设备等多方面市场风险因素;③报价工程量与实际工程量偏差的风险;④汇率、利率变动的风险,这种风险对于国际EPC工程和需要融资的项目尤其重要;⑤固定总价的风险范围经评估后考量的风险费用;⑥招标人招标文件、付款条件对项目报价的影响;⑦当地税收法律或政策及增值税税制下工程总承包项目计税计价的影响。

其次,审查招标人的招标文件是否考虑了固定总价的风险费用,在报价基础上争取风险费用,降低固定总价的风险。

最后,审查招标文件固定总价的风险范围和风险范围以外的价格调整机制,争取利用工程量清单计价的规定,充分利用法律法规变化、市场价格超过一定幅度、存在不可预见的不利物质条件时的调价机制。

(5)投标文件编制遗漏风险识别与防范

工程总承包项目的招标阶段,由于详细设计还未进行,没有施工图纸,难以获得准确的工程量清单,投标人报价的基础往往是招标人基于前期设计文件所拟定的招标人要求,招标人招标文件中通常会约定漏项、缺项的风险由承包人承担。

对此,可以采取的风险防范措施如下。①承包商要组织专业经验丰富的人员,与项目合作的设计单位深入沟通,结合招标文件和招标人的项目要求,协同投标报价,避免出现漏项等重大失误。②对招标人的项目要求、前期设计文件、招标文件不清楚或有理解歧义的,应及时在投标报价前向招标人申请澄清,以避免投标文件出现漏项。③招标人不统一组织勘探现场的,投标人切莫过度信赖招标文件的基础数据及项目边界条件的表述,应在组织技术、工程人员勘探现场的基础上投标报价。④尽了充分的谨慎义务,但仍然存在漏项、缺项的,若并不影响招标人的项目要求和功能实现,在实施时可以争取通过设计优化避免损失,或纳入招标人的要求变更,从而进行索赔。

(6)固定总价认识偏差风险识别与防范

工程总承包项目多为固定总价形式,易造成投标人将签订的合同误解为价格不变的合同,进而一方面可能在投标报价时风险估计过大导致投标报价高而无法中标;另一方面可能在签约时简单认为是固定总价而放弃了合同变更和索赔的权利。但是,招标文件没有明确描述固定总价的风险范围和风险承担,投标人不能简单认为工程总承包项目采用固定总价合同就放弃价格调整条款或虚高报价,应注意到固定总价调整的潜在可能性。

对此,可以采取的风险防范措施如下。①建设工程组织实施方式不论传统的DBB模式,还是工程总承包项下的DB、EPC模式,计价方式都存在总价固定的方式,但都是结合特定的承包范围和风险范围而言,没有绝对的固定,只是EPC相对于DB,DB相对于DBB总价固定合同计价方式,可调的空间从DBB到DB再到EPC呈越来越小的趋势。传统DBB模式下的签证、调差、变更、索赔四大合同价格调整策略,在EPC合同项下发挥空间较小,但承包商仍应积极争取。②招标人的需求变化可能影响"固定总价"。固定总价只是相对而言的,在工程标准和规模不确定的情况下,一般EPC项目的工程价款是基于招标人建设范围、规模、标准等要求建立模拟工作量与单价的乘积,实际上总价会随着招标人可能增加的工作范围或工程项目而进行改变;采购价格也是一样,当招标人对货物的功能要求发生改变或对实现功能的设备提出特殊要求时,合同价格同样会发生变化;在原批准的设计方案和施工组织方案基础上,招标人提出更高的设计要求或施工工艺要求时,合同价格也会随之改变。③市场波动可能影响"固定总价"。工程总承包项目一般工期较长,因而受市场价格波动影响较大,可能导致项目执行成本存在较大变化。国内各级地方政府目前均不定期根据市场情况发布相应建设工程领域市场价格波动时的建筑主材、机械设备、人工的调整指导政策文件,指导工程建设各方当事人合理分配和调配双方利益。④政策调整和法律变化可能影响固定总价。投标报价依据的政策文件在工程实施期间可能存在调整,尤其是政府投资工程,政府审计在较大程度上需要以政府文件为依据,因此在一定程度上,投标人可以争取将政策法律变化作为固定总价调整因素。无论是涉外工程较为普遍使用的 FIDIC 合同、国内工程总承包还是施工总承包合同文本、工程量清单计价规范均将法律法规政策变化的风险分配给发包人。⑤投标人应及时依据合同约定的时间和程序提出合同价格调整的要求或索赔。

(7)不平衡报价风险识别与防范

在施工总承包项目中,投标人经常采用不平衡报价策略以获得更大的竞争优势,而这种策略往往也被延续到工程总承包项目投标中,但工程总承包项目不平衡报价存在如下潜在风险。①投标人预判失误,报价测算与工程实际差异较大。例如投标人将图纸显示量小而预计工程量将会有所增加的子项目采用不平衡报价,然而实际该项工程量变更未达预期。②不平衡报价策略被招标人识破而要求投标人做出让利承诺。招标人取得投标文件后,对于不同投标人之间的报价会进行比较,若某一投标人某一价格存在明显偏高、偏低现象,所用工、料、机单价与常规存在显著偏差,则招标人可能认为投标人存在不平衡报价,而要求投标人对高报价调低,而对低报价要求投标人承诺为让利。③工程总承包模式主要为固定总价计价方式,在符合发包人合同要求及招标人功能性要求的前提下,工程量的变更并不必然调整合同价款,这将导致承包人的不平衡报价策略失败甚至造成损失。

对此,可以采取的风险防范措施如下。①不平衡报价应当掌握合理的尺度。不平衡报价是建立在对招标文件分析之上的一种合理报价策略,但使用时必须掌握好尺度,以免引起招标人反感而不利于双方合作。②熟悉不同项目招标人的偏好而采取相适应的策略,如有的招标人要求投标报价不予调整,则亦应当在反复研究风险承受能力的基础上适当偏低报价,因为此时承包商不存在修订价格的机会。③因工程总承包往往采用固定总价的方式,工程总承包商同时负担设计和施工的风险,所以在施工总承包中采用的"投标时通过不平衡报价方式提高单价,在施工过程中通过设计变更方式提高工程量从而获得更高工程价款"的方式,在工程总承包项目中往往并不能达到投标人的目的。因为当招标人并未改变其发包人要求时,发生的因投标时的不平衡报价而产生的工程量变化,属于承包人的风险范围,并不能调整合同价款,故此时不平衡报价反而会成为工程总承包项目中承包人的自身风险。因此工程总承包模式下承包商应谨慎采取不平衡报价方式,并合理分析其与传统施工总承包模式下不平衡报价策略的差异。

三、工程总承包项目招标时的特殊问题处理

在工程总承包项目招投标中,除了需要注意常规的法律风险防控外,对于一些特殊问题也应当重视。例如,随着《工程总承包管理办法》的出台,未来建设工程项目将越来越普遍地采用工程总承包模式,而当前仍有一批承包单位不具备双资质,可以预见未来联合体投标将普遍存在,对联合体招投标的相关问题应当注意。再如,由于大量建设工程项目都是涉及民生的重大工程,对项目进度要求较高,故难免招标时仍有一些子项目尚未敲定,这就为暂估价、暂列金额招标留下适用空间。又如,招标人还需注意支解发包、因招标违法而重新招标等情形,尤其是应当重视违法带来的行政责任承担问题。

1. 联合体投标问题

所谓联合体,是指经发包人同意后由两个或两个以上法人或其他组织组成的作为承包人的临时机构,联合体各方共同向发包人承担连带责任。《招标投标法》第 31 条第 1 款规定:"两个以上法人或者其他组织可以组成一个联合体,以一个投标人的身份共同投标。"这为工程项目中的联合体招投标提供了法律依据。

联合体承包是工程项目中较为常见的形式,尤其是《工程总承包管理办法》颁布之后,明确要求工程总承包单位具有设计和施工双资质,因而,对于一部分不具备双资质的企业,联合体承包方式能在一定程度上解决工程总承包项目涉及的资质问题。[①]

(1)联合体的法律性质

关于联合体的法律性质,法律没有明文规定,但依据法理可以将其类归为企业间的联营。按照原《民法通则》的规定,企业间的联营分为三种情况:一是法人型联营,即企业之间联营,组成新的经济实体,独立承担民事责任,具备法人条件

---

① 参见朱树英主编:《房屋建筑和市政基础设施项目工程总承包管理办法理解与适用》,法律出版社 2020 年版,第 149 页。

的经主管机关核准登记取得法人资格。二是合伙型联营。企业之间联营,共同经营不具备法人条件的组织,由联营各方按照联营协议约定或出资比例,以各自所有的或者经营管理的财产承担民事责任;依照法律的规定或者协议的约定负连带责任的,承担连带责任。三是契约型联营。企业之间联营,按照合同约定各自独立经营,权利和义务由合同约定,各自承担民事责任。① 在《民法典》时代,《民法通则》已经废止,而《民法典》对于联合体的性质没有进行新的明确界定,故前述关于联合体性质的认定不再是法律规定,但作为一种学理解释仍然具有借鉴意义。

以联合体形式承揽工程,一般情况下,各联合体成员之间应属于契约型、非法人的合作关系,可归类为联营关系。但是,联合体成员之间到底属于合伙型联营还是契约性联营并无明确界限,因此,联合体在法律上的定性会因为联合体协议约定而不同。从法律效果角度看,区分契约型联营和合伙型联营的意义在于两者承担责任的方式不同:如果是合伙型联营,则联合体成员承担连带责任,发包人可以要求全部或任一联合体成员承担全部责任;如果是契约型联营,那么发包人只能要求联合体成员在各自责任范围内承担相应的责任。结合《招标投标法》第31条第3款的规定,联合体中标的,联合体各方应当共同与招标人签订合同,就中标项目向招标人承担连带责任,由此反推出将联合体定性为合伙型联营更为妥当。

需要注意的是,有观点认为联合体之间可以成立独立的项目公司等法人机构来规避承担连带责任。但是,考虑到我国目前工程建设领域有着严格的市场准入机制,如果联合体之间协商成立一家具有独立法人资格的项目公司来参与投标,虽然确实可以避免联合体各方承担连带责任,但由于新成立的公司本身并不具备相应的资质,因此,实际上无法满足组建联合体参与工程项目投标的目的。

(2)联合体的资质

在工程总承包项目投标中,组建联合体的主要是为了满足资质要求,所以投标人在联合体承包中首先需要关注的就是资质问题。基于前述分析,由于联合体自身不是一个独立法人,不单独具有设计、施工资质。因此,联合体成员各自具备的资质等级将直接关系到能否承揽相应的工程项目。

《建筑法》第27条第2款规定:"两个以上不同资质等级的单位实行联合共

---

① 参见朱树英:《未雨绸缪控风险:施工合同证据"两分法"及管理"三要诀"》,知识产权出版社2018年版,第237页。

同承包的,应当按照资质等级低的单位的业务许可范围承揽工程。"《招标投标法》第31条第2款也有类似规定。考虑到联合体承包中存在同业联合和混业联合等情况,如果由设计单位和施工单位组成联合体,则联合体各方都应当具备对应的工程设计、工程施工的资质和等级条件。据此,在实务当中,联合体的资格条件有两种要求:对于不同专业组成的,各方都应具备相应资格条件;对于相同专业组成的,则应按照资质等级较低的单位确定资质等级。此外,《工程总承包管理办法》第10条规定:"工程总承包单位应当同时具有与工程规模相适应的工程设计资质和施工资质,或者由具有相应资质的设计单位和施工单位组成联合体。工程总承包单位应当具有相应的项目管理体系和项目管理能力、财务和风险承担能力,以及与发包工程相类似的设计、施工或者工程总承包业绩。设计单位和施工单位组成联合体的,应当根据项目的特点和复杂程度,合理确定牵头单位,并在联合体协议中明确联合体成员单位的责任和权利。联合体各方应当共同与建设单位签订工程总承包合同,就工程总承包项目承担连带责任。"因此,联合体投标确能加强投标人的投标竞争力,实现优势互补,但需注意的是联合体各成员自身的资质仍然会对联合体整体的资质产生影响。

（3）联合体协议

显然,参与项目投标的联合体不是独立的法人,而是通过协议建立起来的临时组织,联合体成员内部的法律关系近似合伙性质,并且联合体成员之间承担连带责任。因此,联合体内各成员间的分工、权利、义务及责任分担等事项都有必要以联合体协议的方式进行明确。

根据联合体协议缔结的阶段,可将其分为投标阶段的联合体协议和中标后的联合体协议。根据《招标投标法》的规定,联合体各方应当签订共同投标协议,此处的"共同投标协议"即"联合体协议"。联合体各方在开始投标前通常会就共同投标事项签署一份意向性投标协议。此阶段的联合体协议内容通常较为简略概括,但至少应就下列内容进行约定:①联合体形式;②对招标文件的响应;③联合体牵头人;④投标保证金;⑤联合体成员之间的具体分工;⑥投标文件编制;⑦中标后联合体成员的协作;等等。按照《招标投标法》的规定,尽管在投标阶段的联合体协议是意向性的,但联合体协议与其他投标文件一样对联合体所有成员都具有法定约束力。由于投标阶段的联合体协议只是意向性协议,约定往往不够详尽具体,因此,一旦联合体中标,就有必要对联合体各方成员之间的工作进行细化分工,将各自的权利、义务作出进一步的明确约定,以免在后续的合同履行过程中发生争议。鉴于法律对联合体协议的具体内容并无专门规定,中标后的联合体协议通常应明确约定下列内容:①联合体成员之间关于各自工作内容的明确划分和协调方式;②牵头人的管理职责和权限;③项目部的组建和决策机制;④款项的收取和支付条件、节点和比例;⑤联合体各方的违约责任情形和责任分配;⑥联合体成员之间的争议解决方式;等等。

此外,实务中还要注意的是,如果在联合体协议中对联合体成员的具体分工有明确约定并随同投标文件一并提交给招标人,那么联合体在中标之后就各自的具体分工进行调整时应谨慎行事,避免被定性为对投标文件的实质性变更,影响中标合同的效力。

(4)联合体投标涉及的法律关系

联合体投标中涉及的法律关系具体可分为招标人与联合体的关系和联合体成员之间的关系,此外还应关注联合体牵头人的法律地位问题。

首先,招标人与联合体之间的法律关系。《招标投标法》第31条第1款明确规定:"两个以上法人或者其他组织可以组成一个联合体,以一个投标人的身份共同投标。"因此,从联合体的外部法律关系来看,联合体作为一个投标主体参与招投标。在联合体内部,不论联合体成员间的工作划分和对责任的内部约定如何,都由联合体各方成员就承揽的项目共同对招标人承担连带责任。

其次,联合体成员之间的法律关系。联合体之间的分工和权限主要依据联合体协议的具体约定,不论是同业联合还是混业联合,联合体各成员所承担的工作必须是其资质范围和业务领域内能够胜任的工作,且各成员通常仅对各自承担的工作负责。但是,联合体协议中有关各成员之间的责任的界定和划分仅限于联合体内部,并不对外免除联合体成员依照法律规定应当对招标人承担的连带责任。在这种情况下,联合体协议的约定将成为明确各成员的具体权、利、责的重要依据。

最后,联合体牵头人的法律地位。对于由联合体承建的项目,通常都需要确定牵头人,以利于工程管理。《工程建设项目勘察设计招标投标办法》第28条规定,联合体中标的,应指定牵头人或代表,授权其代表所有联合体成员与招标人签订合同,负责整个合同实施阶段的协调工作。一般意义上,联合体牵头人的主要作用在于负责工程建设和合同履行过程中各成员之间的总体协调和管理,而具体的实体权利仍然由各成员按照约定保留和享有。从这个角度看,除了联合体协议明确授权牵头人享有的权利外,牵头人并不当然享有有别于联合体其他各方的排他性权利。

(5)典型司法案例

裁判观点:联合体协议约定对外承担连带责任,应当按照约定执行。

基本案情:2008 年 3 月 3 日,德铁公司与川冶设计院签订《建设工程设计合同(二)》,约定发包人德铁公司委托设计人川冶设计院承担德铁公司环保技改搬迁工程设计。合同签订后,川冶设计院完成了部分设计任务,德铁公司支付了部分设计费。2010 年 12 月 9 日,华硅公司、贵冶公司、川冶设计院签订《联合体协议书》,约定:贵冶公司与华硅公司自愿组成德铁公司环保技改搬迁项目一标段施工投标,华硅公司为德铁公司环保技改搬迁项目(一期标段)的牵头人,合法代表联合体各成员负责该招标项目投标文件编制和合同谈判活动,并代表联合体提交和接受相关的资料、信息及指导,并处理与之有关的一切事务,负责合同实施阶段的主办、组织和协调工作;联合体将严格按照招标文件的各项要求,递交投标文件,履行合同,并对外承担连带责任。华硅公司在协议书"牵头人"处加盖公章,贵冶公司在"成员一名称"处加盖公章,川冶设计院在"成员二名称"处加盖公章。

2011 年 1 月 23 日,华硅公司、川冶设计院、贵冶公司三方又签订《联合体协议书》,约定:华硅公司、川冶设计院、贵冶公司自愿组成德公司铁环保技改搬迁项目总承包联合体,共同参加德铁公司环保技改搬迁一期工程标段施工投标。华硅公司为德铁公司环保技改搬迁项目(一期标段)投标联合体的牵头人,合法代表联合体各成员负责该招标项目投标文件编制和合同谈判活动,代表联合体提交和接受相关的资料、信息及指导,并处理与之有关的一切事务,负责合同实施阶段的主办、组织和协调工作。联合体将严格按照招标文件的各项要求,递交投标文件,履行合同,并对外承担连带责任。联合体各成员单位内部的职责分工如下:①华硅公司总体负责项目的合同签订、工程施工、工程管理及投产、试生产等所有总承包工作;②川冶设计院负责项目的施工图设计及现场设计服务工作;③贵冶公司负责项目的建筑、结构施工及机电设备安装调试工作。华硅公司在协议书"牵头"处加盖公章,川冶设计院在"成员一名称"处加盖公章,贵冶公司在"成员二名称"处加盖公章。

2011 年 1 月 25 日,德铁公司与华硅公司签订案涉《总承包合同》约定:项目工程采用设计、采购、施工(EPC)/交钥匙工程总承包方式。设计、施工及施工管理方采用联合体的方式投标,联合体的权利、义务、分工和组织形式在联合体协议中约定,但无论怎样约定,联合体成员之一或全部必须按照国家法律对发包人承担连带责任。承包人不得将项目工程向投标联合体以外的第三人分包或转包(含支解后的转包),外委制造加工项目除外。

2011年3月10日,华硅公司(甲方)与唐某、王某池(乙方)签订《土建工程施工承包合同》,就德铁公司项目技改、搬迁一期工程协议如下。①工程承包范围:办公室及食堂车间办公室、围墙、大门、道路、地面硬化、循环水池、所有钢结构厂房地面基础、厕所、浴室、电炉二层楼现浇板、设备基础、沉淀池、水泵房。②案涉工程边设计边施工,预估工程造价约120万元,以实际结算为准,乙方上缴施工管理费8%。2011年7月12日,华硅公司在合同上盖章。案涉《土建工程施工承包合同》签订后,唐某、王某池进场施工,并于2011年11月完成工程施工。2012年8月29日,唐某、王某池与华硅公司进行结算,形成了《竣工结算确认书》,结算金额为1420万元(已按合同下浮及扣减管理费8%)。双方确认该结算金额扣除税金51.12万元后,应付工程款为1368.88万元,已付工程款为10,563,863元,欠付工程款为3,124,937元,暂扣质保金42.6万元(3%),本次应付2,698,937元。唐某、王某池施工工程已于2012年12月交付投产使用。

2014年1月,唐某、王某池提起诉讼,请求川冶设计院、贵冶公司与划归公司作为案涉工程总承包项目的联合体承包商,承担连带支付分包工程款的义务。

裁判要旨:《联合体协议书》载明,联合体将严格按照招标文件的各项要求,递交投标文件,履行合同,并对外承担连带责任。《联合体协议书》第4条中明确约定作为"联合体"牵头人的华硅公司"总体负责项目的合同签订、工程实施、工程管理及投产试生产等所有总承包工作"。结合该条对其他联合体成员内部职责分工的约定,川冶设计院负责"现场技术服务",贵冶公司负责"项目的建筑、结构施工及机电设备安装调试"。可见,《联合体协议书》第4条是对联合体成员在工程具体实施过程中职责分工的约定,故华硅公司有权在涉案工程施工过程中代表联合体对外签订合同。华硅公司与德铁公司签订总承包合同的行为系代表联合体的行为,华硅公司与唐某和王某池签订土建分包合同的行为亦系代表联合体的行为,川冶设计院、贵冶公司应对华硅公司负责工程施工、工程管理工作范围内的行为承担连带责任。因《联合体协议书》并未约定对外承担连带责任的范围,故川冶设计院、贵冶公司对"该约定仅限于协议各方当事人"的抗辩不能成立。

2.暂估价、暂列金额招标问题

在工程实践中,出于建设进度考虑,往往会出现招投标阶段工程设计尚未全部完成或设计深度尚不完全满足项目要求,抑或建设单位的需求尚未最终决定等情况。由于对某些材料、设备或专业工程是否需要采购或实施还存在不确定性,也不确定具体实施该项专业工程的实际金额,为避免争议,招标人一般都会在工程合同中将上述项目作为暂估价、暂列金额列项,待条件成熟时再决定是否实施及相关费用等。

(1)暂估价、暂列金额的定义

工程实践中对于暂估价和暂列金额的界定主要借鉴了国际惯例。通常认为,暂估价是指用于支付工程建设中必然发生但暂时不能确定价格的材料、设备以及专业工程的金额。实践中,根据暂估价项目的具体对应内容可分为材料暂估价、设备暂估价、专业工程暂估价等。暂列金额是指在合同和工程量清单中载明的、金额暂定但包括在工程合同价款中的款项。广义上,该款项用于施工合同签订时尚未确定或者不可预见的所需材料、工程设备、服务的采购,施工中可能发生的工程变更、合同约定调整因素出现时的工程价款调整以及实际发生的现场签证、索赔等费用支付。① 由此可见,暂估价和暂列金额既有联系又有区别。招标人在确定暂列金额项目时,其本身是否发生尚不确定;投标人中标后,暂列金额项目可能发生也可能不发生。而暂估价项目是确定要实施的项目,如确定要采购的材料、设备和专业工程,只是招标时暂无法确定金额而已。

(2)暂估价、暂列金额项目的招标标准

《招标投标法实施条例》第 29 条规定:"招标人可以依法对工程以及与工程建设有关的货物、服务全部或者部分实行总承包招标。以暂估价形式包括在总承包范围内的工程、货物、服务属于依法必须进行招标的项目范围且达到国家规定规模标准的,应当依法进行招标。前款所称暂估价,是指总承包招标时不能确定价格而由招标人在招标文件中暂时估定的工程、货物、服务的金额。"该条规定虽然仅涉及暂估价,对暂列金额并未明确规定,但是,考虑到暂估价和暂列金额在进行招标时均为暂估、暂列,两者在招投标这一竞争性缔约模式中性质相同,均是未

---

① 参见王建波、荀志远主编:《建设工程造价管理》,经济科学出版社 2010 年版。

进行过竞争的价格。同时,从招投标实践来看,暂列金额的项目也同样适用该条关于招标投标的规定。此外,北京市建设委员会在《关于加强建设工程材料设备采购的招标投标管理的若干规定》(京建法〔2007〕101号)第5条规定:"招标人对建设工程项目实行总承包招标时,未包括在总承包范围内的材料设备,应当由建设工程项目招标人依法组织招标。招标人对建设工程项目实行总承包招标时,以暂估价形式包括在总承包范围内的材料设备,应当由总承包中标人和建设工程项目招标人共同依法组织招标。"

判断暂估价和暂列金额项目是否属于必须招标的项目,则仍然需要依据《必须招标的工程项目规定》等确定的项目类型和规模标准。

(3)暂估价、暂列金额的招标方式

如果暂估价和暂列金额项目依法属于必须招标的项目,则必须进行招投标,具体招标方式则可根据项目特点和招标人需求进行安排。在工程建设项目的招标实务中,暂估价和暂列金额项目经常采用的招标形式一是发包人招标,即发包人通过招投标直接选定中标人;二是总承包人招标,即总承包人提供招投标选定中标人,该方式常见于选择专业分包工程承包人;三是发承包双方联合招标,在以此方式招标时,发包人对项目的介入更为深入。

鉴于招投标活动受到行政主管部门的监管,招标人在实践中仍需提前了解项目所在地的行政监管规定。例如,上海市就明确规定施工暂估价项目招标应当由建设单位、施工总承包单位或者建设单位和施工总包单位组成的联合体作为招标人。

(4)暂估价、暂列金额招投标风险识别与防范

工程总承包暂估价、暂列金额部分的潜在风险如下。①规避招标的风险。根据《必须招标的工程项目规定》,施工单项合同估算价在400万元人民币以上的项目必须进行招标,建设单位在进行项目编制时如价格不超过400万元就可以不招标,以此达到规避招标目的。②暂估价、暂列金额招标主体、招标程序不确定的风险。根据《招标投标法实施条例》第29条规定,以暂估价形式包括在总承包范围内的工程、货物、服务属于依法必须进行招标的项目范围且达到国家规定规模标准的,应当依法进行招标。《建设工程工程量清单计价规范》(GB 50500 – 2013)第9.9.4条规定,"发包人在招标工程量清单中给定暂估价的专业工程,依法必须招标的,应由发承包双方依法组织招标选择专业分人……"。按此规定,

建设单位与总承包单位需共同招标确定专业承包单位。但由于所属于利益主体不同,招标人和与中标人属于不同的利益主体,具有狭义层面上相互对立的经济目标,在具体操作中不可避免地存在建设单位为总承包单位指定分包商的情形。③招标控制价高于暂估价的风险。暂估价是暂时估计的价格,招标控制价是发包人的最高限价,如暂估价部分招标时,经测算招标控制价超出了暂估价格,则可能存在招标人不予认可的风险。

对此,可以采取的防范措施如下。①对于不超过400万元的暂估价项目,由于设立暂估价时条件不成熟,但是在招标时若已条件成熟、标准明确,能够确定比原暂估价更准确的招标控制价且超过400万元,属于必须招标的项目,则应采取招标的方式。尤其是在总承包人单独作为招标人的情况下,注意避免应当招标而未招标导致分包合同无效,总承包人承担由此造成的损失。②对于达到强制招标规模的暂估价项目,由于未来暂估价的合同仍由总包人进行签订,因此不宜由招标人单独作为招标方,可以考虑由总包人和招标人共同招标,在招投标文件和合同中应明确暂估价招标主体,并且约定程序、费用、合同签订主体等条件。③因暂估价价款的风险属于发包人,招标后价款按照中标价进行调整(最终价款通过招标确定的中标价款与原暂估价的差价和税金调整合同价款)。暂估价招标的控制价要经过发包人批准或同意,避免发包人对实际发生的价款不予认定。

3. 项目发包条件问题

(1)工程总承包项目发包条件的判定

《工程总承包管理办法》规定了企业投资项目、一般的政府投资项目、简化程序的政府投资项目的发包要求。

根据《工程总承包管理办法》的规定,企业投资项目应核准而未核准的,将面临停止建设、责令停产、罚款的处罚;应备案而未备案则应当承担责令整改和罚款的处罚。因此,企业投资项目应当完成核准和备案后发包属于行政管理上的强制规定,未完成相应程序发包将面临相应行政处罚。也就是说,企业投资项目形式上应当在完成核准或者备案后进行发包。从实质角度出发,不同于传统的施工总承包模式下发包人提供具体施工图纸,工程总承包人的义务是实现发包人的"需求清单",如工程总承包人最终完成的建设工程未能实现发包人的需求,则构成违约。这种"需求清单"或者"发包人要求"相对于图纸而言是模糊的,双方当事人对于合同的对价理解是可能存在歧义的,而工程总承包一般采用固定总价合同,如果合同目的并不清晰,显然无法明确合同造价所对应的工程内容,易引起争议。故结合工程实践而言,发包人必须将设计完成到一定程度,明确基本参数和基本要求之后,工程总承包模式的"固定总价"才能具有基本的对价基础。进而言之,发包人完成的设计阶段越靠前,即越模糊,承包人可能承担的风险就越大,相应的合同价格就越高;反之,发包人完成的设计阶段越靠后,即越明确,承包人可能承担的风险就越低,相应的合同价格就越低,但相应的发包人自身要完成的设计义务及设计方面的支出亦越高。据此,发包人发包之前负责的设计阶段应当结合项目具体实际界定,其负责的设计阶段应当以承发包双方对合同对价、风险范围、收益水平均有可预见性为准,避免项目失控,所以确定一个工程项目选择哪个阶段进行工程总承包的发包要结合项目特点,分析具体到哪个阶段可以确保工程总承包人对工程价款及风险范围具有合理预见的可能,才可以选择这个阶段进行发包;但可以预见,至少应当到完成可行性研究报告的阶段才具备进行工程总承包发包的基本条件。

对于政府投资项目,根据《政府投资条例》第十一条"投资主管部门或者其他有关部门应当根据国民经济和社会发展规划、相关领域专项规划、产业政策等,从下列方面对政府投资项目进行审查,作出是否批准的决定……(三)初步设计及其提出的投资概算是否符合可行性研究报告批复以及国家有关标准和规范的要求……"的规定可知,上位法明确规定了政府投资项目应当完成初步设计审批,采用工程总承包项目发包的政府投资项目自然也应受上位法规制,应当在完成初步设计审批后发包。

简化程序的政府投资项目应当在简化审批程序完成后发包。虽然简化审批程序目前暂无详细规定,但可以预见原则上至少应当在完成可行性研究后发包。因为不论政府投资项目手续如何简化,建设范围、建设规模、建设标准、功能要求、技术方案等项目基本条件都是必须审查的范围,这就意味着即使未来简化审批的相关规定出台,原则上可行性研究报告也是审批不可或缺的内容,因此简化审批项目应当至少到完成可行性研究阶段才可发包。与企业投资项目类似,工程总承包项目均具有明确项目基本条件的实质要求,才能明确合同目的,合理分配风险,从这个意义上说,亦要求完成可行性研究才能发包相应工程。

(2)典型司法案例

裁判观点:发包人应当按照合同约定办理开工需要的相关手续,承担手续不全产生的损失。

　　基本案情:2015 年 6 月 8 日,原告江西某设计咨询有限责任公司与被告中国某水利水电工程局签订了《甘肃某市 9 兆瓦光伏发电项目 EPC 总承包工程合同》。合同约定:江西某设计咨询有限责任公司为发包人,中国某水利水电工程局为总承包人,总承包人负责项目有关的所有勘察、设计、采购、施工和试运行工作;为确保项目完成,在合同条款中,对工程进度明确约定被告承包施工的项目并网发电时间为 2015 年 9 月 30 日。合同附件四《项目手续清单》规定项目前期手续(项目规划选址意见、项目用地预审意见、电网接入设计方案及审查意见、环境影响评价批复、安全预评价报告、水土保持方案等)由发包人办理,项目建设手续中建设用地规划许可证、建设工程规划许可证、建设工程施工许可证由发包人办理。合同签订后,项目未能按预定时间节点完成,致使原告项目作废,原告诉称被告的违约行为给其造成巨大的损失,被告应按合同约定和法律规定赔偿其损失。被告中国某水利水电工程局辩称,造成双方签订的承包合同无法履约的原因在于原告未按合同约定向被告提交前期项目手续,其进而未能办理项目建设手续。

　　裁判要旨:合同约定项目前期手续(项目规划选址意见、项目用地预审意见、电网接入设计方案及审查意见、环境影响评价批复、安全预评价报告、水土保持方案等)由发包人办理。而上述由发包人先行向被告承包人提供的资料等对设计、施工的开展具有实质和关键性的影响。原告无证据证实其已提交合同约定的前期资料并完成了合同协助义务,故被告主张先履行抗辩权成立,原告要求被告承担违约赔偿责任之请求法院不予支持。在光伏发电项目中,建设单位的投资测算和利润收益预估均在较大程度上依赖于项目能在既定时间节点之前并网发电,否则电价调整可能导致投资损失甚至投资目的无法实现。在本案中,建设单位按约承担提供项目前期手续资料的责任和风险,在建设单位发包后未能依法依约办理工程建设许可等前期手续资料,导致项目不具备开工建设的实质性条件,进而未能如期完成建设,因此合同目的不能实现的不利后果也自然由建设单位负担。

第二节　工程总承包项目合同订立阶段风险识别与防范

合同订立阶段的风险防范主要针对已经中标项目的合同洽商和订立。由于招标文件和投标文件中已经就合同的主要条件进行了磋商并达成一致意见,故本阶段的风险防范主要聚焦于合同一些重点条款的审查、风险识别和防范措施等,主要涉及合同用语定义、合同文件解释顺序、承包人工作范围、工程质量标准、合同价格形式、合同违约、工程结算等。

一、合同用语定义不明的风险及防范

传统的设计、施工合同法律关系相对简单,而工程总承包合同因包含设计、施工、采购等多项工作内容,体系更加繁杂,各方对合同相关术语解读可能存在歧义,故应重视对概念的定义,同时也应注意合同中概念与法律中概念的一致性。例如,合同中"审计"一词,既可代指政府审计,也可代指发包人审计或第三方社会审计。又如约定质保期满后归还质保金,质保期依法又可分为 2 年、5 年和地基基础主体结构的设计使用年限。此类概念如不事先约定明确,则容易产生歧义。

因此,在合同订立阶段,需要着重注意如下事项。①优先采用结合自身企业技术与经营特点,在国家示范文本基础上预先编写企业的内部总承包合同范本,以及配套的分包、采购文本等,如没有企业示范文本的建议可以采用国家示范文本,但应根据工程特点进行相应的修订与完善。②对于未采用示范文本的合同,应对"定义"部分进行严格审查,可以参照示范合同的定义,并结合项目的特殊情况,明确"定义"相关条款的准确含义。③合同编写过程中,重视工程人员实践经验。合同签订之前请财务、工程、技术、项目管理、法务等相关部门流转会审,对语义不明或可能产生理解争议的用词及时修改完善。④对方企业提供的格式合同文本理解有歧义之处应及时向对方提出,要求对方补充说明或者通过补充条款予以完善。⑤对于重大或复杂的工程总承包合同,建议请外部律师协助审查。

二、合同文件解释顺序风险及防范

工程总承包项目的合同包含的文件众多,实践中极有可能出现各相关文本中有关事项处理的约定存在冲突的情形。根据具体项目的不同情形,应妥善安排好各文件之间的法律效力解释顺序。常见的风险类型包括:①合同中未约定解释顺序或约定的解释顺序不够合理,如合同约定招投标文件及投标期间的往来文件解释顺序先于合同协议书;②不同的合同组成文件对同一事项约定存在冲突;③合

同文件解释顺序中未注重对承包人利益保护,给予发包人过多权利,如发包人要求在解释顺序中过于优先等。

因此,在合同订立阶段,需要着重注意如下事项。①合同文件解释顺序应重点考虑合同目的的实现以及合同履行风险的把控。工程总承包单位进行合同审查时,建议在参照国家示范文本的解释顺序基础上,细化体现合同目的和承包人核心利益的合同文件并将其放在优先解释顺序,根据实际情况进行特殊约定。②签约之前应仔细审查合同文件中不一致之处,比如投标文件中承诺擅自更换项目负责人处以 30 万元罚款,而合同专用条件中约定无论什么原因更换项目负责人处以 50 万元罚款,出现此类合同组成文件不一致且加重责任时,应及时进行沟通,修改一致,必要时依据合同对文件解释顺序的约定进行确认。③应根据具体情况注意"发包人要求"文件的顺位。根据《建设项目工程总承包合同(示范文本)》,并参照 FIDIC 黄皮书、银皮书以及 2012 年施行的《标准设计施工总承包招标文件》,发包人要求是一份名为"发包人要求"的文件,一般包含发包人在招标时提出的关于招标工程内容、范围、规模、标准、功能、质量、安全、环境保护、工期、验收等规定。如发包人要求过于详细具体,也意味着同时限制了承包人设计、选择工艺方法和实施的灵活度和作业顺序,工程总承包人无法充分发挥设计优化和组织管理的能力。但同时,如果发包人要求过于概括,工程总承包人承担更大的责任,因为承包人需要在发包人提供有限信息的条件下计划达到工程最终目的的实施路径,并预估这期间可能发生的风险,这可能导致总承包人在投标报价阶段就投入了较大的成本,并在过程中承担着更大的设计责任风险。发承包双方都应结合发包人要求文件及工程总承包合同协议书、专用合同条件等其他组成文件约定,分析相关合同组成文件对自身利益的影响基础,积极沟通,妥善约定合同文件的解释顺序。

三、文本送达信息约定不明的风险及防范

工程总承包项目实施过程中,承包人与发包人、分包人乃至联合体内部(如采用联合体形式)都有频繁的文件往来,其中包含诸多重要文件资料,对双方当事人的权益产生重大的影响。例如有关索赔、签证单据的送达,有关送审价结算文件的送达等,文本送达信息约定不明,如合同未约定各方资料接收地址、人员信息和联络方式容易导致文件不能及时送达而产生纠纷。再如合同对于索赔、签

证、结算文件的送达存在特殊的送达要求。又如合同双方产生纠纷,关系紧张,存在拒收文件的可能等。

因此,在合同订立阶段须注意如下事项。

首先,在专用合同条件中约定清楚各方具体的文本送达地址与联络方式,并在相关人员岗位发生变动时,及时要求对方书面更新。合同未约定送达地址的应寄送至对方注册地址或往来函件中确认的其他有效地址。

其次,由于互联网时代的工作模式,很多文件会通过邮件方式送达,如有需要可在合同中明确对方电子邮箱地址。

再次,对于重要文件,建议在书面送达的基础上,结合实际情况(如双方已产生纠纷,存在拒收风险),采用公证送达方式。此外,对于合同中约定特殊送达的情形,建议建立相应内部管理体系。例如,建立相关送达文件的台账,由专人负责维护更新,定期抽查以监督合同要求是否落实,接收人应为对方法定代表人或合同约定人员。

最后,送达应当保留必要送达凭证,具体如下。①现场送达的,应当要求接受方留下书面签收记录,如当场不予签收可以改为其他送达方式或做好备忘再寻找合适的时机补签。②快递送达的,应当保留快递单,并在快递面单上注明内件内容,同时及时取得对方签收快递的凭证(亦可在合同中约定如网上查询已经签收,视为送达)。③重要文件可以同时采用现场送达和快递送达的方式。④采用传真、邮件等送达,应妥善保留传真凭证和邮件发送记录。

四、承包范围约定不明的风险及防范

工程范围的界定是一项十分重要的工作,因为整个合同的标的物、合同价格都是基于工程范围核算出来的。实践中很多后期索赔往往是合同双方工作界面不清,合同范围不明确引起的。尤其是 EPC 合同采用固定总价的计价方式,合同价格能否调整与承包范围直接相关,无论房建项目还是水利、市政等项目的工程总承包,首要风险就是合同承包工程范围不明。另外,在建设工程项目中,发包人将一个完整的项目分项进行招标的情形较为普遍,需特别注意与其他承包人的工作界面划分和可能存在的交叉作业等外部条件的影响。

鉴于工程总承包项目招标时并无施工图纸,而是基于发包人的项目要求和前期设计成果进行报价且工程范围的技术性通常较强,合同谈判中须对承包人的工

作范围做出明确的界定,具体如下。

首先,仔细审核合同文件对工程范围的界定是否明确、清晰,与招标文件是否保持一致,对于与招标文件不一致之处应争取作为工程变更处理。

其次,对于分段招标项目,还需要特别注意下列方面:①本标段的工程范围与其他标段工程范围之间工作界面的划分与对接;②二者之间对施工场地、施工机械、交叉施工等相互配合义务的提供及对工期的影响;③不同标段之间的竣工验收和交付使用是否存在关联,相互验收及移交的责任划分;④其他分包人与发包人的关系等。

最后,工程总承包项目对承包人完工后配合、附随工作的要求是总承包合同下不能忽略的一个重要条款,各方的权利义务及费用负担等均应明确,包括工程试车、项目移交,对发包人人员的培训,工程设备技术资料的移交,保修、维修义务,等等。

五、工程质量标准或规范约定引起的风险及防范

工程质量标准约定不明的情况通常如下。①质量标准约定不符合现行标准。例如现行法律法规规定质量标准为合格与不合格,双方在合同中约定"优良",因无法律依据,无法确认工程是否符合优良标准。②约定一项或多项创优标准,如取得"某某杯""文明示范工地"等荣誉,将项目争优创奖作为工程质量标准。③对工程中的部分内容,如施工中重要的部位、关键的节点、新工艺新材料应用等约定特殊质量标准。

为避免前述约定不明的风险带来争议,可采取如下措施。①以"合格"为统一标准,将相应的行业标准写明,如发包人一定要以"优良"为验收标准,在合同中明确"优良"的定义和参考标准。②如发包人有创优要求,则应争取在合同条款中设立奖励性条件。如存在多项创优事项,建议分别约定全部实现与部分实现情况下的费用计取。③尽量避免在合同中使用形容词进行描述,如施工现场"整洁"等。④如发包人对工程提出特殊要求,如节能环保等质量要求,应当在合同中明确特殊的质量标准。

六、发包人提供资料错误、冲突、不全面的风险及防范

工程总承包人需要依靠发包人提供的前期资料对工程整体进行把控、报价。

如果发包人提供的资料存在瑕疵，那么工程总承包人就无法对工程的实际工作量、工作难度加以准确把握，可能会引发后续的合同价格无法匹配工程量和无法按预期完工的问题。

首先，工程总承包人应当全面、认真地审阅发包人提供的各类资料，如果在了解前期资料过程中发现错误、冲突或遗漏，则应与发包人联系，要求发包人澄清。

其次，对发包人提供的各类资料建立分级制度，将存在疑点的问题，按照对工程进度、造价影响的程度进行分类。对于风险级别较高的问题，应当重点在先期交流阶段予以沟通，难以避免的因素则应当在综合报价中予以体现和考虑相应风险费用。

再次，尽最大可能在合同条款中争取由发包人对其提供的前期资料的准确性、全面性负责，并约定若前期资料不准确导致工程量、工程进度的相应调整，总承包人有向发包人提出索赔的权利，或者约定此类风险导致造价调整时承包人所负担的最高限额。

最后，工程总承包人应在对发包人提供的前期数据、资料进行验证的基础上展开施工图设计，以控制或减少未经验证直接使用发包人不准确甚至错误的数据、资料导致施工过程中的设计变更成本增加的风险。

七、总承包管理费计取与合同条款设置风险及防范

施工总承包模式下，基于发包人的指定分包或平行分包及甲供构料等往往涉及施工总承包单位对这些分包单位及甲供材料的管理，发包人在招标时工程量清单会允许考虑总承包管理费。但工程总承包模式下，尤其是 EPC 项下的设计、采购、施工都属于工程总承包人的承包范围，并不涉及工程总承包人的总承包管理费，所以实践中多数人观点认为 EPC 模式下不应计取总承包管理费。但这不影响工程总承包单位对其分包人或供应商收取管理费的约定。需要指出的是，如果被认定存在非法转包、违法分包等行为，则总包管理费可能难以获得法院的支持。

因此，对于总承包管理费的计取，首先，应在合同订立时，对于是否存在转包、违法分包等现象加以准确识别，必要时咨询相关专业人士，避免合同约定的管理费最终不被支持。其次，对于总承包费用的提取时间，也应当注意与建设单位的付款时间、下游分包人的付款时间合理衔接。最后，合同约定总包管理费的，在执行过程中工程总承包单位应注意保留相关设计管理、施工管理、采购管理、质量安

全管理、进度管理、财务管理等相关管理工作的证据资料。

八、工程总承包单位与建设单位和监理单位、全过程工程咨询单位之间管理关系界定不明的风险及防范

工程总承包模式中，工程的建设应当采取总承包单位中心制，由工程总承包单位全面负责；而实践中工程建设在传统思维下，实际采取建设单位中心制，由此而产生的制度便是我国的监理制度。工程实践中可能会出现工程总承包单位、监理单位、全过程咨询单位相互关系和合同范围及承包内容界定不明的问题。如果对于此问题不加以重视，势必造成工程建设的效率低下，也容易造成工程建设中各方单位之间的矛盾。

因此，在合同订立阶段应注意如下事项。①实践中如果全过程咨询单位具备监理资质，通常发包人无须再委托监理单位，可由全过程咨询单位履行项目监理职能。当全过程咨询单位是设计单位时，要明确区分其与工程总承包单位所承包的设计工作界面。②对于建设单位、监理或全过程咨询单位对于工程的不合理介入行为，总承包单位可以在合同中设立相应的免责条款以免除上述单位介入造成的不必要的损失。③加强企业管理，对于与建设单位、监理单位、全过程咨询单位的相应沟通，设立完善的备案制度，在出现矛盾和纠纷时便于查清事实，确立责任归属。④要求在合同中明确监理单位、全过程咨询单位和对应的负责人，并明确监理单位和全过程咨询单位的权限。尤其是全过程咨询在国内目前尚处于试点阶段，相关法律法规及配套措施尚未建立，全过程咨询单位提供的咨询范围不能当然包括项目全生命周期，需要以咨询服务合同确定其服务内容及权利义务。⑤合同中约定的授权人员如果发生更名或授权的权限、期限、范围等发生变更，应及时要求对方出具变更授权手续，保留好证据。⑥合同中没有明确授权或履行过程中实际执行人与合同授权人不一致或超越权限时，应及时要求对方合同授权人员予以确认，收集、固定执行人员构成表见代理的证据等。

九、工程总承包合同其他关键性条款风险及防范

1. 工程总承包各参与方管理职责条款

工程总承包之于我国，相对而言仍然属于新事物。虽然我国已经有相应的工程总承包合同示范文本，其对于工程总承包建设有较为明确的指引和参照作用，

但在实践中仍存在不少尚不成熟甚至误解的情况。工程建设中一般存在下列主体:建设单位、工程总承包单位、各分包单位(设计、施工、采购分包)以及监理单位和国家正在尝试推广的全过程咨询单位。在工程总承包项目需多方参与的情况下,各方应紧密配合,密切协作,履行职责,方能将项目成功实施;如果各方职责界定不清,权限模糊或者存在争议,很容易产生内耗而拖延工程进度,导致难以保证工程质量或造成其他不利后果。

从保障工程项目顺利实施的角度出发,建议各个参与主体依照如下原则约定各自职责。

(1)发承包人。工程总承包通常是指承包单位按照与建设单位签订的合同,对工程项目设计、采购、施工或者设计、施工等阶段实行总承包,并对工程的质量、安全、工期和造价等全面负责的工程建设组织实施方式。总承包人需要接受全过程咨询和监理单位的监督管理并履行对分包人的管理职责,发包人应当按照法律规定和合同约定履行义务、提供必要的协助工作并支付价款。

(2)全过程咨询单位对工程建设项目前期研究和决策以及项目实施和运行的全生命周期提供包含设计和规划在内的涉及组织、管理、经济和技术等各有关方面的工程咨询服务,可以进行规划、勘察、设计等生产活动,以提供智力成果的服务,属于为工程提供咨询服务的企业。

(3)监理单位。具有相关资质的监理单位,受发包人的委托根据国家批准的工程项目建设文件、有关工程建设的法律、法规、标准和工程建设监理合同及其他工程建设合同,代表甲方对乙方的工程建设实施监控。随着全过程咨询推行,监理角色可能将逐渐并入全过程咨询企业之中。

(4)分包单位及其他参与方。在工程总承包模式下,分包单位对总承包人负责。工程总承包单位需将工程的施工部分分包给有资质的施工企业。

2. 合同价款条款

合同价款条款是工程总承包合同的重要条款,审查时须注意:①是否为固定总价合同;②合同中是否约定了以政府审计结果为结算依据;③合同是否未分别约定设计、采购、施工造价,导致从高适用税率,税赋增加;④闭口总价的风险范围及针对风险范围之外的价格调整是否约定不明;⑤辅助义务的费用承担是否约定不明,如总承包人需要协助发包人进行现场的"七通一平"、需要协助发包人办理有关证照(施工许可证、竣工验收备案等)、协助发包人进行某些实验等;⑥是否存在与发包人平行的分包单位现场共同使用水电等费用拆分而引起争议的风险；⑦对设计优化利益归属未作约定或约定不清等。

相应地，在风险防范方面，首先，基于国际惯例，目前国家推行的工程总承包模式鼓励采固定总价的价格形式，但应关注：①项目是否具备适用固定总价的条件，若项目有关的建设规模、标准尚不明确或者包含大量地下工程无法确定价款则可能不具备固定总价的条件；②项目是否属于政府审计范围以及是否在合同中约定结算以政府审计为准，如发包人有此类要求且有关条款不可协商，应当注意约定仅就变更部分的价款依据政府审计调整，固定总价部分不予调整，并要求发包人负责协调将总包合同约定的计价原则、计价依据作为审计的依据。

其次，鉴于工程总承包项下的设计、采购、施工分别适用不同增值税税率，为了避免从高适用税率，建议在合同中对于设计、采购、施工的委托范围和造价、税率、支付等条件分别约定，依法合理进行税务筹划，以减轻税务负担。

再次，合同中应约定工程的承包范围、风险范围、风险费用以及风险范围以外的价格调整情况与调价方法以及辅助义务等内容。

复次，与其他平行分包单位共用的水电等费用可以事先根据双方工程量、施工周期等进行商定，并保留好付款凭证，必要时请发包人参与协调。

最后，工程总承包项目承包人在实现发包人要求及验收交付标准的前提下，往往会进行设计优化创造利益，有些项目发包人较为强势，会提出对于节约造价予以核减不支付，对此应在签约时积极争取利益归属于总承包人或者与发包人进行利益分配。

3.合同变更与调价条款

哪些变更属于合同调价的范围，一直是总承包合同谈判的重点。传统的施工总承包合同中，只要是设计单位提出或确认的变更，由此造成的合同价格变化都应当由发包人承担。但对于工程总承包项目并不完全如此，发包人依据项目要求及前期勘察设计成果进行招标，施工图设计属于工程总承包人的承包范围，设计单位变更即便经过发包人同意，工程总承包人也不一定能据此调整价款。因此有必要对调价条款提前约定，如果过于严格，则难以发挥工程总承包人的积极性与主动性。因此，在合同订立阶段需要注意：①合同中对设计优化与设计变更定义是否不清晰，总承包人与发包人就工程节省下来的资金分配是否可能存在争议；②项目前期信息是否不够充分，是否较难在项目投标前对工程量进行准确的估算,是否存在较多不可控的因素;③变更价款的支付时间是否不确定等;④是否存在工程总承包人设计深度不够、设计瑕疵、设计错误等风险,是否难以向发包人主张价格调整。

在合同谈判和业务实践中须注意如下事项。

首先,了解并约定一般情形下变更的范围,明确约定设计优化与设计变更的界限。在合同中明确工程的哪些部分属于可以优化的内容以及优化节省下的利润如何在发包人与总承包人之间进行分配。

其次,关于变更价款的计算方法,发包人承包人双方应当对所采用的单价、费率等予以详细约定,明确变更价款除记取成本、税金之外,是否还记取管理费、利润等,避免后续产生争议。通常变更价款可以按以下方法确定:①合同中已有相应人工、机具、工程量等单价(含取费)的,按合同中已有的相应人工、机具、工程量等单项(含取费)确定变更价款;②合同中无相应人工、机具、工程量等单价(含取费)的,按类似于变更工程的价格确定变更价款;③合同中无相应人工、机具、工程量等单价(含取费),亦无类似于变更工程的价格的,双方通过协商确定变更价款;④专用合同条件中约定的其他方法。

再次,重视合同变更程序的正当性,建议对合同变更的具体操作步骤进行明确约定,避免后续实施产生纠纷。

复次,对于较难在项目投标前就对于其工程量加以准确评估的项目,合同中针对性约定相应的工程增量和价格调整条款,避免在实际施工过程中出现巨大的工程增量而导致工程项目成本失控。

又次,关于变更价款的支付时间,建议在合同中约定随进度款一同支付,避免一并累积到最终结算支付时,因变更事宜历时已久,增加双方结算的成本和发生争议的可能。

最后,合同履行过程中尤其是施工图设计阶段,加强设计单位与施工单位的融合,避免出现设计满足不了施工、设计错误、施工与材料设备采购不协调等自身设计风险,减少合同履行过程中的变更,通过限额设计进行有效造价控制。

4.索赔条款

工程建设索赔通常指在合同履行过程中,对于非己方过错而应由对方承担责任的情况造成的实际损失,向对方要求经济补偿或工期顺延的权利。索赔对于工程总承包人来说是减少损失的重要手段,故应引起高度的重视。相对于传统的

DBB模式,DB工程总承包的索赔空间明显缩小,总承包范围内的设计错误导致的损失将难以向发包人索赔;EPC模式下索赔空间更加小,发包人要求的参照项及发包人提供的前期基础数据和设计文件的真实性、准确性的风险往往都由承包人承担,不可预见困难增加的费用也难以索赔。

对于工程承包人来说,索赔是维护自身权益的重要手段,也是减少风险损失的有效途径。常见的索赔方式有工期索赔和费用索赔、利润索赔,由于合同是双向的,又分为索赔和反索赔。国际FIDIC合同文本及国内2017版施工合同示范文本及国内的《建设项目工程总承包合同示范文本》(GF—2020—0216)等均设立了"索赔逾期失权制度",工程总承包人如果不及时主张索赔将丧失索赔权利,在合同订立阶段就需要予以重视。

首先,在合同条款中,应当约定工程索赔的具体情形,可以采用明确列举和概括定义相结合的方法。对承包人而言,有权提出索赔的情形通常有发包人未按照合同约定提供场地和前期勘查设计文件、未按约支付预付款或进度款等合同款项、未按约办理变更的签证手续、发包人不履行配合协助义务、发包人未办理项目建设前期审批报建手续导致停窝工损失等。

其次,如发包人坚持在合同中设置逾期失权制度,应同时约定发包人反索赔也适用逾期失权条款,并进一步约定发包人在收到承包人索赔报告后逾期答复视为认可承包人的索赔。

再次,明确约定索赔的流程和时限,重视合同中的"索赔逾期条款"。承包人项目上应配备专人负责合同履行过程中的调查、签证、变更、索赔,在约定期限内及时按合同约定形式和程序提出索赔,防止出现索赔逾期的问题。

最后,索赔成功的基础在于充分的事实和确凿的证据。总承包人需在项目全过程中及时做好索赔资料的收集、整理、签证工作,建立证据管理体系。

5.发包人的违约责任条款

从实践经验来看,常存在发包人相对强势而使得发包人违约责任条款过于简略、宽松甚至不存在实质性违约条款等情况。具体而言,常见情形包括:①合同仅约定了发包人应当承担的各项义务,但未约定发包人未履行义务应承担的具体责任,使责任条款的约定流于形式;②合同对工程款延期支付的违约责任如何计算约定不明确,甚至有的发包人通过其招标优势,强行约定对于逾期付款不承担违约责任;③合同大量排除了发包人应承担的违约责任,如合同约定发包人对提供的勘察等工程资料准确性不承担责任。

对此,首先,应当参照合同中设定的承包人违约责任条款,设立相应的、对等的发包人违约责任发包人条款。

其次,发包人最主要的义务是向承包人按时、足额付款,合同条款中应重点审查此内容,并约定相应的违约责任。一般来说,发包人支付的工程款分为三类:(1)预付款;(2)进度款;(3)最终结算款。无论哪一类的付款形式,若发包人没有履行合同支付义务,则建议合同约定由发包人承担以下责任。(1)应对到期未支付款项支付给承包人一定的融资费,包括利息和各类手续费。(2)若到期应支付款发生拖欠,总承包人有暂停工作的权利,工期相应顺延,由此产生的停窝工损失等由发包人承担。(3)若拖延时间较长,发包人超过一定时间仍不支付应付款,承包人有权终止合同,不利后果由发包人承担;发包人强势且不愿意承担延期付款违约责任的,承包人应据理力争并采取谈判策略,比如给予发包人适当(如14天)的延期付款免息期,超过仍未付的,发包人应承担相应违约责任。

再次,发包人除了需履行合同约定的义务外,还需要履行其法定义务,如办理各项工程建设的行政许可及备案手续、交付现场等。合同中应约定发包人未妥善履行法定义务时,需赔偿给承包人造成的损失。实践中大量存在发包人将项目质量安全报建报监、施工许可证办理、竣工验收备案等手续委托工程总承包人办理的情形,此时工程总承包人要注意切实履行代办义务,并要注意保存办理相应手续时向发包人、监理、全过程咨询单位提供验收备案所需的规划验收等手续和资料,避免因这些手续或资料不全无法及时办证被发包人追究责任的风险。

最后,对于合同中发包人提出的免除其自身责任,加大承包人责任的条款(如将工程前期由发包人负责的勘察设计资料的准确性风险转由承包人分担),承包人应基于项目实际情况,进行全面谨慎评估,据理力争。如果发包人一定让承包人承担此风险,应在合同中约定出现此类风险时,发包人应将其与勘察设计单位所签合同中的索赔权转让给承包人,承包人可以此为根据向勘察设计单位索赔。

6. 工程总承包人的违约责任条款

工程实践中,常见合同对工程总承包人的违约责任约定过重的情形,如合同约定的违约金额过高,与相应的违约行为可能造成的后果不匹配;违约条款名目繁多且违约金额不设上限;发包人的违约责任与承包人的违约责任明显不对等;

发包人要求承包人违约赔偿其间接损失;等等。

对此应当注意的是,首先,争取将同类违约情形归类并分别约定违约金上限,如分为设计成果提交、人员管理、工期延误、资料问题、安全隐患、设备调试等类别分别约定合同违约金上限,避免违约责任过重。

其次,对于违约金约定明显过高的条款,应参照工程行业惯例和相关合同示范文本争取合理的约定,合同约定的发包人责任与承包人责任应符合对等原则。

再次,根据《民法典》及相关司法解释,在面临违约金数额过高时,应当同时对于违约事项的相应损失进行评估,对于能够举证证明的损失材料进行取档留证,还可以通过司法途径主张合理赔偿。

复次,原则上不应接受发包人要求承包人承担间接损失赔偿的违约责任条款,因为间接损失较难界定,涉及的金额承包人往往难以预测,会对合同履行和承包人利益造成实质影响。基于市场需要和招投标前期文件,承包人即便最终权衡利弊接受间接损失违约条款,也应对间接损失设置上限,否则可能给承包人造成巨额负担。

最后,通过整体合同管理落实责任,将属于联合体成员方、分包单位、供货商的责任向相应单位风险转移,避免由工程总承包人单方面承担。

7. 竣工验收条款

从工程实践和司法实践来看,竣工验收过程中的常见问题如下。①对中间验收程序不够重视,合同中对中间验收计划、验收条件以及验收时间未约定或者约定得不够详细和具体。②在分包合同中,对分包工程的验收缺乏明确约定,导致分包工程不能及时验收,影响其他相关工程的进度或导致分包人向总承包人索赔。③工程总承包人提供竣工验收资料不完整的风险。工程总承包合同文件较多,提交的竣工验收资料有所遗漏或与各类合同文件不一致的情况时有发生,有可能会导致工程不能正常通过验收。④工程移交之后发承包双方权利义务约定不明而产生争议。⑤竣工后实验未能成功,双方责任难以准确判定而产生争议。⑥合同中对工程保修期起算日期约定不明确而产生争议。⑦合同中对缺陷责任期约定不明或者超过 2 年。⑧合同中对质保金预留比例、返还方式、预留期限、是否计息以及逾期返还的违约责任等具体内容约定不清,导致承包人较难主张自己合理权益。⑨承包人已经采用工程质量担保或购买工程质量保险,发包人仍然要求承包人预留保证金。⑩分包人约定的质量保证金比例小于总承包人应预留的比例,或者分包人质保期小于总承包人质保期(如设备保修期与工程保修期不一致),导致一部分质保责任无法合理转移给分包人。

因此,关于竣工验收条款,合同订立时需重点关注如下事项。

(1)工程总承包人在总、分包合同中应约定具体的中间验收计划、验收条件、验收标准以及验收时间,在中间验收实际操作中遵守合同约定。

(2)针对各分包项目的专业特征,细化分包合同条款及特殊性约定,与专业分包人共同商定分包工程的验收计划、验收条件、验收标准等,以实现对分包工程全过程的有效管控。

(3)工程总承包项目竣工验收资料主要包括施工图设计文件及其他合同约定的设计阶段成果文件、工程施工技术资料、设备采购及质保、使用说明书及设备使用培训资料、工程质量保证资料、工程检验评定资料、竣工图以及规定的其他应交资料,具体主要分为合同文件、招投标文件、设计图纸、设备的随机资料、施工单位移交的竣工资料、施工过程中的一些来往函件及传真件等。工程总承包人应当尽量清楚、明确地在工程总承包合同中约定提供完整、合格的竣工验收报告具体包括哪几类,以及每类竣工验收报告所包含的具体文件。

(4)发承包双方应明确工程移交后的权利义务。工程移交后工程的保安责任、照管责任一般由发包人承担,发包人负责单项工程和(或)工程的维护、保养、维修,但不包括需由承包人完成的缺陷修复和零星扫尾的工程部分及其区域。

(5)竣工后试验失败的责任判定。因为竣工后试验在工程移交后进行,发包人对于工程已经进行了一段时间的照管,故竣工后试验失败时难以判断双方的责任,易产生纠纷。对此建议在合同中约定工程移交后的照管职责由发包人承担,如发包人没有尽到照管职责导致试验失败,试验失败的责任应由发包人承担。同时对竣工后试验所需的技术、设备、原材料、水电煤等能源提供和竣工后试验的牵头人及参与试验各方的权利义务均应在合同中明确约定。

(6)对于竣工后试验的期限应给予必要的约定。部分工程在工程移交之后,发包人迟迟不组织竣工后试验,导致实际组织竣工后试验时工程的保修期已过,而承包人为了通过竣工后试验,不得不对超出保修期的工程进行额外的保修维护。为维护承包人的合法利益,条款中可以作如下约定:①将竣工后试验的时间约定在工程保修期之内,发包人延迟进行工程竣工后试验的应承担责任;②工程保修期内发包人不组织工程竣工后试验的,应当视为承包人通过了整个工程验收。

（7）验收标准：竣工试验、竣工后试验的验收标准应设置得科学合理。

（8）工程保修期和质量保证金。《房屋建筑工程质量保修办法》第8条规定："房屋建筑工程保修期从工程竣工验收合格之日起计算。"此外，合同中应根据《建设工程质量保证金管理办法》第3条，对下列事项进行明确约定：①保证金预留、返还方式；②保证金预留比例、期限；③保证金是否计付利息，如计付利息，利息的计算方式；④缺陷责任期的期限及计算方式；⑤保证金预留、返还及工程维修质量、费用等争议的处理程序；⑥缺陷责任期内出现缺陷的索赔方式；⑦逾期返还保证金的违约金支付办法及违约责任。同时需注意，如出现发包人原因导致无法按规定期限进行竣工验收的情况，应保存好发包人过错导致推迟竣工验收和已提交竣工验收报告的证据，作为缺陷责任期计算的依据。

（9）建议在分包合同中约定分包人的质量保证金占分包工程价款结算总额的比例不得低于总包合同质量保证金占总包工程价款结算总额的比例，待项目缺陷责任期结束，建设单位返还总承包人质保金后，总承包人再对分包人进行返还。对于部分设备从安装完成（或出厂）之后开始计算保修期，而设备安装完成（出厂）之后工程并没有交付的情况，承包人应当结合工程保修期适当与厂商协调所购设备的保修期，尽量使设备厂商对设备的保修期覆盖承包人整个工程的保修期，避免承包人支付额外保修费用。

（10）如果招标人在招标文件中没有明确质量保证金形式或强制要求提供现金保证，中标后签约时工程总承包人可以依据《建设工程质量保证金管理办法》及国务院有关建筑业质量保证金改革的措施文件，与发包人协商采取保函、保证担保、保险等方式替代质量保证金。

8.结算方式条款

结算历来是建设工程合同履行中的重大事项，在工程总承包模式下则更易发生争议。常见的结算条款约定瑕疵如下。①合同中对结算资料的内容、结算依据、结算期限、结算方式、结算款支付等约定不清，致使承包人提交的合同结算申请被长期拖延。②合同条款中通常约定发包人收到承包人递交的工程竣工结算报告及结算资料后向承包人付至合同价款的一定比例，但具体发包人组织结算的时间和结算后付款时间没有明确，实践中发包人原因造成迟迟不能结算，导致工程尾款不能按照合同约定时间付款，给总承包人造成的损失无法索赔。③发包人在合同中约定以政府行政审计结果为双方工程总承包合同结算的依据等。

因此,在合同订立阶段需要注意的常见事项如下。

(1)合同中明确约定对固定总价不再另行办理结算,结算仅就固定总价以外部分进行。

(2)明确结算的依据、方式、期限,结算期限加上结算后付款期限不宜超过6个月。考虑到政府行政审计是一种行政行为,其审计对象为建设单位,且其审计依据与发承包双方的工程总承包合同可能并不完全一致,加之行政审计机关又不是工程总承包合同的当事人,应该尽量避免约定以行政审计结果为工程竣工结算的依据,以避免承包人权利受损甚至难以救济。

(3)明确约定结算完成后在特定期限内(比如10日内)支付至结算款的97%,且工程总承包价款中设计费部分根据惯例不应计提质保金,应在竣工验收后全额支付。

(4)可以借鉴FIDIC及《建设项目工程总承包合同(示范文本)》,争取约定以送审价为准结算的条款:发包人应当在收到竣工结算文件后的约定期限内(比如28日内)予以答复,逾期未书面答复的,竣工结算文件视为已被认可。

9. 合同终止条款

若合同约定了较多发包人可以解除合同的条款则会导致承包人履行合同时的不确定性较强。此外,常见争议引发点还包括合同未约定发包人违约时承包人的合同解除权,导致承包人在发包人严重违约的情况下仍不能依据合同行使解除权。

因此,在合同订立中需要注意如下事项。

(1)根据《建设项目工程总承包合同(示范文本)》等合理规范限制发包人的解除条件和解除权,只有在承包人实质违约且经发包人催告后仍不改正,导致发包人合同目的不能实现时,发包人才可以行使解除权。

(2)对于发包人不履行支付义务,不履行按照合同约定提供场地、办理相关建设行政审批手续及其他协助配合义务,经承包人催促仍未改正或者延期超过一定时间的,应约定承包人享有合同解除权。

(3)关于合同解除,区分发包人原因和承包人原因分别对已履行的工程总承包结算方式进行约定,比如已完成设计阶段的费用支付、已完工程的结算方式、对外已签署的分包或材料合同的处理、现场到货材料的处理、解除合同的补偿,同时约定合同解除清算后款项支付期限。

（4）建议合同中约定，在发包人原因导致合同解除的情况下，已完成的设计成果无论发包人是否付清设计费用，知识产权都归工程总承包人所有，以避免发包人恶意或随意解除合同损害承包人的利益。

（5）对发包人不依据合同约定和法律规定条件解除合同的情形，约定合同价款一定比例的违约金，违约金通常情况下应当覆盖承包人的预期可得利益及发包人解除合同导致的各类损失，避免届时无法举证证明损失而导致承包人难以得到足额的赔偿。

（6）争取约定合同解除后，需待工程项目清算完毕，承包人再移交场地给发包人，以免合同解除导致承包人利益受到进一步损害。

10. 不可抗力条款

根据法律规定，不可抗力是指不能预见、不能避免且不能克服的客观情况。但是，具体哪些情形可纳入不可抗力的范围，尤其是在建设工程领域中，尚存争议。通常认为不可抗力包括自然灾害（如台风、地震、洪水、冰雹等）、政府行为（如征收、征用等）、社会异常事件（如罢工、骚乱等）三方面。有关合同文本的具体约定，特别是对于涉外项目，应重视对合同中不可抗力概念和范围、情形的约定。

因此，在合同订立时须注意如下事项。

（1）有关合同文本在具体约定时，尤其对于涉外项目应结合当地的政治环境、稳定状态、自然环境等特殊情况，就合同项下的不可抗力进行列举式和概念兜底式约定。

（2）对不可抗力造成的工程损害，明确约定发包人和承包人的分担比例。通常情况下，永久工程、已运至施工现场的材料和工程设备的损坏责任，以及工程损坏造成的第三人员伤亡和财产损失由发包人承担；承包人施工设备的损坏责任由承包人承担；发包人和承包人承担各自人员伤亡和财产的损失；承包人在停工期间按照发包人要求照管、清理和修复工程的费用由发包人承担。

（3）无论按照国际惯例还是国内惯例，通常双方当事人都负有在不可抗力情况下积极采取措施避免损失扩大的义务，否则不得就扩大的损失主张权利，这一点应在合同中予以明确。

（4）不可抗力导致合同无法履行而解除合同的，应在合同中对此种情况下承包人应得的款项和利益及结算、支付进行约定。

（5）需注意不可抗力条款是法定免责条款，合同中是否约定不可抗力条款，不影响直接援引法律规定。如果约定范围小于法定范围，承包人仍可援引法律规定主张免责；不可抗力作为免责条款具有强制性，当事人不得约定将不可抗力排除在免责事由之外。

（6）如果承包人原因导致工程合同的履行延迟，在延迟履行期间发生的不可抗力不能免责，所以应尽量合理安排工期，规避此风险。

（7）根据项目具体情况和发包人要求，可以考虑购买工程保险。例如工程一切险通常能覆盖自然灾害下的各种风险引起的损失，但是对于政府行为和社会异常事件并不赔偿。承包人可以通过不同保险组合的方式，尽量减少不可抗力带来的损失。

第三节　工程总承包项目实施阶段风险识别与防范

工程总承包项目实施阶段是工程总承包项目的核心阶段。工程总承包模式中的项目实施周期普遍较长、管理能力要求高、专业技术环节交错复杂。工程总承包项目实施阶段的风险大部分由总承包单位承担，发包人一般只承担征地、政策法规变化及市场变化等较大的风险。因此，工程总承包项目实施阶段的风险识别与防范需要特别引起关注，主要包括项目实施阶段可能存在的开工手续不全、合同交底不充分、货物材料进场或移交不规范、项目部对外签订合同不规范以及涉及工程工期质量安全责任等核心风险点。

一、开工手续不全的风险

工程总承包项目模式中，开工手续不全，"边设计、边施工"的情况时有发生。项目通常未取得建设用地规划许可证、①建设工程规划许可证、建筑工程施工许

---

① 《土地管理法》第55条第1款："以出让等有偿使用方式取得国有土地使用权的建设单位，按照国务院规定的标准和办法，缴纳土地使用权出让金等土地有偿使用费和其他费用后，方可使用土地。"

可证或其他许可,即开工建设。在此情形下,发承包人对开工日期产生争议,造成开工日期提前计算、工期延误相关风险。同时,按照相关司法解释规定①,发包人未取得建设工程规划许可证也可能影响总包合同效力。实践中,在"四证"缺失的情况下,项目又常常无法办理相关的夜间施工手续,土方外运、塔吊等大型施工机械进场将被禁止或限制,承包人不能正常进行大规模的施工,而且无证施工本身属于违法施工,地方政府随时有可能勒令停工,甚至断水断电,使项目无法施工,这都可能造成工期延误,也会造成停窝工损失,发承包双方面临行政处罚的风险。

对此,实践中应当注意的是:首先,承包人应与发包人直接接洽,了解项目情况,查看政府立项批文、土地使用权证、建设用地规划许可证、建设工程规划许可证、项目前期设计文件等并核实发包人的准确信息。从官方正规渠道如全国建筑市场监管公共服务平台、地方政府主管部门(自然资源部门、住建部门)的网站,查询了解建设项目信息或直接向行政主管部门咨询核实项目的行政许可情况,并督促发包人妥善办理相关手续,确保项目的合法建设。

其次,合同签订前项目相关手续尚不完备时,承包人应当进一步与发包人、建设工程主管部门接触,对项目的可行性及后续的实施风险进行评估,必要时实地考察建设项目现场。如发包人坚持要求总承包人进场施工,更应要求发包人提供书面明确指令,并要求发包人明确由此导致的不能全面施工及可能导致的被行政主管部门责令停工的罚款、停窝工损失、工期延误等责任应由发包人承担。

最后,对于实际开工时没有施工许可证的项目,承包人应注意留存发包人要求进场开工的通知,及时书面函告因没有施工许可证当前进场主要是为了完成施工准备工作,以控制违法施工的风险,并为将来可能产生的工期延误创造索赔空间。

二、合同交底不充分的风险

在工程总承包项目中,经济责任风险和项目执行风险除合同特别约定外,由

---

①　最高人民法院《关于审理建设工程施工合同纠纷案件适用法律问题的解释(一)》第3条:"当事人以发包人未取得建设工程规划许可证等规划审批手续为由,请求确认建设工程施工合同无效的,人民法院应予支持,但发包人在起诉前取得建设工程规划许可证等规划审批手续的除外。发包人能够办理审批手续而未办理,并以未办理审批手续为由请求确认建设工程施工合同无效的,人民法院不予支持。"

承包人承担。实践中,负责实施的项目部工作人员通常不参与合同签订,对于合同中的有关发包人要求、合同文件解释顺序、承包范围、风险分配、价格、工期、工程质量标准或规范、文本送达信息等条款约定不熟悉。在合同交底不充分时,项目人员容易无法发现合同中存在的问题,在项目实施过程中难以及时采取有效的合同防范措施,极其容易导致经济损失;同时总承包人也无法在安全、质量、进度等方面对下游分包商进行约束,难以有效向分包人转移风险。

对于合同交底的风险防范,在主观上必须要高度重视项目的合同交底工作,加强项目部工作人员对合同条款重要性的认识。合同签订后首先应组织项目各参与人员进行重要合同条款的解读,明确合同确定的工作范围和义务,并对合同的主要内容和潜在风险做出解释和说明,确保各参与人员熟知关键条款,尤其需要重点关注涉及造价、工期、质量、违约责任、变更、索赔等的相关条款。针对变更、索赔等涉及承包人特别重大经济利益的合同条款,除了在交底过程中要做变更、索赔等实质性内容的提示,更要就变更和索赔等的程序内容、构成变更和索赔的事由,以及索赔时限要求等做重点标记以确保具体的负责人员能够严格遵照执行,做到在整个项目履行过程中进行定期反复宣贯。

合同交底一般应重点关注的内容包括:①合同价格组成,如报价定标情况、合同计价规则、成本让利情况、经济风险及工程变更时的计价规则等;②项目执行难点:设计、采购、施工难点、新技术、新材料、重要节点工期等;③合同关于可进行签证、索赔的情形及建设单位对于签证、索赔的形式、程序、权限、时限等的特别约定;④合同中关于节点工期的约定;⑤工程结算依据和结算方式;⑥合同中对于各类违约的处罚条款;⑦合同履行过程中证据资料的收集、整理及补强的方式、方法等。

三、工程项目部(项目经理)对外签订合同不规范的风险

实践中,发承包人为开展业务需要,通常会就项目成立专门的项目部,并指定项目经理负责项目的沟通、实施工作。而项目部属于施工单位成立的一次性现场临时机构,随着工程的中标或实施而成立,随工程的完工被解散或者撤销。为方便及管理需要项目部会对外签订一些材料、设备采购合同、技术服务协议等,承包人同时也会为项目部专门刻制项目印章。从法律上看,成立的项目部并非法人组织,也不是民法中所规定的其他主体,本身不具备独立的民事权利能力。

从现有司法实践观点来看,项目部以及项目经理的职权范围源于承包人管理规定或授权,在无书面授权情况下,并不能直接代表承包人。司法实践中往往基于表见代理将项目部的意思表示认定为总包单位的意思表示。相关认定通常结合合同缔结与履行过程中的各种因素综合判断合同相对人是否尽到合理注意义务,此外还要考虑合同的缔结时间、以谁的名义签字、是否盖有相关印章及印章真伪、标的物的交付方式与地点、购买的材料、租赁的器材、所借款项的用途、承包人是否知道、是否参与合同履行等各种因素,作出综合分析判断。因此,无论项目部对外以自己的名义还是以承包商的名义签订采购合同,其法律后果均有可能归属于承包人。

例如,在(2021)最高法民申 1840 号辽宁城建集团有限公司(以下简称城建集团)、庄河市中心医院建设工程施工合同纠纷再审审查与审判监督案件中,最高人民法院裁判认为:项目部成立时,城建集团出具了授权书,授权项目部负责案涉工程的具体施工、管理结算等工作;虽然项目部负责人是建筑公司的人员,但项目部作为城建集团明确授权的代理人,其对外签订的合同对城建集团具有法律约束力,城建集团与建设公司之间形成了直接的合同关系。最高人民法院最终判决,城建集团限期支付尚拖欠建设公司的工程款与利息,发包人则在自己尚欠付的工程款范围内承担连带责任。又如,在(2021)京 04 民特 843 号中国土木工程集团有限公司与 HUI CHEN 申请撤销仲裁裁决案件中,北京市第四中级人民法院认为:在案涉协议履行过程中,工程现场标识、工程的外观、名义均显示案涉协议实际系项目经理部执行、落实总包方的权利。李某某作为项目经理部的项目经理,也是集团的总经理助理,执行总包方的业务分包权利属于其职权范围内的事项。上述情况在案涉协议签订及履行时,HC 公司均已知悉,其足以使 HC 公司产生合理信赖,即项目经理部仅是 T 集团工程分包权利的执行方,系代理 T 集团签订和履行合同。但实践中,授权不清晰、项目印章管理混乱等常导致项目部越权签订合同的情形,从而使承包人因表见代理而承担额外的经济损失和法律风险。

由上述案例可见,工程项目部(项目经理)对外签订合同不规范将给承包人带来极大的风险,即使其不承担法律责任,也会使企业陷入司法纠纷,浪费公司资源。因此,在项目实施阶段,需要着重防止项目部对外签订合同不规范,主要方式有:①在组建项目部前,应明确项目经理和项目部的权限,项目部对外签订合同的类型、合同金额的上限等,超出范围的须上报总部管理部门审批。②建立分包、材料供应商名录库体系,可在与有关分包商、材料商的分包合同、采购合同中,明确注明项目部(项目经理)的权限。③制订针对项目经理的责任书,明确要求项目经理超越权限订立合同,造成总承包单位对外承担责任或其他损失的,由项目经理负责。④加强对项目部印章的管理,设立专门的项目部印章管理人员,明确责任范围并实行严格的用章审批及登记制度,使得印章的使用情况可以有效跟踪。⑤可以在项目部印章上刻制"非合同印章""签订经济合同无效"等公示内容,控制项目部印章对外签约的风险。⑥发现私刻、擅自使用、盗用项目部印章对外签订合同的情形,及时追究直接责任人员,涉嫌犯罪的移交司法机关处理,以避免损失的进一步扩大。⑦项目完工后应及时收回项目部印章,避免项目部印章不当用于涉及结算、债权债务确认等的法律文件或合同文件。

四、设备材料进场或移交不规范的风险

工程总承包项目中,承包人常常因项目习惯,对设备材料进场未予足够的重视,使得项目所需的货物、材料进场或移交存在不规范情形。例如货物、材料交付项目工地后由权限不明的项目管理人员、工人代收,未经验货即在送货单、收货单证上加盖项目部资料章,未能记载清楚货物数量、规格、金额、销货日期等信息;未对设备材料进行开箱检验即进行移交或开箱检验流于形式,接收后设备材料外观、技术参数等存在偏差,导致额外的返工成本及现场工期的延误和法律纠纷;移交不当造成设备材料瑕疵,货物材料的质量责任无法区分,最终导致额外的返工、工期延误等情形,造成经济损失。

承包人应尽量完善材料设备入库、移交流程,将货物、材料从供应商处接收、进场、管理、领取的相关责任严格落实到个人,避免设备材料进场后发现外观、技术参数等存在偏差,导致额外的返工成本及现场工期的延误和法律纠纷。同时,承包人应重视对设备材料的开箱检验程序,严格以合同为基础对货物的包装、外观、数量、规格型号、品牌、生产厂家以及相关资料进行书面确认,同时检查产品合格证、出厂检验报告、生产许可证等相关证照是否齐全,确认无误后填写设备材料接收报告并归档。现场验收及后期检验如发现与合同约定不符应固定证据并在合同约定期间内及时函告或提出异议,避免被视为材料设备符合合同约定。

需注意,项目实施过程中同样需避免设备材料进场时间过早,导致现场增加额外的保管成本和库存压力,以及在保管过程中需避免由于保管不当造成设备材

料瑕疵。但若进场时间晚于合同约定及现场需要,则可能影响施工工期。

五、发包人指定分包的风险

发包人指定分包,通常是指在总承包工程范围内的工程,由发包人直接确认分包人,由分包人与总承包人签订分包合同的分包模式。法律未对"发包人指定分包"进行规定。《工程建设项目施工招标投标办法》第 66 条、《房屋建筑和市政基础设施工程施工分包管理办法》第 7 条规定了发包人不得指定分包,但基于前述规范的效力层级,司法实践中一般不直接认定发包人指定分包的合同无效。

在发包人指定分包情形下,站在总承包人的角度分析风险主要表现为:总承包人不具有选定分包人的权利,但作为合同相对方,需承担对分包单位的付款责任;对指定分包项目出现的进度、质量、安全等一系列严重问题向发包人负责。如(2019)赣民终 663 号恒建设集团有限公司、南昌鑫都置业有限公司建设工程施工合同纠纷案件中,江西省高级人民法院认为:"案涉外墙保温工程应认定为系发包人鑫都置业指定分包人。中恒建设作为总承包人和专业施工企业,按照合同约定,其对指定分包工程亦负有监督管理职责。中恒建设在施工过程中疏于监管,未及时发现问题和指出问题存在过错。且在签订分包合同时未与鑫都置业指定的公司签订,而是与个人签订,未经发包人同意擅自降低结算价格赚取差价。中恒建设作为总承包人有其独立的责任,实际施工人是否应承担责任属另一个合同关系,鑫都置业或中恒建设可以单独起诉。"最终由总承包人承担发包人指定分包的所实施工程项目质量责任。

因此,承包人在合同实施阶段须注意如下事项。

首先,尽量由发包人、总承包人、发包人三方签订合同,明确工程款支付、工期、质量、安全、保修等责任承担方式,如关于工程款支付,可以设置"背靠背条款",约定不以自有资金垫付,同时明确分包人应向发包人索赔。

其次,项目实施过程履中,应将分包单位纳入总包统一管理,要对指定分包人的工期、质量、安全等进行管理,避免出现问题。出现问题时,及时向发包人和指定分包人发函,要求揭示指定分包与发包人之间的关系,避免相应责任承担。

再次,承包人可以将指定分包工程款单独入账、单独结算。在工程款支付过程中,将分包方的工程款单独拨付,尽量避免通过承包人转付,避免将其计算到总承包工程款范围内。

最后,重视分包工程相关的签证、索赔材料收集,明确告知分包索赔签字最终以发包人的确认为准,由发包人对签证、索赔行使权利并履行结算义务。固定好相关材料,包括发包人要求总包与指定分包人签订合同的指令、过程中针对指定分包的来往函件、会议资料、履约资料等。

值得注意的是,总承包商对于自有分包单位的管理也是保证项目正常实施的重要一环,因此在项目实施过程中,除发包人指定分包外,对于分包人管理仍需注意:①明确分包单位的现场责任并约定不接受总包管理导致的相关责任和后果应由分包单位承担,如分包单位人员离开施工场地发生的事故由分包单位自行承担。②要求分包单位就此向总包单位承担违约责任,如在分包合同中约定如发生食物中毒、触电、高空坠落等安全事故其损失由分包单位承担并约定相应的违约金,以对冲总包相应的风险。③要求分包单位签订民工工资责任协议或承诺书并约定农民工发生上访、讨薪等事件的违约责任,必要时可以要求分包单位向总包单位出具同意代付农民工工资的承诺书。

六、质量责任及安全责任的风险

(一)建设单位、总承包单位的质量责任

建筑工程质量事关人民群众生命财产安全,我国《建筑法》《建设工程质量管理条例》明确规定了建设单位的质量义务。住房和城乡建设部《关于落实建设单位工程质量首要责任的通知》也明确了要准确落实把握建设单位工程质量首要责任内涵要求,界定了建设单位应履行的质量责任,着力构建建设单位负首要责任的工程质量责任体系。在工程总承包模式下,建设业主是项目的发起人、组织者、决策者、使用者和受益者,建设单位虽然不直接完成工程的设计和施工,但由于其有选择总承包商的权力,有权对工程提出质量要求,因而是决定质量的关键。

近年来陆续出台的《工程质量安全手册(试行)》《工程质量安全提升行动方案》《关于促进建筑业持续健康发展的意见》《关于完善质量保障体系提升建筑工程品质的指导意见》《工程总承包管理办法》等制度,进一步明确了工程总承包单位对其承包的全部工程质量、安全、工期和造价全面负责,分包不免除其责任,工程总承包单位要依法承担质量终身责任。《工程总承包管理办法》第22条对总承包单位的质量、安全、工期和保修责任进行了专门的规定:"建设单位不得迫使工程总承包单位以低于成本的价格竞标,不得明示或者暗示工程总承包单位违反

工程建设强制性标准、降低建设工程质量,不得明示或者暗示工程总承包单位使用不合格的建筑材料、建筑构配件和设备。工程总承包单位应当对其承包的全部建设工程质量负责,分包单位对其分包工程的质量负责,分包不免除工程总承包单位对其承包的全部建设工程所负的质量责任。工程总承包单位、工程总承包项目经理依法承担质量终身责任。"

（二）工程质量的风险

《工程总承包管理办法》第 3 条规定:"本办法所称工程总承包,是指承包单位按照与建设单位签订的合同,对工程设计、采购、施工或者设计、施工等阶段实行总承包,并对工程的质量、安全、工期和造价等全面负责的工程建设组织实施方式。"《建设项目工程总承包合同(示范文本)》也将"工程设计质量标准"和"工程施工质量标准"合并为"工程质量标准",工程总承包项目中设计、施工原因导致的质量问题,应由总承包人承担责任,如是联合体则联合体成员承担连带责任。

工程总承包模式要求承包人向发包人提供能满足合同约定并符合预期目标的工程项目,因此不能机械地将设计、施工、勘察等质量要求进行简单叠加,而应考虑工程稳定、安全和有效运行所需的与工程质量相关的其他要求,质量要求的边界是工程性能和功能的要求。而现有的国家标准、强制性规范可能无法完全涵盖工程总承包项目的质量要求和标准,总包单位可能存在质量无法达到要求的风险或者将承担设计连带责任、分包连带责任的质量风险。

首先,对于发包人要求中的质量风险,工程总承包单位需注意:①审查合同约定的工程质量的要求,包括创优、创奖要求是否合理,涉及行业标准、企业标准等,应当列明有关标准规范。②关注合同中发包人对工程总承包项目的功能和性能要求,以及发包人要求明确规定的工程总承包项目产能、功能、用途、质量、环境、安全,规定偏离的范围和计算方法,检验、试验、试运行的具体要求;识别是否有特殊工程质量要求,避免违约情形的发生。③如果发包人过程中对工程质量又提出标准或要求,要求按发包人要求变更程序确认变更后施工;工程质量保证金应尽可能采用保函形式。

其次,总承包人对联合体、分包工程的质量问题承担连带责任,实践中常存在发包人指定分包单位后,总承包人承担支付责任、进度质量和安全责任等风险。在此情形下承包人需注意:①严格资质筛选,选择信誉良好的分包单位,切实执行黑名单管理制度;②严格执行合同中关于不得转分包、挂靠、随意更换主要管理人员的约定,主要管理人员应依约到岗履职现场管理,如检查分包商派驻现场的上述人员与分包商之间是否订立劳动合同,实际到岗人员是否与合同约定相一致,是否存在社会养老保险关系,是否有组织机构、工作协调、技术措施、方案、质量、安全等实际管理动作。

(三)安全责任的风险

《工程总承包管理办法》第 23 条规定:"建设单位不得对工程总承包单位提出不符合建设工程安全生产法律、法规和强制性标准规定的要求,不得明示或者暗示工程总承包单位购买、租赁、使用不符合安全施工要求的安全防护用具、机械设备、施工机具及配件、消防设施和器材。工程总承包单位对承包范围内工程的安全生产负总责。分包单位应当服从工程总承包单位的安全生产管理,分包单位不服从管理导致生产安全事故的,由分包单位承担主要责任,分包不免除工程总承包单位的安全责任。"该条规定对工程总承包的安全责任进行了主体分解,并落实了总体责任。

对于承包人的安全责任,工程总承包单位对承包范围内工程的安全生产负总责。安全生产是建筑施工企业的法定义务,建筑施工行业作为安全事故多发的高危行业,历来都是安全生产监管的重中之重。安全生产问题带来的人员和财产损失后果都是非常惨痛的,在工程施工现场,任何一个相关人员无法进行切实有效的技术交接,或某个程序没有进行有效衔接和协调,某个环节出现偏差或漏洞,都极有可能导致巨大的安全事故出现。在项目实施过程中,若工程总承包单位未履行安全责任义务,则存在如下安全责任风险。

首先,存在市场竞争限制风险。根据《建筑施工企业安全生产许可证动态监管暂行办法》第 14 条、第 18 条规定,施工单位在发生安全事故后,除了有可能被吊销或暂扣安全生产许可证外,还有可能在全国范围内被限制投标。

其次,存在经济损失风险。《安全生产法》第 114 条规定:"发生生产安全事故,对负有责任的生产经营单位除要求其依法承担相应的赔偿等责任外,由应急管理部门依照下列规定处以罚款:(一)发生一般事故的,处三十万元以上一百万元以下的罚款;(二)发生较大事故的,处一百万元以上二百万元以下的罚款;(三)发生重大事故的,处二百万元以上一千万元以下的罚款;(四)发生特别重大事故的,处一千万元以上二千万元以下的罚款。发生生产安全事故,情节特别严重、影响特别恶劣的,应急管理部门可以按照前款罚款数额的二倍以上五倍以下对负有责任的生产经营单位处以罚款。"根据上述规定,发生安全事故后,除了有可能会被当地主管部门处以罚款外,还有可能会被勒令停工,由此造成工期延误,现场人员停窝工等经济损失。

最后,《刑法》第134条规定了重大责任事故罪,第137条规定了工程重大安全事故罪。如项目发生严重的安全事故,根据上述规定,相关人员很可能承担刑事责任。

例如,2019年的深圳市体育中心改造提升拆除工程"7·8"较大坍塌事故是一起较大的生产安全责任事故,调查结果显示,该事故的成因是体育馆钢格构柱遭受破坏,网架结构体系处于高危状态;施工单位未按《专项施工方案》施工,未经安全评估,盲目安排工人进入高危网架区域进行氧割、加挂钢丝绳作业,违反施工方案中"一旦开始切割格构柱,人员禁止进入"和"无人化操作"的要求;拆除工程的建设单位管理层级较多,未能严守建设、施工单位各负其责、相互制约的管理秩序。该事故最终造成了3人死亡、3人受伤的严重后果,相关人员也被判处刑事责任。

发包人安全责任的风险风范,通常可以理解为在"发包人要求"中不得提出不符合建设工程安全生产法律、法规和强制性标准规定的要求,不得明示或者暗示工程总承包单位购买、租赁、使用不符合安全施工要求的安全防护用具、机械设备、施工机具及配件、消防设施和器材。

首先,发包人应避免发出强令承包人违章作业、冒险施工的指示,不得压缩合理工期。

其次,建筑施工安全事故(危害)通常分为七类:高处坠落、机械伤害、物体打击、坍塌倒塌、火灾爆炸、触电、窒息中毒。在项目实施前,发包人应要求承包人针对具体项目情况制定严密的安全管理计划,建立安全生产责任制度、治安保卫制度及安全生产教育培训制度,并履行法定和约定的职责。在履行合同过程中,切勿让这些制度成为一纸空文,应监督承包人将该制度落到实处。

最后,在项目实施过程中,如发生突发的地质变动、事先未知的地下施工障碍等影响施工安全的紧急情况,在承包人报告监理人和发包人或发包人自行发现后,应当及时下令停工并采取应急措施,按照法律法规的要求及时上报政府有关行政管理部门。

在项目实施阶段,工程总承包单位可以采用如下风险防范措施。

第一,按照相关规章制度要求,严格执行各类洞口的临边防护以及特种设备、车辆作业等。特种设备、车辆作业时,必须持有相应的资质,同时要严格执行定期检修制度;低楼层作业时做好安全防护,在进行低楼层作业时,往往认为风险较小,不易发生安全事故,从而疏于对施工人员的安全防护;工作收尾或者项目结束时进行场地清除,防止疏忽大意导致安全事故。

第二,明晰安全生产责任边界。做好总包范围内所有工程的安全防护工作。

第三,加强现场管控工作。总包单位必须与业主、业主平行发包单位签订安全生产协议书,要求其加强安全资金投入、安全管理人员投入,明确平行发包单位安全生产责任。

第四,及时完成现场交接。对于停缓建项目,应与业主办理施工现场的移交手续,将现场的安全防护责任移交发包人。若发包人不配合办理移交手续,一要做到对施工现场的保护,禁止他人进入;二要禁止其他单位在未进行现场交接时进场施工。

第五,做好联合体、分包单位管理。关注设计文件中是否注明重点部位和环节,及时沟通提出保障人员和预防事故的措施;对于分包单位的工人应当在进场时做好安全交底和安全培训,并留好存档;同时进场时的安全交底应当附有分包单位与工人签订的劳动合同。

第六,充分利用权利救济途径。安全事故发生后,政府相关部门往往会出具调查报告,确定建设单位、施工单位、分包单位、监理单位、项目经理等各自的责任与处罚。收到调查报告或者行政处罚后,如果调查报告或者行政处罚事实认定错误、处罚力度不合理,应该及时提起行政复议或者诉讼,确保合法权益不受侵害。

七、工期责任的风险

实践中,工程总承包方对建设工程工期负总责,工程总承包模式下的最核心的工期主要是设计工期、施工工期。工期目标风险是十分常见的风险,如果项目不能按时完成,会造成各方的损失,导致索赔争议的发生。

(一)设计导致工期延长的风险

工程总承包模式下,工程工期内既包含了施工阶段工期,也包含了设计阶段的工期。出图时间不仅决定了设计进度,还影响着施工进度。在实践中,很少有在所有图纸全部设计完成并审图通过后再开始施工的情形,更多的是采用搭接的设计、施工方式,即满足部分施工的部分图纸设计完成并审图通过后就率先用于施工。这种方式可以科学合理地压缩工程整体建设周期,同样这也是工程总承包模式的优势,它将设计和施工两个阶段融合起来。一旦施工阶段开始就意味着大量的人力物力财力的投入,若后续图纸出具不及时将造成停窝工损失,同时承包人对外还将承担工期违约责任。除了出图速度之外,出图质量也影响着设计工期,设计质量以满足设计任务书并通过施工图审查为标志,若出图质量不达标,还会产生修改及复审的时间,这些都是设计阶段影响整体工程工期的风险因素。

因此,相比传统的施工承包业务,施工单位需要额外承担设计责任,而设计周期与设计质量会直接影响工程工期,因此还需要特别关注承担设计责任引起的工期风险。

首先,在设计工期风险防范中为适当规避风险,如采用联合体进行投标,各企业组成联合体前,应谨慎选择联合体成员,增强对联合体成员进行调查评估的意识,从成员的资质、财务及履约能力、涉诉风险等多方面进行完善的梳理及评估。

其次,总承包单位或作为联合体投标的施工单位牵头人应以工程进度计划为工期责任的划分依据,以工程进度计划为基准。联合体中标后成员之间应适时签订补充协议,明确联合体内部合作协议的工期责任、代理权限等划分依据。避免使用笼统、概括的"对外承担连带责任"等用语。一方发包人承担设计阶段工期延误的责任后,以联合体内部合作协议并结合工程进度计划,向设计单位追责。

最后,施工过程中发现的设计不合理、设计缺项问题,可能会发展为设计返工、修改设计图纸等一系列拆改行为,以及因设计返工而产生工期延误的责任,在联合体内部合作协议中应将该种情况下的责任承担和内部追责程序约定明确。

（二）发包人任意压缩合理工期的风险

《建设工程质量管理条例》第10条第1款规定:"建设工程发包单位不得迫使承包方以低于成本的价格竞标,不得任意压缩合理工期。"《工程总承包管理办法》第24条第1款规定:"建设单位不得设置不合理工期,不得任意压缩合理工期。"

对于压缩多少属于任意压缩这一点,实践中一直存在争议。部分地方建设行政主管部门对合理工期的确定作出了相关规范,如北京市住房和城乡建设委员会《关于执行2018年〈北京市建设工程工期定额〉和2018年〈北京市住房修缮工程工期定额〉的通知》(京建法〔2019〕4号)第3条规定:"发包人压缩定额工期的,应提出保证工程质量、安全和工期的具体技术措施，并根据技术措施测算确定发包人要求工期。压缩定额工期的幅度超过10%（不含）的，应组织专家对相关技术措施进行合规性和可行性论证，并承担相应的质量安全责任。"深圳市住房和建设局《关于印发〈深圳市建设工程工期管理办法〉的通知》（深建规〔2015〕4号）第7条第2款规定："招标人确定的招标工期不宜低于定额工期的80%，低于定额工期80%的，建设单位应当组织专家论证，并采取相应的技术经济措施。"

（2018）最高法民再163号南宁金胤房地产有限责任公司、中建三局第一建设工程有限责任公司建设工程施工合同纠纷案的裁判要旨为建设工程施工合同中，双方当事人可以真实意思表示约定施工工期。因定额工期在实践中并不能完全准确反映工程项目的合理工期，双方当事人约定的工期不必与定额工期完全一致。施工方可以基于自身施工能力及市场等综合因素确定约定工期，这是施工方对其自身权利的处分，合法有效。合同签订并履行后，施工方以约定工期短于定额工期，发包人任意压缩合理工期违反行政法规的强制性规定为由，主张合同条款无效的，应当提交其他证据证明；施工方不能举证的，对其主张法院不予支持。

从前述案例和规定来看，地方上对于构成任意压缩合理工期的要求较为严格，不仅需要在定额工期基础上压缩达到一定幅度，还需要建设单位未组织过专家以技术措施进行合规性可行性论证等。对于如何认定合同约定工期实质上构成"压缩合理工期"，现行法律、法规、司法解释及其他规范性文件并未进一步明确，导致各地行政管理、法院的裁判等均存在较大差异。

因此，实践中常存在发包人基于自身投资利益和侥幸心理，未经科学论证任意压缩合理工期的情形，发包人多处于强势地位，总承包单位盲目服从。其主要存在以下风险：现场劳动力、周转材料、施工机具、安全措施等投入的增加导致费用和成本的增加；正常施工工序、工艺可能会被打乱，各分部分项工程无法按规定程序控制质量，从而导致质量问题；容易忽视现场安全设施、安全管理、安全教育等方面的投入，再加上工人加班和疲劳作业，导致安全事故发生的概率加大。

对于上述相关风险，可以采取以下防范措施。

第一，在项目实施过程中，工程总承包单位应充分评估业主的赶工要求，尽量拒绝业主不合理压缩工期。

第二，在合同中对合理工期的认定可以引用项目所在地的具体规定，积极协商。

第三,确实需要压缩工期的,应根据法律规定要求组织专家论证。压缩工期后,工程总承包单位应充分重视现场的施工程序及安全生产执行情况,对于涉及结构质量和现场安全的程序必须全部落实,如现场的"三级"安全教育、施工安全技术交底,以及材料的见证取样程序、混凝土浇筑后的养护程序等。

第四,对于发包人提出的赶工或压缩工期要求,应要求发包人提供书面指令,当工期不合理导致质量或安全问题时,工程总承包单位可以发包人要求主张减小相应的责任。

第五,签订合同时在专用条款中明确,赶工应按定额等相关标准计算赶工费用,同时合同工期提前的奖励仍按合同约定的标准进行计算。

第六,发包人基于成本控制对合同履行过程中发生的符合签证、变更、调差、索赔的情形不予认可或虽认可但不同意将增加费用纳入当期进度款时,工程总承包单位可积极争取;尤其是业主提出的变更,在业主对变更导致的工期顺延和费用增加进行签证前,承包单位可不进行相应施工。

八、变更风险以及对承包人合理化建议、设计优化区分不清的风险

在工程总承包项目中,发包人要求中会列明发包人所需求项目的目标、范围、设计和其他技术标准,包括对项目的内容、范围、规模、标准、功能、质量、安全、节约能源、生态环境保护、工期、验收等的具体要求。在工程总承包模式下项目的建设要求、建设目的、建设标准等内容均通过发包人要求体现。发包人通常在对项目完成初步设计后进行招标,承包人中标后对项目进行进一步设计施工,提供实际施工图。

从初步设计到施工图,项目要求、设计可能会发生很多变化;而承发包双方对工程量理解存在差异、对发包人要求的具体内涵理解存在差异,这就导致了变更的界限并不清晰,发承包双方常常就变化是否属于工程变更、承包人是否有权提出索赔、索赔金额发生分歧,最终影响工程价款。同时,各方对于"变更""承包人的合理化建议""设计优化"三个概念的混淆,又使得项目变更的风险增加。

(一)工程变更、合理化建议、设计优化的区分

《建设项目工程总承包合同(示范文本)》通用条款 1.1.6.3 项明确:"变更:指根据第 13 条[变更与调整]的约定,经指示或批准对《发包人要求》或工程所做的改变。"根据该条款,该示范文本设置两种变更的类型:一是发包人对《发包人

要求》的变更,二是发包人对工程的改变。

《建设项目工程总承包合同(示范文本)》在通用条款第 13 条"变更与调整"中明确了工程总承包存在"发包人变更权"与"承包人的合理化建议"两项变更方式。关于承包人的合理化建议,第 13.2 款明确:"13.2.1 承包人提出合理化建议的,应向工程师提交合理化建议说明,说明建议的内容、理由以及实施该建议对合同价格和工期的影响。13.2.2 除专用合同条件另有约定外,工程师应在收到承包人提交的合理化建议后 7 天内审查完毕并报送发包人,发现其中存在技术上的缺陷,应通知承包人修改。发包人应在收到工程师报送的合理化建议后 7 天内审批完毕。合理化建议经发包人批准的,工程师应及时发出变更指示,由此引起的合同价格调整按照第 13.3.3 项[变更估价]约定执行。发包人不同意变更的,工程师应书面通知承包人。13.2.3 合理化建议降低了合同价格、缩短了工期或者提高了工程经济效益的,双方可以按照专用合同条件的约定进行利益分享。"

关于设计优化,《工程总承包管理办法》在第 19 条中规定:"工程总承包单位应当设立项目管理机构,设置项目经理,配备相应管理人员,加强设计、采购与施工的协调,完善和优化设计,改进施工方案,实现对工程总承包项目的有效管理控制。"显然,设计优化的目的是实现承包人对工程总承包项目的有效管理,保证工程总承包项目的如期保质完成,与发包人并无过多关联,也无须取得发包人批准,但承包人在设计优化时要确保不降低建设规模、建设标准、功能要求及发包人要求。综上,设计优化的定义可以归纳为承包人以不构成合同变更的优化方案和实施方案,使承包人的项目施工成本优化和施工效率最大化的一种自发性收益措施。

因此,在专用合同条款没有特别约定的情形下,发承包双方通过发包人发出变更指示,以及承包人提交经发包人认可的合理化建议两种途径进行工程变更,变更后双方需计算变更增减费用。"设计优化"则是为了提高承包人建设收益,不属于对发包人要求或工程的"变更",通常不计算变更增减费用。《湖南省建设工程总承包计价规则》(湘建建函〔2023〕49 号)第 7.3.1 项明确规定:"承包人应在满足合同约定及发包人要求的前提下进行施工图设计,在此基础上进行的设计优化,不调整合同价款。"

需注意的是,并非所有承包人的合理化建议都会被发包人认可,例如,发包人要求常常存在"发包人对详细设计的界定标准应包含发包人合理意见"等宽泛表述,该类约定可能导致承包人合理化意见不被认定为变更。

"承包人的合理化建议"和"设计优化"二者的区别主要如下。首先,承包人可以随时自发提出书面合理化建议,建议书应该从加快竣工、降低工程的整个寿命期内(施工、维护、运营)的费用、提升工程竣工后的效率和效益,及其他可能给发包人带来利益等角度编制,且需构成对建设规模、建设标准、功能要求或发包人要求的变更。当然,承包人的合理化建议是否被批准,仍取决于发包人的最终意见。而设计优化的工作理应属工程总承包单位的管理范畴,设计优化的目的是实现承包人对工程总承包项目的有效管理,保证工程总承包项目的如期保质完成,与发包人并无过多关联,也无须取得发包人批准。

其次,在工程总承包项目招标时,发包人一般会向承包人提供发包人要求,其中会列明发包人所需求项目的目标、范围、设计和其他技术标准,包括对项目的内容、范围、规模、标准、功能、质量、安全、节约能源、生态环境保护、工期、验收等的具体要求。此外,根据《工程总承包管理办法》的规定,政府投资的工程总承包项目,原则上应完成初步设计审批后发包,那么此时招标文件中也会列明初步设计文件,并作为承包人的投标报价依据,承包人中标后再依据初步设计文件进行扩初设计及施工图设计。

实践中对于优化设计概念的理解并不一致。《关于四川省房屋建筑和市政基础设施项目工程总承包合同计价的指导意见》规定:"设计优化是指承包人对发包人提供的设计文件进行的改善与提高,并从成本的角度对原设计进行排查,剔除其中不合理的成本,是对原设计的再加工。"各地对于优化设计概念的描述的区别,也会产生理解适用的困难。

但总体上"合理化建议"和"优化涉及"仍以是否形成对发包人要求或初步设计文件的变更进行区分,如果承包人提出的优化事项属于对初步设计文件的变更,那么该优化事项就属于"承包人的合理化建议",如果承包人提出的优化事项并未对初步设计文件进行变更,而只是对施工图进行了调整,那么该优化事项就属于"设计优化",《建设项目工程总承包计价规范》也展现了相同观点①。

---

① 《建设项目工程总承包计价规范》(T/CCEAS001-2022)第6.3.3项规定:"承包人对方案设计或初步设计文件进行的设计优化,如满足发包人要求时,其形成的利益应归承包人享有;如需要改变发包人要求时,应以书面形式向发包人提出合理化建议,经发包人认为可以缩短工期、提高工程的经济效益或其他利益,并指示变更的,发包人应对承包人合理化建议形成的利益双方分享,并应调整合同价款和(或)工期。"

（二）工程变更、合理化建议、设计优化的风险应对

鉴于工程总承包项目招标时通常并无施工图纸，而是基于发包人要求和前期设计成果进行报价且工程范围的技术性通常较强，在应对项目变更的风险时，需注意如下事项。

首先，承包人在投标阶段即应开始认真审核招标文件中的发包人要求，并基于发包人要求的每一个细节制定报价文件，保证报价合理详尽。

其次，在工程项目前期，积极组织、参与项目各方参与的交底会议。在该会议上，明确"发包人变更""承包人的合理化建议""设计变更"的内容，并针对相关变更产生新的图纸或设计变更说明。在施工过程中，可能遇到一些原设计未预料到的问题或设计缺陷需要补充处理，因而发生变更。这类变更应注明变更所涉工程的项目、位置、变更的原因、做法、规格和数量，以及变更后的施工图。

再次，区分承包人的合理化建议和设计优化，对于工程施工过程中的变更，尽量与发包人或者工程师书面确认为构成发包人要求变更，并依据合同约定及时主张相应的款项。合理化建议被批准后，承包人需注意申请两笔费用，一笔费用为工程变更费用，一笔费用为合理化建议所产生的利益。需特别注意的是，在承包人合理化建议被批准的情形下，即使合理化建议书中已经包含了价格影响内容，承包人仍需援引合同中对于"变更估价"条款所约定的原则和程序确定变更价格，并按照"利益分享"条款另外提起一笔利益分享费用的确认程序。同时，承包人应积极说明建议的内容、理由以及价格和工期影响，从而使得发包人通过指示变更的方式对"发包人要求"予以明确。

复次，在变更发生的过程中，通常会形成设计变更后的图纸，变更通知单，经过建设方、监理方、施工方共同签字确认的设计变更签证单，监理方下发的工程联系单等，必须积极固定变更申请、通知等材料。同时，应积极推进对计价条款的调整，争取以承包人实际支出等方式计算费用并要求发包人补偿，避免价格约定不清引发分歧。

最后，承包人应注意发包人有权接受或者拒绝承包人提出的合理化建议。在发包人根据承包人的合理化建议发出变更指示之前，承包人不应停止工作的执行，也不应擅自按照合理化建议中的方案工作。

九、工程款支付的风险

在工程总承包项目开展过程中，承包人需要进行设计、勘察、大型设备采购，

前期往往需要投入大量资金,对承包人而言很可能需要自行垫付大量资金。实践中,常常发生发包人资金链断裂,无法支付预付款、进度款及承包人垫付款的情形,阻碍项目顺利推进并给承包人带来损失,此时承包人仍需要对下游进行付款,如承包人拖欠下游款项的将面临行政处罚的风险。

对此,实践可以采取的应对措施如下。

第一,合同中应当明确约定预付款、进度款以及结算款的支付时间。合同中约定支付预付款的,应当明确预付款的支付金额、条件、偿还(扣还)方式等。针对不同款项的支付,应分别设置逾期支付的违约责任,督促发包人积极履约。

第二,通过与分包方等其他项目参与方签订协议,在协议中将发包人付款作为付款条件,将付款风险等转移给参与方。

第三,增加付款担保。要求发包人提供银行等商业机构出具的履约担保,让发包人股东或真正的业主提供履约担保。

第四,增加付款方式。可约定通过抵债协议、商业承兑汇票方式支付工程款。在合同没有明确约定商票支付、抵债协议的情况下,承包人如果确需接受商票或接受抵债,应进行必要的尽职调查。从承包人角度出发,应明确相关约定属于新债清偿,允许承包人在抵债协议、商业承兑汇票无法实现时继续向发包人主张原工程款项。

第五,减少损失扩大。一定条件下可按照合同约定暂停施工。面对业主资金问题导致停工时间较长的工程,以及可能发生"烂尾"风险的工程,一旦业主拖欠进度款时间过长,立即书面向发出限期催款函,如其仍不支付,则果断停工,诉诸法律手段;除非业主支付或提供了充分适当的担保,否则不继续施工。必要时可以提出解除合同的要求。

第六,建立发包人资产定期查询、复核制度,定期评估发包人偿付能力。如发包人偿债能力恶化,要迅速起诉,列发包人和真正的业主为共同被告,并保全所建工程和真正业主的其他资产。

第四节 工程总承包项目结算阶段风险识别与防范

结算一般是指总承包人按照工程总承包合同和已完成工程量,就工程总承包项目与发包人对于工程造价、保证金、索赔款、奖励及相应的已付款、应扣款,还有质保金、付款计划等各方面内容进行协商,据以确定最终欠付金额及后续履行安排的过程。同时,随着我国经济的发展,建设项目的投资模式、规模、实施周期,甚至发承包方式都在不断变化,一些规模大、周期长的工程总承包项目下,需要对工程价款进行中间结算、进度款结算,全部工程竣工验收后应进行竣工结算等。本阶段的风险防范主要从拖延结算的风险、结算价款经审价被核减的风险、以政府审计为结算依据的风险出发,归纳项目结算阶段可能存在的风险点,并结合实务操作中应当注意的问题提出防范建议,为大家提供参考。

一、拖延结算的风险

工程项目的结算节点、流程、方式,通常由承发包双方在合同中事前约定。通常情况下,发包人将竣工结算作为工程价款支付的前置程序,正因如此,不少发包人为拖延付款,便会想方设法拖延竣工结算,导致工程款项长期拖延,造成经济损失。另外,发包人审价的对象是承包人提交的结算资料,承包人提交结算报告是前提条件,如承包人不及时提交结算申请,必然导致发包人无法及时开展结算审核工作,而且实践中一旦不及时提交结算申请则很难再约束发包人的结算审核时间,同样会给承包人带来不利后果。

鉴于实践中对于发包人为拖延结算的认定、责任的不统一,在结算阶段的风险防范措施显得尤为重要,建议各个参与主体采取如下防范措施。

首先,承包人在施工过程中应注意工程资料整理,在竣工验收节点前提前整理结算材料,为竣工验收完成后第一时间提交竣工结算报告做好准备,尽量摒弃边申报、边补充的思维。

其次,承包人在编制竣工结算报告时,应当按照要求提供完整的结算资料。发包人在接收材料后,及时进行结算资料的完整性检查,并做好结算材料交接手续,固定提交结算资料时间及完整性的证据。需注意,目前尚未有法律、法规等规范性文件对"完整的结算资料"进行定义,发承包双方应注意在合同中约定,或者在竣工验收前通过书面形式对结算资料应包含的材料进行约定并确认,避免因结算资料不完整拖延结算。

再次,为避免发包人恶意拖延结算、不支付工程款,承包人可与发包人约定以送审价为准条款,即发包人未在约定时间内完成结算审核的,视为认可结算报告。

双方也可约定"如未在一定期限内完成结算,应承担高额的违约责任或延期付款违约责任",促使发包人考虑到违约责任过高,而避免恶意拖延审价。同时,承包人还需注意与发包人确定,发包人对结算资料的异议应当是具有实质性内容的异议,发包人不具实质性内容的异议不得作为延长审核期限的理由;如果发包人提出的异议不正确,也不应作为有效的异议,不延长审核期限。

复次,可以约定双方进行过程结算,以实现质量验收、工程计量、进度管理、安全考核等目标为原则,合理划分过程结算时点。从单项工程、单位工程、分部工程、分标段施工工程的标段、专业工程、施工周期或关键时间节点、工程主要特征或主要结构等维度进行划分。此外,工程总承包项目的过程结算划分还需要关注项目实施的全过程,即设计阶段和施工阶段统一划分结算阶段。

最后,结算未在合理时间审核或审计完成的,应书面催促结算或书面说明原因,合同中未明确约定审价或审计期限的应加强主沟通,避免业主拖延结算导致损失继续扩大,发承包双方应及时协商判断拖延结算的原因及责任承担。

二、结算价款经审价被核减的风险

(一)审价的概念

工程审价是工程造价控制必不可少的环节,是准确合理确定工程造价的重要手段。实践中,工程结算阶段承包人报送结算资料后,发包人会对报送的结算材料进行审核或委托第三方对工程造价进行审价。

工程审价,是指发包人和承包人依据合同约定的计价方式和计价标准,以及工程涉及的结算资料,自行或者共同委托工程造价咨询机构对工程造价结算进行审核工作。工程审价通常被认为是发包人和承包人依据合同约定及工程结算资料进行审核工程结算的一种行为。

实践中,工程审价结论往往以工程结算审核定案单的形式出现。但发包人自行进行审价所确定的审核定案单,如承包人有异议,并不当然成为确定争议工程价款结算的依据。对于第三方审价定案单,如合同中明确约定或双方协商一致共同委托第三方审价,则第三方审价作为工程价款结算依据。法院通常尊重双方意思自治,按照约定以第三方审价结论为工程造价结算的依据。在合同没有明确约定以第三方审价结论为结算依据的情况下,除非另一方当事人签字盖章认可该审价结论,不得当然以第三方审价结论为结算依据。

(二)结算价款被核减的风险原因

工程实践中,"只减不增"为审价的通常结果。在个案中,发包人审价将承包商的工程结算额核减后甚至低于成本价。结算价款被核减的主要原因有:①合同对非发包原因引起的工程量变化风险责任没有约定或者约定不明导致双方对价格是否调整存在分歧;②合同对市场价格变化的风险幅度以及超出风险幅度的部分如何调价没有约定或者约定不明;③发包人未明确区分设计优化、工程变更、图纸细化的区别导致相关费用被核减;④施工过程中业主指令变更等涉及合同价款调整的事项未形成书面材料导致发包人事后否认或者造价咨询机构无法就施工过程中的客观事实进行确认,甚至被追究违约责任;⑤承包人在施工过程中形成的书面材料如签证单、联系单不规范不详尽,未就相关责任主体及价款的调整进行明确导致相关请求不被发包人认可;⑥承包人资料遗失,在整理结算资料时无法提供相应的证明材料导致发包人对于施工过程中确认的事实事后否认或者造价咨询机构无法核实实际施工过程;⑦承包人未在合同约定的期限内进行索赔导致逾期失权;⑧实践中部分承包人在送审结算报告中过度高估冒算,发包人认为承包人不诚信所以通过加大核减力度的方式制裁承包人。

(三)结算价款被核减的风险应对

根据结算流程,承包人提交结算材料后由发包人审价。结算价款被核减时,在司法实践中,根据谁主张谁举证的基本举证规则,若建设单位已将审核材料或审计报告作为证据提交,则承包人要否认审价材料关联性、真实性、合法性,并证明核减不合理,需提供充足的反驳证据,具有较重的举证责任,因此在结算中,对于结算价款被核减的应对尤为重要,主要梳理如下。

第一,在签订合同时应合理分配发承包双方的风险责任,尽量列举可以变更调整合同价款的情形,如国家法律法规政策、行业标准变化等原因引起的施工图设计需要改变的情形。

第二,合同中确定价格变化的参照基价,明确约定风险幅度。列举各项在调整范围内的价格因素以及具体价格调整公式。

第三,在签订合同时应该明确设计优化、工程变更、图纸细化的定义,明确将其作为价款调整依据。施工过程中承包人应该注意发包人对工程变更是否按照合同约定的程序发出指令。

第四,承包人在接到发包人符合约定程序的变更指令后应当按照合同约定及时就发包人的变更指示提出相应的价格调整与工期延长等请求。在双方达成一致意见后,形成书面材料再进行施工,同时将相关资料作为结算依据。

第五,承包人在施工过程中应当完善工程资料管理制度并由专人负责资料的日常整理、分类、收集、保管等。避免结算时因资料缺失影响工程结算利益或产生结算争议导致诉讼中证据不足而承担诉讼风险。

第六,约定过程结算,制定符合项目过程结算特性的合同文件,详细约定过程结算的节点、流程及索赔等条款。发承包方在项目实施过程中,可以积极引入第三方专业单位辅助做好项目过程管理,聘请专业单位组建结算小组,小组成员涵盖发包方、承包方、监理单位、第三方专业单位,并建立共同的工作群,共同推进过程结算工作。

第七,在面临结算价款被审减的情况下应尽快与发包人沟通,厘清审减的原因。若索赔资料不全面、未经有效的签证变更程序导致审减,应及时通过会议纪要、备忘录、书面函件等形式明确有关的争议要点和初步解决方案并尽可能补齐有关手续资料。

第八,对于明显不合理甚至低于成本的审价结论应及时函告相关意见,并尽快启动合同约定的争议解决仲裁或诉讼程序,维护自身合法权益,采取风险防范措施。

第九,承包商在竣工结算送审时考虑到业主审计或审核而适当多报结算。但其应建立在客观事实和相应证据资料基础上,明显或过度高估冒算反而不利于结算工作推进,也可能会产生超报违约金,甚至在后期纠纷法律程序中承担过多的法律费用或鉴定费用等,不利于自身利益的保护和企业品牌建设。

对于聘请第三方咨询单位对工程进行审价,需格外注意如下事项。首先,双方第三方审价约定须明确具体,写明双方同意并认可由第三方审价机构审价、确认审价时间,并确认是否以第三方审价机构出具的工程结算审核结果为最终结算依据。通常情况下,合同的结算属于工程总承包合同履行的一部分;基于发承包双方之间的法律关系,无论结算金额是否要经第三方审核,最终都应当经发承包双方确认,才能作为双方结算最终依据。因此从承包人角度出发,应明确第三方核减的金额与发承包双方实际履行不一致的,承包商应当提出书面异议不予确认。

其次,承包人应争取与发包人共同委托第三方造价咨询机构进行审查,避免由业主单方聘请咨询机构的情况,保证第三方造价咨询机构对工程价款审核的公正性。

最后,第三方审价过程中工程总承包商应积极配合提供相应资料并保持与第三方审价机构的友好沟通。发承包双方可自行就无争议内容达成一致意见,争议部分由发承包双方列明争议项和争议金额,协议由双方谈判确认。

三、以政府审计为结算依据的风险

因结算属于双方当事人意思自治范畴,实践中部分发包人在结算审核时会采用结算初审和结算复审两阶段审核,甚至要求以结算审计为最终结算依据,甚至在合同中约定以"政府审计"为最终结算依据。而审计的要求比较严格并且行政审计按照审计计划开展工作,不一定会严格按照双方合同约定时间完成审计,这对承包人来说并不有利。

(一)审计的概念

"审计"作为一个法律概念被规定在《审计法》及其实施条例中,其中《审计法》第22条规定了建设工程项目中审计机关的审计职责;《审计法实施条例》第21条进一步明确了审计范围;《政府投资项目审计规定》第5条明确应当对政府重点投资项目进行审计。《审计法实施条例》第2条规定:"审计法所称审计,是指审计机关依法独立检查被审计单位的会计凭证、会计账簿、财务会计报告以及其他与财政收支、财务收支有关的资料和资产,监督财政收支、财务收支真实、合法和效益的行为。"

基于上述规定,审计机关的职责是审计监督,审计监督的方式是对被审计单位与财政收支、财务收支有关的资料和资产进行检查,审计机关行使审计职权的方式是作出审计报告、审计决定,提出处理、处罚的意见。因此,行政审计是法定审计,是审计机关行使国家权力、管理行政事务的活动。

在建设工程施工合同纠纷中,依据《审计法》第23条规定,"审计机关对政府投资和以政府投资为主的建设项目的预算执行情况和决算,对其他关系国家利益和公共利益的重大公共工程项目的资金管理使用和建设运营情况,进行审计监督"。该条规定明确了对应当进行行政审计的工程建设项目是"政府投资和以政府投资为主的建设项目",对于该项目的内容和范围,《审计法实施条例》第20条第1款进一步进行了明确规定:"……政府投资和以政府投资为主的建设项目,包括:(一)全部使用预算内投资资金、专项建设基金、政府举借债务筹措的资金等财政资金的;(二)未全部使用财政资金,财政资金占项目总投资的比例超过50%,或者占项目总投资的比例在50%以下,但政府拥有项目建设、运营实际控制权的。"

对于"政府投资和以政府投资为主的建设项目"的审计,主要是对该项目真实、合法的效益情况进行监督。《政府投资项目审计规定》第6条进一步进行了规定,审计机关对政府投资项目重点审计的内容包括:履行基本建设程序情况;投资控制和资金管理使用情况;项目建设管理情况;有关政策措施执行和规划实施情况;工程质量情况;设备、物资和材料采购情况;土地利用和征地拆迁情况;环境保护情况;工程造价情况;投资绩效情况;其他需要重点审计的内容。据此,行政审计是一种行政监督行为,与当事人之间的民事法律性质不同,目的在于维护国家财政经济秩序,提高财政资金使用效益,防止项目存在违规行为。

(二)政府审计的风险

工程实践中常会碰到长达数年之久的政府审计,发承包双方的结算工作也因此处于停滞状态,承包人无法请求支付工程款。2020年2月26日发布的《关于加强新冠肺炎疫情防控有序推动企业开复工工作的通知》规定政府和国有投资工程不得以审计机关的审计结论作为工程结算依据。2020年7月,国务院出台的《保障中小企业款项支付条例》第11条明确:"机关、事业单位和国有大型企业不得强制要求以审计机关的审计结果作为结算依据,但合同另有约定或者法律、行政法规另有规定的除外。"2020年后国家出台两份文件,均直接对以审计结论为工程价款结算依据的规定进行了否定性评价,不得约定以审计结论为结算依据可能成为趋势。但目前仍存在明确以"政府审计"为最终结算依据的合同,依据意思自治原则约定有效,双方均受行政审计的约束,仍存在结算风险。

2001年4月2日最高人民法院就河南省高级人民法院专题请示作出《关于建设工程承包合同案件中双方当事人已确认的工程决算价款与审计部门审计的工程决算价款不一致时如何适用法律问题的电话答复意见》,认为审计是国家对建设单位的一种行政监督,不影响建设单位与承建单位的合同效力;建设工程承包合同案件应以当事人的约定为法院判决的依据;只有在合同明确约定以审计结论为结算依据或者合同约定不明确、合同约定无效的情况下,才能将审计结论作为判决的依据。最高人民法院在《关于人民法院在审理建设工程施工合同纠纷案件中如何认定财政评审中心出具的审核结论问题的答复》中明确：财政部门对财政投资的评定审核是国家对建设单位基本建设资金的监督管理，不影响建设单位与承建单位的合同效力及履行；但是，建设合同中明确约定以财政投资的审核结论为结算依据的，审核结论应当作为结算的依据。基于意思自治的原则，合同中以"政府审计"为最终结算依据的条款一般来说都具有合法适用性，对承包人仍具有约束力。在（2017）最高法民终 912 号重庆市圣奇建设（集团）有限公司、黔西县人民政府建设工程施工合同纠纷案中，最高人民法院法院认为：虽然国家审计机关的审计结论并非确定当事人之间工程价款结算的当然依据，但约定系当事人之间平等协商一致的结果，对当事人就确定案涉工程款结算依据的约定，双方应予恪守。在（2019）最高法民申 6489 号深圳市鹏森环境绿化工程有限公司建设工程施工合同纠纷案中，合同未明确约定合同最终价款以审计决算为准，最高人民法院认定，虽有"审计结算价"的字样，该约定系对工程进度款支付的约定，并不能据此得出双方均同意以审计结论为认定工程造价的依据。

因此，结算阶段存在审计部门无正当理由长期未具审计结论的情形，而实践中对于审计"审减不审增"的要求导致部分审计机关将审减率作为评估是否提高资金使用效率和监督廉政建设的指标，审计结论常常发生明显的不真实、不客观、不合理等情形，给承包人带来很大风险。

（三）政府审计的风险应对

首先，承包人在签订合同时需注意与发包人的谈判，可依据全国人大常委会法工委发布的《对地方性法规中以审计结果作为政府投资建设项目竣工结算依据有关规定的研究意见》，并引用 2020 年后相关政策中不得在合同中约定以政府审计为工程结算依据的表述，与发包人协商尽量减少或不约定"以政府审计为准的"条款，如此合同中没有约定"以政府审计为准的条款"，发包人不能依据地方法律法规规范文件要求以政府审计为准。同时，承包人可以尽量增加进度款支付比例、减少工程尾款比例以减少审计时间长带来的损失。

其次，如果合同中没有明确的结算或审计期限，承包商可将《建设工程价款结算暂行办法》规定的结算期限作为合理期限督促发包人完成工程的结算审计。

再次，对于审计部门无正当理由长期无法作出审计结论的应对。2020 年 11 月 16 日山东省高级人民法院《关于审理建设工程施工合同纠纷案件若干问题的解答》第 3 条规定："政府投资和以政府投资为主的建设项目，合同约定以行政审计、财政评审作为工程款结算依据的,按照约定处理;但发包人故意迟延提交审计或妨碍审计条件成就,以及行政审计、财政评审部门明确表示无法进行审计或无正当理由超出合同约定的审计期限三个月,仍未作出审计结论、评审意见的,当事人申请对工程造价进行司法鉴定,应当准许。"2020 年 11 月 17 日湖南省高级人民法院《关于审理建设工程施工合同纠纷案件若干问题的解答》第 13 条规定:"……行政审计或财政评审部门明确表示无法进行审计,或在约定期限及合理期限内无正当理由未出具审计结论,当事人就工程价款结算无法达成一致申请司法审计鉴定的,应予准许。"2022 年 12 月 28 日生效的重庆市高级人民法院、四川省高级人民法院《关于审理建设工程施工合同纠纷案件若干问题的解答》第 5 条规定建设工程施工合同约定工程造价以审计意见为准,但审计单位未能出具审计意见的,人民法院应当对审计单位未能出具审计意见的原因进行审查,区分不同情形分别作出处理:(1)承包人原因导致未能及时进行审计,如承包人未按照约定报送审计所需的竣工结算资料等,承包人请求以申请司法鉴定的方式确定工程造价的,人民法院不予支持;(2)发包人原因导致未能及时进行审计,如发包人收到承包人报送的竣工结算资料后未及时提交审计或者未提交完整的审计资料等,可视为发包人不正当地阻止条件成就,承包人请求以申请司法鉴定的方式确定工程造价的,人民法院予以支持;(3)审计单位基于自身原因未及时出具审计意见的,人民法院可以函告审计单位在合理期间内出具审计意见。审计单位未在合理期间内出具审计意见又未能作出合理说明的,承包人请求以申请司法鉴定的方式确定工程造价的,人民法院予以支持。根据前述山东、湖南、重庆、四川等地方的司法实践观点,非承包人原因导致长期无法出具政府审计结论的,承包人可以通过申请工程造价司法鉴定,突破以政府审计为准的条款。

最后,对于审计结论不真实、客观,无法真实反映工程真实造价的风险防范。司法实践中,可赋予当事人提出补充鉴定、重新鉴定的权利,如《2015 年全国民事审判工作会议纪要》第 49 条规定,承包人提供证据证明审计机关的审计意见具有不真实、不客观情形,人民法院可以准许当事人补充鉴定、重新质证或者补充质证等方法纠正审计意见存在的缺陷;上述方法不能解决的,应当准许当事人申请对工程造价进行鉴定。湖南省高级人民法院《关于审理建设工程施工合同纠纷案件若干问题的解答》第 13 条规定:"当事人约定以行政审计、财政评审作为工程款结算依据的,按约定处理。当事人有证据证明审计结论不真实、客观,法院可以准许当事人补充鉴定、重新鉴定或者补充质证等方法对争议事实做出认定……"
在审判实践中,(2021)最高法民申 1739 号海南三亚湾新城开发有限公司与海南
第二建设工程有限公司、海南省三亚市人民政府建设工程施工合同纠纷案件中,
工程项目已由合同约定的评审中心出具审核结果,但原审法院经调查后决定对工
程进行司法鉴定,最终最高人民法院认可原审法院根据公平原则以及前述案件情
况,综合考虑双方对工程结算款存在分歧、审计报告与施工事实不符等因素,准许
申请对工程造价进行鉴定,并认为鉴定机构对另行组价、子目套用定额错误等问
题的回复均已作出合理合法的解释,将《鉴定意见书》作为认定案涉工程价款的
依据。因此,结算如遇政府审计结论明显不真实、不客观,当事人可以提出补充鉴
定、重新鉴定或者补充质证等要求。

综上,在合同约定以政府审计为结算依据遇到审计拖延以及结果不真实、不
客观的风险时,建议尝试增加相应的限制条款。例如,如果政府审计结论不符合
双方合同约定或者存在明显错误等损害承包人利益的情形,承包人有权要求发包
人重新结算、提起鉴定、补充鉴定。在合同结算阶段,政府审计长期或未在合同约
定期间出具审计结论或者审计结论未依据双方合同约定的结算原则,明显存在不
真实、不客观情形时,承包人应及时整理报送审计时间、相应审计结论错误的证
据,及时启动合同约定的仲裁或诉讼程序,要求通过司法鉴定方式对工程价款进
行审价,突破"政府审计"约定的限制。

各类建筑企业转型工程 总承包商的实操建议

第一节　工程总承包模式的市场前景及政策走向

一、工程总承包模式在国内及国际方面的市场前景

国内方面,近年来,我国政府多次发布文件要求推进工程总承包模式的发展。2016 年 5 月 20 日,《工程总承包发展的若干意见》明确提出要"大力推进工程总承包""完善工程总承包管理制度""提升企业工程总承包能力和水平""加强推进工程总承包发展的组织和实施"。2017 年 2 月 21 日,国务院办公厅印发的《关于促进建筑业持续健康发展的意见》(国办发〔2017〕19 号)提出:"加快推行工程总承包。装配式建筑原则上应采用工程总承包模式。政府投资工程应完善建设管理模式,带头推行工程总承包。加快完善工程总承包相关的招标投标、施工许可、竣工验收等制度规定。按照总承包负总责的原则,落实工程总承包单位在工程质量安全、进度控制、成本管理等方面的责任。"2017 年 4 月 26 日,《建筑业发展"十三五"规划》提出的"产业结构调整目标"包括"促进大型企业做优做强,形成一批以开发建设一体化、全过程工程咨询服务、工程总承包为业务主体、技术管理领先的龙头企业"。在政策的激励下,国内工程总承包市场已然引起各方高度关注。

国际市场方面,以中国为中心,东连亚太经济圈,西牵欧盟经济圈的最长"经济走廊"将成为我国建筑企业"走出去"的最佳舞台。据亚洲开发银行数据，2010～2020年，仅亚洲地区基础设施建设资金需求即高达约8.22万亿美元，相应的投资来源往往是政府组织或亚洲基础设施投资银行等大型金融机构，而相关国际工程承发包亦多采取EPC工程总承包模式。工程总承包作为国际工程企业项目管理的主流模式，根据美国建筑师学会的统计，其比例已从1995年的25%上升到了2005年的45%。国际复兴开发银行（世界银行）、亚洲开发银行、欧洲复兴开发银行、泛美开发银行、非洲开发银行、黑海贸易和开发银行、加勒比开发银行、伊斯兰开发银行等国际主要开发银行都推荐使用工程总承包模式。目前中国企业承接的国际工程项目中，EPC项目占60%以上。国内建筑企业要响应"走出去"的号召，开辟国际市场并做大做强，就必须熟悉掌握工程总承包模式。

之所以在国际工程中更倾向于工程总承包模式，是因为其有较多优于传统承包模式的特点。对于建设单位来说，一是工作范围和责任界限清晰，合同总价和工期固定，建设单位的投资和工程建设期相对明确，利于费用和进度控制，并可以有效降低资金风险；二是可以将建设单位从具体事务中解放出来，关注影响项目的重大因素，确保项目管理的大方向。

对于承包单位来说，一是工程总承包商负责整个项目的实施过程，不再以单独的分包商身份建设项目，有利于整个项目的统筹规划和协同运作，可以有效解决设计与施工的衔接问题、减少采购与施工的中间环节，顺利解决施工方案中的实用性、技术性、安全性之间的矛盾；二是能够最大限度地发挥工程项目管理各方的优势，实现工程项目管理的各项目标且利润更高。

一个新模式的发展伴随着的是巨大的蓝海市场及先手红利，无论是国内还是国际市场，建筑企业熟练掌握并运用工程总承包模式是未来建筑业企业竞争力的核心。但与此相应，建筑企业如何转型以及如何合法规避风险也将成为建筑企业开拓市场过程中的关注要点。

二、国内对工程总承包单位转型需求的政策走向

在此前的《工程总承包管理办法》征求意见阶段，起草部门对于工程总承包商是否允许联合体承建以及工程总承包单位应当具有何种资质具有较大争议，主要的观点有二：第一种观点认为工程总承包单位仅需具有设计或施工资质之一即可；第二种观点认为工程总承包单位需同时具有设计及施工双资质。

第一种观点的优势在于：有利于实现工程总承包行业发展初期的平稳过渡，逐渐培养一批符合工程总承包要求的承包企业。而第一种观点的劣势在于：设计与施工本质上分离，融合度不足，难以充分发挥整合优势。

第二种观点则恰好相反，其优势在于工程总承包单位同时具有双资质，可以实现设计、施工深度融合，更易发挥行业上下游联动效应，发挥整合优势，有利于实现工程总承包的目标。而其劣势在于，我国工程总承包市场还处于发展阶段，具有设计施工资质的单位并不多，而采用工程总承包模式的项目又往往规模较大，具有相适应的设计、施工资质的企业较少；如果要求工程总承包单位同时具有双资质，极易造成工程总承包市场的寡头化，使少数企业占用大量资源，不利于工程总承包市场的整体发展。

上述两种观点均有合理性，并无明显的高低差异，《工程总承包管理办法》原征求意见稿采用的是第一种观点，现行实施的正式稿则将上述两种观点融合，即以双资质为基本要求，体现工程总承包设计施工深度融合的基调，同时允许联合体承包且配合资质互认制度，作为目前工程总承包市场初步阶段的过渡手段，使得目前单资质企业亦可以有条件地参与工程总承包，保证充分的市场竞争及行业有序发展。

联合体承包诚然具备很大的优势，其可以在短时间内实现设计、施工一体化，但其弊端在于设计、施工依然由两家企业完成，信息沟通及项目管理必然还存在一定隔阂，且两家单位虽然对外一体，但对内依然存在竞争关系，存在工期的扯皮、工程量的调配、工程价款的分配等根本矛盾，无法彻底融合为一体，无法彻底发挥工程总承包行业联动的优势。因此，联合体承包仅是为了加快工程总承包的发展而基于目前市场环境体制的过渡手段，方便单资质企业进入工程总承包市场；但其绝不是工程总承包模式的理想状态，工程总承包模式依然要求企业自身具备真正的双资质和双能力。因此，本章将重点阐述建筑企业在转型工程总承包企业时的法律风险及防控要点，使其以最快速度培养自身真正的设计、施工双能力，不止步于联合体承包方式。

第二节 建筑企业转型总承包商或作为牵头人时的共性法律风险及防控要点

一、管理思维层面的风险及防控

2016 年 11 月 24 日,江西省宜春市丰城电厂三期在建 EPC 项目的冷却塔施工平台倒塌事故,导致事故现场 73 人遇难,2 人受伤。在该事故的调查报告中,调查组指出该项目工程总承包单位存在的问题:(1)管理层安全生产意识薄弱,安全生产管理机制不健全;未设置独立安全生产管理机构和安全总监岗位。(2)对分包施工单位缺乏有效管理;未按规定要求对危险性较大的分部分项工程进行管理。(3)项目现场管理制度流于形式,未对施工现场的安全、施工等各项管理义务进行有效管理。(4)部分管理人员无证上岗,不履行岗位职责。

调查组在该事故调查报告最后一部分给出 7 条事故防范措施建议,其中有两条涉及工程总承包,分别为:(1)应进一步健全法规制度,明确工程总承包模式中各方主体的安全职责;(2)夯实企业安全生产基础,提高工程总承包安全管理水平。此次事故反映了工程总承包模式下的承包商对工程总承包模式存在较多认知障碍。

一是工程总承包单位未建立起负总责的意识,未形成相适应的管理能力与管理体系。

工程总承包商作为工程总承包项目最主要的参与主体之一,也是施工总承包模式向工程总承包模式转型中受影响最大的主体,其在转型过程中也会遇到许多问题。我国建设工程传统的工程承包采用的是各个建设阶段相互分离的模式,工程策划、立项、可行性研究、工程设计、工程采购及施工、工程运营等阶段分别由不同的承包商进行承包,各个承包商各行其是,只负责其各自工程阶段各自承包范围内的工程任务,对其他工程阶段及其他承包商范围内的工程任务不负责任。

工程总承包模式则不然。不论何种形式的工程总承包,工程总承包商必然承担不少于两个工程建设阶段的义务,甚至所有工程建设阶段的义务;对其承包的所有工程阶段的合同,工程总承包商均应负总责。

《建筑法》第 29 条第 2 款规定:"建筑工程总承包单位按照总承包合同的约

定对建设单位负责;分包单位按照分包合同的约定对总承包单位负责。总承包单位和分包单位就分包工程对建设单位承担连带责任。"根据《工程总承包管理办法》第22～25条的规定,工程总承包商需对工程项目的质量、安全、工期、造价进行全面负责。

在现行工程实践中,工程总承包商或者牵头单位均是原本从事设计或者施工业务的企业转型而来,但其并没有意识到上述责任承担的区别导致管理责任的重大变化,依然仅仅着眼于自己原来业务范围的管理,导致工程管理失控。

前述丰城电厂工程项目总承包商中南电力设计院就是典型例子,其作为工程总承包牵头人,依然保持传统设计承包商的思维,对工程施工方案的编制、现场的施工管理、安全管理基本上不予理会,连大型模板拆除这种涉及重大结构质量及施工安全的项目,其也未尽到管理及审查的义务,最终导致悲剧的发生。因此,工程总承包商必须破除旧的思维观念,牢固树立自身负总责的意识,推进承包范围内的工程管理工作。

二是工程总承包单位未意识到总承包模式下其风险责任的加重。

工程总承包模式下,总承包商承担了更多的风险责任。《工程总承包管理办法》第15条规定:"建设单位和工程总承包单位应当加强风险管理,合理分担风险。建设单位承担的风险主要包括:(一)主要工程材料、设备、人工价格与招标时基期价相比,波动幅度超过合同约定幅度的部分;(二)因国家法律法规政策变化引起的合同价格的变化;(三)不可预见的地质条件造成的工程费用和工期的变化;(四)因建设单位原因产生的工程费用和工期的变化;(五)不可抗力造成的工程费用和工期的变化。具体风险分担内容由双方在合同中约定。鼓励建设单位和工程总承包单位运用保险手段增强防范风险能力。"

而在国际工程中,工程总承包商的风险义务更甚,例如国际工程总承包中常常采用的FIDIC银皮书合同中约定业主仅承担"(a)战争、敌对行动(不论宣战与否)、入侵、外敌行动;(b)工程所在国内的叛乱、恐怖主义、革命、暴动、军事政变或篡夺政权、或内战;(c)承包商人员、及承包商和分包商的其他雇员以外的人员在工程所在国内的骚动、喧闹、或混乱;(d)工程所在国内的战争军火、爆炸物资、电离辐射或放射性引起的污染,但可能由承包商使用此类军火、炸药、辐射或放射性引起的除外;(e)由音速或超音速飞行的飞机或飞机装置所产生的压力波"五类风险。除此之外的所有风险均由承包人承担。

工程总承包模式的风险承担与传统模式完全不同,如果工程总承包商在承揽项目前不能清晰地意识到这一点,则其往往不能建立与其风险相适应的风险处理体系,导致在风险发生时工程失控。

三是工程总承包单位未意识到管理责任和风险的加重是工程造价的对价。

国际工程中,工程总承包模式的报价往往高于传统模式,根据中国国际工程咨询协会的统计数据表明,与传统的施工总承包项目3%~5%的利润率相比,工程总承包项目其利润率通常在10%以上,有些甚至高达30%。

工程总承包模式高利润的核心原因就是工程总承包商承担了更多原本由发包人承担的管理任务及工程风险,管理责任和风险均是造价的对价,因此其价格更高。但目前国内的工程总承包商往往不能意识到这一点,报价时还是采用既有的报价策略及报价指标,忽略了工程总承包模式下管理责任和风险的加重,致使工程项目难以取得应有的利润。因此,对待该类项目,建议工程总承包单位尽快转变管理思维,将管理责任和管理风险转换为工程对价,有效推动工程总承包项目的实施以及工程总承包模式的发展。

二、组成联合体时的法律共性风险及防控要点

(一)联合体组成资格法律风险及防范

组成联合体必须达到法定资质要求以及建设单位的专门要求,如果有任何一家单位的资质不符合要求,都有可能引起投标无效、承担违约责任、工程质量赔偿责任等风险。《招标投标法》第31条第2款规定:"联合体各方均应当具备承担招标项目的相应能力;国家有关规定或者招标文件对投标人资格条件有规定的,联合体各方均应当具备规定的相应资格条件。由同一专业的单位组成的联合体,按照资质等级较低的单位确定资质等级。"

需要注意的是,《工程总承包管理办法》第11条对联合体成员单位的主体资格提出了进一步的要求:"工程总承包单位不得是工程总承包项目的代建单位、项目管理单位、监理单位、造价咨询单位、招标代理单位。政府投资项目的项目建议书、可行性研究报告、初步设计文件编制单位及其评估单位,一般不得成为该项目的工程总承包单位。政府投资项目招标人公开已经完成的项目建议书、可行性研究报告、初步设计文件的,上述单位可以参与该工程总承包项目的投标,经依法评标、定标,成为工程总承包单位。"

关于《工程总承包管理办法》第 11 条对联合体成员单位的主体资格要求,需把握如下要求。首先,司法实践中,招标代理单位在一定程度上对工程的招投标活动具有重大影响,其再作为工程总承包单位很可能会严重影响招投标活动的公平公正;至于其他单位,其均是案涉工程的监督管理单位,对案涉工程的施工质量、工期、造价、工程管理、安全文明施工等活动均负有监督管理职责,存在直接的利益冲突,故这些单位也不宜作为工程总承包单位。

其次,政府投资项目的相关编制单位和评估单位,只有在其前期文件公开的前提下,经过法定的招投标程序,才可以作为联合体成员单位,从而成为工程总承包单位。因为政府投资项目的项目建议书、可行性研究报告、初步设计文件编制单位及其评估单位,均是案涉建设项目的前期咨询单位,其在建设项目立项阶段就已经介入,掌握了大量的项目基础资料,了解建设项目的优劣势;若其前期的相关文件不公开,将使其在投标活动中具有天然优势地位,损害其他投标者公平竞争的权利,破坏建筑市场的公平竞争环境。

因此,当建筑企业选择联合体投标的方式来参与全过程工程咨询业务竞争时,应采取相应的措施防范风险。一是了解项目的具体要求,包括技术要求、人员要求、设备要求、资金要求、资质要求等。二是严格审查合作方资质是否达到了法定最低要求、是否能满足建设单位的专门要求。另外,同时具有设计和施工资质的单位,也可以采用联合体形式承接工程总承包业务,而非必须独自承揽工程总承包业务。

(二)外部责任承担及内部责任划分的法律风险及防范

连带责任是法律规定的联合体对外承担责任的方式。《建筑法》第 27 条第 1 款规定:"大型建筑工程或者结构复杂的建筑工程,可以由两个以上的承包单位联合共同承包。共同承包的各方对承包合同的履行承担连带责任。"《招标投标法》第 31 条中规定:"联合体中标的,联合体各方应当共同与招标人签订合同,就中标项目向招标人承担连带责任。"《政府采购法》第 24 条中规定:"联合体各方应当共同与采购人签订采购合同,就采购合同约定的事项对采购人承担连带责任。"《工程总承包管理办法》第 10 条中规定:"联合体各方应当共同与建设单位签订工程总承包合同,就工程总承包项目承担连带责任。"此规定进一步明确了联合体各方须对总承包合同的履行承担连带责任,这与《建筑法》《招标投标法》中联合体各方就中标项目向招标人承担连带责任的规定也是一致的,即此连带责任的承担是法定的,不会因合同中未约定或约定不承担连带责任而发生免除或排除的法律后果,连带责任的范围也不会仅以工作份额为限。简言之,以联合体方式承揽项目,可能因他方的过错而增加己方要承担的责任和风险。

对于如何防范连带责任风险,一是要选择有履约能力、经济能力以及信誉较好的单位作为合作伙伴;二是要签署联合体协议明细内部责任划分,在联合体某一方基于其他方的原因对外承担责任后,非过错方有权向其他过错方进行追偿。

联合体协议是项目正常运作的基础,也是联合体内部责任划分的依据,在联合体协议中各方要明确各自的权利义务,对履约过程中内部可能产生的具体问题如何处理进行明确,主要包括以下五点。

一是牵头单位对外的行为,哪些对联合体是有效的,哪些是无效的,应予以明确。二是牵头单位对成员方有管理和组织的权利,也承担相应的义务,那么如果因成员方的问题出现安全、质量、工期等问题,对管理责任的比例应约定范围,以规避牵头单位承担过大管理责任的风险。三是在履约过程中,因成员方的过错有可能给其他成员方造成损失,这种情况的责任承担应尽量在协议中细化,约定可以预见的情况,并明确损害责任。四是牵头单位可向联合体各方转移风险,在联合体协议中,可要求各成员方按比例提供履约保函、质保金、其他保留金等,通过增加违约成本来限制各方的行为,降低违约的风险。五是联合体各方是合作关系,工作当中相互交叉,有机会接触到其他方的新技术、新工艺以及商业秘密,存在泄露的风险;故各方可签订保密协议书,对各方应当保守的秘密范围和资料作明确约定,对于属于己方的新技术、新工艺以及商业秘密也应采取必要的保护措施。

此外,联合体协议至少应包括以下七个方面的内容。

一是各方权利、义务、合作责任的分担,应确保各方的工作内容划分明确、合理,联合体内部关系及责任清晰。二是项目管理模式。对内应约定联合体各方派驻项目的代表及其分工,以及定期沟通的方式,确保联合体内部的协调机制有效运作;对外应约定联合体项目部的各种规章制度和工作程序,统一代表联合体各方对外联系工作、指挥协调。三是资金、设备、材料周转管理制度,以确保施工组织有序、高效,工程款支付公开透明。四是管理费用的分摊比例与投入方式。五是合理分配联合体的法律及经营风险。六是合理划分联合体的保证责任,如投标保证金、履约保证金、预付款保证金、质量保证金及工程保险等的合理处置。七是联合体内部纠纷的处理程序及应急预案,为有效降低联合体守约方的法律风险,建议在联合体协议中添加追偿担保条款。

第三节　施工企业转型总承包商或作为牵头人时的个性关注要点及实操建议

一、施工单位转型工程总承包商或作为牵头人时常见的风险类型

施工单位在从事传统施工总承包项目业务时面临的风险主要来自施工阶段,其中有工期违约、质量违约、安全事故、成本失控等方面的风险。结合工程总承包项目的特点,施工单位作为牵头人承揽工程总承包业务时除了负责施工环节,还负责设计、采购、试运行等环节。

对于施工单位而言,最熟悉的莫过于施工环节,而最陌生的就是设计环节。因此,相较于传统施工总承包模式,对施工单位而言,工程总承包模式中的风险更多来自设计阶段,因为在这一环节中其往往缺乏风控意识和风控经验。但值得注意的是,设计阶段同样存在工期、质量、安全、成本等方面失控的风险,可能被施工单位忽视。

具体来说,施工单位在承揽工程总承包工程业务时,常见风险有以下三个类型:(1)因承担设计责任额外增加的工期风险;(2)因设计质量产生的安全风险;(3)造价成本控制风险。风险产生的具体原因如下。

1.因承担设计责任额外增加的工期风险

施工单位在传统施工总承包模式下不承担设计任务,图纸出具的进度不在施工单位的考虑范围之内,其只需在拿到图纸后按图施工即可。然而在工程总承包项目中,施工单位不仅需承担传统施工任务,还需对设计阶段负责;施工单位作为联合体牵头人需要与设计单位就设计工作向发包人承担连带责任。

工程总承包模式下,工程工期内既包含了施工阶段工期,也包含了设计阶段的工期。设计工期可以简单地理解为"出图时间",出图时间不仅决定了设计进度,还影响施工进度。在实践中,很少有在所有图纸全部设计完成并审图通过后再开始施工的情形,更多的是采用边设计、边施工的方式,在满足部分施工的部分图纸设计完成并审图通过后就率先将其用于施工。这种方式可以科学合理地压

缩工程整体建设周期,也是工程总承包模式的优势。它将设计和施工两个阶段融合起来,而并非简单的"1 + 1"组合,体现在工期上则是工程工期小于独立设计工期与独立施工工期之和。然而这种方式也有弊端,就是需要施工单位牵头人具有强大的协调能力,将设计及施工两阶段交叉衔接起来。因此,这对设计阶段也提出了更高的出图速度要求。一旦施工阶段开始就意味着大量的人力物力财力的投入,若后续图纸出具不及时将造成停窝工损失,每天的损失都将对项目产生重大影响,施工单位还需对建设单位承担工期违约责任。

除了出图速度之外,出图质量也影响着设计工期。工程总承包模式中,设计质量以满足设计任务书并通过施工图审查为标志。根据《房屋建筑和市政基础设施工程施工图设计文件审查管理办法》第 12 条规定,大型房屋建筑工程、市政基础设施工程施工图审查时限原则上不超过 15 个工作日,中型及以下房屋建筑工程、市政基础设施工程不超过 10 个工作日,以上时限还不包括施工图修改时间和审查机构的复审时间。由此可见,除去首次审查时限,若出图质量不达标,还会产生修改及复审的时间,这些都是设计阶段影响整体工程工期的风险因素。

因此,施工单位作为联合体牵头人承揽工程总承包业务时,相对于传统的施工承包业务,其需要额外承担设计责任,而设计周期与设计质量会直接影响工程工期,因此施工单位还需要特别关注因承担设计责任而引起的工期风险。

2. 因设计质量带来的安全风险

《建设工程安全生产管理条例》第 13 条规定:"设计单位应当按照法律、法规和工程建设强制性标准进行设计,防止因设计不合理导致生产安全事故的发生。设计单位应当考虑施工安全操作和防护的需要,对涉及施工安全的重点部位和环节在设计文件中注明,并对防范生产安全事故提出指导意见。采用新结构、新材料、新工艺的建设工程和特殊结构的建设工程,设计单位应当在设计中提出保障施工作业人员安全和预防生产安全事故的措施建议。设计单位和注册建筑师等注册执业人员应当对其设计负责。"该法条共 4 款,前 3 款每款都规定了设计阶段中需承担的一项安全责任。第一,设计成果必须符合国家工程建设的强制性标准,这是对设计质量最直接的强制性规定,同样也是确保安全生产的最低要求。第二,不仅要对涉及施工安全的重点部位和环节在设计文件中注明,还要对防范安全事故提出指导性意见。实践中,这也体现在开工前的设计交底和开工后的工程例会中。第三,对于采用新结构、新材料、新工艺的建设工程和特殊结构的建设工程,设计阶段的安全责任更重,仅注明重点部位和提出指导性意见还不足以降低安全风险,需在设计文件中直接作出相应的措施建议。设计文件中的安全措施建议也将直接影响施工方案中的安全措施编制。

由此可见,施工单位牵头承揽工程总承包项目时需注意上述设计阶段中所需承担的安全责任。若违反上述规定将根据该条例第56条规定承担责令限期改正、处10万元以上30万元以下的罚款、责令停业整顿、降低资质等级、吊销资质证书等行政责任。除此之外,造成重大安全事故,构成犯罪的,还将对直接责任人员依法追究刑事责任。因此,施工单位牵头承揽工程总承包业务时,在安全管理方面不可只关注施工过程,还要将安全责任落实到设计阶段中,特别是设计质量方面应提前注意并落实防范。

3. 造价成本控制风险

根据《工程总承包管理办法》的规定,工程总承包模式通常建议采用固定总价方式,因此造价成本控制直接关系到工程总承包商的利润。相比承揽传统的施工承包业务,施工单位作为工程总承包人的管理方,不仅需要对施工阶段的造价进行控制,还需要控制设计对造价成本的影响,这加大了造价控制的风险。

工程总承包模式的精髓就在于设计、采购、施工的深度融合。深度融合的优势就在于有利于整个项目的统筹规划和协同运作,可以有效解决设计与施工的衔接问题、减少采购与施工的中间环节,顺利解决施工方案中实用性、技术性、安全性之间的矛盾,而最终体现在建设效率的提升和建设成本的降低上。因此,采用固定总价模式也就顺理成章。只有总价固定,工程总承包人才有动力去提高效率、降低成本,将工程总承包模式的优势发挥出来。固定总价是一把双刃剑,用得好将获得丰厚的利润,用不好将承担极大的风险后果。

施工单位在传统施工总承包模式中的降本措施无外乎组织措施、技术措施、经济措施、合同措施。具体而言,有降本岗位责任制、选用最优施工技术措施、选择最佳施工方案、编制资金使用计划、寻求索赔机会等降本增效方法。然而,从工程项目管理角度出发,将各阶段按照对项目造价的影响度排序,依次为设计、采购、施工阶段。也就是说,设计阶段对造价的影响是最大的,而施工单位在施工阶段绞尽脑汁所能降本的空间已经非常小。因此,设计阶段的降本空间最大,该阶段成本控制不力导致的亏损也最大。施工单位作为工程总承包人时,在固定总价合同下需在设计阶段就着手成本控制,而且这极为关键。但是,这又往往是施工单位的弱项。施工单位擅长在传统施工总承包模式下对施工阶段进行成本控制，对于设计阶段的成本控制缺乏经验。对此有经验的联合体成员会作出设计优化，举例如下。建设一座污水处理厂，根据设计任务书要求，污水平均处理量为一定值。假设配备两根小直径管道和配备一根大直径管道都能满足该要求，但单根大直径管道的建设成本将远低于两根小直径管道。此时，有经验的设计单位将懂得采用更优化的设计方式，相对缺乏设计经验的施工单位或设计单位则可能因为不懂得设计优化而错失一次降本增效的机会。

在固定总价合同下，优化出的每一分钱都是收益，而随意设计必将导致后续整体工程造价的失控。施工单位在承包工程总承包项目时，需格外注意设计优化中蕴含的造价成本风险。

二、施工单位转型工程总承包商或作为总承包牵头人时的风险防控建议

长期而言，施工单位作为牵头人应为承揽工程总承包业务提升自身在设计方面的专业能力与管理能力，来防范上述提及的风险。但在转型发展的初期，施工单位可采用风险转移的方式进行防控。常见的做法如下。

1.针对工期风险，施工单位牵头人应以工程进度计划为工期责任的划分依据。工程总承包工程的进度计划不仅包括了施工阶段的施工进度计划，还包括了设计阶段的设计进度计划。这两个阶段的进度计划并非完全割裂独立，而是统一在一个工程进度计划中，互相交叉、融合、搭接。设计单位应承担设计文件、设计图纸、图纸审查等设计阶段的工期责任。在工程进度计划中由设计部分引起的工期延误，理应最终由设计单位承担相应的责任。因此，建议施工单位以工程进度计划为基准，将其作为联合体内部合作协议的工期责任划分依据。施工单位在向发包人承担设计阶段工期延误的责任后，以联合体内部合作协议并结合工程进度计划，向设计单位追责。

2.针对安全风险，在质量与安全风险中仅凭联合体内部合作协议的约定不足以转移风险。因为此类风险引发的责任并不仅限于合同约定的违约责任，还可能因违反了法律、法规对质量、安全的相关规定而需承担相应的行政责任，甚至刑事责任。而合同约定只能转移质量、安全问题引起的经济风险，对于法律、法规规定的行政责任甚至刑事责任无法通过合同约定进行转移。此时，施工单位作为牵头人就应当在以下几个方面加强风控管理。

首先,因设计单位的设计成果未达到国家工程建设的强制性标准所引发的安全生产事故,应由设计单位承担主要责任。因未达到强制性标准而引发的安全事故归根溯源是存在质量问题。那么只有在施工单位能够证明自己已根据设计图纸按图施工的情况下,才可将施工单位的安全责任降到最低。工程总承包项目中,施工单位的证明责任就在于如何证明自己按图施工并达到了设计文件的质量要求。这就需要施工单位在施工阶段有意识地保存好履约过程文件,比如分部分项工程及检验批的验收检查记录、原材料的质量证明文件、复验报告、结构实体和功能性检测报告等质量证明文件。当然,这里提到的方式也仅能相对降低安全责任,而不能完全免除安全责任,因为根据《建设工程质量管理条例》第 28 条的规定,施工单位除了需按图施工之外,还需达到按"技术标准"施工的要求;若施工单位低于技术标准施工,即使达到设计图纸的要求也难辞其责。

其次,事故发生后可能发现设计单位在施工前未就涉及施工安全的重点部位和环节在设计文件中注明,未对防范安全生产事故提出指导意见。设计单位未尽到尽职提示的义务,对安全事故也应承担相应的安全责任。但无论设计单位有无注明重点或提出指导意见,施工单位均应对安全事故的发生承担相应责任,这并不是一个此消彼长的过程。

最后,对于"新结构、新材料、新工艺",设计单位应当在设计中提出保障施工作业人员安全和预防生产安全事故的措施建议。施工单位应当根据设计单位建议的措施进行生产施工。这里的责任划分与违反强制性标准的情形很类似。需要施工单位证明已按设计单位建议的措施进行生产施工,来达到减轻安全责任的目的。同样地,施工单位需要有意识地收集、整理、保存好相关图纸、材料质量证明文件及复试报告、验收记录、过程检查记录等与安全生产措施有关的履约过程文件。

3. 针对造价风险,设计单位作为联合体成员时,设计部分的工作应由设计单位负责,但从优化出的降本空间中得利的是施工单位,此时设计单位便没有动力去做优化。因此,作为联合体牵头人或总承包商,如何去激发设计单位的设计优化动力,是控制工程项目造价成本的关键。设计单位的设计优化能力或者动力直接决定了项目的最终工程造价。工程总承包合同经常采用固定总价模式,而联合体承包时会将设计部分造价和施工部分造价划分开来,也就是说,设计和施工各自范围内的造价也是固定的。在设计费固定,而优化出的利润又归施工单位所有时,设计单位当然没有优化的动力。因此,笔者建议在联合体内部合作协议或设计分包合同中约定,以施工部分固定造价为基准,设计优化所创造的降本利益由设计单位和施工单位按比例分享。该条款会直接使得设计单位有优化的动力,同时施工单位又能享受到设计优化带来的降本利益。

第四节 设计单位转型总承包商或作为牵头人时的个性关注要点及实操建议

无论是施工单位作为联合体牵头人还是设计单位作为联合体牵头人,其风险无非有关工期、安全、质量以及造价,但其防控方式有所不同。对于设计单位而言,其具体风险及防控建议如下。

一、工期责任风险与防控建议

《建设工程质量管理条例》第 10 条第 1 款规定:"建设工程发包单位不得迫使承包方以低于成本的价格竞标,不得任意压缩合理工期。"《工程总承包管理办法》第 24 条第 1 款规定:"建设单位不得设置不合理工期,不得任意压缩合理工期。"

关于法律法规明确了建设单位不得任意压缩合理工期,是否就可以按照合同约定的工期施工,理想的状态下这当然不存在很大的问题;但是由于工程建设的开放性和复杂性,很少有工程项目能够完全按照合同的约定和事先的计划分毫不差地推进下去,绝大部分还会受到现实中种种情况的影响甚至干扰。

特别是设计单位作为牵头人时,承担了比以往传统模式中更多的工期责任,因此,工期风险的防范对于设计单位牵头的工程总承包项目来说格外重要。本节要重点分析的就是设计单位作为承包商或作为联合体牵头人时应该如何防范工期风险,怎样做才能既合理压缩工期又避免违反法律的强制性规定。

其一,设计单位作为承包商或作为联合体牵头人时应尽力配合建设单位办理工程规划许可、施工许可等手续,合理压缩审批阶段所需时间,以便为后续工作留下更多空间。一般而言,建设工程项目在正式开工前都需要经历一系列的审批,相关法律法规的规定也较为完善。在项目通过招投标或者其他的合法发包程序确定了联合体及牵头人之后,比较关键的审批程序涉及工程规划许可、施工许可等事项,法律法规对申请审批的主体同样有明确的规定。对于工程规划许可,《城乡规划法》第40条第1款规定:"在城市、镇规划区内进行建筑物、构筑物、道路、管线和其他工程建设的,建设单位或者个人应当向城市、县人民政府城乡规划主管部门或者省、自治区、直辖市人民政府确定的镇人民政府申请办理建设工程规划许可证。"对于施工许可,《建筑法》第7条第1款规定:"建筑工程开工前,建设单位应当按照国家有关规定向工程所在地县级以上人民政府建设行政主管部门申请领取施工许可证;但是,国务院建设行政主管部门确定的限额以下的小型工程除外。"

根据上述法律规定,工程总承包项目招投标后至正式开工前的关键审批节点,包括工程规划许可、施工许可等以建设单位为申请主体提出的许可程序。在传统的设计、采购、施工阶段相分离的情况下,设计单位所需要做的工作较为单一,只需要将完成的设计文件交由建设单位作为审批材料提交,后续的工作也按照相关机构的要求进行调整;由于已经有之前的勘查工作以及审批环节,调整的内容一般不会很多,特别是在取消图审之后,设计工作所需时间对整个项目周期的影响并非设计单位需要重点考虑的问题,这种模式下更常见的是建设单位催促设计单位。但是在工程总承包模式中,设计单位作为总承包方或牵头人,不仅需要考虑设计工作时间,还要考虑审批程序对于施工工期的影响,如果整个项目的交付时间已经确定,而审批工作消耗了过多的时间,将会造成后续时间的紧张,建设单位提出不合理工期要求的可能性将大大增加。因此,工程总承包项目在审批阶段,设计单位要主动协助建设单位统筹安排好项目前期各项工作,特别是审批工作,使得工程总承包的采购、施工、试运行等有更加充裕的时间。

其二,即使目前可以对项目分阶段办理施工许可,设计单位在作为总承包商或牵头工程总承包时仍然要在严格遵守"先勘察、后设计、再施工"这一基本原则的前提下合理压缩工期。

《建设工程质量管理条例》第5条第1款规定:"从事建设工程活动,必须严格执行基本建设程序,坚持先勘察、后设计、再施工的原则。"《建设工程勘察设计管理条例》第4条规定:"从事建设工程勘察、设计活动,应当坚持先勘察、后设计、再施工的原则。"如果对"先勘察、后设计、再施工"的原则进行机械的理解,整个项目按部就班,在设计工作全部完成后再进行下一步的施工工作,则工程总承包模式缩短工期的优势将大打折扣。其原因在于工程总承包单位需要对项目总进度和各阶段的进度统筹管理,通过设计、采购、施工、试运行各阶段的协调、配合与合理交叉,科学制定、实施、控制进度计划,从而科学地压缩工期。为了发挥出工程总承包模式的优势,《工程总承包发展的若干意见》第 13 条规定:"工程总承包项目的监管手续。按照法规规定进行施工图设计文件审查的工程总承包项目,可以根据实际情况按照单体工程进行施工图设计文件审查。"也有地方的管理部门出台了类似的规定,以上海为例,上海市住房和城乡建设和管理委员会发布的《上海市工程总承包试点项目管理办法》(沪建建管〔2016〕1151 号)第 30 条(施工许可)规定:"建设单位可以在符合国家和本市相关规定的前提下,一次性申请领取工程总承包项目的施工许可证,也可以根据施工图审查进度分标段申请领取施工许可证。"

此外,需提醒设计单位注意的是,虽然按照相关规定可以分阶段、分部分办理施工图审和施工许可,但这并不意味着突破了"先勘察、后设计、再施工"的原则。恰恰相反的是,设计单位作为总承包商或者联合体的牵头人,在项目的每一个特定阶段或部分,都要严格遵守这个原则,避免通过边设计、边施工的方式来压缩工期。边设计、边施工意味着施工单位在施工时并没有将经审查通过的施工图作为施工依据,也就意味着其没有施工许可。对此,《建设工程质量管理条例》第 56 条、第 57 条、第 64 条等规定了对建设单位、施工单位的罚则,虽然没有直接规定对设计单位如何处罚,但这并不是因为设计单位作为项目牵头单位没有责任,而是因为相关规定还处于五方单位各负其责的模式。因此,切不可通过边设计、边施工的方式来压缩工期,而要通过合法、科学的方式统筹各阶段工作,从而合理地安排时间,尽可能地避免工期风险和不确定性因素。

二、质量责任风险与防控建议

相比工期问题,建设工程的质量问题会更隐蔽一些。具体来说,工期如果延误,会直接体现在工程的形象进度上,建设单位一般都能够第一时间觉察并且提出自己的要求。但是工程质量问题在项目实施过程中常常并不能够直接发现,暴露出来的时候工程通常已经竣工验收,甚至已经使用了一段时间,这个时候就会出现结算款、质保金、质量反索赔甚至侵权责任的纠纷。此外,由于建设工程的公共属性,如果项目出现了质量问题,除了合同约定的违约责任外,总包人还可能面临承担行政责任甚至刑事责任的风险。

在传统的建设工程五方模式中,设计单位并不习惯对这些问题进行考虑,认为这都是施工单位的事情。但是一旦作为整个项目的总承包人或者联合体牵头方,全过程的质量管控就必须纳入设计单位的管理范围,而且一定要管理到位。

《建筑法》第55条规定:"建筑工程实行总承包的,工程质量由工程总承包单位负责,总承包单位将建筑工程分包给其他单位的,应当对分包工程的质量与分包单位承担连带责任。分包单位应当接受总承包单位的质量管理。"《建设工程质量管理条例》第26条、第27条也作了类似规定。根据上述规定,工程总承包单位对工程的质量行使管理权利,不仅要建立完整的质量管理、监督体系,而且还要履行对联合体其他成员的监督义务。

对于质量责任的风险防范,总承包商需注意以下事项。

其一,应注意在合同中详细约定相关的质量标准,避免和建设单位之间的理解差异导致质量责任。实践中一定数量的建设单位并没有配置专业的工程管理人员,对工程技术的了解也不够,在提出工程质量需求时并不清楚相关的质量标准,有的会提出项目质量的"国际标准"、"国内先进标准"或者自己认为的标准,甚至在部分国际工程项目中,国外的发包人会提出"欧洲标准"之类的要求。这些质量要求没有具体的指向,所包括的范围太大,而且有些还与我国的强制性规范条文相违背,很容易就会造成最终的质量争议和纠纷。实际上,我国的建设工程质量标准体系也是较为复杂的,按照等级分类,包括国家标准、行业标准、地方标准、企业标准四个等级;按照功能分类,包括基础标准、安全标准、产品标准、方法标准、工程建设标准、管理标准、环保标准、项目建设标准、服务标准、卫生标准十个类型。为了避免和建设单位之间的理解差异所造成的责任,设计单位有必要与建设单位进行洽商并在合同中对工程项目的设计、采购、施工等各阶段的质量标准要求进行详尽的约定。

其二,应注意在合同洽商和拟制时将建设单位要求改变质量标准的情况纳入变更条款,同时明确由此引起项目造价和工期改变的处理流程。

在工程总承包项目实施过程中,发生变更的情况较为多样,《建设项目工程总承包合同(示范文本)》在通用条款第13.1.1项中明确:"变更指示应经发包人同意,并由工程师发出经发包人签认的变更指示。除第11.3.6项[未能修复]约定的情况外,变更不应包括准备将任何工作删减并交由他人或发包人自行实施的情况。承包人收到变更指示后,方可实施变更。未经许可,承包人不得擅自对工程的任何部分进行变更。"同时,《建设项目工程总承包合同(示范文本)》还对设计变更、采购变更、施工变更的范围以及法律变化引起的调整进行了规定,关于法律变化引起的调整,通用条款第13.7.1项明确:"基准日期后,法律变化导致承包人在合同履行过程中所需要的费用发生除第13.8款[市场价格波动引起的调整]约定以外的增加时,由发包人承担由此增加的费用;……"

需要注意的是,上述法律变化导致的设计、采购、施工范围的变更一般都只涵盖了新法律或新颁布质量标准所引起的变更,而没有直接明确建设单位要求改变项目的设计、采购或施工质量标准而引发的变更。因此,建议设计单位必要时在合同中对建设单位改变质量标准的情况进行详细的约定,从而减少在最后竣工验收和结算时的不确定因素。

对此,可以参考《建设工程施工合同(示范文本)》(GF—2017—0201)的相关条款,如通用条款第10.1款"变更的范围",虽然这只是针对建设工程施工的约定,但其中第3项"改变合同中任何工作的质量标准或其他特性"同样适用于设计、采购和试运行等阶段建设单位要求改变质量标准的情况。设计单位作为总承包商或牵头人时可以在洽商和拟制工程总承包合同时对此予以借鉴,同时明确改变质量标准后变更项目工期和价款的具体流程。

其三,设计单位在牵头工程总承包项目时,还应注意不能将工程质量等同于施工质量,而是要与施工分包单位共同配合完成。虽然实际施工过程中较多质量问题最终查出确实是施工过程所导致的,但设计单位作为总承包商或者牵头工程总承包项目时,一定要避免这个思维误区。

《建设工程质量管理条例》第28条第1款规定:"施工单位必须按照工程设计图纸和施工技术标准施工,不得擅自修改工程设计,不得偷工减料。"也就是说,只要施工单位是严格按图施工,那么决定工程质量的主要就是设计单位的设计工作。《建设工程质量管理条例》第28条第2款规定:"施工单位在施工过程中发现设计文件和图纸有差错的,应当及时提出意见和建议。"这就要求设计单位与施工单位之间共同配合,建立起良好的合作关系,更快、更全面地发现设计工作中可能出现的差错,从而保证工程质量。现在,我们更多地强调设计单位牵头工程总承包项目,要建立完整的质量管理、监督体系,要履行对联合体其他成员的监督义务,这主要是因为工程总承包模式还处于起步和探索的阶段,强调监督和管理是自然而然的。不过在监督和管理的基础上,设计单位还可以再进一步和施工单位、采购单位建立起良好的合作关系,共同配合把工作做好,毕竟工程总承包项目是一个复杂的系统工程,单凭设计单位一家,即使专业技术力量再强,也难以很好地完成所有的事情。

三、安全责任风险与防控建议

我国《刑法》《建筑法》《安全生产法》《建设工程安全生产管理条例》《安全生产违法行为行政处罚办法》《生产安全事故报告和调查处理条例》等法律法规制定了一系列的安全责任处罚规定,构建了一整套工程安全的管理体系。

安全责任是民事、行政乃至刑事的全面责任,且安全责任范围的影响并不局限于承建项目本身,例如吊销许可、责令停产停业等处罚影响的就是总承包单位所有项目,且随着信用评级制度的推进,受到安全处罚还直接导致其信用评级降低,乃至进入"黑名单"无法投标等严重后果。因此,设计单位作为总承包商或牵头工程总承包项目时,应该特别注重工程安全问题的防范。

其一,设计单位作为工程总承包单位时,应当构建专职的安全管理部门。管理以人为本,没有足以进行工程安全管理的人才,安全管理将成为一句空话。设计单位构建自身的安全管理机构可以吸收为主,培养为辅。工程市场瞬息万变,但人才的培养不是一蹴而就的,如果完全重新培养工程总承包的安全管理人才,往往会落后于市场。因此设计单位要以吸收为主,聘用施工企业有经验的安全管理人员,以组建自身的管理机构。有些设计单位本身具有监理业务,这些监理人员就具有较好的工程安全管理能力,可以作为工程安全管理机构的中坚力量;其在吸收既有安全管理人才的基础上,可进一步培养具有全面工程总承包安全管理能力的新一代安全管理专用人才。

其二,明确细化安全管理责任制,加强安全责任宣传工作。建立和落实安全生产责任制,将项目部各级领导、管理干部、设计人员、施工管理人员、安全管理人员在安全工作上的任务、责任、权利通过制度固定下来,以权责一致、奖惩分明为原则,做到安全工作层层分工、专职专责,确保安全工作落到实处、落到个人;强化安全管理工作奖励比例,对安全管理突出的个人与集团增加绩效表彰,发挥人员主观能动性,确保工程安全管理落到实处;避免工程总承包范围的扩大导致部门、人员间权责不清、互相推诿,最终导致工程安全管理完全失控。

其三,强化设计人员的安全知识教育,推进安全设计与工程设计相结合。就目前工程实际而言,设计人员与工程施工实际脱节,但工程设计又对安全管理极其重要。首先,工程设计作为整个工程建设的上游与基础,对工程建设具有核心影响,如果设计本身不利于施工安全,那么工程安全的根本就难以保证:要么会给工程施工造成安全隐患;要么在施工过程中需要投入更多的安全措施费用进行处理,造成工程建设成本的增加。其次,工程安全文明施工措施并非独立存在,而与工程项目特点及施工组织设计密不可分。如果工程设计及施工组织设计时未充分考虑安全设计,容易互相冲突,导致较多的调整与变更,影响工程总体工期。最后,工程总承包模式采用分阶段设计、分阶段施工方式,因此在施工分包招标时,并没有完全的图纸,施工分包商的施工能力相对于传统模式更难判断。对于项目安全施工的难度,只有负责设计的人员才能提前做出预期,因此设计人员需要具有较强的安全设计能力,才能在设计阶段尽可能明确安全设计及安全措施的必要指标,避免施工人员或专业分包单位不具有安全施工的能力。因此,工程总承包商对设计人员要求比传统模式更高,需要具有通盘考虑施工过程管理及安全的能力,才能完善事前的安全设计。

其四,推进安全设计交底,以及现场管理与设计管理的深度融合。安全设计作为书面文件,容易存在落实上的误差;现场管理人员难以理解设计人员的意图,而设计人员难以理解现场的实际需求,将导致安全设计流于空谈。尤其是项目试运行阶段,需要结合设计目的及设计参数才能有效确定工程项目的运行安全。安全设计不能流于表面,要充分落实到工程实践中去,而安全设计交底是落实的前提,只有通过充分、有效的交底,现场管理人员才能彻底明白设计意图,切实、明确地保障工程安全。

其五,保证安全管理的物力人力的投入及落实,确保安全文明措施费的足额使用。优秀的设计最终还要通过人力物力的投入才能落到实处,没有物资资金的投入就无法谈安全管理。《工程量清单计价规范》(GB 50500 – 2013)第 3.1.4 条"措施项目清单中的安全文明施工费应按照国家或省级、行业建设主管部门的规定计价,不得作为竞争性费用"的规定在工程总承包模式下亦可适用。工程总承包单位切不可降低安全文明措施费或克扣安全文明措施费以降低工程成本,否则既会导致工程安全管理无法落实,也会承担所有的工程安全责任。

其六,设计单位作为联合体牵头人时,联合体协议中应明确安全管理条款,确保其他成员的工程安全管理落到实处。设计单位作为联合体牵头人承揽工程总承包单位时,对施工企业即联合体成员有管理义务;但是牵头人的管理人员往往以监督者的身份参与项目的施工管理,其想法得不到有效及时的落实,而事故往往就是由此发生的。在这种模式下,牵头人在安全管理过程中只起到传递的作用,并未形成绝对的控制权,这就造成安全管理的被动。对此,牵头人应当在签订联合体协议时就附加安全管理条款,取得安全管理的直接控制权,要求施工单位的人员接受牵头人的安全管理;具体落实时可以参照《建筑工程安全防护、文明施工措施费用及使用管理规定》第11条及《工程量清单计价规范》第3.1.4条的规定,对安全措施费约定独立的实报实销、专款专用的合同条款,确保工程总承包牵头单位对安全管理具有人员、资金的控制权,确保工程安全管理落到实处。

四、造价责任风险与防控建议

传统施工总承包模式下,工程总造价对于设计单位来说通常仅仅是设计费计算的基数或需要控制的指标,没有直接利益关系,因此设计单位仅关心造价数值、不关心造价控制的习惯由来已久。设计单位担任牵头人的时候,身份的转变尚未直接带来观念和管理方式的改变。

目前的工程实践中,建设单位或者施工单位通常具有自身的成本管理部门,负责工程各个阶段的造价审核工作,协助相关单位稳步完成概算、预算、决算、结算。但设计单位在作为总承包或者牵头人进行管理时,自身常常并无造价管理部门进行造价核算;有些设计单位甚至连第三方造价咨询机构都未委聘,而由联合体中的施工单位直接提供相关造价,然后增加部分比例或金额后直接将其作为投标或造价控制的依据。该行为方式不仅不合理,而且具有极大风险,可通过以下方面进行防范。

其一,组建专职造价管理部门。组建具有独立的造价编制、审核能力的造价管理部门是设计单位进行工程造价管理的基础,尤其是缺乏造价管理经验和能力的设计单位,组建相关部门更是当务之急。

其二,制定并完善企业定额是工程总承包企业的当务之急,也是业务之基。现行的施工定额对于工程总承包模式而言是不适用的,这也导致了工程总承包企业对总承包项目进行成本分析时的困难。可以说,目前市场上大多数的工程总承包企业对于工程总承包项目的利润和成本并没有清晰的认识,主要凭经验和感觉,常常在承接了项目之后才发现报价失衡,最终产生亏损。而设计单位更是对传统施工项目造价控制的经验和感觉也非常缺乏,这种情况就更加严重。面对这个难题,工程总承包企业的一大应对策略就是构建并完善企业定额,即通过对既有项目及既有管理水平的运营分析,逐步构建适应其自身水平的企业定额;将企业定额作为成本管理、经济核算的基础,据此编制工程投标、编制工程投标报价,使得工程造价管理有据可循,有理可依。此外,工程总承包单位也可以将企业定额作为施工组织设计、制定施工计划和作业计划的依据,确保工程价格控制贯穿工程施工的全过程。

其三,工程造价的控制应当重视风险范围的评估。《工程总承包管理办法》第 15 条规定:"建设单位和工程总承包单位应当加强风险管理,合理分担风险。建设单位承担的风险主要包括:(一)主要工程材料、设备、人工价格与招标时基期价相比,波动幅度超过合同约定幅度的部分;(二)因国家法律法规政策变化引起的合同价格的变化;(三)不可预见的地质条件造成的工程费用和工期的变化;(四)因建设单位原因产生的工程费用和工期的变化;(五)不可抗力造成的工程费用和工期的变化。具体风险分担内容由双方在合同中约定。鼓励建设单位和工程总承包单位运用保险手段增强防范风险能力。"第 16 条规定:"企业投资项目的工程总承包宜采用总价合同,政府投资项目的工程总承包应当合理确定合同价格形式。采用总价合同的,除合同约定可以调整的情形外,合同总价一般不予调整。建设单位和工程总承包单位可以在合同中约定工程总承包计量规则和计价方法。"可见,风险费用作为工程造价的一部分,应当包含在工程造价中。工程总承包模式通常采用总价模式,风险分配上倾向由工程总承包单位承担更多的工程风险,因此风险费用是工程总承包单位不得不考虑的问题。设计单位一定要清晰地认识到工程总承包项目风险的转移是与工程费用增加相对应的,避免产生风险后无相应预估费用予以抵充,从而造成项目亏损。

五、保修责任风险与防控建议

保修责任风险是设计单位作为总承包商或牵头人所特有的风险。就设计单位牵头的工程总承包而言,虽然设计单位不直接施工,但是仍然需向建设单位承担工程质量保修责任。其风险防范可从对外、对内、自身等方面展开。

其一,对外方面,设计单位作为牵头人时,在向建设单位提交《工程保修责任书》时可通过对保修范围、保修期限和保修责任等事项的具体约定规避风险、争取权益。保修书是保修阶段最重要的法律文书之一，一份好的保修书将使总包人在保修阶段的法律风险降到最低。《建设工程质量管理条例》第39条第2款中规定："质量保修书中应当明确建设工程的保修范围、保修期限和保修责任等。"《建设工程质量管理条例》第40条明确规定了保修责任的最小范围和最低年限，发承包双方在签订工程总承包合同时，总承包单位应当对保修书中的责任范围和年限争取尽可能有利于己方的约定，也就是在遵守相关法规、强制性规范的前提下将范围尽可能缩小、年限尽可能缩短。

其二，对内方面，设计单位作为牵头人时，可通过联合体协议与施工、安装、采购等联合体成员明确各自在保修阶段的工作内容、赔偿责任等事项。在保修阶段，虽然联合体所有成员对建设单位负全责，但是具体的维修工作还要由施工、采购等阶段的成员来具体完成。因此，设计单位作为牵头人，有必要与联合体成员通过联合体协议明确相关事项，约定具体的保修范围、期限、责任、履约保证等内容，而且不应低于总承包合同以及提交给建设单位的保修书等文件的要求。

其三，自身方面，设计企业应建立或完善保修阶段的管理机制。国内设计单位作为牵头人，目前在保修阶段的管理机制方面还是普遍较为薄弱的，这一方面是由于其对传统的五方责任主体模式还存在着工作惯性；另一方面是因为工程总承包模式推广的时间还不够长，保修责任的问题还没有完全地体现出来。但时不我待，有志于从事工程总承包项目的设计企业还是要尽快建立和完善保修阶段的管理机制，从而从根本上防控保修风险。

第五节　工程总承包项目管理实操建议

一、建立项目经理选任机制

《工程总承包管理办法》第20条规定："工程总承包项目经理应当具备下列条件：（一）取得相应工程建设类注册执业资格，包括注册建筑师、勘察设计注册工程师、注册建造师或者注册监理工程师等；未实施注册执业资格的，取得高级专业技术职称；（二）担任过与拟建项目相类似的工程总承包项目经理、设计项目负责人、施工项目负责人或者项目总监理工程师；（三）熟悉工程技术和工程总承包项目管理知识以及相关法律法规、标准规范；（四）具有较强的组织协调能力和良好的职业道德。工程总承包项目经理不得同时在两个或者两个以上工程项目担任工程总承包项目经理、施工项目负责人。"

由此可见，工程总承包模式对于项目经理的要求是相当高的。对于施工企业的项目经理而言，施工方面的事务自然是轻车熟路，但更重要的是把设计、采购阶段的工作协调好、管理好，以及与设计单位一起对工程实施的过程进行优化，设计单位亦然。原因在于工程总承包模式所需要的项目经理不仅仅要精通本部门的业务，还要对于其他工作阶段的业务有同等的理解。所以，无论是施工企业还是设计企业作为牵头人或者作为工程总承包商，想要把项目做好，项目经理的选任是最为关键的事宜。切勿按传统认识把工程总承包项目经理等同于施工总承包项目管理单一负责人，而要把项目经理作为整个项目管理的总负责人。

二、建立合作伙伴的选择机制

现实当中几乎没有施工企业或者设计单位对工程总承包是全知全能的，在加强工程总承包项目时面对这个现实尤为重要。既然目前施工、设计企业的项目经理并不能包办一切，那就要选择、搭配适当的合作伙伴建立工程总承包有效的管理机制。在选择联合体成员时，切忌随意选择，因为这可能不符合发包人的要求，可能会违反国家和地方有关招投标的强制性规定。因此，对于联合体牵头人来说，在具体选择合作伙伴时要遵循招投标法律法规和发包人的要求，紧密结合自身的管理水平和技术实力，建立切实可行的管理制度，不能仅凭个人好恶或者仅考虑投入效益的问题。

三、建立配套的合同履约签证管理的审核及跟踪管理机制

与传统的比较单纯的施工工作不同，联合体一旦承揽工程总承包项目，其各成员方就要对施工、设计或采购等阶段的工作负全责，相关合同的种类和数量大为增加，履约过程中要处理的签证种类和数量也相应大大增加。仅以合同种类而言，一般包括工程总承包合同、联合体协议、工程总承包项下的勘察设计合同、采购合同、审价合同、工程保险合同、分包合同等。牵头人面对这么多的合同以及相对应的签证工作，显然有必要建立起完善的审核及跟踪管理机制，否则管控施工、设计、采购并使之同步符合进度的目标将会沦为一纸空谈。

四、与合作单位共同建立与建设单位的沟通协调机制

牵头单位需要和施工单位、设计单位或采购单位一起,共同建立起与建设单位的沟通协调机制。顺畅的沟通协调机制将使得牵头人的工作事半功倍。在实践中,除了牵头人的主体工作之外,建设单位对于施工、设计或采购等联合体其他组成人员的质量和进度也往往会提出自己的要求,很多情况下建设单位的要求并不向牵头人提出,而是直接告知相应的其他联合体成员,这很容易造成牵头人管理的混乱。因此,牵头单位有必要和施工单位、设计单位、采购单位一道建立起沟通协调的机制,尽可能地避免建设单位绕过牵头人对其他成员提出质量、进度等方面的要求。

第六节 施工单位或设计单位在收并购时需要注意的事项

《工程总承包管理办法》第 10 条第 1 款规定,"工程总承包单位应当同时具有与工程规模相适应的工程设计资质和施工资质",此时对于大型施工企业或设计单位来说,收购便是一种最为直接,且最容易达到目的的做法。

《公司法》第 218 条规定:"公司合并可以采取吸收合并或者新设合并。一个公司吸收其他公司为吸收合并,被吸收的公司解散。两个以上公司合并设立一个新的公司为新设合并,合并各方解散。"目前施工企业或设计单位收购的方式主要有吸收合并与新设合并。

企业的吸收合并,简单来说就是一个企业吸收另一个企业,被吸收的企业要办理工商注销登记并提出资质证书注销的申请,吸收的企业可以申请被吸收企业的相应资质。陕西省住房和城乡建设厅发布的《关于进一步明确建筑业企业发生重组、合并分立等情况有关问题的通知》中明确:"企业吸收合并,即一个企业吸收另一个企业,被吸收企业已办理工商注销登记并提出资质证书注销申请,企业申请被吸收企业资质的。"

企业的新设合并,简单来说就是有资质的几家企业合并重组为一个新企业,原有企业要办理工商注销登记并提出资质证书注销的申请,新企业申请承继原有

企业资质。陕西省住房和城乡建设厅发布的《关于进一步明确建筑业企业发生重组、合并分立等情况有关问题的通知》中明确：企业新设合并，即有资质的几家企业合并重组为一个新企业，原有企业已办理工商注销登记并提出资质证书注销申请，新企业申请承继原有企业资质。

需要注意的是，在上述吸收合并和新设合并的过程中，所涉企业在两个或以上省（自治区、直辖市）注册的，经资质转出企业所在省级住房城乡建设行政主管部门同意后，由资质转入企业所在地省级住房城乡建设行政主管部门负责核定。

上述两种形式都在现实中具有可操作性，但实践中施工企业或设计单位更加倾向于以吸收合并的形式来进行收购。原因在于多数有志于工程总承包项目的施工企业或大型设计单位一般具有比较深厚的行业积淀和比较强的专业技术力量，企业自身的口碑和品牌已经得到了社会和甲方的广泛认可，如果以企业新设合并的形式获取空缺资质，原来已经积累的口碑和品牌优势很可能就会流失。因此相关企业一般都会采用企业吸收合并的形式，从而最大化保留行业影响力。

施工企业或设计单位的互相收购既有与其他类型企业之间收购的相同点，也有自身以获取资质为主要目的所表现出来的特点。具体而言，主要有以下要点。

一是要切实开展尽职调查。尽职调查的重点是核查拟收购单位是否存在未清偿债务，是否有正在进行的诉讼或者仲裁案件，是否存在股权争议等，原因在于收购意味着整体转让。《公司法》第 221 条规定："公司合并时，合并各方的债权、债务，应当由合并后存续的公司或者新设的公司承继。"据此，企业收购时，被收购企业所有的债务和纠纷都要一起转移过来。因此，为避免收购后新增债务或者其他诉讼纠纷，建议在收购之前进行充分切实的尽职调查。

二是对拟收购企业的资质情况要进行全面调查和考量。这是相较于其他类型的企业收购需要特别关注的重点，主要核查各类注册人员的聘用有效期以及是否存在通过"挂靠"方式获取资质的情况。住建部门禁止各类注册人员的"挂靠"现象，如果拟收购单位相关资质建立在"挂靠"的基础上，则需慎重考虑是否继续完成收购工作；在对资质情况进行调查时，建议对资质有效期也进行同步调查。

三是在收购后抓紧办理注销登记手续。目前，我国对于工程行业资质的管理属于强监管的范畴，行政审批较为严格。住房和城乡建设部《关于建设工程企业发生重组、合并、分立等情况资质核定有关问题的通知》（已失效）规定，企业合并

（吸收合并及新设合并），被吸收企业或原企业短期内无法办理工商注销登记的，在提出资质注销申请后，合并后企业可取得有效期1年的资质证书；有效期内完成工商注销登记的，可按规定换发有效期5年的资质证书；逾期未提出申请的，其资质证书作废，企业相关资质按有关规定重新核定。据此，施工企业或设计单位在完成收购工作后，如果短期内无法办理注销登记手续，可以取得有效期1年的资质证书，如果在这1年有效期内无法完成注销登记手续，则资质证书作废，还需重新申请核定。因此，施工企业或设计单位在收购前一定要对影响企业注销的情况进行调查并制定对应的处理办法，如果预判不能在1年的时间内完成注销，应当考虑及时终止收购。此外，在完成收购工作后，要抓紧时间办理企业注销手续。

四是对收购成本（时间和费用）进行充分考虑。对于跨省收购后的资质办理问题，根据住房和城乡建设部《关于建设工程企业发生重组、合并、分立等情况资质核定有关问题的通知》的规定，企业跨省变更即企业申请办理工商注册地跨省变更的，可简化审批手续，发放有效期1年的证书，企业应在有效期内将有关人员变更到位，并按规定申请重新核定；在重组、合并、分立等过程中，所涉企业如果注册在两个或以上省（自治区、直辖市），经资质转出企业所在省级住房城乡建设行政主管部门同意后，由资质转入企业所在省级住房城乡建设行政主管部门负责初审。可以发现，即使采用简化审批手续，企业跨省收购设计单位后，在办理资质手续时仍然要付出更多的费用和时间成本，包括将有关人员跨省变更到位、申请重新核定、取得两省主管部门同意等具体环节。因此，在考虑收购成本的基础上，建议收购企业尽量优先考虑收购本省的施工企业或设计单位。

此外，在具体实操过程中，收购企业需根据《建筑业企业资质管理规定》、住房城乡建设部《关于建设工程企业发生重组、合并、分立等情况资质核定有关问题的通知》、住房城乡建设部《关于印发建筑业企业资质管理规定和资质标准实施意见的通知》的规定，并结合各地住建部门发布的建筑业企业重组、合并分立等有关问题或有关事宜的通知完成依法合规收购。例如陕西省住房和城乡建设厅发布的《关于进一步明确建筑业企业发生重组、合并分立等情况有关问题的通知》；江苏省住房和城乡建设厅发布的《关于明确工程勘察、设计、施工、监理等建设工程企业吸收合并注销有关事项的提示》；河南省住房和城乡建设厅发布的《关于建设工程企业资质有关事宜的通知》；等等。

下篇

第六章

房屋建筑领域工程总承包项目运作实务

第一节　保障性住房工程总承包项目

一、保障性住房项目简介及建设特点

（一）保障性住房项目简介

保障性住房项目，是指纳入城镇住房保障规划和年度计划，限定面积标准、租售价格等，向符合条件的保障对象提供的住房，也是对政府解决城乡居民基本居住问题的各类住房建设及改造工程的统称。目前我国保障性住房体系主要包括租赁型的廉租房、公租房以及出售型的经济适用房、共有产权房、限价房和用于安置的棚改房。

保障性住房工程是我国的民生工程，自1995年开始实施以来，从最初的1.5亿 m² 到"十二五"期间保障性住房安居工程累计建成2860万套，再到"十三五"期间累计建成的保障性住房安居工程8000多万套，帮助2亿多困难群众改善了住房条件。据时任住房和城乡建设部部长王蒙徽在2021年8月底的新闻发布会上介绍，中国现已"建成了世界上最大的住房保障体系"。①

（二）保障性住房项目的建设特点

保障性租赁住房现阶段以政府组织集中建设为主，以协议出让、土地招拍挂、

---

① 参见亢舒：《住建部：我国已建成世界最大住房保障体系》，载百家号"经济日报"2021年8月31日，https://baijiahao. baidu. com/s？ id = 1709593396329637016&wfr = spider&for = pc。

配建、城市更新为辅的方式进行,此外,也有多个城市出台政策鼓励存量用地、存量用房转用等创新筹建模式,推动了保障性租赁住房的多主体供给、多渠道保障。在现阶段的保障性租赁住房项目建设中,主要包括以下四个建设特点。

1. 建设规模大

2021 年 7 月,国务院办公厅《关于加快发展保障性租赁住房的意见》中提出,适当利用新供应国有建设用地建设保障性住房项目。随后,无论是住房和城乡建设部还是各地住建部门相关负责人都明确表示,将保障性租赁住房作为"十四五"住房建设的重点,北京、上海、深圳等多个大型城市也纷纷发布关于加快发展保障性租赁住房的政策内容及建设目标,保障性租赁住房建设将迎来提速。这一系列国家层面的文件和会议表态都在表明,"十四五"期间保障性租赁住房项目将迎来建设高峰期。

从用地供应角度来看,截至 2021 年 11 月 15 日,两批次集中供地涉租赁用地成交面积达 872 万 m^2,其中纯租赁用地成交 205 万 m^2,竞自持租赁用地 246 万 m^2,配建租赁住房用地 421 万 m^2,整体前两批次租赁用地的成交以配建方式为主。[①]以上海为例,上海市确定"十四五"期间新增建设筹集保障性租赁住房 47 万套(间)以上,达到新增住房供应总量的 45% 左右;2021～2022 年计划建设筹集 24 万套(间),达到一半以上,其中 2022 年计划建设筹集 17 万套(间)以上。此外,国君宏观统计 30 多个城市"十四五"时期保障性租赁住房规划,得出"十四五"保障房供应总套数在 600 万～700 万套之间,其中 2022 年保障性租赁住房的投资体量在 3000 亿～5000 亿元之间。[②]可见,在未来的保障性住房项目领域,无论是单一项目体量还是整体建设规模都将持续增加。

2. 资金需求大

"十四五"期间,保障性住房项目的建设规模将持续增加,而保障性住房项目的建设主体一般均为政府方,具有公益性及"类基建"的性质。由于保障性住房没有正常房地产链条的销售环节,因此缺少预付款以及个人按揭贷款等购房款作为资金来源,也就会更加依赖于财政资金和银行贷款。考虑到我国现阶段各地区

---

① 参见《深度研究 | 如何完成保障性租赁住房建设目标? 解密五大重点路径》,载 https://baijia-hao.baidu.com/s? id = 1717627357151354868&wfr = spider&for = pc,最后访问日期:2022 年 5 月 9 日。

② 参见董琦、黄汝南:《国君宏观:保障性租赁住房的建设模式与体量》,载格隆汇网 2021 年 12 月 16 日,https://www.gelonghui.com/p/501231。

的财政情况,保障性住房项目面临资金需求大、缺口大的特点。深圳市住房和建设局、深圳市发展和改革委员会在 2022 年 1 月联合发布的《深圳市住房发展"十四五"规划》中亦提到,在加快发展保障性租赁住房的同时,应重视预期引导,遵循"尽力而为、量力而行"的原则,避免财政的过度负担。可见,资金需求大、资金缺口大将成为保障性租赁住房项目建设的一大特点,也为社会资金的进驻投资留足了空间。

3. 项目建设差异小

保障性租赁住房项目属于房地产项目的一种,具有使用功能单一的特点,各项目之间在施工层面不会存在较大差异,留给设计单位自行设计的空间也相对较小,并且部分地区的住建主管部门出台了相应的建设指导规范文件,进一步缩小了项目之间的建设差异。如 2022 年 4 月发布的《北京市保障性租赁住房建设导则(试行)》中便明确了保障性租赁住房项目的单体设计要求,包括住宅型租赁住房应执行的建筑设计规范为《住宅建筑规范》及《住宅设计规范》,建筑防火规范应执行《建筑设计防火规范》及《建筑内部装修设计防火规范》,并明确保障性租赁住房项目的建筑结构宜采用装配式钢结构、装配式混凝土框架—剪力墙结构、装配式混凝土剪力墙结构以及装配式混凝土框架结构等体系。同时,该试行导则中还对保障性租赁住房的建筑面积、电气、给排水、采暖、室内装修等进行了明确要求。可见,保障性租赁住房项目具有建设差异小的特点,该特点也为发包人通过工程总承包模式建设保障性租赁住房项目提供了现实基础。

4. 审批流程便利

因保障性租赁住房的公益性属性及政府主导建设的特点,相较于一般房地产项目,保障性租赁住房项目在建设流程审批方面具有较高的便利性。国务院于 2021 年 7 月印发的《关于加快发展保障性租赁住房的意见》中亦明确,各地要精简保障性租赁住房项目审批事项和环节,构建快速审批流程,提高项目审批效率。利用非居住存量土地和非居住存量房屋建设保障性租赁住房,可由市县人民政府组织有关部门联合审查建设方案,出具保障性租赁住房项目认定书后,由相关部门办理立项、用地、规划、施工、消防等手续。不涉及土地权属变化的项目,可将已有用地手续等材料作为土地证明文件,不再办理用地手续;探索将工程建设许可和施工许可合并为一个阶段,实行相关各方联合验收。而审批流程便利的特点将为保障性租赁住房项目的建设周期缩短提供有利条件,有效推进保障性租赁住房项目的快速发展。

二、保障性住房项目的实施现状及相关政策梳理

(一)实施现状

我国在"十三五"收尾阶段已累计建成保障性住房8000多万套,建成了世界上最大的住房保障体系。从"十四五"期间的全国整体规划来看,全国40个城市将新增筹建650万套(间)保障性住房,其中,上海计划新增建设筹措保障性租赁住房47万套(间)以上、广州计划建设保障性租赁住房60万套(间)、深圳计划建设筹集保障性租赁住房不少于40万套(间)、江苏提出新建58万套保障性租赁住房、浙江提出筹集建设120万套保障性租赁住房、福州计划建设保障性租赁住房15万套以及厦门提出要筹建10万套。可见,保障性住房的供给端正在明显放量,保障性住房项目的未来建设市场拥有巨大潜力。

在实施方式层面,因保障性住房项目建设规模大、项目建设差异性小的特点,实践中,较多项目使用工程总承包模式进行建设。采用工程总承包模式实施保障性住房项目也是现阶段政策所指引的方向,2022年2月住房和城乡建设部办公厅发布的《关于加强保障性住房质量常见问题防治的通知》(建办保〔2022〕6号)明确:"保障性住房建设应积极采用工程总承包模式,大力推广装配式等绿色建造方式。"在地方性法规层面,部分地区也在推行使用工程总承包模式建设保障性住房项目,如《上海市建设项目工程总承包管理办法》中亦明确,市、区(特定地区管委会)行业管理部门应当积极倡导条件成熟的保障性住房项目中选择推行工程总承包模式。

在运作模式方面,因保障性住房项目资金需求大、审批流程便利等特点,越来越多的社会资本参与到保障性住房项目投资建设中,通过政府和社会资本合作的方式(PPP模式)进行项目运作。2012年6月住房和城乡建设部、国家发展和改革委员会等部委联合发布的《关于鼓励民间资本参与保障性安居工程建设有关问题的通知》(建保〔2012〕91号)中明确以多种方式引导民间资本参与保障性安居工程建设,鼓励和引导民间资本投资限价商品住房和棚户区改造住房等保障性安居工程。这种模式逐渐成为现行较为主流的保障性租赁住房项目运作模式。截至2022年5月7日,财政部政府和社会资本合作中心的PPP项目库显示,全国范围内在库的保障性住房PPP项目总计近200个,且多数都已进入项目执行阶段。

（二）相关政策梳理

1998 年,国务院印发《关于进一步深化城镇住房制度改革加快住房建设的通知》,首次提出"建立和完善以经济适用住房为主的多层次城镇住房供应体系"的概念,针对不同收入家庭实行不同的住房供应政策,尝试通过构建多层次保障体系来解决中低收入家庭的住房问题。

2007 年,国务院出台了《关于解决城市低收入家庭住房困难的若干意见》,要求加快建立健全"以廉租住房制度为重点、多渠道解决城市低收入家庭住房困难"的政策体系,为保障性租赁住房工作的推进打下了坚实基础。

2012 年 6 月,住房和城乡建设部、国家发展和改革委员会、财政部、国土资源部、中国人民银行、国家税务总局、原中国银行业监督管理委员会联合发布了《关于鼓励民间资本参与保障性安居工程建设有关问题的通知》(建保〔2012〕91 号)明确以多种方式引导民间资本参与保障性安居工程建设,鼓励和引导民间资本投资限价商品住房和棚户区改造住房等保障性安居工程。

2014 年 9 月,财政部印发了《关于推广运用政府和社会资本合作模式有关问题的通知》(已失效),再次将保障性安居工程建设纳入政府和社会资本合作示范项目范围。

2016 年 10 月,财政部印发了《关于在公共服务领域深入推进政府和社会资本合作工作的通知》(财金〔2016〕90 号(已失效)),明确对于保障性安居工程、医疗卫生、养老、教育等公共服务领域深化 PPP 改革工作,依托 PPP 综合信息平台,建立本地区 PPP 项目开发目录。并明确了 PPP + EPC 的"两标并一标"运作模式,即对于涉及工程建设、设备采购或服务外包的 PPP 项目,已经依据政府采购法选定社会资本合作方的,合作方依法能够自行建设、生产或者提供服务的,按照《招标投标法实施条例》第 9 条规定,合作方可以不再进行招标。

2017 年 10 月,党的十九大报告中指出,坚持房住不炒的定位,加快建立多主体供给、多渠道保障、租购并举的住房制度,让全体人民住有所居,这也意味着对保障性租赁住房市场的培育正式迈入顶层设计阶段。

2020 年 12 月,中央经济工作会议进一步提出,解决好大城市住房突出问题,高度重视保障性租赁住房建设,加快完善长租房政策,逐步使租购住房在享受公共服务上具有同等权利,规范发展长租房市场,并针对保障性租赁住房市场的培育提出了一些支持性举措与工作方向。

2021 年 3 月,"十四五"规划提出要完善住房市场体系和住房保障体系,以人口流入多、房价高的城市为重点,扩大保障性租赁住房供给,着力解决困难群体和新市民住房问题,明确将保障性租赁住房市场作为一项中长期工程来抓。

2021 年 7 月,国务院发布了《关于加快发展保障性租赁住房的意见》(国办发〔2021〕22 号),确立了今后我国要以"公租房、保障性租赁住房和共有产权住房"为主体的住房保障体系,意味着保障性租赁住房市场的培育全面进入实施阶段。

2022 年 2 月,中国人民银行、原中国银行保险监督管理委员会联合发布《关于保障性租赁住房有关贷款不纳入房地产贷款集中度管理的通知》,明确保障性租赁住房项目有关贷款不纳入房地产贷款集中度管理,鼓励银行业金融机构加大对保障性租赁住房发展的支持力度。同月,住房和城乡建设部办公厅发布了《关于加强保障性住房质量常见问题防治的通知》(建办保〔2022〕6 号),该通知中明确"推进保障性住房建设是住房供给侧结构性改革的重要举措,对实现全体人民住有所居、促进社会和谐稳定意义重大","保障性住房建设应积极采用工程总承包模式,大力推广装配式等绿色建造方式"。

可见,在政策要求及指引层面,我国正在鼓励和引导民间资本参与保障性住房项目的建设,并且推广使用工程总承包模式,采用装配式建筑方式对保障性住房项目进行大力建设。

三、保障性住房项目建设的实施方式及运作模式实务解析

(一)保障性住房项目建设的 EPC 实施方式实务解析

住房和城乡建设部于 2022 年 2 月发布的《住房和城乡建设部办公厅关于加强保障性住房质量常见问题防治的通知》(建办保〔2022〕6 号)中明确,保障性住房建设应积极采用工程总承包模式,大力推广装配式等绿色建造方式。值得一提的是,多地的相关政策性文件也在大力引导采用装配式的建造方式并采用工程总承包的建造模式实施保障性租赁住房项目。例如深圳市政府在《深圳市住房发展"十四五"规划》中明确,进一步完善建筑工业化和绿色建筑政策法规体系,新建公共住房全面实施装配式建筑,100% 按照绿色建筑标准设计、建设。保定市住房和城乡建设局发布的《关于进一步明确装配式建筑实施范围评价指标和相关工作要求的通知》(保住建发〔2022〕27 号)中明确,自该通知发布之日起,全市行政区域内新建保障性住房项目和政府投资项目全部采用装配式建筑。

将工程总承包模式应用到保障性住房建设中,不仅符合该模式的基本特征,而且能够有效减少项目建设过程中设计、采购、施工各阶段之间的天然矛盾,在很大程度上缩短项目建设工期、节约投资,减轻政府部门的项目管理压力。而装配式建造方式又具有集设计、生产、采购以及施工于一体的特点,其与工程总承包模式的结合可以进一步强化项目设计环节、采购环节、施工环节的深度融合,节约项目建设成本,保证项目按期完成,实现多方面的共赢。

可见,无论是在政策指引层面还是实际操作层面,采用装配式的建造方式及工程总承包的建造模式将成为未来保障性租赁住房项目的主要实施方式。在采用该方式实施的保证保障性租赁住房项目中,总承包商在设计、采购、施工阶段分别需注意以下几点内容。

1. 保障性住房项目设计阶段的注意事项及成本管控措施

首先,总承包商要做好设计的基准定位,依据合同约定和相关法律法规、标准规范提出概念设计方案,并确定项目建设所需设备、材料等内容,提出采购计划;其次,总承包商需对概念设计、初步设计及详细设计各个阶段形成的文件内容进行严格审查,注重保障性住房建设项目的质量;最后,总承包商可以通过在设计阶段采取事前、事中和事后控制的方法,对工程项目进行整体进度控制。

作为影响装配式住宅项目成本管理的重要环节,设计环节的成本管控工作至关重要。为加强设计环节的成本管控,减少后期的设计变更,承包商可采取以下措施。

(1)优化设计图纸。承包商可以在充分考虑保障性装配式住房项目的标准化、模数、使用功能的基础上,对施工图进行深化和优化;结合投资估算价控制初步设计,做好限额设计,通过施工图设计方案预算成本的对比,不断调整设计方案,以最大程度减少非标准化构件的类型,降低项目实际投入成本。

(2)采用 BIM 技术模拟施工。BIM 技术能最大限度地模拟现实,提高项目管理部门对真实标的物的理解水平,还可实现项目业主、承包商联合体各方、分包单位以及监理单位之间数据信息的共享与实时传递。通过引入 BIM 技术构建三维立体模型,利用模型模拟预施工状态,可反映出各个构件结构的特征信息,便于设计人员准确把握图纸设计效果,实现 BIM 到设计、设计到现场的无缝衔接,有效避免后期施工过程中发现图纸设计不合理的现象,极大地缩短了图纸问题处理的前置时间,避免后期资源的浪费。

（3）提高标准化构件的使用率。通过提高保障性住房项目的阳台、管道井、楼梯等适用于标准化构件的模具使用率，形成标准化功能空间模块、户型模块，减少设计工作量，缩减不必要构件规格的设计；通过提高构件模具设计的通用性与标准化，有效节省项目后期构件生产成本和安装费用。①

2. 保障性住房项目采购阶段的注意事项及成本管控措施

采购阶段是实现设计方案并为项目实体建设做准备的过程。在采购阶段，总承包商应注重采购环节的前置，将其部分工作融入设计阶段，同时应注重构建以采购控制工程师为核心的项目建设物资管理组织体系，实现对整个采购流程的统一协调、管理与控制，坚持适时、适量、适质、适地、适价的采购原则，注重设备和材料的质量，尽可能减少中间供应链通过直采模式进行材料、设备的采购。另外，总承包商可以通过采购价格预警及纠偏的方式，对项目投标前的成本测算及开工后的盈亏进行分析，建立采购价格红线管理机制，确保价格合理，提高物资管理水平和工作效率。

关于采购阶段的成本管控举措，总承包商应充分利用装配式建筑的优势，严格控制构配件的规格品种数量，着眼于项目构件的采购、生产、运输以及安装工作，与构件采购部门、生产部门协同合作加强成本控制。具体成本管控措施如下：(1)建立采购信息数据库，制定合理的采购计划。通过搭建采购信息数据库，督促公司采购人员定期做好市场调研、价格预测等工作，并将结果上传至数据库，从而降低材料市场价格波动对采购成本的影响。同时，承包商可结合具体项目的工期、预制构配件的采购需求、市场价格变化趋势，制定恰当的采购计划，在市场价格低点且不影响建设进度的期间进行采购工作，最大程度节约材料采购成本。(2)选择最优供应商。以前期预制构配件的模型图和加工图为依据，利用 BIM 技术统计具体项目构件的规格、类型、数量等要素，确保采购数量与实际需求相符。在采购时，综合评估市场预制构件供应商，通过建立供应商评价指标体系、管理和履约评价过程控制机制选择最优供应商，避免项目建设后期补采预制构配件或因质量、规格不匹配产生构件材料费用、运输费用、存储费用等，节约采购成本。

---

① 参见梁献超等：《EPC 模式下装配式建筑项目成本管控研究——以某保障房项目为例》，载《建筑经济》2021 年第 11 期。

3. 保障性住房项目施工阶段的注意事项及成本管控措施

在保障性租赁住房项目的施工阶段,总承包商应该具备独立完成项目主体结构的能力,并应以前期设计方案为基础,依托所采购的设备和材料,严格按照合同约定以及相关标准规范,对工程项目的质量、进度及成本等内容进行严格的控制。在施工阶段,承包商需特别注意避免出现转包、挂靠和违法分包等行为,从而规避相关民事、行政甚至刑事责任风险。

保障房租赁住房项目的施工环节往往需要耗费大量的人财物力,并且施工进度易受前期设计及其他方面的影响。因此,承包商施工人员在设计、采购阶段的充分参与和沟通便可为施工阶段的成本管控提供有利基础。具体成本管控措施如下。

(1)加强施工管理工作,减少损耗、降低成本。首先,承包商可预先规划预制构件的场内运输路径和堆放区域,做好构配件装卸保护工作,避免人工装卸不力损坏构件,产生材料成本。与此同时,承包方可定期评估各参建单位的工作质量与效率,联合项目成员制定科学合理的成本管控体系,将项目施工安装过程中的人力成本、机械成本等分解量化至各分包单位及各责任人。建立施工问题预警机制,将施工问题造成的项目成本异常增加现象归责至各分包单位。其次,承包方可合理安排预制构件的拼装工序与其他辅助工序,实现主工序与辅工序同时进行,提高整个项目的施工安装效率。最后,承包商可进一步优化支撑组件,加快项目周转材料如模板、钢斜撑、钢支撑等的周转率,最大程度减少材料的不合理占用与囤积,降低周转材料的库存成本。

(2)采用高效的预制构件安装技术,保证施工操作的规范化与流程化。承包方可以联合设备供应商、分包单位评估不同型号吊装设备实施效果,尽可能全程机械化操作、减少人工参与,确保选用方案的经济性,最大程度降低安装成本。与此同时,承包方可定期组织吊装操作人员及其他技术工人的培训工作,采用 BIM 模型实施可视化技术交底,直观展现项目预制构件的安装过程,使其熟悉装配式建筑施工安装流程,掌握吊装工作的基本工序,通过流程化、规范化的操作加强构件的成品保护工作。[①]

①　参见梁献超等:《EPC 模式下装配式建筑项目成本管控研究——以某保障房项目为例》,载《建筑经济》2021 年第 11 期。

当然,EPC 模式下保障性租赁住房项目的建设,最关键的还是设计、采购、施工环节的高度融合,将施工部署、措施及材料性能等各项需求高度融入设计环节,确保建造的便捷性及经济性。单个阶段的成本管控是整体项目成本管控的基础,只有在此基础上进一步实现设计、采购、施工阶段的相互交叉及充分融合,保证各部门之间的有效联动,才可以实现项目效益的最大化。

(二)保障性住房项目建设的 PPP + EPC 运作模式实务解析

随着政策的指引以及市场的推进,政府与社会资本方合作的 PPP 投融资模式以及工程总承包 EPC 建造模式已逐步融合并成为保障性租赁住房项目的主要运作模式。保障性租赁住房项目的 PPP + EPC 运作模式是指由政府通过"两标并一标"的方式选取同时具有投资和建设能力的社会资本方,也即工程总承包商。

"两标并一标"是指对于保障性租赁住房项目相关的属于强制招投标范围的项目而言,政府方通过一轮招标确定的投融资社会资本方,在该社会资本方同时具备自行设计、采购、施工能力及资质的前提下,根据《招标投标法实施条例》第 9 条①的规定,无须经过第二次招投标,该社会资本方即可直接成为该项目建设的总承包方。社会资本方中标后,与政府方通过签订 PPP 协议的方式明确双方的投融资权利义务,然后再由政府方和社会资本方组成的项目公司通过与社会资本方签订 EPC 合同的方式明确项目建设的权利义务。社会资本方通过上述运作模式介入项目投资及建设,并实施具体的设计、采购、施工环节工作。项目完成并交付后,由政府方通过直接付费或社会资本方收取租金的方式获取项目投资及建设收益。

通过 PPP + EPC 运作模式实施的保障性租赁住房项目,一方面可有效提高公共服务效率,另一方面可有效减轻政府部门的财政压力及项目管理压力。截至2022 年 5 月 7 日,在财政部政府和社会资本合作中心的 PPP 项目库中,全国范围内在库的保障性住房 PPP 项目总计近 200 个,其中不乏采用 PPP + EPC 方式运作的保障性住房项目,并且多数都已进入执行阶段。

---

① 《招标投标法实施条例》第 9 条规定:"除招标投标法第六十六条规定的可以不进行招标的特殊情况外,有下列情形之一的,可以不进行招标:(一)需要采用不可替代的专利或者专有技术;(二)采购人依法能够自行建设、生产或者提供;(三)已通过招标方式选定的特许经营项目投资人依法能够自行建设、生产或者提供;(四)需要向原中标人采购工程、货物或者服务,否则将影响施工或者功能配套要求;(五)国家规定的其他特殊情形。招标人为适用前款规定弄虚作假的,属于招标投标法第四条规定的规避招标。"

可见,我国对于采用 PPP + EPC 的运作模式推进保障性租赁住房项目的建设已具备一定的操作经验。在采用 PPP + EPC 运作模式的保障性租赁住房项目中,政府方或投资方需注意以下几方面内容。

1. 政府方需进行充分的项目前期准备工作

国家发展和改革委员会印发的《传统基础设施领域实施政府和社会资本合作项目工作导则》(发改投资〔2016〕2231 号)中明确:纳入 PPP 项目库的投资项目,应在批复可行性研究报告或核准项目申请报告时,根据社会资本方选择结果依法变更项目法人。《工程总承包管理办法》规定,采用工程总承包方式的政府投资项目,原则上应当在初步设计审批完成后进行工程总承包项目发包;其中,按照国家有关规定简化报批文件和审批程序的政府投资项目,应当在完成相应的投资决策审批后进行工程总承包项目发包。

可见,一般情况下 PPP 项目启动的法定前提条件是项目可行性研究报告获得批复,政府投资的 EPC 保障性租赁住房项目的发包条件是初步设计文件获得批准,特殊情况下可以提前到投资决策审批完成时。而对于一般 PPP 项目来说,前期可行性研究报告的深度往往不够,在后续具体实施过程中可能还需要针对项目包内子项目具体情况重新编制子项目可研报告。特别是在引入 EPC 建造模式之后,保障性租赁住房项目更是需要达到初步设计文件要求才可发包,即便按照国家规定简化报批程序,可行性研究报告也应达到一定的深度,从而保证建设内容的稳定性更强,投资估算更加精准。

因此,对于拟采用 PPP + EPC 运作模式实施的保障性租赁住房项目来说,可行性研究报告的编制深度格外重要,当然,在初步设计文件获得批准后再发包则更为稳妥。必要时,政府方还可借鉴"两阶段招标"的方式,先由投标人结合对前期资料及现场条件的研究和了解,对项目的边界条件、经济参数等提出技术方案,供招标人参照确定后,再由投标人按照招标人提出的项目统一边界条件及经济参数提供第二阶段项目投标报价。

2. 政府方需注意设置合理的风险分担方式及再谈判机制

常规 EPC 项目中,建设单位与承包商在采购和交付过程中都会尽可能规避风险并将风险转嫁给对方,各自追求最小化风险,但该种风险分担方式不太适合采用 PPP + EPC 运作模式的项目;特别对于保障性租赁住房项目而言,因其公益性特征,其建设目标是保质完成并如期交付需求者,这也是政府投资单位的核心目标。而一味采取零风险的分担方式,容易导致项目整体的目标受损,也容易导致项目实施陷入僵局,影响交付进度。

因此,在保障性租赁住房的 PPP + EPC 项目中,政府方需选择科学、优化的风险管理原则,设置合理的风险分担方式。此外,政府方需清楚地认识到风险转移本身并不影响生产效率;相反,由于风险分担的合理设置,承担者具有的优势和专长从整体上提高了风险管理能力,有助于提高项目整体的供给质量和效率,同时也有助于降低建设招投标和工程管理的质量、安全等全过程风险。

因保障性租赁住房 PPP + EPC 项目的履约周期较长,项目实施过程中难免遇到合同签订时难以预见到的情况,这些情况可能导致合同履行陷入僵局,项目迟难推进。其核心原因在于招标文件以及合同条款设置较为严苛,没有给项目执行过程中的再谈判留出空间。因此,政府投资方应具有前瞻意识,避免出现合同调价条款或谈判条件完全闭口的情形,为保障性住房项目的如期、保质完成打下基础,避免后续项目执行陷入僵局。

3. 投资方需注意把控投标报价的准确性

相较于传统 EPC 项目的报价方式,PPP + EPC 项目的投标报价体系更为复杂。在价格构成方面,PPP + EPC 组合模式项目的报价既包括在 EPC 模式下基于工程设计、采购、施工等需要而对应的工程建设投资报价,还包括因 PPP 项目融资、运营等工作需要而对应的其他投资运营成本及合理收益报价。

鉴于此,在保障性租赁住房的 PPP + EPC 项目中,社会投资方需特别注意对投标报价准确性的把握,避免对特定成本费用的少计、漏计而造成损失,或因投资方联合体内部存在不同的收益预期而发生收益分配争议。必要时投资方可以在投标时组建由投资、融资、财务、工程、运营等相关专业人员组成的投标团队,并就各自专业范围内的运作成本及合理收益做出预测及报价,再经统一组价后形成报价方案。涉及联合体投标的,对基于投标策略需要而做出的报价调整,需由各方以联合体内部协议、备忘录等方式加以明确,并就后续内部收益分配方式进行协商。

4. 投资方需注意项目实施过程中的履约管理及风险控制

因保障性租赁住房 PPP + EPC 项目的履约周期较长,项目实施过程中难免遇到合同签订时难以预见到的风险,且容易发生建设内容变更、不可预见等风险,从而造成投标报价时所依据的基础条件发生变动,需要调整合同价的情形。特别是在保障性租赁住房领域,由于政策的快速推进,在项目实施过程中,可能存在政策变更导致建设内容变化从而影响合同价款的情形。

鉴于此,社会投资方在项目实施过程中需充分做好项目履约管理及风险把控,注意收集和保存导致工期延误、工程变更的相关书面证明文件,在保存工程变更证明文件时还需注意区分发包人需求变更和一般设计变更。对于自身无法控制而又属于固定总价包干范围的特定费用,社会投资方应结合实际风险类型在PPP项目合同中约定项目公司承担相应费用的上限或约定据实调整项目总投资。此外,社会投资方还应尽可能将风险控制环节真正提前到项目投标及合同谈判环节,尽可能与政府方沟通,并在合同中合理分配项目建设及运营风险。

四、保障性住房项目收并购尽职调查注意事项

现阶段保障性租赁住房项目仍是以政府投资建设为主导,项目产权也归政府所有,根据国务院办公厅《关于加快发展保障性租赁住房的意见》(国办发〔2021〕22 号)的要求,该类项目不得上市销售或变相销售,当然也就不会涉及收并购事宜。但协议出让、城市更新、存量用房专用等社会投资主体参与投资建设的保障性住房项目,则存在建成后被政府所收购的可能性。深圳市住房和建设局于2021 年底出台的《深圳市公共住房收购操作规程》(深建规〔2021〕14 号)第 2 条明确:"本规程适用于市(区)住房主管部门、人才住房专营机构对社会投资主体建设的且纳入本市住房发展实施计划管理的公共住房的收购活动,土地使用权出让合同书已明确收购价格和方式的除外。……本规程所称公共住房,包括公共租赁住房、安居型商品房和人才住房。"从工程建设角度来讲,保障性住房项目仍属于房地产项目的一种,在项目的立项、规划、施工、验收等阶段,保障性住房项目与常规房地产项目均具有较大的共通性。因此,本节拟以常规房地产项目为一般情形,以保障性住房项目为特殊情形,以立项、规划、施工、验收这四个阶段为基础,对地产项目收并购过程中的尽职调查注意事项展开论述。

(一)立项阶段的尽职调查注意事项

立项是建设性项目进入项目实施阶段的必备程序,即项目需获得政府投资计划主管机关的行政许可。根据 2004 年国务院《关于投资体制改革的决定》(已失效)(国发〔2004〕20 号)的规定,我国立项方式主要包括核准制和备案制两种。对于企业投资项目,根据《企业投资项目核准和备案管理办法》的规定,关系国家

安全、涉及全国重大生产力布局、战略性资源开发和重大公共利益等项目实行核准管理，其他项目实行备案管理。对于政府投资项目，根据《政府核准的投资项目目录(2016 年本)》的规定，目录内的项目实行核准管理，目录外的项目各地区可根据本地实际情况制定本行政区域内统一的政府核准投资项目目录。

对于保障性租赁住房项目而言，虽然国务院颁布的《政府核准的投资项目目录(2016 年本)》中并未要求其实行核准管理，但部分地区的投资项目核准目录则明确将保障性住房项目列为应核准项目。例如《上海市政府核准的投资项目目录细则(2017 年本)》(已失效)明确："保障性住房(廉租住房、公共租赁住房、共有产权保障住房、征收安置住房)：大型居住社区范围以外且由市统筹分配的项目由市发展改革委核准；其余项目由区级项目核准机关核准。租赁住房：中央及市属企业项目由市发展改革委核准；其余项目由区级项目核准机关核准。"《北京市政府核准的投资项目目录(2018 年本)》明确，保障性住房及共有产权商品房、棚户区改造和环境整治及绿化隔离地区产业项目实行核准管理；对于其他房地产项目，除部分别墅、度假村等项目实行核准制外，一般均实行备案制。

因此，在开展尽职调查过程中，收并购方应事先查询相关地产项目所在地省级政府制定的核准目录，明确标的项目是否属于核准范围，如标的项目适用核准制度，应进一步核查其核准情况并调取相关的批复文件。

此外，《企业投资项目核准和备案管理办法》第 38 条规定："项目自核准机关出具项目核准文件或同意项目变更决定 2 年内未开工建设，需要延期开工建设的，项目单位应当在 2 年期限届满的 30 个工作日前，向项目核准机关申请延期开工建设。项目核准机关应当自受理申请之日起 20 个工作日内，作出是否同意延期开工建设的决定，并出具相应文件。开工建设只能延期一次，期限最长不得超过 1 年。国家对项目延期开工建设另有规定的，依照其规定。在 2 年期限内未开工建设也未按照规定向项目核准机关申请延期的，项目核准文件或同意项目变更决定自动失效。"实践中，部分地产项目因开发商开发能力不足或缺乏建设资金等，在并购阶段尚未实际开工建设，针对上述情况，尽职调查时除核实立项情况外，还应关注立项批文的有效期，明确标的项目是否存在需办理延期开工甚至立项批文失效的风险。

(二)规划阶段的尽职调查注意事项

根据《城乡规划法》的规定，在城市、镇规划区内以划拨方式提供国有土地使用权的建设项目,经有关部门批准、核准、备案后,建设单位应当向城市、县人民政府城乡规划主管部门提出建设用地规划许可申请,由城市、县人民政府城乡规划主管部门依据控制性详细规划核定建设用地的位置、面积、允许建设的范围,核发建设用地规划许可证。取得建设用地规划许可证后,建设单位还需向城市、县人民政府城乡规划主管部门或者省、自治区、直辖市人民政府确定的镇人民政府申请办理建设工程规划许可证。未取得建设工程规划许可证或者未按照建设工程规划许可证的规定进行建设的,由县级以上地方人民政府城乡规划主管部门责令停止建设、限期拆除、没收实物或者违法收入并处罚款等。

因此,在尽职调查时,收并购方应注意对标的项目的建设用地规划以及建设工程规划情况进行详细了解,查验相关规划许可证件并向相关部门核实。

此外,对于地产项目来说,容积率往往是项目价值评估及收益判断的重要因素,根据《建设用地容积率管理办法》的规定,任何单位和个人都应当遵守经依法批准的控制性详细规划确定的容积率指标,不得随意调整;确需调整的,应当按该办法的规定进行,不得以政府会议纪要等形式代替规定程序调整容积率。擅自调整容积率进行建设的,县级以上地方人民政府城乡规划主管部门应按照《城乡规划法》第64条规定查处。因此,在尽职调查时,收并购方还需要了解项目地块的实际规划情况,包括容积率、建筑密度、建筑高度、绿地率等条件。此外,收并购方还需审慎审查项目地块是否办理过规划变更,办理程序是否符合《建设用地容积率管理办法》的规定等内容,并核实《土地出让合同》、规划变更申请报告、政府会议纪要、相关公示意见等书面材料。

（三）施工阶段的尽职调查注意事项

《建筑法》第7条规定,建筑工程开工前,建设单位应当按照国家有关规定向工程所在地县级以上人民政府建设行政主管部门申请领取施工许可证。未取得施工许可证或者开工报告未经批准擅自施工的,责令改正,对不符合开工条件的责令停止施工,可处以罚款。实践中,很多地产项目基于赶工期、抢预售等原因均存在未批先建的可能。

因此,在尽职调查时,收并购方首先需核查建设施工许可手续是否完备,建筑工程与其占用的土地是否匹配;对于正在办理施工许可但尚未取得建筑工程施工许可证的项目,还应要求建设单位提供施工图审查合格凭证、施工单位中标通知书、监理单位中标通知书、质量安全监督登记表等申请办理建筑工程施工许可证的资料或由主管部门出具的回执,核实许可手续的办理情况。

《民法典》第 807 条规定:"发包人未按照约定支付价款的,承包人可以催告发包人在合理期限内支付价款。发包人逾期不支付的,除根据建设工程的性质不宜折价、拍卖外,承包人可以与发包人协议将该工程折价,也可以请求人民法院将该工程依法拍卖。建设工程的价款就该工程折价或者拍卖的价款优先受偿。"据此,建设工程的承包方依法享有优先受偿权,在发包人欠付承包方工程款时,承包方可申请拍卖涉案项目,并就拍卖价款优先受偿。很多地产项目在实施过程中可能都会通过将在建工程抵押给银行的方式获得现金流,因此,收并购方在尽职调查时需对承包方的工程款支付情况以及在建工程抵押情况进行特别查明。需提请收并购方特别注意的是,实践中,基于工程验收、竣工备案等政策性原因,建设单位可能会要求承包方签署工程款已付清的证明,但实际并未付清工程款。因此,收并购方还应进一步通过深入项目现场、走访承包单位等方式核实发包人是否确已付清工程款,避免项目收购后承包人通过诉讼方式主张优先受偿权的风险。

(四)验收阶段的尽职调查注意事项

《建筑法》第 61 条规定:"交付竣工验收的建筑工程,必须符合规定的建筑工程质量标准,有完整的工程技术经济资料和经签署的工程保修书,并具备国家规定的其他竣工条件。建筑工程竣工经验收合格后,方可交付使用;未经验收或者验收不合格的,不得交付使用。"《建设工程质量管理条例》第 16 条第 1 款规定:"建设单位收到建设工程竣工报告后,应当组织设计、施工、工程监理等有关单位进行竣工验收。"《建设工程质量管理条例》第 49 条第 1 款规定:"建设单位应当自建设工程竣工验收合格之日起 15 日内,将建设工程竣工验收报告和规划、公安消防、环保等部门出具的认可文件或者准许使用文件报建设行政主管部门或者其他有关部门备案。"可见,项目验收是项目投入使用、产生收益的必备环节,竣工验收备案是产权人获得项目不动产权证书的必备环节。

此外,常规地产项目包括保障性租赁住房项目的验收还涉及规划验收、环保验收、人防验收、消防验收等专项验收程序。特别需要注意的是,消防专项验收是保障性租赁住房项目的核心验收程序,也是实践中容易出现问题的要点,并且消防验收不单单适用于新建项目,而且还适用于扩建、改建(含室内外装修、建筑保温、用途变更)的保障性租赁住房项目。

《消防法》还规定,建设工程未经消防验收或者消防验收不合格的,禁止投入使用;公众聚集场所在投入使用、营业前应当申请消防安全检查;未经消防安全检查或者经检查不符合消防安全要求的,不得投入使用、营业。因此,对于已经通过竣工验收的地产项目而言,收并购方在尽职调查时,还应调取消防部门出具的《消防验收合格通知书》及消防验收合格证以及经过建设、勘察、设计、施工、监理五方共同签字确认的《竣工验收报告》和经住建部门盖章的竣工验收备案证书,来核验项目是否通过消防验收、竣工验收以及是否具备办理不动产权证书的条件。对于未经竣工验收即投入使用的项目工程,因工程质量是否合格无法确认,尽职调查时应考虑是否需在并购交易实施前委托工程验收机构或鉴定机构,对工程质量进行确认。

第二节　医疗卫生工程总承包项目

一、医疗卫生项目简介及建设特点

(一)医疗卫生项目简介

医疗卫生项目,是指为人们的日常生活提供医疗救治、保健护理等医疗卫生服务的物质工程设施。根据《基本医疗卫生与健康促进法》《医疗机构管理条例》等相关法律法规的规定,医疗卫生机构指经登记取得医疗机构执业许可证的基层医疗卫生机构、医院和专业公共卫生机构等,主要包括医院、乡镇卫生院(社区卫生服务中心)、村卫生室(社区卫生服务站)、康复医疗机构、护理院、护理中心、疾病预防控制中心等公共卫生防控救治能力提升工程等医疗设施的新建、改建和扩建工程项目。

医疗卫生项目是我国的民生工程,是使各种医疗服务活动能够正常运行的前提。党的十八大以来,我国卫生健康事业取得新的显著成绩,医疗卫生服务水平大幅提高,而党的十九大作出了实施健康中国战略的重大决策部署,充分体现了对维护人民健康的坚定决心。根据《"十四五"优质高效医疗卫生服务体系建设实施方案》,"十四五"期间,我国将全面推进社区医院和基层医疗卫生机构建设、实施康复医疗"城医联动"项目建设、布局建设国家重大传染病防治基地等;再结合《健康中国行动(2019—2030年)》的大背景,可以看出未来医疗卫生项目必将迎来一波快速的发展和建设。

(二)医疗卫生项目的建设特点

大型医院建设项目是集门诊、科室、病房、科研、办公、保健、供应等多种功能于一身的综合体,与其他公共类基础设施相比,投资规模大,建筑类别多,功能流线复杂,还需要具备放射防护,净化等系统功能等,周期更长。现阶段的大型医院建设项目建设主要包括以下四个建设特点。

1. 具有民生性

民生一般指百姓的基本生计。医疗保障是人民生活的基本条件,医疗直接关系人民的生命和健康,医疗保障的状况和品质直接影响人民的生存状态、生活水平,也影响整个社会的发展和民族的兴衰。随着社会经济持续稳定的增长,我国城市发展完成了满足基本需求的道路、桥梁、水利、发电等项目的投资建设,城镇化进程的加快和经济水平的提升开始由外部建设向内部治理转变,加之老龄化导致复杂疾病增多以及医保政策的覆盖,带动了医疗需求的旺盛增长,基础设施投资建设也逐渐转向改善民生的医疗、保健等项目。

加强医疗卫生机构建设是建立健全覆盖城乡医疗卫生服务网络的必要举措,对保障和改善民生、促进社会和谐有着重要的作用。尤其是后疫情时代,全社会越发认识到医疗卫生是服务于国计民生的大事,医疗卫生事业的发展也是保障全民生命安全、提高国家人民幸福指数的关键指标。随着"健康中国 2030"规划和"十四五"规划的稳步推进,健康越来越成为人民群众关心的问题,对于医院医疗水平和环境也提出了更高的要求。

2. 建设规模大

随着我国的医疗保健事业不断发展,覆盖城乡的医疗卫生服务体系也日益完善,医院建设进入了一个蓬勃发展的历史新时期,近年来从政策出台的密集程度到投资强度都受到了广泛关注,各级公立医院以及乡镇卫生院都进行了大规模扩张。《"十四五"优质高效医疗卫生服务体系建设实施方案》出台后,我国进入了医院建设新阶段,开启了我国全面建设社会主义现代化国家新征程的第一个五年,也是适应社会主要矛盾历史性变化新要求的第一个五年。为推动优质医疗资源扩容和区域均衡布局,统筹推进公立医院建设,各地政府更是在财政上给予充分支持。国家卫生健康委员会《医疗机构设置规划指导原则(2021—2025 年)》提出各地应当"综合考虑本地区经济社会、医疗资源布局和群众健康需求,统筹规划医疗资源和布局,支持实力强的公立医院适度发展分院区"的公立医院"分院区"指导意见,目前全国各地有大批医院、分院区新建、扩建工程启动。例如安徽斥资70亿元建设的安徽省立医院滨湖院区,南京投资60亿元推进的东南大学附属中大医院新院区,而西安市红会医院高铁新城院区更是凭借57.5亿元的投资成为西安市史上规模最大、床位最多、投资最多的一所医院。

除了公立医院,非公立医院作为我国医疗卫生服务体系不可或缺的重要组成部分也在"鼓励社会办医"的政策红利中不断发展壮大。2009年医疗卫生体制改革以来,国家出台了多项鼓励社会办医的相关政策,从顶层发力逐步放开限制。2010年,《关于进一步鼓励和引导社会资本举办医疗机构的意见》放宽对社会资本办医的准入,将符合条件的非公立医疗机构纳入医保定点范围,完善非公立医疗机构土地政策等。此后更有多项政策丰富创新渠道,通过特许经营、公建民营、民办公助等模式,支持社会力量举办非营利性医疗机构,非公立医院的数量化、规模化齐头并进。例如全国首例由社会资本投资、采用特许经营模式合作办医的试点项目,即北京市重点民生工程北京安贞东方医院,总投资超25亿元。《医疗机构设置规划指导原则(2021—2025年)》还强调了社会办医医疗机构的区域总量和空间不作规划限制,鼓励社会力量在康复、护理等短缺专科领域举办非营利性医疗机构和医学检验室实验室、病理诊断中心、医学影像诊断中心、血液透析中心、康复医疗中心等独立设置医疗机构,由此可以预见未来社会办医的规模将不断扩大。

3. 建筑类别差异大、功能性突出

相比普通的住宅、写字楼、酒店等建筑工程,医院作为极其复杂的公共建筑,建筑布局复杂,有严格的空间秩序和功能要求,而且功能区众多,不同功能区的使用时间、温度、湿度、洁净度的要求差异较大。这种内部功能的多样性和复杂性决定了医院建筑技术的复杂性。综合医院建设项目通常情况下都由场地、房屋建筑、建筑设备和医疗设备组成,除了传统建筑的共性外,还有许多特殊的医疗用房和专有系统,房屋建筑主要包括急诊部、门诊部、住院部、医技科室、保障系统、业务管理和院内生活用房等,建筑设备包括电梯、物流设备、暖通空调设备、给水排水设备、电气设备、通信设备、智能化设备、医用气体设备、动力设备和燃气设备等,场地包括建筑占地、道路、绿地、室外活动场地和停车场等。一些承担预防保健、医学科研和教学培训任务的综合医院,可能还会包括相应预防保健、科研和教学培训设施。这些功能单元可能自成单体,也可能在同一建筑物中以分区方式实现。

如果自成单体,各单体的差异就会很大,比如住院部一般层数较高,常常采用框架—剪力墙结构,既能满足结构抗震、抗风的要求,又能适应建筑对空间的需求;而门诊楼层数就会比较低,一般采用框架结构。这些不同建筑功能复杂,导致设计和施工的难度增大。此外,医疗卫生项目建设的特点是土建和主体结构工程往往比较简单,但在空气流通、洁净度、微生物控制等方面有特殊要求;对于总承包商来说,这些复杂的专项、子项其大多没有能力自行实施,比如通风空调工程的设计规范对不同功能单元的通风有不同的技术要求,有洁净度要求的房间和严重污染的房间应单独成一个系统,且空调分区应相互封闭,避免空气途径的医院感染,这就对通风空调工程的专业化提出了非常高的要求,①总承包商如果没有相关实施能力,则需要具备很强的资源整合能力,找到有能力的分包商。

4.审批手续复杂

医疗卫生项目具有其他基础设施项目也涵盖的立项内容、项目开工建设前的审批手续,包括建设项目用地预审与选址意见书、建设项目环境影响评价审批、重大项目社会稳定风险评估报告及审核意见等。基于医疗项目所处行业、投资规模等因素的差异,医疗卫生项目在开工建设前的其他审批手续与其他基础设施项目不尽相同,不仅需按规定办理报建手续,而且应获得上级行业主管部门审批,这是因为医疗行业是重监管行业,我国法律法规对于医疗机构的设立及运营设置了严格的准入门槛。医疗卫生机构依其类别不同,受不同的法规规制,对应不同的监管、审批部门。《医疗机构管理条例》中就明确规定了设置医疗机构,按照国务院的规定应当办理设置医疗机构批准书的,应当经县级以上地方人民政府卫生行政部门审查批准,并取得设置医疗机构批准书。不设床位或者床位不满100张的医疗机构,向所在地的县级人民政府卫生行政部门申请;床位在100张以上的医疗机构和专科医院按照省级人民政府卫生行政部门的规定申请;申请设置医疗机构,应当提交设置申请书、设置可行性研究报告、选址报告和建筑设计平面图。此外,大型医疗工程医疗的相关专业工程,如洁净、屏蔽防护、医疗气体工程,实践中还需要提前报批才能够开始建设。

---

① 参见张炯、张文靖等:《打通经络,一览无余|建设工程全流程法律服务之合约规划阶段》,载微信公众号"中伦视界"2017年10月18日,https://mp.weixin.qq.com/s/zTZl_tqmgZVNLb7Kz0FYg。

二、医疗卫生项目的实施现状和政策导向

1. 实施现状

新中国成立以来,公立医院一直是国家大力发展的基础设施,近年来特别是党的十八大以来,公立医院改革发展作为深化医药卫生体制改革的重要内容,取得重大阶段性成效,为持续改善基本医疗卫生服务公平性可及性、防控重大疫情、保障人民群众生命安全和身体健康发挥了重要作用。为推动公立医院高质量发展,更好地满足人民日益增长的医疗卫生服务需求,2021年,国务院办公厅《关于推动公立医院高质量发展的意见》正式印发,明确了公立医院高质量发展的相关要求,提出打造国家级和省级高水平医院;以推动国家医学进步为目标,依托现有资源规划设置国家医学中心、临床医学研究中心、区域医疗中心(均含中医)和中医药传承创新中心,形成临床重点专科群,集中力量开展疑难危重症诊断治疗技术攻关,开展前沿医学科技创新研究和成果转化,实施高层次医学人才培养;组建由三级公立医院或代表辖区医疗水平的医院(含社会办医院、中医医院)牵头,其他若干家医院、基层医疗卫生机构、公共卫生机构等为成员的紧密型城市医疗集团;依托现有资源,加快推进传染病、创伤、重大公共卫生事件等专业类别的国家医学中心、区域医疗中心和省级医疗中心、省级区域医疗中心设置建设。在实施层面,每个地市选择1家综合医院针对性提升传染病救治能力,对现有独立传染病医院进行基础设施改善和设备升级;县域内依托1家县级医院,加强感染性疾病科和相对独立的传染病病区建设;发挥中医药在重大疫情防控救治中的独特作用,规划布局中医疫病防治及紧急医学救援基地,打造高水平中医疫病防治队伍等。

社会办医方面,2009年医疗卫生体制改革以来,国家出台了多项鼓励社会办医的相关政策,从顶层发力逐步放开限制。从《关于进一步鼓励和引导社会资本举办医疗机构的意见》开始,放宽了对社会资本办医的准入,将符合条件的非公立医疗机构纳入医保定点范围,完善非公立医疗机构土地政策等。针对社会办医进入难、限制多、空间小等问题,国务院办公厅《关于促进社会办医加快发展若干政策措施》(国办发〔2015〕45号)、《关于支持社会力量提供多层次多样化医疗服务的意见》(国办发〔2017〕44号)等文件,鼓励社会资本进入医疗服务领域,并给予相应的准入管理简化、税收优惠等支持。2020年6月《基本医疗卫生与健康促

进法》的施行,更是通过基本法的形式明确了社会办医与公立医院的平等地位,给了社会办医更好的发展支持。

此外,我国还在财政上给予医疗卫生项目极大支持,如2020年财政部将专项债的发行规模进行了极大的扩张,领域包括应急医疗救治,专项债可用作重大项目资本金的比例也从20%提至25%,进一步提升专项债资金撬动能力。医疗卫生领域如医疗废弃物的处理设施、区县医院的升级改造、医疗卫生共同体建设、公益性养老设施建设,都可纳入专项债的发行范围。

目前医疗卫生项目实施存在的宏观问题如下。首先,医疗卫生资源的区域分布不均衡。一方面大型公立医院优质资源聚集,医疗水平不断提升,对患者及高水平医学人才"虹吸"作用凸显,导致部分三甲医院和大城市医院长期处于超负荷运转状态;另一方面社会资本举办的医疗机构虽然数量占比不低,但在规模和服务能力上均有待提升,基层医疗卫生机构基础设施相对薄弱、人才队伍和技术能力水平参差不齐,对居民就医吸引力有待提升,确实不能完全满足预防、医疗、康复等卫生保健需求。其次,有很多大型公立医院建设时间大概在20世纪50年代到20世纪80年代,并且主要集中在城市的中心城区,虽然过程中经历多次修建,但由于建设年代较早,医疗卫生设施现状与当前医疗技术发展水平和医疗服务需求不相匹配,普遍存在建筑面积不足、空间布局和医疗流程不合理等问题。很多医院在安保基础设施建设方面几乎没有很好的保护设置,包括危险化学品管理、电力设施、消防安全设施等方面均无法匹配现代化建设需求,优质医疗学科发展空间受到很大限制。最后,专科医疗卫生资源建设,疾控中心、传染病专科医院等公共卫生基础设施不足。基于医疗健康领域相关的人工智能技术、5G、医用机器人、物联网、可穿戴设备等的新基建如"智慧医院"建设,在近年来受到很大的关注和国家的大力推行,目前其还处于探索推进阶段。

2. 政策导向

在上述医疗卫生项目的实施现状背景下,国家卫生健康委员会于2022年1月出台《医疗机构设置规划指导原则(2021—2025年)》,主要根据《基本医疗卫生与健康促进法》《中医药法》《医疗机构管理条例》等法律法规规定,以及"十四五"医疗卫生服务体系规划等有关要求,为全面推进健康中国建设,指导各地加强"十四五"期间医疗机构设置规划管理,在医疗卫生项目建设方面明确提出如下要求。

公立医院方面,在省级区域,每1000万～1500万人口规划设置1个省级区域医疗中心,同时根据需要规划布局儿童、肿瘤、精神、传染病等专科医院和中医医院,并根据医疗服务实际需要设置职业病和口腔医院;在地市级区域,每100万～200万人口设置1～2个地市办三级综合医院,根据需要设置儿童、精神、妇产、肿瘤、传染病、康复等市办专科医院;在县级区域,依据常住人口数,原则上设置1个县办综合医院和1个县办中医类医院,服务人口多且地市级医疗机构覆盖不到的县市区可根据需要建设精神专科医院或依托县办综合医院设置精神专科和病房。实现省、市、县均有1所政府举办的标准化妇幼保健机构。

私立医院方面,政府对社会办医区域总量和空间不作规划限制,鼓励社会力量在康复、护理等短缺专科领域举办非营利性医疗机构,鼓励社会力量举办的医疗机构牵头成立或加入医疗联合体,鼓励社会力量在康复、护理等短缺专科领域举办非营利性医疗机构和医学检验室实验室、病理诊断中心、医学影像诊断中心、血液透析中心、康复医疗中心等独立设置医疗机构。

互联网医院方面未来要大力发展,将互联网医院纳入医疗机构设置规划。

在社区卫生服务机构方面,鼓励建设社区卫生服务机构,进一步健全以县级医院为龙头,乡镇卫生院和村卫生室为基础的农村医疗服务网络。

在医学中心方面,要求依托现有资源规划建设国家医学中心、国家和省级区域医疗中心、临床医学研究中心、中医药传承创新中心,鼓励民营医院参与。

在急救中心方面,要求地市级及以上城市和有条件的县及县级建设急救中心(站),条件尚不具备的县及县级市依托区域内综合水平较高的医疗机构建设县级急救中心(站),有条件的大型城市可以在急救中心下设急救分中心或急救站。

在中医医疗方面,鼓励推进国家中医医学中心、国家中医区域医疗中心、国家中西医结合医学中心、国家中西医结合区域医疗中心建设,要求每省(区、市)至少建设1个省级中医区域医疗中心,大力建设发展中医特色重点医院、中西医协同“旗舰”医院、县办中医医院、中医诊所和门诊部,基本实现县办中医医疗机构全覆盖。依托高水平中医医院建设覆盖所有省份的国家中医疫病防治基地和国家中医紧急医学救援基地。

此外,《医疗机构设置规划指导原则(2021—2025年)》还提出各地要综合考虑本地区经济社会、医疗资源布局和群众健康需求,统筹规划医疗资源和布局,支持实力强的公立医院适度发展分院区。公立医院分院区是指公立医院在原有院区以外的其他地址,以新设或者并购等方式设立的,具有一定床位规模的院区。分院区属于非独立法人,其人、财、物等资产全部归主院区所有。关于公立医院分院区,国家卫生健康委员会在2022年2月24日又特地针对上述有关要求发布了《关于规范公立医院分院区管理的通知》(国卫医发〔2022〕7号),为规范公立医院分院区建设管理,从规范设置公立医院分院区、规范公立医院分院区执业管理、完善公立医院分院区统筹管理机制、强化组织实施方面对公立医院分院区建设进行规定。由此可以看出,目前国家政策上积极引导部分实力强的公立医院在控制单体规模的基础上建设发展多院区,这一定会成为一段时间内的潮流,同时国家政策也鼓励和引导民间资本参与到医疗项目的建设中。

在运作模式方面,我国法律法规对于公立医疗机构的投资、设立、建设都设置了严格的监管措施。2015年,《关于控制公立医院医疗费用不合理增长的若干意见》(国卫体改发〔2015〕89号)要求严格控制公立医院规模,严禁公立医院举债建设。财政部在2017年发布了《关于坚决制止地方以政府购买服务名义违法违规融资的通知》(财预〔2017〕87号),严禁将医疗卫生等领域的基础设施建设作为政府购买服务项目。2017年,国务院办公厅发布《关于进一步激发社会领域投资活力的意见》(国办发〔2017〕21号),明确提出"引导社会资本以政府和社会资本合作(PPP)模式参与医疗机构、养老服务机构、教育机构、文化设施、体育设施建设运营,开展PPP项目示范"。因此基本医疗卫生服务是政府主导提供的重要的公共服务及公共产品,实践中越来越多的社会资本参与到了公立医疗项目投资建设中,运用PPP模式与政府方合作开展公立医院的新建或改扩建项目,充分发挥社会资本方的优势,解决医院的投融资问题。采用PPP模式的医院通过联合多方发挥各自优势,能有效提高投资效率和质量、转移风险,在降低建造成本、避免短期投资决策、弥补公共财力不足方面发挥着重要作用。未来PPP模式仍然是医院建设的主要运作模式之一。

三、医疗卫生项目建设采用 EPC 模式的实务解析

(一)EPC 模式在医疗卫生项目建设中的优势

根据《工程总承包发展的若干意见》第3条,工程总承包是指从事工程总承包的企业受建设单位委托,按照合同约定对工程项目的勘察、设计、采购、施工、试运行等实行全过程或若干阶段的承包,并对工程的质量、安全、工期、造价等全面

负责的工程建设组织实施方式。EPC 模式作为国际上通行的建设项目组织实施方式,在国内各大基础设施的建设中已经逐渐成为主要推行的建设模式,也慢慢积累了大量的实践经验,在医疗卫生项目中同样处于高速发展阶段。在医院建设中越来越多的业主选择采用 EPC 模式,这在一定程度上简化了业主方的管理界面;将工程总承包模式应用到医疗卫生项目建设中,不仅符合该模式的基本特征,而且能够有效减少项目建设过程中设计、采购、施工各阶段之间的天然矛盾,在很大程度上缩短项目建设工期、节约投资,减轻政府部门的项目管理压力。该模式主要的优势如下。

1. 投资成本控制

关于工程总承包模式的价格形式,《工程总承包管理办法》第 16 条第 1 款明确规定:"企业投资项目的工程总承包宜采用总价合同,政府投资项目的工程总承包应当合理确定合同价格形式。采用总价合同的,除合同约定可以调整的情形外,合同总价一般不予调整。"基于国际惯例,目前国家推行鼓励固定总价的价格形式。

固定总价模式俗称"一口价合同""闭口合同",事实上不论传统的 DBB 模式,还是工程总承包的 DB、EPC 模式,计价方式都存在总价固定的方式;但在传统的施工总承包模式下,如果合同约定固定总价模式,承包人也往往能够以"低中标、勤索赔、高结算"的策略实现盈利的目的,在施工中通过变更、调价、索赔来获得补偿,这在一定程度上导致发包人投资控制的预期目的无法实现。如果在合同条款中对项目投资上限进行明确约束,又可能导致承包人偷工减料来减少成本,增加项目安全和质量风险,或者直接减弱承包人与业主合作的意愿。根据《政府投资条例》规定,政府投资项目的项目单位应当编制初步设计,并将初步设计及其提出的投资概算报投资主管部门审批,也就是说,政府投资项目采用工程总承包模式发包时,通常情况下项目的初步设计及投资概算审批均已完成。此时发包人为减少经营风险一般会结合经批准的概算签订总价合同,并在合同中约定项目总投资上限来控制投资成本;而总承包方因为对工程项目的设计、采购、施工等实行全过程的承包,并对工程的质量、安全、工期和造价等全面负责,可以通过减少过度设计、精细设计减少变更等技术手段降低成本。

2. 工期控制

医疗卫生项目作为一种重要的基础设施建设,专业性强,大型设备繁多,工艺复杂,具有工程专业齐全、招标单项工程多、深化设计量大、招标工作量大等特点。除常规项目的招标内容外,医院建筑还包括净化工程、放射防护工程、医用气体设备工程、动力设备和燃气设备工程等专项工程招标,而这些在传统医院建设模式中需要招标的多项内容在总承包模式中无须进行二次招标,能够大大提升采购进度,并减少招标失败或招标滞后导致的工期延误。此外工程总承包项目的设计和材料设备采购工作可以交叉同时进行,这样可以缩短工程的周期。

医院工程项目参建单位往往较多,导致各个专业分包或者工程工序之间均有一定程度的关联和衔接,但又不属于一个管理机构,难以协调管理,容易造成工期的延误。而 EPC 模式下,工程总承包商在工程总承包项目的实施过程中,全权负责工程项目的设计、采购和施工,统一指挥和协调各分包商,能够更好地通过协调使各专项工程有序开展,避免各专业交叉、工序混乱导致的工期延误,高效实现建设项目的进度控制。

3. 工程界面划分清晰

工程界面是指工程项目中总承包单位与专项分包单位之间的工程实施范围。传统的 DBB 模式下业主缺乏医院建设项目管理的经验,会产生管理效率低下、项目目标失控、冲突频发等问题。而 EPC 模式下,工程总承包企业受建设单位委托,按照合同约定对工程项目的勘察、设计、采购、施工、试运行等实行全过程或若干阶段的承包,并对工程的质量、安全、工期、造价等负有统一管理义务,有利于整个项目的统筹规划和协同运作。根据《建筑法》第 55 条的规定,"建筑工程实行总承包的,工程质量由工程总承包企业负责,总承包单位将建筑工程分包给其他单位的,应当对分包工程的质量与分包单位承担连带责任。分包单位应当接受总承包单位的质量管理"。在施工过程中,总承包企业作为核心责任主体,管理整个项目的实施过程,管理全体分包单位,能够减少业主的专业短板、合规短板导致的其他风险,业主的责任和风险可以最大程度地转移给总承包商。

(二)EPC 模式下医疗卫生项目建设中的注意事项

在采用 EPC 模式实施的医疗卫生项目中,总承包商在设计、采购和施工阶段分别需注意以下事项。

1. 医疗卫生项目设计阶段的注意事项

较之于常规的工程建设项目,医疗卫生项目涉及的功能布局更加复杂,设计阶段的设计管理效果直接影响项目各项建设目标的实现效果。医院项目的设计除涉及常规项目建筑主体、结构、室内装饰、水、电、人防、幕墙、标志、泛光照明、智能化、景观绿化、厨房、道路等工程,还包括洁净工程、医用气体、中央纯水、物流系统、污水处理、放射防护、直升机停机坪等专项系统设计,非常复杂多样。医院建筑虽以医疗工艺为主导,但医院内部需求科室众多且需求复杂,如何高效率地进行科室需求调研,以及在合同总价固定的 EPC 模式下如何严格实施需求管理、控制科室需求变更,都是设计阶段需要重点考虑的问题。首先,在设计阶段,总承包商要做好设计的基准定位,依据合同约定和相关标准规范提出概念设计方案。设计人员必须熟悉医院功能布局、流程走向等,积极寻求医院管理方、使用方的意见以及要求,及时同医院相关业务部门、工程管理人员等开展有效的沟通衔接,比如提前做好全周期样板方案并实施,让院方各科负责人对图纸实体进行确认。其次,总承包商需对概念设计、初步设计及详细设计各个阶段形成的文件内容进行严格审查,注重项目的质量。最后,总承包商可以在设计阶段采取事前、事中和事后控制的方法,对工程项目进行整体进度控制,在深化设计和施工阶段及时与医院专业科室沟通对接,对施工进行功能交底和技术交底,避免施工单位盲目施工导致不必要的调整和返工。

2. 医疗卫生项目采购阶段的注意事项

采购阶段是实现设计方案并为项目实体建设做准备的过程。在项目初期,总承包单位根据项目总体计划编制项目采购计划,依据采购计划负责如下工作:邀请设计代表与建设单位代表共同考察供货商,确定合格供货商名单;落实技术文件,接收设计请购单;编制及发出招标文件或询价文件;开标、评标、技术及商务评审和谈判;编制合同文件及签订合同;设计单位与建设单位审核相关条款,建设单位对合同进行备案;在设备、材料的生产阶段,为保证采购进度,EPC 总承包单位对供货商的生产情况进行检查、监督和催促;监督及检验货物的制造是否符合合同的规定及制造标准的要求;确定运输、包装方式;货物的接收、检验、移交、入库、保管、领用与发放;组织培训、指导调试。总承包单位的采购管理能力越强,则采购环节的风险越小,采购的风险成本越低。因此在采购阶段,总承包商应注重采购环节的前置,将其部分工作融入设计阶段,同时应注重构建以采购控制工程师为核心的项目建设物资管理组织体系,实现对整个采购流程的统一协调、管理与控制,坚持适时、适量、适质、适地、适价的采购原则,注重设备和材料的质量,尽可能减少中间供应链而通过直采模式进行材料、设备的采购。另外,总承包商可以通过采购价格预警及纠偏的方式,对项目投标前的成本测算及开工后的盈亏进行分析,建立采购价格红线管理机制,确保价格合理,提高物资管理水平和工作效率。

3. 医疗卫生项目施工阶段的注意事项

相比传统的管理模式,EPC 模式下的合同关系更加直接,中间环节少,EPC 总承包单位的调度管理更加有效。由于医院建设项目间的相似度远远不如化工项目、矿山项目、造纸项目、发电项目的相似度高,设备成本占投资的比例也远远比上述项目少,故大部分 EPC 总承包单位在医院建设项目的目标管理、风险管控方面的能力须要通过实践不断提高。医院建设项目 EPC 总承包单位选派的项目经理须是懂设计、懂施工、会管理的复合型人才,应熟知项目启动阶段、设计阶段、项目审批、采购管理、施工管理、项目验收移交等各个阶段及环节的管控要点,具有处置异常情况的能力,并对医疗行业充分了解。项目经理需要被赋予足够的权力,企业中的设计、招采、合约等职能部门应以项目为中心、以项目经理为管理团队核心,这样才能有效地对设计单位、分包单位以及供货单位等进行全面的统筹管理,保证项目的有序推进。

在施工阶段,总承包商应该至少具备独立完成项目主体结构的能力,并应以前期设计方案为基础,依托所采购的设备和材料,严格按照合同约定以及相关标准规范,对工程项目的质量、进度及成本等内容进行严格的控制。此外,承包商需特别注意避免出现转包、挂靠、违法分包等行为,从而规避相关民事、行政甚至刑事责任风险。

第三节 公共文化工程总承包项目

一、公共文化项目简介及建设特点

(一)公共文化项目简介

公共文化项目,是指为了建设和繁荣社会主义新时代物质文化和精神文化,丰富城乡居民的文化生活内涵而投资建设的各种文化活动场所、文化娱乐设施。文化基础设施种类多样,具体包括影视剧场、文化广场、文化广播站、博物馆、图书馆、科技馆以及文化与旅游、体育等其他领域相结合的综合设施等。根据其属性的不同,文化产业基础设施可以分为公共性文化产业基础设施和商业性文化产业基础设施。其中公共文化基础设施是指用于提供公共文化服务的建筑物、场地和设备,而商业性文化产业基础设施主要是面向付费消费者提供的有偿文化产品和服务的场所设施,例如社会资本修建的电影院、阅览室、展览馆、各种与商业房地产项目开发结合的文化旅游场所设施等。

公共文化项目建设是我国公共文化服务体系建设的基础平台和首要任务,成为展示文化建设成果、开展群众文化活动的重要阵地。随着我国经济建设的飞跃式进步,公共文化基础设施建设也蓬勃发展。以近几年热度很高的博物馆为例,改革开放以来,我国博物馆数量不断增多,质量逐渐提高,各方面的功能趋于完善,在文化事业和社会发展中发挥了应有的作用。本节主要针对公共文化项目中的体育项目展开论述。

(二)公共文化项目的建设特点

现阶段我国的公共文化基础设施建设,相比其他设施建设,主要包括以下建设特点。

1.投资额度高,风险持续时间长

公共文化基础设施的建设流程和一般社会性的基础设施无异,在我国一般由具有专业资质的建筑设计院所负责建筑方案设计,经过政府投资项目的常规流程列入政府项目计划实施,投入较为清晰可见。但我国的大型体育场馆的投资建设大多是满足大型赛事举办的需求并由政府决策建设的,如为北京奥运会而建造的"鸟巢"体育场、"水立方"体育馆等,因此其规划设计与建设的主要考虑因素都是赛事的成功举办,但场馆赛后的利用问题也是投资此类项目应重点考量的因素。由于社会民众才是场馆赛后的目标消费群体,而为举行赛事而设计的高规格的场馆设施所要求的消费水平过高,普通民众很难负担其费用,因此,大型体育场馆项目在前期规划设计与建设过程中应加强对赛前赛后应用的系统性研究,不应把所有的注意力都集中在赛事本身而对场馆后期的运营发展考虑不足,进而导致大型体育场馆项目的建设投资额度大、运营周期较长、运营期间的现金流缺乏稳定性、资金的回收周期漫长。

2.设计需求性高

公共文化基础设施尤其是大型体育场馆具有多功能性,它不仅是举办赛事的场所和地方形象的象征,更是民众精神娱乐生活的物质载体。文化设施应提供的基本公共文化服务和文化产品主要包括听广播、上互联网、看电视、看电影、看书、看报、查询政府公开信息、参加文艺辅导培训、演出排练、文艺创作、文化活动、体育健身、接受党员教育、校外教育(含学生自习)、老年大学教育、科学技术和卫生保健、欣赏文艺演出、文艺作品、展览展示等多类别。因为这些服务和产品都是面向广大社会群体的,不能只依据一小部分使用者的偏好来规划和建设,并且政府在供给质量和方向难以衡量的情况下,易产生文化需求和供给的错位,投入和公众的实际需求易存在偏差,故相关建设对设计的要求很高。

3. 具有公益性和经济性

大型公共体育场馆不仅具有一般公共基础设施的公益性,同时兼具经济性特征。我国市场经济体制改革逐步完善,体育产业也应该充分利用市场的自由竞争机制以提升场馆建设经营的效率。由于我国大多数大型体育场馆都属于国有资产,其设施服务目的具有公益性,因此这些场馆必须为民众持续提供高质量且费用门槛不高的服务,为满足此种需求,大型体育场馆必须同时兼顾经济效益和社会效益。

政府为保障以上效益的实现,往往在项目建设规划设计期出台相关规定限制投资方的建设行为,在建设的过程中拥有绝对的干预权和指导权,因此大型体育项目投资建设表现出次生特征,即对地方政策的高度依赖性。而大型公共体育场馆在运营管理满足民众的体育精神需求的同时,还应对场馆的资源进行优化配置,依据市场需求有效地制定场馆发展战略计划,使得场馆可持续发展,从而保证场馆运营的经济性与公益性的内在统一。

二、公共文化项目的实施现状和政策导向

1. 实施现状

(1)公共文化服务建设均等化和精准度不足

由于地区发展差异,全国各省(区、市)城乡公共文化服务建设的差距依然较大。一方面,农村文化设施落后、文化活动贫乏现象突出。另一方面,各区域、各类型群众对公共文化服务需求不一,呈多元化趋势,但公共文化服务产品较为单一,内容形式相对陈旧,差异化供给不足,在高端化、品牌化、多样化方面亟待提升。

(2)公共服务建设缺失"智慧+"的翅膀

公共文化服务数字化建设短板亟待解决。现代化技术应用欠缺,科技支撑不

够有力。基层公共服务需要插上"智慧"的翅膀,打造智慧终端、远程互动平台等,让百姓像逛淘宝、美团那样,轻松"一触即达","送文化上门"。

(3)公共文化服务建设机制创新不足

一是政府部门仍为"单打独斗"模式,公共文化资源整合机制和服务机构共享共建机制尚未建立。二是在创新文化服务方面,特别是在为群众提供智能化、个性化一站式的现代文化服务方面远远不够。三是评价体系缺乏公众参与。公共文化服务对象是人民群众,而在考核过程中缺少群众的参与和评价,也缺乏第三方参与。

2. 政策导向

2021 年是"十四五"规划的开局之年,毫无疑问,文化项目的投资建设是"十四五"规划的关键一环。《国民经济和社会发展第十四个五年规划和 2035 年远景目标纲要》(以下简称"十四五"规划纲要)多处涉及文化基础设施建设。"十四五"规划纲要第三十六章"健全现代文化产业体系"中提出,推动文化和旅游融合发展;加强区域旅游品牌和服务整合,建设一批富有文化底蕴的世界级旅游景区和度假区,打造一批文化特色鲜明的国家级旅游休闲城市和街区;推进红色旅游、文化遗产旅游、旅游演艺等创新发展,提升度假休闲、乡村旅游等服务品质,完善邮轮游艇、低空旅游等发展政策。健全旅游基础设施和集散体系,推进旅游厕所革命,强化智慧景区建设;建立旅游服务质量评价体系,规范在线旅游经营服务;同时,"十四五"规划纲要第三十四章"提高社会文明程度"中提出,传承弘扬中华优秀传统文化;建设长城、大运河、长征、黄河等国家文化公园,加强世界文化遗产、文物保护单位、考古遗址公园、历史文化名城名镇名村保护。"十四五"规划纲要还提出,加快发展文化、旅游等服务业;推动文旅体育等消费提质扩容,加快线上线下融合发展;推进公共图书馆、文化馆、美术馆、博物馆等公共文化场馆免费开放和数字化发展。"十四五"规划纲要共设置 20 个专栏。"数字化应用场景"专栏在"智慧文旅"部分明确,推动景区、博物馆等发展线上数字化体验产品,建设景区监测设施和大数据平台,发展沉浸式体验、虚拟展厅、高清直播等新型文旅服务。"社会主义文化繁荣发展工程"专栏包含"文化遗产保护传承""重大文化设施建设""旅游目的地质量提升"等内容。其中,"文化遗产保护传承"部分明确,加强安阳殷墟、汉长安城、隋唐洛阳城和重要石窟寺等遗址保护,开展江西汉代海昏侯国,河南仰韶村,良渚古城,石峁、陶寺、三星堆、曲阜鲁国故城等国家考古遗址公园建设;建设 20 个国家重点区域考古标本库房、30 个国家级文化生态保护区和 20 个国家级非物质文化遗产馆。"重大文化设施建设"部分明确,建设中国共产党历史展览馆、中央档案馆新馆、国家版本馆、国家文献储备库、故宫博物院北院区、国家美术馆、国家文化遗产科技创新中心。"旅游目的地质量提升"部分明确,打造海南国际旅游消费中心、粤港澳大湾区世界级旅游目的地、长江国际黄金旅游带、黄河文化旅游带、杭黄自然生态和文化旅游廊道、巴蜀文化旅游走廊、桂林国际旅游胜地,健全游客服务、停车及充电、交通、流量监测管理等设施。综上,可以看出"十四五"规划纲要不仅仅增加了文化设施个体建设的数量,还将文化产业和旅游、体育、新能源、互联网等产业融为一体,进一步将线下文化基础设施和线上数字文化服务体验深度结合。无论是传统的文化基础设施,如博物馆、图书馆、展览馆等,还是新型文化基础设施,如主题公园、数字影院等,都迎来了全面革新和发展的机会。

2021 年 3 月,文化和旅游部、国家发展和改革委员会、财政部联合印发了《关于推动公共文化服务高质量发展的意见》。该意见在第一部分主要原则中指出,要加强城乡公共文化服务体系一体建设,促进区域协调发展,健全人民文化权益保障制度,推动基本公共文化服务均等化;深化公共文化服务体制机制改革,创新管理方式,扩大社会参与,形成开放多元、充满活力的公共文化服务供给体系;在把握各自特点和规律的基础上,促进公共文化服务与科技、旅游相融合,文化事业、产业相融合,建立协同共进的文化发展格局。

该意见第二部分提到的主要任务如下。根据实际,加大对城镇化过程中新出现的居民聚集区、农民新村的公共文化设施配套建设力度。以县级公共图书馆、文化馆总分馆制为抓手,优化布局基层公共文化服务网络。强化县级总馆建设,实现总分馆图书资源的通借通还、数字服务的共享、文化活动的联动和人员的统一培训。合理布局分馆建设,鼓励将若干人口集中,工作基础好的乡镇(街道)的综合文化站建设为覆盖周边乡镇(街道)的区域分中心。具备条件的可在人口聚居的村(社区)的基层综合性文化服务中心建设基层服务点。继续推进"边疆万里文化长廊"建设;打造"文化国门"。充分发挥县、乡、村公共文化设施、资源、组织体系等方面的优势,强化文明实践功能,推进与新时代文明实践中心融合发展。推动公共图书馆、文化馆、博物馆、美术馆、非遗馆等建立联动机制,加强功能融合,提高综合效益。创新拓展城乡公共文化空间。立足城乡特点,打造有特色、有品位的公共文化空间,扩大公共文化服务覆盖面,增强实效性。适应城乡居民对高品质文化生活的期待,对公共图书馆、文化馆(站)功能布局进行创意性改造,实现设施空间的美化、舒适化。支持各地加强对具有历史意义的公共图书馆、文化馆的保护利用。鼓励在都市商圈、文化园区等区域,引入社会力量,按照规模适当、布局科学、业态多元、特色鲜明的要求,创新打造一批融合图书阅读、艺术展览、文化沙龙、轻食餐饮等服务的"城市书房""文化驿站"等新型文化业态,营造小而美的公共阅读和艺术空间。着眼于乡村优秀传统文化的活化利用和创新发展,因地制宜建设文化礼堂、乡村戏台、文化广场、非遗传习场所等主题功能空间。鼓励将符合条件的新型公共文化空间作为公共图书馆、文化馆分馆鼓励社区养老、文化等公共服务设施共建共享。加快推进公共文化服务数字化。加强智慧图书馆体系建设,建立覆盖全国的图书馆智慧服务和管理架构。鼓励公共文化机构与数字文化企业对接合作,大力发展基于5G等新技术应用的数字服务类型,拓宽数字文化服务应用场景。规范推广PPP模式,引导社会资本积极参与建设文化项目,兼顾公共文化服务和文化产业发展,为稳定投资回报、吸引社会投资创造条件。

该意见在第三部分保障措施中提到,充分发挥各级财政资金引导作用,鼓励民间资本参与公共文化服务建设。从该意见中可以了解到,我国公共文化服务要强调公平性、普惠性,无论是城市居民还是农村村民,都应享受到公共文化服务,都有使用公共文化设施的权利。因此公共文化服务的提供不应只局限于东部发达地区,也不局限于北上广深等大城市,而公共文化基础设施投资建设将会在中西部地区和农村地区找到用武之地。

三、公共文化项目建设采用EPC模式的实务解析

(一)EPC模式在公共文化项目建设中的优势

EPC模式作为国际上通行的建设项目组织实施方式,在国内各大基础设施的建设中已经逐渐成为主要和推行的建设模式,也慢慢积累了大量的实践经验。实践中越来越多的业主选择采用EPC模式,主要是因为传统施工总承包模式下,设计、施工分别发包的方式容易导致设计单位与施工单位的工作不契合,致使设计、采购、施工之间互相脱节,容易产生工期延误并对发包人的投资产生不可控影响。而在我国文化体育的发展史上,大型体育和文化基础设施建设,一般都是以

政府为投资主体的投资体制。

目前,可选择的融资政策按政府参与的程度可分为财政拨款和间接投资两类:依赖政府直接投资是传统公共基础设施的投资建设模式,它完全以政府通过税收聚集的资金为保证,通过申报、审批、立项,直接纳入政府的财政预算,再由政府组织招标、决标、开工建设,从工程的监管和验收到竣工后的运营与维修,都以政府的财政拨款为前提。这种模式导致政府财政压力巨大,同时缺乏市场导向,容易造成国有资金的浪费。但在 EPC 模式下,由总承包方承揽工程的设计、采购和施工,在确保工程整体目标实现的同时,可以把优化设计、合理采购及文明施工有机地结合起来。EPC 模式有利于充分发挥设计的主导作用,实现设计、采购和施工的深度交叉和内部协调,从而实现整个工程的系统统筹和整合优化。一方面,在该模式下施工单位可以充分参与设计阶段,促使设计单位在满足发包人要求的基础上,制定出更为合理优化的施工图纸,减轻施工难度,从而达到降低建设成本、提高共同利润的目的。另一方面,该模式也可以充分发挥施工单位在材料选择及采购方面的优势,将材料选择前置至设计阶段,促使设计单位在满足发包人质量要求和功能需求的基础上,采用更具性价比的施工原材料,从而在保证工程的质量,缩短建设周期的同时,真正实现成本管控,利于发包人的投资控制。

(二)EPC 模式下公共文化项目建设中的注意事项

在采用 EPC 模式实施的项目中,总承包商在设计、采购和施工阶段分别需注意以下几点内容:

1.公共文化项目设计阶段的注意事项

实践中公共文化建筑越来越多采用全装配式或部分装配式设计技术手段,主要是根据建筑的功能、风格及形式需要而定。EPC 总包方会根据公共文化建筑预制系统的需要,进行不同体系的划分,同时结合细节把握和落实整体建筑的设计风格与技术特点,从而提高公共文化建筑的装配式设计水平及施工质量。

公共文化项目设计与施工环节之间的梗塞是一个重大的难点,施工人员对公共文化项目的特殊设计意图的把握,仅仅依赖对设计方案书面内容的理解,往往可能出现施工效果达不到设计预期的情况。《工程总承包管理办法》"鼓励具有相应资质的工程总承包单位自行实施施工图设计和施工,促进设计与施工深度融合"的精神,对公共文化项目意义更加重大,如果总承包方商能同时具备设计资质和施工资质,对公共文化项目设计与施工的融合将会有很大帮助,而如果是联合体承包,则仍然存在没有彻底解决公共文化项目设计与施工脱节问题,工程总承包牵头方仍然要注意安排设计对现场施工的跟踪,确保公共文化项目的特殊设计意图能够得到完全的体现。

2.公共文化项目采购阶段的注意事项

采购阶段是实现设计方案并为项目实体建设做准备的过程。为满足限额设计要求,相对于传统管理模式,EPC总承包单位根据项目总体计划编制项目采购计划,将采购提前到设计阶段。EPC总承包单位中标后,材料、设备的询价考察与施工图设计同步进行,项目采购计划随设计细化而动态调整。

首先,公共文化项目对设备的依赖性很高,因此在采购施工材料的过程中,除注意采购合同的签订外,要特别注意充分考虑供货商的资信问题。不论买卖合同约定多完备,对施工企业多有利,只要供货商的资信不好,不具备责任承担能力和偿债能力,则合同的质量条款和违约条款都将失去意义。其次,要注意施工材料的验收风险。施工材料的验收分为两个环节,即出厂验收和进场验收。出厂验收是施工材料在出厂前进行的,除了外观、包装等验收外,还要利用设备或者试验才能得出能够满足性能要求的结果。该部分验收由供货商进行,但是施工企业可以要求进入查看。进场验收是施工企业对进入施工场地的施工材料的品牌、型号、规格、包装等参数进行查验,对于不符合设计要求和合同约定的,不允许进入施工场地。未经验收,极易导致品牌、型号,规格等参数不符合质量及设计要求,引起质量问题。对于已经验收进场的施工材料,由于进场检验只能将肉眼可以识别的情况进行验收,无法进行专业检验、检测,因此,不少施工材料如钢筋、混凝土等必须经建设单位、施工企业都认可的第三方进行检验、检测。未经检验、检测即投入使用,待检测报告出具时若不合格,不仅影响施工质量,造成返工,还会影响施工进度和施工成本。最后,要注意施工材料的现场管理风险。施工材料在施工现场的存放、周转和盘点,都可能影响施工材料的质量,进而影响工程的质量。施工企业应当严格进行施工材料的现场管理,及时盘点使用量,避免不及时盘点造成材料超用或少用;及时查看材料的存放条件,避免存放不当造成材料质量下降,从而引发质量问题。

3.公共文化项目施工阶段的注意事项

《建筑法》第7条规定,建筑工程开工前,建设单位应当按照国家有关规定向工程所在地县级以上人民政府建设行政主管部门申请领取施工许可证。未取得施工许可证或者开工报告未经批准擅自施工的,责令改正,对不符合开工条件的责令停止施工,可以处以罚款。实践中,很多公共文化项目为了赛事的及时性,基于赶工期、抢预售等原因均可能存在未批先建的可能,应注意上述风险。

此外,BIM 技术的应用有助于 EPC 项目团队形成一个集成化的平台,优化公共文化建设项目的设计方案,保证设计质量。设计完成后可以模拟设计、施工、运维等全生命期内的执行和运行情况,更好地预测设计方案对建筑产品建设过程中的控制力。施工阶段可以模拟施工组织及施工场地布置,合理安排施工流水段及工序,合理安排物料采购及进场组织。技术上利用 BIM 技术模拟吊顶综合管廊,进行可视化技术交底等,可大大提高工作效率,保证施工品质。装饰装修、幕墙深化设计及施工阶段,可对建筑进行效果模拟,优化细部设计方案。在大型设备安装、管线布置施工之前,利用 BIM 技术模拟安装路线和管线布置,提前预测安装过程中出现的问题,降低实际操作过程中的风险,保障安装质量。因此,工程总承包项目采用 BIM 技术可大大提高沟通效率,提升工程管理水平。

在采用装配式建筑设计体系后,需要考虑技术应用的有效性、施工组织的合理性、建造成本的经济性,通过建筑各预制体系科学拆分与标准化,对预制构件的合理组合运用,保证建筑外立面造型不单调且内部空间布局可灵活变化,同时也满足建造的基本安全性与可靠性要求。

当然,EPC 模式下公共文化项目的建设,最关键的还是设计、采购、施工环节的高度融合,将施工部署、措施及材料性能等各项需求高度融入设计环节,可以确保建造的便捷性及经济性。单个阶段的成本管控是整体项目成本管控的基础,只有在此基础上,进一步实现设计、采购、施工阶段的相互交叉及充分融合,保证各部门之间的有效联动,才可以实现项目效益的最大化。

第七章

交通运输领域工程总承包项目运作实务

第一节　公路工程总承包项目

一、公路项目简介及特征

（一）公路项目简介

公路是指经交通运输主管部门验收认定的城间、城乡间、乡间能行驶汽车的公共道路,包括已经建成的由交通运输主管部门认定的公路,以及按照国家公路工程技术标准进行设计,并经国家有关行政管理部门批准立项由交通运输主管部门组织正在建设中的公路。[①] 按照公路在公路网络中的地位划分,公路可以分类为国道、省道、县道、乡道和村道;按照公路的使用任务、功能和流量,《公路工程技术标准》(JTG B01—2014)将公路划分为高速公路、一级公路、二级公路、三级公路及四级公路五个技术等级。

公路作为最基础、最广泛的交通基础设施和交通运输方式,是衔接其他各种运输方式和发挥综合交通网络整体效率的主要支撑,在综合交通运输体系中具有不可替代的作用。截至 2021 年底,全国公路总里程 528.07 万 km,全国四级及以上等级公路里程 506.19 万 km,占公路总里程比重为 95.9%。其中,二级及以上等级公路里程 72.36 万 km,占公路总里程比重为 13.7%;高速公路里程16.91万km,

---

① 参见《2021 年交通运输行业发展统计公报》,载交通运输部网站,https://xxgk. mot. gov. cn/2020/jigou/zhghs/202205/t20220524_3656659. html,最后访问日期:2022 年 12 月 13 日。

国家高速公路里程 11. 70 万 km。① 经过多年的投资建设，我国已基本形成了覆盖广泛、互联成网、质量优良、运行良好的公路网络。

（二）公路项目的建设特点

按照《公路"十四五"发展规划》的要求，"十四五"时期是推动公路交通高质量发展的关键时期，具体目标和任务包括：（1）高速公路网络的完善和高速公路通道的扩能；（2）普通国道的贯通和提质升级；（3）普通省道和农村公路的完善建设。为实现前述目标和完成对应的任务，需要在公路项目建设方面投入大量的资源，而相对于其他基础设施建设项目，公路项目的建设有其独特之处。

1. 公路建设项目的规范体系相对独立

《公路法》明确规定由县级以上人民政府交通主管部门依据职责维护公路建设秩序，对公路建设的进行监督管理。公路建设项目的行业规划、政策和标准、投资规模和方向和市场准入管理等事项，均由交通运输行政部门负责制定和实施，因此与其他基础设施项目相比，公路项目形成了相对独立和完善的规范体系。

一是公路建设自项目立项起至项目竣（交）工验收止的全过程，形成了相对完善和独立的行业规范体系。除《公路法》和《收费公路管理条例》等法律、行政法规外，针对公路建设市场管理的事项，交通运输主管部门制定了《公路建设监督管理办法》《公路建设市场信用信息管理办法（试行）》等规范，对公路建设项目的建设程序、质量安全、建设资金、建设市场信用等事项作了统一规范。针对公路建设项目的招标投标事项，交通运输主管部门在《招标投标法》和《招标投标法实施条例》等法律法规的基础上，制定了《公路工程建设项目招标投标管理办法》《公路工程建设项目评标工作细则》等规范性文件。部分地方交通运输主管部门也制定了公路工程建设项目招标投标细则，如北京市交通委员会制定了《北京市公路工程建设项目招标投标管理细则》，结合公路建设项目的特点，对公路工程建设项目的招标投标事项作了进一步的细化规定。针对工程建设项目的质量安全事项，交通运输主管部门在《建设工程质量管理条例》《建设工程安全生产管理条例》等法规的基础上，制定了《公路水运工程质量监督管理规定》《农村公路建设质量管理办法》《公路水运工程安全生产监督管理办法》等规范性文件，相关文

---

① 参见《2021 年交通运输行业发展统计公报》，载交通运输部网站，https://xxgk. mot. gov. cn/2020/jigou/zhghs/202205/t20220524_3656659. html，最后访问日期：2022 年 12 月 13 日。

件对工程建设项目的质量、安全管理事项作了明确规定。针对公路建设项目验收事项,交通运输主管部门制定了《公路工程竣(交)工验收办法》和《公路工程竣(交)工验收办法实施细则》,将公路工程验收划分为交工验收和竣工验收两个阶段,并明确规定了公路建设项目交工验收和竣工验收的基本要求。从前述梳理的内容可以看出,在《公路法》《收费公路管理条例》等法律、行政法规的基础上,交通运输主管部门针对公路建设项目立项起至项目竣(交)工验收止的全过程制定和出台了一系列的规范,形成了相对完善的规范管理体系。

二是公路建设项目有独立的行业技术标准体系。《公路法》第26条明确规定公路建设必须符合公路工程技术标准,此处的公路工程技术标准通常是指公路工程行业标准。按照《公路工程行业标准制修订管理导则》(JTG 1002—2022)的规定,作为公路工程技术标准重要组成部分的公路工程行业标准,分为公路工程强制性行业标准和公路工程推荐性行业标准。公路工程强制性行业标准,是对公路工程中直接涉及质量、安全、人身健康、资源节约和生态环境安全等公共和公众利益的限制、控制性技术提出要求或规定,如《公路工程技术标准》(JTG B01—2014)、《公路工程施工安全技术规范》(JTG F9—2015)、《公路路线设计规范》(JTG D20—2017)和《收费公路联网收费技术标准》(JTG 6310—2022)等行业标准。公路工程推荐性行业标准,是对公路工程中有利于提升质量和提高效率,保证安全和人身健康,促进资源节约和生态环境保护等方面具有推荐性质的指标、方法等提出要求或规定,如《公路工程信息模型应用统一标准》(JTG/T 2420—2021)、《公路工程施工信息模型应用标准》(JTG/T 2422—2021)和《公路交通安全设施施工技术规范》(JTG/T 3761—2021)等行业标准。基于《公路法》的规定,交通运输部公路局联合中国工程建设标准化协会公路分会等单位编制的行业标准,逐步形成了公路工程从规划建设到养护管理全过程所需要制定的技术、管理与服务标准,以及相关的安全、环保和经济方面的评价标准,形成了相对独立和完善的行业技术标准体系。

因此,公路建设项目相对于其他基础设施建设项目,无论是行业规范体系,还是技术标准体系,均相对独立、规范和完善。

2. 公路建设项目的投资模式丰富

公路建设项目作为公益属性强的基础设施项目,具有投资规模大、投资周期长、收益率较低等特点,仅靠国家财政资金的支持,无法满足公路建设项目的投资需求。为满足公路建设项目的资金需求,实现公路建设项目可持续发展的目标,实践中针对不同类型的公路建设项目,形成了独特的投资建设模式。

一是公路建设项目的资金来源,公路建设项目资金的来源包括中央财政资金、地方财政资金、政策性银行贷款,其中中央财政资金和地方财政资金是公路项目投资建设的重要资金来源。在具体项目中,中央和地方的财政支出责任基本上是按照《交通运输领域中央与地方财政事权和支出责任划分改革方案》确定的。在公路建设项目中,由中央财政提供财政资金支持的事项如下。(1)国道。中央承担国道(包括国家高速公路和普通国道)的宏观管理、专项规划、政策制定、监督评价、路网运行监测和协调,国家高速公路中由中央负责部分的建设和管理,普通国道中由中央负责部分的建设、管理和养护等职责。中央承担国家高速公路建设资本金中相应支出,承担普通国道建设、养护和管理中由中央负责事项的相应支出。(2)界河桥梁。中央承担专项规划、政策决定、监督评价职责,建设、养护、管理、运营等具体执行事项由中央委托地方实施。(3)边境口岸汽车出入境运输管理。中央承担专项规划、政策决定、监督评价职责,建设、养护、管理、运营等具体执行事项由中央委托地方实施。界河桥梁、边境口岸汽车出入境运输管理由中央承担支出责任。

由地方财政提供财政资金支持的事项如下。(1)国道。地方承担国道(包括国家高速公路和普通国道)的建设、养护、管理、运营、应急处置的相应职责和具体组织实施。地方负责筹集国家高速公路建设中除中央财政出资以外的其余资金,承担普通国道建设、养护、管理、运营中除中央支出以外的其余支出。(2)省道、农村公路、道路运输站场。地方承担专项规划、政策决定、监督评价职责,并承担建设、养护、管理、运营等具体事项的执行实施。(3)道路运输管理。地方承担专项规划、政策决定、监督评价职责,并承担具体事项的执行实施。省道、农村公路、道路运输站场和道路运输管理由地方承担支出责任。

由中央和地方财政共同提供财政资金支持的事项如下。(1)国家级口岸公路。中央承担专项规划、政策决定、监督评价职责,建设、养护、管理、运营等具体执行事项由地方实施。(2)国家区域性公路应急装备物资储备。中央承担专项规划、政策决定、监督评价职责,具体执行事项由地方实施。

公路建设融资中的政策性银行贷款,主要是指国家开发银行和中国农业发展银行等政策性银行为公路建设项目提供资金支持。除传统的债务融资资金外,国务院《关于加强固定资产投资项目资本金管理的通知》规定在资本金总额50%的限额范围内,按照国家统一的会计制度应当分类为权益工具的通过发行金融工具等方式筹措的各类资金,可以认定为投资项目资本金。基于此,国家开发银行成立的国家开发基础设施投资基金及和中国农业发展银行成立的农业发展基础设施基金,可以通过发行金融债券的方式为公路建设项目筹集项目资本金,如总投资概算180.1亿元的苏台高速公路南浔至桐乡段及桐乡至德清联络线(二期)项目中,项目资本金占比35%,国家开发基础设施投资基金融资18亿元提供项目资本金支持,有效缓解了地方财政的筹资压力。①

二是公路建设项目的投资模式。不同类型的公路建设项目有不同的投资模式:对于非收费公路,实行以政府投资为主的投资模式;而对于收费公路,实践中形成了以政府投资为引导,吸引社会资本积极参与的投资模式。国务院在2004年制定《收费公路管理条例》,将收费公路划分为政府还贷公路和经营性公路。政府还贷公路,是指交通主管部门利用贷款或者向企业、个人有偿集资建设的公路,投资模式与其他非收费公路项目类似,主要区别在于政府还贷公路利用收费偿还贷款、偿还有偿集资款。经营性公路,是指国内外经济组织投资建设或者依照《公路法》的规定受让政府还贷公路收费权的公路。经营性公路通过招标投标等方式选择投资者,并由依法成立的公路企业法人建设、经营和管理,投资者通过批准的收费标准收回投资并获得合理回报。经营性公路主要吸引社会投资人参与公路项目的投资建设,实践中广泛采用BOT模式。随着PPP模式在基础设施领域的推广和发展,交通运输主管部门参与制定了《收费公路政府和社会资本合作操作指南(试行)》(已失效)、《关于进一步做好收费公路政府和社会资本合作项目前期工作的通知》、《关于在收费公路领域推广运用政府和社会资本合作模式的实施意见》(已失效)等政策文件,指导采用PPP模式对公路进行投资建设,吸引社会资本参与公路建设项目的投资建设。此外,为拓宽资金来源,交通运输主管部门参与制定了《地方政府收费公路专项债券管理办法(试行)》,规范设立地方政府收费公路专项债券,允许地方政府利用政府收费公路发行专项债券。收费公路专项债券资金专项用于政府收费公路项目建设,优先用于国家高速公路项

① 参见《政策性开发性金融工具已投放3000亿元 支持基础设施重点领域项目》,载中国政府网,http://www.gov.cn/xinwen/2022-08/29/content_5707310.htm,最后访问日期:2022年12月13日。

目建设,不得用于非收费公路项目建设,不得用于经常性支出和公路养护支出。而为盘活存量资产,《关于推进基础设施领域不动产投资信托基金(REITs)试点相关工作的通知》等政策文件鼓励在收费公路等交通设施领域开展不动产投资信托基金试点相关工作。截至目前,在上海证券交易所和深圳证券交易所已注册生效的高速公路不动产投资信托基金项目有 7 个,为盘活公路建设项目的存量资产积累了丰富经验。

因此,作为公益属性强的基础设施项目,公路建设项目的资金来源广泛,投资模式丰富,形成了相对独特和完整的投资建设模式。

二、公路工程总承包项目的现状及关注要点

公路工程总承包项目,又称公路工程设计施工总承包项目,是指在公路工程项目中将设计和施工合并招标,由中标人对工程的设计和施工实行总承包的一种工程项目建设管理模式。相对于其他基础设施建设项目,公路工程总承包项目的发展及实施有其独特之处。

(一)公路工程总承包的相关政策

2006 年,为促进公路工程设计与施工相融合,提高公路工程设计施工质量,节约资源,控制工程造价,推进现代工程管理,交通运输主管部门就开始实施公路工程项目设计施工总承包试点工作。在《关于开展公路工程项目设计施工总承包试点工作的通知》(交公路发〔2006〕702 号)中,交通运输主管部门在广东、河北、福建、陕西省和北京市等地实施公路工程设计与施工项目试点,试点项目的范围包括:(1)中等规模以上独立桥梁、隧道;(2)长度不超过 30km 的高速公路路段或其中的软基、滑坡等不良地质路段;(3)长度不超过 50km 的一、二级公路。试点的目的在于研究和解决实施过程中的问题,包括设计阶段、招标投标阶段和施工阶段可能存在的问题,总结实施过程中的具体做法和成功经验,为公路工程总承包在全国推广实施打下良好基础。

2015 年,在总结行业试点工作经验的基础上,为了促进公路工程设计与施工相结合,提高管理效能,交通运输主管部门制定了《公路工程设计施工总承包管理办法》,明确设计施工总承包是将公路工程的施工图勘察设计、工程施工等工程内容由总承包单位统一实施的承发包方式,鼓励符合条件的公路工程实行总承包。《公路工程设计施工总承包管理办法》从总承包单位选择及合同要求、总承

包管理等方面,对公路工程设计施工总承包作了统一明确的规定。

除部委层级交通运输主管部门针对公路工程总承包项目制定的政策规范文件外,部分地方交通运输主管部门也针对公路工程总承包项目制定了政策规范。湖南省交通运输厅于2014年制定的《湖南省公路工程设计施工总承包管理办法(试行)》,对公路工程设计施工总承包的概念、适用范围作了界定,并从总承包招标投标、施工图勘察设计、施工阶段职责和计量支付管理等方面作了规定。黑龙江省交通运输厅于2018年制定了《黑龙江省重点公路工程建设项目设计施工总承包管理指南(试行)》,基于《公路工程设计施工总承包管理办法》等规范,对黑龙江省行政区域范围内的公路工程设计施工总承包,从总承包单位选择及合同要求和总承包管理等方面作了规定。

（二）公路工程总承包的关注要点

在不断摸索实践中,公路工程总承包形成了相对独立的政策规范体系。对于具体工程总承包项目,应对资质、发包条件和风险分担等问题予以关注。

1. 公路工程总承包的资质问题

《公路法》第24条规定:"公路建设单位应当根据公路建设工程的特点和技术要求,选择具有相应资格的勘查设计单位、施工单位和工程监理单位,并依照有关法律、法规、规章的规定和公路工程技术标准的要求,分别签订合同,明确双方的权利义务。承担公路建设项目的可行性研究单位、勘查设计单位、施工单位和工程监理单位,必须持有国家规定的资质证书。"因此,公路工程总承包项目作为《公路法》规定的公路建设工程,对应的公路工程总承包单位也必须具备国家规定的资质。考虑到公路工程总承包是设计与施工相融合的发承包方式,需要由总承包单位统一实施公路工程的施工图勘察设计和工程施工等工程内容,实践中需进一步确定总承包单位是否必须同时具有相应的勘察设计资质和施工资质。

要求房屋建筑和市政基础设施项目总承包单位必须同时具有与工程规模相适应的工程设计和施工双资质,是《工程总承包管理办法》颁布和施行后才明确的事项。与之不同的是,早在2006年开展公路工程总承包项目试点时,《关于开展公路工程项目设计施工总承包试点工作的通知》就规定"参加投标的单位可以是同时具有相应勘察设计和施工资质的单位,也可是具有相应勘察设计和施工资质单位组成的联合体(双方签订联合协议,明确权利和义务)",即明确要求总承包单位必须同时具有相应的勘察设计和施工资质。2015年颁布和施行的《公路工程设计施工总承包管理办法》第 6 条也明确要求总承包单位必须同时具有与招标工程相适应的勘察设计和施工资质,或者由具备相应资质的勘察设计和施工单位组成联合体。因此,建设单位在针对公路工程总承包项目设定资质条件时,应要求公路工程总承包项目的总承包单位同时具有与工程相适应的勘察设计资质和施工资质,或者组建联合体。

2. 公路工程总承包项目的发包条件问题

对于计划采用设计施工总承包模式的公路工程项目,建设单位可以进行发包的阶段或发包的条件是各方参与主体应予以注意的问题。

无论是政府投资的公路建设项目,还是企业投资的公路建设项目,按照《公路建设监督管理办法》的规定,实施程序大致可归纳为:(1)可行性研究报告(项目建议书)/项目申请报告编制及批准;(2)初步设计文件编制及批准;(3)施工图设计文件编制及批准;(4)项目施工;(5)项目交工、竣工验收。因此,在公路工程建设项目开工建设前,必须完成可行性研究报告(项目建议书)/项目申请报告、初步设计文件、施工图设计文件等的编制及批准。公路工程总承包是设计与施工相融合的发承包方式,则总承包单位承担的设计工作的内容,以及建设单位可以发包的阶段或发包的条件,是实践中普遍予以关注的问题。

《公路工程设计施工总承包管理办法》第 5 条规定公路工程总承包应当在初步设计文件获得批准并落实建设资金后进行招标,总承包单位负责统一实施的是公路工程的施工图勘察设计、工程施工等工程内容。公路工程建设项目包括初步设计和施工图设计,由总承包单位负责完成施工图勘察设计。建设单位必须在完成初步设计文件的编制和批准后进行招标,公路工程设计施工总承包项目可以发包的条件发包的阶段或是项目完成初步设计文件的编制和批准。

因此,公路工程设计施工总承包不是从初步设计阶段开始的,而是从施工图设计阶段开始的,建设单位不能依据可行性研究报告(项目建议书)/项目申请报告进行招标,各方参与主体应予以注意。

3. 公路工程总承包的风险分担问题

虽然《公路工程设计施工总承包管理办法》第 3 条鼓励公路工程项目按照总承包模式进行建设,但并不是所有的公路工程项目都必须按照总承包模式进行建设。针对具体项目,需结合工程规模、技术复杂程度、投资属性、项目管理需要等因素,以确定是否采用设计施工总承包模式。对于采用设计施工总承包的项目,

《公路工程设计施工总承包管理办法》第14条规定采用总价合同,除建设单位承担的风险费用外,总承包合同总价一般不予调整。

实践中需注意的是,公路工程总承包项目采用总价合同并不意味着合同的所有风险都由总承包单位承担,合理划分风险是保证总承包项目能够顺利实施的基础。《公路工程设计施工总承包管理办法》第13条规定,建设单位通常承担的风险因素如下。(1)建设单位提出的工期调整、重大或者较大设计变更、建设标准或者工程规模的调整。(2)国家税收等政策调整引起的税费变化。(3)钢材、水泥、沥青、燃油等主要工程材料价格与招标时基价相比,波动幅度超过合同约定幅度的部分。(4)施工图勘察设计时发现的在初步设计阶段难以预见的滑坡、泥石流、突泥、涌水、溶洞、采空区、有毒气体等重大地质变化,其损失与处治费用可以约定由项目法人承担,或者约定项目法人和总承包单位的分担比例。工程实施中出现重大地质变化的,其损失与处治费用除保险公司赔付外,可以约定由总承包单位承担,或者约定项目法人与总承包单位的分担比例。总承包单位施工组织、措施不当造成上述问题,其损失与处治费用由总承包单位承担。(5)其他不可抗力所造成的工程费用的增加。除建设单位承担的风险因素外,其他风险通常都是由总承包单位承担。

因此,基于合理分配、风险共担的机制,当事人可以在招标文件或合同中对公路工程总承包项目的风险分担原则、风险分担因素和风险分担范围作出约定;通过合理划分风险,强调利益与风险对等,才能控制好风险,有利于节约成本、保护环境,发挥公路工程总承包模式的优势。

三、公路工程总承包项目实施时的注意事项

作为公益属性强的基础设施项目,公路建设项目形成了相对独特和完整的投资建设模式,对应的公路工程总承包形成了相对独立的政策规范体系,则处理公路工程总承包项目涉及的法律事项时,需以其相对独立的政策规范体系为依据。

1.公路工程总承包项目的立项问题

项目立项是指政府投资主管部门依据投资主体、项目资金来源、项目规模等因素,对投资项目进行分类监督和管理的活动。基础设施项目的立项,是指政府投资主管部门对基础设施领域的投资项目进行分类监督和管理的活动。关于现行基础设施项目的立项管理机制,较早的规范依据是国务院《关于投资体制改革

的决定》,经过不断演进和完成,逐步形成现阶段的项目审批、核准和备案三类基础设施投资项目立项管理机制,其中审批适用于政府投资项目,主要规范依据是《政府投资条例》;核准和备案适用于企业投资项目,主要规范依据是《企业投资项目核准和备案管理条例》和《企业投资项目核准和备案管理办法》。

公路建设项目的立项,主要涉及的问题是项目应该采用何种方式进行立项。对于被认定为政府投资项目的公路建设项目,应该按照《政府投资条例》的规定,通过审批方式进行立项;而对于被认定为企业投资项目的公路建设项目,是按照核准方式进行立项管理,还是按照备案方式进行立项管理,需结合公路建设项目的实际情况作进一步判断。《公路建设监督管理办法》第 8 条规定,企业投资公路建设项目实行核准制,即所有企业投资的公路建设项目,不执行备案制。对于具体公路建设项目的核准权限,《政府核准的投资项目目录(2016 年本)》作了规定,其中国家高速公路网和普通国道网项目由省级政府按照国家批准的相关规划核准,地方高速公路项目由省级政府核准,其余项目由地方政府核准。若公路建设项目中涉及独立的公路桥梁、隧道,则其中的跨境项目由国务院投资主管部门核准并报国务院备案;其余跨 10 万吨级及以上航道海域、跨大江大河(现状或规划为一级及以上通航段)的独立公路桥梁、隧道项目,由省级政府核准,其中跨长江干线航道的项目应符合国家批准的相关规划;其余项目由地方政府核准。

因此,实践中应注意结合《政府投资条例》等规范和《政府核准的投资项目目录(2016 年本)》等标准文件,对公路建设项目的立项方式进行核查,即要求公路建设项目办理必要的审批立项手续或核准立项手续。而对于已经办理相应的审批或核准立项手续的公路建设项目,应注意核查审批或核准立项手续的内容是否与项目实际情况相符,以及立项手续是否存在延期、失效等问题。

2. 公路工程总承包项目的分包范围问题

《公路工程质量检验评定标准》对公路工程的单位、分部及分项工程的划分作了规定。其中公路工程的一般建设项目可划分为路基工程(每 10km 或每标段)、路面工程(每 10km 或每标段)、桥梁工程(每座或每合同段)、隧道工程(每座或每合同段)、绿化工程(每合同段)、声屏障工程(每合同段)、交通安全设施(每 20km 或每标段)、交通机电工程和附属设施等单位工程;特大斜拉桥、特大悬索桥工程可划分为塔及辅助、过渡墩(每个)、锚碇(每个)、上部钢结构制作与防护和桥面系、附属工程及桥梁总体等单位工程。

针对公路工程总承包项目的分包事项，基于公路工程的单位、分部及分项工程的划分，交通运输主管部门在《公路工程施工分包管理办法》中规定，承包人可以将适合专业化队伍施工的专项工程分包给具有相应资格的单位，发包人应在招标文件中明确不得分包的专项工程，并规定由省级人民政府交通运输主管部门负责制定本行政区域公路工程施工分包管理的实施细则、分包专项类别以及相应的资格条件、统一的分包合同格式和劳务合作合同格式等。基于《公路工程施工分包管理办法》的规定和授权，部分省级人民政府交通运输主管部门制定了公路工程施工分包管理的实施细则，如广东省交通运输厅《关于公路工程施工分包的实施细则》、《四川省公路工程施工分包和劳务合作管理实施细则》、《浙江省公路水运工程施工分包管理办法（试行）》等。因此，在认定公路工程总承包项目的分包事项时，应注意结合《公路工程施工分包管理办法》和公路工程项目所在地的分包实施细则等规范进行认定。

梳理《公路工程施工分包管理办法》的规定可知，《公路工程施工分包管理办法》仅涉及承包人分包公路工程中的专项工程，不允许分包的工程也仅要求招标人在招标时予以明确。需注意的是，部分省级人民政府交通运输主管部门在制定分包实施细则时，对公路工程的分包要求作了进一步的明确。规范层面允许分包的专项工程，结合《四川省公路工程施工分包和劳务合作管理实施细则》《江苏省公路工程施工分包管理实施细则》等规范可知，通常是指按照《公路工程质量检验评定标准》划分的适合专业化分包的公路有关分部、分项工程。但部分地方规范将专业分包划分类别进行管理，如广东省交通运输厅《关于公路工程施工分包的实施细则》将专业分包分为一类分包和二类分包，其中一类分包是指总承包、技术复杂公路的施工合同工程，对单座中桥、大桥、中隧道、长隧道和其他质量、安全风险高或者技术要求高的分项工程进行的分包，以及分包费用总额超过承包人施工合同额30%的分包；二类分包是指除一类分包以外的其他合法分包。

对于分包范围的限制，除发包人在招标时明确不得分包工程的范围外，部分地方的分包实施细则以规定的形式明确了不允许分包的内容。《浙江省公路水运工程施工分包管理办法（试行）》规定公路工程中的下列内容不得分包：(1)滑坡体的预应力结构和抗滑桩。(2)单独招标路面合同段的沥青面层结构。(3)桥梁索塔、锚碇、沉井基础等结构；浇筑高度≥30m 的非柱式混凝土墩；预应力混凝土桥梁上部承重结构(购买专业化生产的符合相关要求的梁板除外);拱桥、斜拉桥、悬索桥等特殊桥梁上部承重结构(钢结构除外)。(4)其他高风险和技术复杂的工程内容。《江苏省公路工程施工分包管理实施细则》规定下列工程内容不得分包:(1)以路面工程为主的标的不得将路面工程切段分包或者将主要结构层分包;跨江大桥主桥和跨江隧道招标文件中招标人认定的主体结构不得分包;工程材料采购不得分包。(2)以《江苏省公路工程施工分包管理实施细则》中的《分包类别与资格条件》中所列的单个工程类别作为独立标的进行招标的不得分包。(3)招标文件禁止分包的工程不得分包。(4)其他法律法规禁止分包的工程不得分包。

此外,除允许对公路工程的专业工程进行分包外,部分地方规范还允许对公路工程进行专业分包。《江苏省公路工程施工分包管理实施细则》和《四川省公路工程施工分包和劳务合作管理实施细则》规定公路工程可以进行专业工程分包,即国家资质管理规定中明确的公路路基、路面、桥梁、隧道工程,以及公路交通工程中的交通安全设施、通信系统、监控系统、收费系统、综合系统等工程,允许承包人在所承包工程范围内以合约方式交由他人实施。显然部分地方规范突破了《公路工程施工分包管理办法》规定的专项分包的范围,允许承包人对《公路工程质量检验评定标准》所划定的单位工程进行分包;甚至对于采用总价合同形式的施工总承包或设计施工总承包项目,《四川省公路工程施工分包和劳务合作管理实施细则》允许承包人对两项及以上专业工程的工程进行专业分包。

因此,除依据《公路工程质量检验评定标准》确定适合专业化分包的有关分部、分项工程外,还应关注项目所在地的交通运输行政主管部门制定的规范是否对专项工程分包的范围有特殊限制,是否允许对公路工程进行专业工程分包,最后结合公路工程项目的实际情况,确定允许分包的公路工程的范围。

3. 公路工程总承包项目的验收问题

公路工程建设项目形成了相对独立的规范体系,特别是由交通运输行政职能部门主导制定的涉及公路工程的规范、技术标准,是具体的公路工程项目在建设过程中不容忽视的规范。针对公路工程项目的验收,实践中主要执行的是《公路工程竣(交)工验收办法》《公路工程竣(交)工验收办法实施细则》等规范。

《公路工程竣(交)工验收办法》规定,公路工程验收分为交工验收和竣工验收两个阶段。其中交工验收是检查施工合同的执行情况,评价工程质量是否符合技术标准及设计要求,是否可以移交下一阶段施工或是否满足通车要求,对各参建单位工作进行初步评价;竣工验收是综合评价工程建设成果,对工程质量、参建单位和建设项目进行综合评价。

对于公路工程的交工验收,根据《公路工程竣(交)工验收办法实施细则》的规定,按照如下程序进行。(1)施工单位完成合同约定的全部工程内容,且经施工自检和监理检验评定均合格后,提出合同段交工验收申请报监理单位审查。交工验收申请应附自检评定资料和施工总结报告。(2)监理单位根据工程实际情况、抽检资料以及对合同段工程质量评定结果,对施工单位交工验收申请及其所附资料进行审查并签署意见。监理单位审查同意后,应同时向项目法人提交独立抽检资料、质量评定资料和监理工作报告。(3)项目法人对施工单位的交工验收申请、监理单位的质量评定资料进行核查,必要时可委托有相应资质的检测机构进行重点抽查检测,认为合同段满足交工验收条件时应及时组织交工验收。(4)通过交工验收的合同段,项目法人应及时颁发"公路工程交工验收证书"。(5)各合同段全部验收合格后,项目法人应及时完成"公路工程交工验收报告"。工程各合同段交工验收结束后,由项目法人对整个工程项目进行工程质量评定,工程质量评分采用各合同段工程质量评分的加权平均值。交工验收工程质量等级评定分为合格和不合格,工程质量评分值大于等于75分的为合格,小于75分的为不合格。交工验收不合格的工程应返工整改,直至合格。交工验收提出的工程质量缺陷等遗留问题,由项目法人责成施工单位限期完成整改。

对于公路工程的竣工验收,根据《公路工程竣(交)工验收办法实施细则》的规定,按照如下程序进行。(1)公路工程符合竣工验收条件后,项目法人应按照公路工程管理权限及时向相关交通运输主管部门提出验收申请。(2)相关交通运输主管部门对验收申请进行审查,必要时可组织现场核查。审查同意后报负责竣工验收的交通运输主管部门。(3)以上文件齐全且符合条件的项目,由负责竣工验收的交通运输主管部门通知所属的质量监督机构开展质量鉴定工作。(4)质量监督机构按要求完成质量鉴定工作,出具工程质量鉴定报告,并审核交工验收对设计、施工、监理初步评价结果,报送交通运输主管部门。(5)工程质量鉴定等级为合格及以上的项目,负责竣工验收的交通运输主管部门及时组织竣工验收。(6)成立竣工验收委员会。听取公路工程项目执行报告、设计工作报告、施工总结报告、监理工作报告及接管养护单位项目使用情况报告,听取公路工程质量监督报告及工程质量鉴定报告。(7)竣工验收委员会成立专业检查组检查工程实体质量,审阅有关资料,形成书面检查意见。(8)对项目法人建设管理工作进行综合评价。审定交工验收对设计单位、施工单位、监理单位的初步评价。(9)对工程质量进行评分,确定工程质量等级,并综合评价建设项目。(10)形成并通过《公路工程竣工验收鉴定书》,负责竣工验收的交通运输主管部门印发《公路工程竣工验收鉴定书》;质量监督机构依据竣工验收结论,对各参建单位签发"公路工程参建单位工作综合评价等级证书"。

从前述内容可知,公路工程的验收区别于一般建设项目,实践中在认定公路工程竣工验收的事项时应注意符合公路工程项目的特殊规定。在中铁科工集团有限公司(以下简称中铁科工集团)、中建四局第三建设有限公司(以下简称中建四局三公司)建设工程施工合同纠纷案[(2021)最高法民申 7321 号]中,最高人民法院即认定根据《公路工程竣(交)工验收办法》第 4 条、第 14 条、第 16 条、第 27 条规定,公路工程分为交工、竣工两个阶段,交工验收并通车试运营 2 年后才能申请竣工验收,但试运营期不得超过 3 年。该案所涉工程为公路工程中的桥梁工程,属公路工程的一部分,应区别于普通建设工程。案涉工程于 2019 年 5 月 30 日试通车运营,并未正式通车,至该案二审判决作出时,尚未满 2 年试运营期,未达到竣工验收的条件。同时,《遵义乐理至冷水坪高速公路桥梁工程劳务分包合同》第 5.2 条约定,支付案涉工程结算款的时间为中建四局三公司与业主竣工结算审核确认后 3 个月内,而相关补充协议也约定中铁科工集团应得的工程款需以建设单位最终审定为基础。在案涉工程并未竣工验收,建设单位也未进行最终审定时,虽一审法院委托鉴定机构进行了造价鉴定,但该鉴定结果仅是对价格的确认,并未改变工程款的支付条件,故二审认定案涉工程未经竣工验收合格,尚不具备支付工程结算款条件并无不当。中铁科工集团应待工程竣工验收合格,或虽未办理竣工验收但试运营期已满 3 年后再行主张工程结算款项。

因此,实践中应注意公路工程项目将验收分为交工验收和竣工验收两个节点,并且对其交工验收和竣工验收的内容、程序和要求均有明确规定。在认定公路工程总承包项目是否已完成验收及所需手续、是否具备付款条件等时,应注意结合公路工程项目对验收的特别规定进行认定。

第二节 铁路工程总承包项目

一、铁路项目简介及特征

(一)铁路项目简介

铁路是一种使用机车牵引车辆(或以自身有动力装置的车辆)组成列车、循轨行驶的交通线路。铁路分类的依据和形式多样,实践中一般根据技术、路网、行政、速度、功能等不同因素进行划分和分级。根据《铁路线路设计规范》(TB 10098—2017)的规定,结合铁路在路网中的作用、性质、设计速度和客货运量,铁路可划分为高速铁路、城际铁路、重载铁路和客货共线铁路,其中客货共线铁路又可以分为Ⅰ、Ⅱ、Ⅲ、Ⅳ级。按照行政区域和管理主体,铁路可划分为国家铁路、地方铁路、专用铁路和铁路专用线。国家铁路是指由国务院铁路主管部门管理的铁路。地方铁路是指由地方人民政府管理的铁路。专用铁路是指企业或者其他单位管理,专为本企业或者本单位内部提供运输服务的铁路。铁路专用线是指由企业或者其他单位管理的与国家铁路或者其他铁路线路接轨的岔线。

铁路是国家重要的基础设施和民生工程,是资源节约型、环境友好型运输方式,是综合交通运输体系的骨干,在综合交通运输体系中具有不可替代的作用。截至2021年底,全国铁路营业里程达到15.0万km,其中高铁营业里程达到4万km;铁路复线率为59.5%,电化率为73.3%;全国铁路路网密度156.7km/万 km^2。[①]经过多年的投资建设,我国已基本形成了覆盖广泛、互联成网、质量优良、运行良好的铁路网络。

(二)铁路项目的建设特点

按照《"十四五"现代综合交通运输体系发展规划》,在已有铁路建设成果的基础上,"十四五"期间需继续加强现代化铁路网的建设,具体表现为:(1)加快普速铁路建设和既有铁路扩能改造,着力消除干线瓶颈,推进既有铁路运能紧张路段能力补强,加快提高中西部地区铁路网覆盖水平;(2)加强资源富集区、人口相

[①] 参见《2021年交通运输行业发展统计公报》,载交通运输部网站,https://xxgk. mot. gov. cn/2020/jigou/zhghs/202205/t20220524_3656659. html,最后访问日期:2022年12月13日。

对密集脱贫地区的开发性铁路和支线铁路建设;(3)推进高速铁路主通道建设,提升沿江、沿海、呼南、京昆等重要通道以及京沪高铁辅助通道运输能力,有序建设区域连接线;(4)综合运用新技术手段,改革创新经营管理模式,提高铁路网整体运营效率。为实现前述目标和完成相对应的任务,需要在铁路项目建设方面投入大量的资源,而相对于其他基础设施建设项目,铁路项目的建设有其独特之处。

1. 铁路建设项目的规范体系相对独立

《铁路法》明确规定国务院铁路主管部门主管全国铁路工作,对国家铁路实行高度集中、统一指挥的运输管理体制,对地方铁路、专用铁路和铁路专用线进行指导、协调、监督和帮助。在 2013 年实行铁路政企分开改革前,国务院铁道部是《铁路法》规定的主管部门;在 2013 年实行铁路政企分开改革后,铁道部撤销,交通运输部承担拟订铁路发展规划和政策的行政职责,统筹规划铁路、公路、水路、民航发展,加快推进综合交通运输体系建设。新组建并由交通运输部管理的铁路局承担原铁道部的其他行政职责,负责拟订铁路技术标准,监督管理铁路安全生产、运输服务质量和铁路工程质量等。同时新组建的中国铁路总公司,负责承担原铁道部的企业职责,负责铁路运输统一调度指挥,经营铁路客货运输业务,承担专运、特运任务,负责铁路建设,承担铁路安全生产主体责任等。相较于其他基础设施项目,铁路建设项目有特定的主管部门,铁路建设项目的规划、政策和标准、投资规模和方向和市场准入管理等事项,均由交通运输行政部门及铁路局负责制定和实施,由此铁路项目形成了相对独立和完善的规范体系。

一是铁路建设项目自立项起至项目竣工验收交接止的全过程,形成了相对完善和独立的行业规范体系。除《铁路法》《铁路安全管理条例》等法律法规外,针对铁路建设市场管理,国家铁路局制定了《铁路工程建设市场秩序监管暂行办法》,明确国家铁路局负责拟定规范铁路工程建设市场秩序政策措施并组织实施,指导、检查和协调地区铁路监督管理局铁路工程建设市场秩序监管工作,对地方政府有关部门铁路工程建设市场监管工作予以行业指导。地区铁路监督管理局负责辖区内国务院投资主管部门审批(核准、备案)的铁路工程建设市场秩序监督检查,受理投诉举报并组织调查处理,依法查处违法违规行为;按规定通报、报告铁路工程建设市场秩序方面的违法违规行为和相关监管信息;分析铁路工程建设市场形势,总结铁路工程建设市场秩序监管工作;联系地方政府有关部门并提供行业指导。针对铁路建设项目的招标投标事项,在《招标投标法》和《招标投标法实施条例》等法律法规的基础上,交通运输部制定了《铁路工程建设项目招标投标管理办法》,国家铁路局制定了《铁路建设工程招标投标监管暂行办法》,在招标、投标、开标、评标和中标等阶段对招标投标作了细化规定。为保障招标投标活动当事人的合法权益,促进铁路建设招标投标活动的发展,国家铁路局结合铁路工程建设项目施工招标特点和实际需要,编制了《铁路工程标准施工招标资格预审文件》和《铁路工程标准施工招标文件》。针对工程建设项目的质量安全事项,国家铁路局在《建设工程质量管理条例》《建设工程安全生产管理条例》《铁路安全管理条例》等行政法规的基础上,制定了《铁路建设工程质量安全监管暂行办法》,相关规范对铁路工程建设项目的质量、安全管理事项作了明确规定。针对铁路建设项目验收事项,国家铁路行政职能部门制定了《铁路建设项目竣工验收交接办法》和《高速铁路竣工验收办法》,将铁路建设项目中大中型项目的竣工验收划分为静态验收、动态验收、初步验收、安全评估和正式验收等阶段,改建项目、简单建设项目和小型建设项目可适当合并、简化验收阶段,并明确规定了竣工验收的依据和各个阶段验收的条件、竣工验收的任务和内容、竣工验收组织等内容。

基于前述梳理论述的内容可知,在《铁路法》《铁路安全管理条例》等法律、行政法规的基础上,交通运输主管部门、铁路局针对铁路建设项目自立项起至项目竣工验收止的全过程制定和出台了一系列的规范,形成了相对完善的规范管理体系。

二是铁路建设项目有独立的行业技术标准体系。《铁路法》第 38 条明确规定新建和改建铁路的其他技术要求应当符合国家标准或者行业标准。在铁路建设领域,铁道标准包括铁道国家标准和铁道行业标准。铁道行业标准,按照《铁道行业技术标准管理办法》的规定,包括强制性标准和推荐性标准,符合国家有关强制性标准制定原则的应制定强制性铁道行业标准,其他标准为推荐性标准。这些标准主要用于满足铁道行业下列要求:(1)铁路基础通用技术要求;(2)铁路系统性、兼容性和互联互通等通用技术要求;(3)铁路专用装备(设备)通用技术条件、试验方法及其主要部件的技术条件、试验方法;(4)直接影响铁路运输和安全的重要零部件;(5)铁路运输服务质量要求;(6)铁路安全监督管理需要规定的有关技术要求。针对铁路建设,铁路工程建设标准可分为铁路工程建设国家标准、铁路工程建设行业标准和铁路工程建设企业标准。其中铁路工程建设行业标准主要用于满足铁道工程的下列要求：（1）铁路工程建设勘察、设计、施工及验收等质量要求；（2）铁路工程建设有关安全、健康、环境保护的技术要求；（3）铁路工程建设通用的术语、符号和制图方法；（4）铁路工程建设通用的试验、检验和评定等方法；（5）铁路工程建设中需要统一的其他技术要求。截至 2022 年 7 月 31 日，现行铁路行业标准共 1107 项，包括铁路行业装备技术标准 892 项、工程建设标准 180 项、运输服务标准 35 项。① 其中 180 项工程建设标准，包括《新建铁路工程项目建设用地指标》（建标〔2008〕232 号）、《铁路路基设计规范》（TB 10001—2016）、《铁路桥涵设计规范》（TB 10002—2017）等规范。按照《"十四五"铁路标准化发展规划》的要求，"十四五"期间将继续强化标准在铁路工程质量控制、安全保障、绿色环保等方面"保基本、兜底线"的作用，推进适应不同铁路特点的重点标准制修订，推动新一代信息技术在铁路工程建设的融合应用，吸收纳入工程造价标准，为保障铁路工程质量安全和提高建设投资效益提供技术支撑。基于《铁路法》等法律规范的规定，国家铁路局科技与法制司联合其他单位编制的行业标准，逐步形成了从铁路建设项目的规划建设到养护管理全过程所需要制定的技术、管理与服务标准，以及相关的安全、环保和经济方面的评价标准，形成了相对独立和完善的行业技术标准体系。

因此，相对于其他基础设施建设项目，铁路建设项目无论是行业规范体系，还是技术标准体系，均相对独立、完善和规范。

2. 铁路建设项目的投资模式丰富

铁路建设项目作为公益属性强的基础设施项目，具有投资规模大、投资周期长、收益率较低等特点，仅靠国家财政资金的支持，无法满足铁路建设项目的投资需求。为满足铁路建设项目的资金需求，实现铁路建设项目可持续发展的目标，实践中针对不同类型的铁路建设项目，可以选择相适应的投资建设模式。

基于铁路建设项目的公益属性，铁路建设项目资金的主要来源为中央财政资金、地方财政资金。在具体项目中中央和地方的财政支出责任基本上是按照《交通运输领域中央与地方财政事权和支出责任划分改革方案》确定的。在铁路建设项目中，中央财政提供财政资金支持的事项如下。（1）宏观管理。中央承担全

---

① 参见《国家铁路局发布现行铁路行业标准目录》，载中国政府网，http://www.gov.cn/xinwen/2022－07/29/content_5703362.htm。

国铁路的专项规划、政策决定、监督评价、路网统一调度和管理等职责。(2)由中央决策的铁路公益性运输。中央承担相应的管理职责,具体执行事项由中央(含中央企业)实施。(3)其他事项。中央承担国家及行业标准制定,铁路运输调度指挥,国家铁路、国家铁路运输企业实际管理合资铁路的安全保卫,铁路生产安全事故调查处理,铁路突发事件应急预案编制,交通卫生检疫等公共卫生管理,铁路行业科技创新等职责。地方财政提供财政资金支持的事项如下。(1)城际铁路、市域(郊)铁路、支线铁路、铁路专用线。建设、养护、管理、运营等具体执行事项由地方实施或由地方委托中央企业实施。(2)由地方决策的铁路公益性运输。地方承担相应的管理职责,具体执行事项由地方实施或由地方委托中央企业实施。(3)其他事项。地方承担铁路沿线(红线外)环境污染治理和铁路沿线安全环境整治,除国家铁路、国家铁路运输企业实际管理合资铁路外的其他铁路的安全保卫职责。中央和地方财政共同提供财政资金支持的事项包括中央(含中央企业)与地方共同承担干线铁路的组织实施职责,包括建设、养护、管理、运营等具体执行事项,其中干线铁路的运营管理由中央企业负责实施。在前述确定中央和地方财政支出责任的基础上,具体项目中,中央和地方的财政支出责任和方式,包括中央企业和地方企业的支出责任和方式,通过《关于进一步做好铁路规划建设工作意见》等规范文件得以进一步细化和明确。

在中央和地方财政对铁路建设项目提供资金支持的过程中,中央预算内的资金必须按照规范使用和管理。按照《铁路项目中央预算内投资专项管理暂行办法》(已失效)的规定,对符合规定及相关条件的项目,原则上由国家发展和改革委员会按照资本金注入等方式安排中央预算内投资,由中国国家铁路集团有限公司作为出资人代表投入项目,中央预算内资金支持项目的资本金测算按不高于项目总投资的70%考虑,"十四五"期间中央预算内投资安排标准如下:(1)西部、东北、中部地区干线铁路项目累计安排规模分别不高于资本金的40%、40%、30%安排;(2)东部、中部、西部省份重点城市群跨省和区域骨干城际铁路项目累计安排规模分别不高于资本金的10%、15%、20%;(3)铁路货运能力提升项目安排规模不高于资本金的20%;(4)中欧班列铁路基础设施提级改造项目(重点铁路口岸扩能改造)安排规模不高于资本金的20%;(5)对涉及欠发达地区尤其是西藏及4省涉藏州县、南疆、重点沿边等地区的铁路项目,以及国家战略明确支持的重大铁路项目,经论证可以适当加大中央预算内投资支持力度。国家政策层面也支持铁路建设项目积极拓展资金筹集方式,国务院《关于加强固定资产投资项目资本金管理的通知》规定在资本金总额的50%的限额范围内,按照国家统一的会计制度应当分类为权益工具的通过发行金融工具等方式筹措的各类资金,可以认定为投资项目资本金,即允许部分债务性资金充当资本金。在此政策支持下,主要用于国家计划的大中型铁路建设项目以及与建设有关的支出的铁路建设基金,可以用于提供项目资本金,拓宽了项目资本金的筹集渠道,减轻了项目资本金的筹集压力。

除中央和地方财政资金外,为了多方式多渠道筹集建设资金,铁路建设项目持续不断地推进铁路投融资体制改革。2013年,国务院《关于改革铁路投融资体制加快推进铁路建设的意见》向地方政府和社会资本放开城际铁路、市域(郊)铁路、资源开发性铁路和支线铁路的所有权、经营权,鼓励社会资本投资建设铁路。2015年,《关于进一步鼓励和扩大社会资本投资建设铁路的实施意见》明确积极鼓励社会资本全面进入铁路领域;列入中长期铁路网规划、国家批准的专项规划和区域规划的各类铁路项目,除法律法规明确禁止的外,均向社会资本开放。国家重点鼓励社会资本投资建设和运营城际铁路、市域(郊)铁路、资源开发性铁路以及支线铁路,鼓励社会资本参与投资铁路客货运输服务业务和铁路"走出去"项目;支持社会资本以独资、合资等多种投资方式建设和运营铁路,向社会资本开放铁路所有权和经营权,推广政府和社会资本合作模式,鼓励运用特许经营、股权合作等方式,通过运输收益、相关开发收益等方式获取合理收益。这为吸纳社会资本参与铁路建设项目奠定了政策基础。相关项目如杭绍台城际铁路PPP项目,线路全长269km,其中新建线路全长224km,设计行车速度为350km/h,项目总投资448.9亿元,采用BOOT(建设—拥有—运营—移交)模式运作,由政府方授权项目公司负责该项目的投资、建设、运营、维护、移交等工作,并获取合理回报,运营期满后项目公司将全部项目资产无偿移交给政府方,最终复星集团牵头的民营联合体占股51%,中国铁路总公司占比15%、浙江省政府占比13.6%、绍兴和台州市政府合计占比20.4%。该项目成功吸引民营资本参与投资建设,拓宽了铁路建设项目的投融资渠道。

此外,《关于进一步做好铁路规划建设工作的意见》等政策鼓励中国国家铁路集团有限公司要用好铁路建设基金,增强出资能力,创新铁路债券发行方式,提高直接债务融资比例,有效降低融资成本,也支持以股权转让、股权置换、资产并购、重组改制等资本运作方式盘活铁路资产,广泛吸引社会资本参与,扩大铁路建设资金筹集渠道,优化存量资产结构。这进一步拓宽了铁路建设项目的资金筹集渠道,丰富了铁路建设项目的投融资模式。

综上,作为公益属性强的基础设施项目,铁路建设项目的资金来源广泛,投资模式丰富,形成了相对独特和完整的投资建设模式。

二、铁路工程总承包项目的实施现状及关注要点

铁路工程总承包又称铁路建设项目工程总承包,是指建设单位(或业主)通过招标将建设项目的设计、采购和施工委托给具有相应资质的工程总承包单位(或联合体),工程总承包单位按照合同约定,对设计、物资设备采购、工程实施实行全过程承包,对工程的质量、安全、工期、投资、环保负责的建设组织方式。相对于其他基础设施建设项目,铁路工程总承包项目的发展及实施有其独特之处。

(一)铁路工程总承包的相关政策

2004 年,为实现施工单位和设计单位强强联合,充分发挥设计指导施工、施工优化设计的优势,使施工图设计和施工有机结合,统筹安排,有效控制,确保工程的质量、投资和工期,原铁道部制定了《铁路建设项目工程总承包暂行办法》,对铁路建设项目实施工程总承包予以规定。

2006 年,为促进铁路工程设计与施工相融合,提高铁路工程设计施工质量,节约资源,控制工程造价,推进铁路工程管理,提高铁路建设水平,规范铁路建设项目工程总承包工作,原铁道部在《铁路建设项目工程总承包暂行办法》的基础上,进一步制定了《铁路建设项目工程总承包办法》,对于铁路建设项目中工程总承包的适用范围、发包条件、资质要求等内容予以规定和明确,为铁路建设项目实施工程总承包提供了规范依据。

2013 年,实行铁路政企分开改革后,新组建的中国铁路总公司承担原铁道部的企业职责,负责铁路运输统一调度指挥,经营铁路客货运输业务,承担专运、特运任务,负责铁路建设,承担铁路安全生产主体责任等。在此背景下,铁路局于2017 年下发《关于原铁道部规范性文件第三批清理结果的通知》,将《铁路建设项目工程总承包办法》等51 件文件交由中国铁路总公司管理,中国铁路总公司可继续执行,亦可修改或停止执行,修改或停止执行之日原文件废止。目前未见中国铁路总公司(中国国家铁路集团有限公司)修改或停止执行《铁路建设项目工程

总承包办法》，即《铁路建设项目工程总承包办法》仍可作为铁路建设项目工程总承包模式的规范依据。

（二）铁路工程总承包的关注要点

在不断摸索实践中，铁路工程总承包形成了相对独立的政策规范体系。在具体工程总承包项目实施中，应注意对资质、发包条件和风险分担等问题予以关注。

1. 铁路工程总承包的资质问题

《铁路建设工程质量监督管理规定》第 7 条规定："建设单位应依法选择具有相应资质等级的勘察设计、施工、监理等单位，工程合同应依法明确质量要求和质量责任。"第 19 条规定："从事铁路建设工程勘察、设计的单位应当在其资质等级许可的范围内承揽工程。勘察、设计单位不得超越其资质许可的范围或者以其他勘察、设计单位的名义承揽铁路建设工程，不得允许其他单位或者个人以本单位的名义承揽铁路建设工程，不得转包或者违法分包所承揽的铁路建设工程。"第 26 条规定："施工单位应当在其资质等级许可的范围内承揽铁路建设工程。施工单位不得超越本单位资质许可的业务范围或者以其他施工单位的名义承揽铁路建设工程，不得允许其他单位或者个人以本单位的名义承揽铁路建设工程，不得转包或者违法分包铁路建设工程。"因此，在铁路建设项目中，无论是从事勘察、设计的单位，还是从事施工的单位，都必须具备与工程相适应的资质条件。铁路工程总承包作为铁路建设项目中的一种，其对应的工程总承包单位也必须具备国家规定的资质。考虑到铁路工程总承包是设计与施工相融合的发承包方式，需要由总承包单位统一实施铁路工程的施工图设计和工程施工等工程内容，实践中需进一步确定总承包单位是否必须同时具有相应的设计资质和施工资质。

《工程总承包管理办法》第 10 条规定，房屋建筑和市政基础设施项目总承包单位必须同时具有与工程规模相适应的工程设计资质和施工资质。《公路工程设计施工总承包管理办法》第 6 条也明确要求总承包单位必须同时具有与招标工程相适应的勘察设计和施工资质，或者由具备相应资质的勘察设计和施工单位组成联合体。但与前述规范不同的是，《铁路建设项目工程总承包办法》第 15 条规定，铁路建设项目的工程总承包单位需具备的基本条件包括：（1）工程总承包单位必须具有与工程总承包建设项目相适应的资质；（2）工程总承包单位不得与建设单位有直接利益关系，也不得与项目施工监理单位有直接利益关系；（3）承担项目初步设计的单位不得参与工程总承包联合体，其下属分公司、子公司及其控股公司也不得参与工程总承包联合体;(4)招标文件规定的其他条件。据此,铁路建设项目的工程总承包单位,具备与工程总承包建设项目相适应的资质即可,总承包单位是否必须同时具有相应的设计资质和施工资质并未见明确规定。在部分具体的铁路建设项目中,如杭绍台铁路的 EPC 项目,招标内容包括施工图设计、设备材料采购、工程施工、联调联试、竣工验交及缺陷责任期服务等,但仅要求潜在的工程总承包单位"具有建设行政主管部门颁发的工程设计综合资质甲级或铁路工程施工总承包特级资质"[①],即工程总承包单位具有与工程内容相适应的设计资质或施工资质即可,并未要求工程总承包单位必须同时具备与工程内容相适应的设计资质和施工资质。

因此,在具体的铁路建设项目中,结合工程项目的实际情况,建设单位可以要求工程总承包单位具备与工程内容相适应的设计资质或施工资质,也可以要求工程总承包单位同时具备与工程内容相适应的设计资质和施工资质。

2. 铁路工程总承包项目的发包条件问题

对于计划采用设计施工总承包模式的铁路工程项目,建设单位可以进行发包的阶段或发包的条件是各方参与主体应予以注意的问题。

无论是政府投资的铁路建设项目,还是企业投资的铁路建设项目,按照《铁路建设管理办法》的规定,实施程序大致可归纳为立项决策、设计、工程实施和竣工验收等阶段。(1)立项决策阶段。依据铁路建设规划,对拟建项目进行预可行性研究,编制项目建议书;根据批准的铁路中长期规划或项目建议书,在初测基础上进行可行性研究,编制可行性研究报告。项目建议书和可行性研究报告按国家规定报批。(2)设计阶段。根据批准的可行性研究报告,在定测基础上开展初步设计。初步设计经审查批准后,开展施工图设计。(3)工程实施阶段。在初步设计文件审查批准后,组织工程招标投标、编制开工报告。开工报告批准后,依据批准的建设规模、技术标准、建设工期和投资,按照施工图和施工组织设计文件组织建设。(4)竣工验收阶段。铁路建设项目按批准的设计文件全部竣工或分期、分段完成后,按规定组织竣工验收,办理资产移交。铁路工程总承包是设计与施工相融合的发承包方式,则对于总承包单位承担的设计工作的内容,以及建设单位

---

① 《新建杭州经绍兴至台州铁路 EPC 工程总承包[E3300000001000679001001]招标公告》,载浙江省公共资源交易中心电子招投标交易平台,https://www.zmctc.com/zjgcjy/infodetail/? infoid = cbd81031 - 1e49 - 40d0 - 9d14 - d35dfb48739d,最后访问日期:2022 年 12 月 29 日。

可以发包的阶段或发包的条件,是实践中普遍予以关注的问题。

《铁路建设项目工程总承包办法》第 5 条规定,铁路建设项目必须按规定完成初步设计,初步设计文件达到要求并按初步设计批复修改、补充后,方可进行工程总承包招标。总承包单位对施工图设计、采购、施工全过程负责,主要包括:完成补充定测、施工图设计、采购、施工、工程调试、安全生产等工作;受建设单位委托,具体负责征地拆迁、环保水保、耕地保护、文物保护等外部协调工作,编写工程总结等。对于铁路建设项目所包括的初步设计和施工图设计,应由建设单位完成初步设计并取得初步设计批复,由总承包单位负责完成施工图设计。建设单位必须在完成初步设计文件的编制和批准后进行招标,铁路工程设计施工总承包项目可以发包的条件是项目完成初步设计文件的编制和批准。

因此,铁路工程设计施工总承包不是从初步设计阶段开始的,而是从施工图设计阶段开始的,建设单位不能直接依据可行性研究报告(项目建议书)/项目申请报告进行招标,各方参与主体应予以注意。

3. 铁路工程总承包的风险分担问题

虽然工程总承包模式可以在铁路建设项目中实现施工单位和设计单位强强联合,充分发挥设计指导施工、施工优化设计的优势,但并不是所有的铁路工程项目都必须按照总承包模式进行建设。针对具体项目,需结合工程规模、技术复杂程度、投资属性、项目管理需要等因素,以确定是否采用设计施工总承包模式。对于可以采用设计施工总承包的项目范围,《铁路建设项目工程总承包办法》第 3 条规定,采用成熟技术的铁路大中型建设项目,或者能够在工程总承包合同中明确技术标准、质量标准、交验标准,合理确定工程投资的其他铁路建设项目,可以采用工程总承包模式。相对地,其他铁路建设项目不适合采用工程总承包模式。

在采用工程总承包模式的铁路建设项目中,建设单位和工程总承包单位各有分工,按照《铁路建设项目工程总承包办法》的规定,建设单位需完成的主要工作包括:负责征地拆迁及外部协调工作;招标选择工程总承包单位、监理单位,签订工程总承包、施工监理合同;办理工程质量安全监督手续;组织检查初步设计单位提交的勘察资料和初步设计文件,审核施工图,批准施工组织设计,审查变更设计;确定节点工程;组织验工计价并拨付工程款;组织工程交工验收;负责协调既有线改造项目建设、运输关系。工程总承包单位需完成的主要工作包括:完成补充定测、施工图设计、采购、施工、工程调试、安全生产等工作;受建设单位委托,具体负责征地拆迁、环保水保、耕地保护、文物保护等外部协调工作,编写工程总结等。建设单位和工程总承包单位需对各自完成的事项在规定或约定的范围内承担风险。虽然《铁路建设项目工程总承包办法》第 26 条规定铁路工程总承包项目采用总价合同,工程总承包合同总价中包括相关工程费、施工图设计阶段的勘察设计费和总承包风险费,但并不意味着合同总价不能调整。在建设标准、建设规模、建设工期作重大调整和不可抗力等原因造成重大损失的情形下,需要增加或调减费用,建设单位应按工程总承包合同约定的计费原则增加或调减费用,并签订补充协议。

因此,基于合理分配、风险共担的机制,当事人可以在招标文件或合同中对铁路工程总承包项目的风险分担原则、风险分担因素和风险分担范围作出约定;通过合理划分风险,强调利益与风险对等,才能控制好风险,有利于节约成本、保护环境,发挥铁路工程总承包模式的优势。

三、铁路工程总承包项目实施时的注意事项

作为公益属性强的基础设施项目,铁路建设项目形成了相对独特和完整的投资建设模式,对应的铁路工程总承包也形成了相对独立的政策规范体系,则处理铁路工程总承包项目涉及的法律事项时,需以其相对独立的政策规范体系为依据。

1. 铁路工程总承包项目的立项问题

项目立项是指政府投资主管部门依据投资主体、项目资金来源、项目规模等因素,对投资项目进行分类监督和管理的活动。基础设施项目的立项,是指政府投资主管部门对基础设施领域的投资项目进行分类监督和管理的活动。关于现行基础设施项目的立项管理机制,较早的规范依据是国务院《关于投资体制改革的决定》,经过不断演进和完成,逐步形成现阶段的项目审批、核准和备案三类基础设施投资项目立项管理机制,其中审批适用于政府投资项目,主要规范依据是《政府投资条例》;核准和备案适用于企业投资项目,主要规范依据是《企业投资项目核准和备案管理条例》和《企业投资项目核准和备案管理办法》。

铁路建设项目的立项,主要涉及的问题是项目应该采用何种方式进行立项。对于被认定为政府投资项目的铁路建设项目,应该按照《政府投资条例》的规定,通过审批方式进行立项;而对于被认定为企业投资项目的铁路建设项目,是按照

核准方式进行立项管理,还是按照备案方式进行立项管理,需结合铁路建设项目的实际情况作进一步判断。《政府核准的投资项目目录(2016年本)》对铁路建设项目的立项管理机制作了规定,其中列入国家批准的相关规划中的项目,中国铁路总公司为主出资的由其自行决定并报国务院投资主管部门备案,其他企业投资的由省级政府核准;地方城际铁路项目由省级政府按照国家批准的相关规划核准,并报国务院投资主管部门备案;其余项目由省级政府核准。若铁路建设项目中涉及独立的铁路桥梁、隧道,则其中的跨境项目由国务院投资主管部门核准并报国务院备案。国家批准的相关规划中的项目,中国铁路总公司为主出资的由其自行决定并报国务院投资主管部门备案,其他企业投资的由省级政府核准;其余跨10万吨级及以上航道海域、跨大江大河(现状或规划为一级及以上通航段)的独立铁路桥梁、隧道项目,由省级政府核准,其中跨长江干线航道的项目应符合国家批准的相关规划。其余项目由地方政府核准。因此,中国铁路总公司(中国国家铁路集团有限公司)为主出资的企业投资铁路建设项目,由其自行决定并报投资主管部门备案;其他企业投资项目按照管理权限,分别由国务院投资主管部门、省级政府或地方政府核准。地方政府在《政府核准的投资项目目录(2016年本)》规定的基础上,对省级政府和地方政府负责核准的项目作了进一步的划分,如上海市、江苏省和浙江省共同制定的《长三角生态绿色一体化发展示范区政府核准的投资项目目录(2020年本)》中,对示范区域内的地方负责的铁路建设项目的核准权限作了细化规定。

在具体的铁路建设项目中,应注意铁路建设项目的资本金比例必须满足规范要求。国务院《关于加强固定资产投资项目资本金管理的通知》规定铁路建设项目的资本金比例为20%,且在投资回报机制明确、收益可靠、风险可控的前提下,可以适当降低项目最低资本金比例,但下调不得超过5个百分点。实行审批制的项目的审批部门可以明确项目单位按此规定合理确定的投资项目资本金比例;实行核准或备案制的项目的项目单位与金融机构可以按此规定自主调整投资项目资本金比例。但实践中为控制新增债务,按照《关于进一步做好铁路规划建设工作的意见》,中西部铁路项目权益性资本金比例原则上不低于50%,即投资主管部门可能对铁路建设项目的资本金比例提出特殊要求,实践中应予以注意。

此外,铁路建设立项阶段应注意严格审核铁路建设项目,按照《关于进一步做好铁路规划建设工作的意见》,需要做深做细前期工作,强化技术经济比选,合理确定建设标准、征拆范围和补偿标准，除国家重大战略需求外，要满足财务平衡的要求，避免盲目攀比、过度超前或重复建设。在建设过程中严禁擅自增加施工内容、提高标准或扩大规模，需增加中央财政出资的要履行有关报批程序；新建城际铁路、市域（郊）铁路的功能定位、建设标准等发生重大变化，或线路里程、直接工程费用（扣除物价上涨因素）等与建设规划相比增幅超过20％的，要履行建设规划调整程序。

因此，实践中应注意结合《政府投资条例》等规范和《政府核准的投资项目目录（2016年本）》等标准文件，对铁路建设项目的立项方式进行核查，即要求铁路建设项目办理必要的审批立项手续或核准立项手续。对于已经办理相应的审批或核准立项手续的铁路建设项目，应注意核查审批或核准立项手续的内容是否与项目实际情况相符，以及立项手续是否存在延期、失效等问题。

2. 铁路工程总承包项目的验收问题

铁路工程建设项目形成了相对独立的规范体系，特别是由交通运输行政职能部门、铁路局等主导制定的涉及铁路工程的规范、技术标准，是具体的铁路工程项目在建设过程中不容忽视的规范。针对铁路工程项目的验收，实践中主要执行的是《铁路建设项目竣工验收交接办法》《高速铁路竣工验收办法》等规范，前述规范适用于新建高速铁路建设项目、其他专门用于旅客运输的铁路建设项目以及新建、改建国家铁路建设项目和国家参与的合资铁路建设项目，地方铁路建设项目、专用铁路建设项目和铁路专用线建设项目等参照执行。部分地方主管部门针对地方主导的铁路建设项目，也在前述规范的基础上制定了竣工验收规范，如广东省交通运输厅《关于印发铁路建设项目竣工验收办法的通知》，涉及地方铁路建设项目时，应注意同时执行地方主管部门制定的竣工验收规范。

按照《铁路建设项目竣工验收交接办法》和《高速铁路竣工验收办法》的规定，铁路工程验收分为静态验收、动态验收、初步验收、安全评估、正式验收5个阶段，改建项目、简单建设项目和小型建设项目可适当合并简化验收阶段。铁路建设项目初步验收合格后进行安全评估，安全评估通过后可开通初期运营，正式验收合格后投入正式运营。

对于铁路建设项目的静态验收，根据《铁路建设项目竣工验收交接办法》和《高速铁路竣工验收办法》的规定，铁路建设项目的静态验收是指对建设项目的工程按设计完成且质量合格、设备安装调试完毕且质量合格进行检查确认的过程。通常静态验收按照如下程序进行:(1)承包单位按照设计文件和合同约定完成全部工程和设备安装、调试并经自检合格后,向建设单位申请专业工程验收,报送专业工程验收申请表并签署意见;(2)验收工作组研究确认达到专业工程验收条件后,由验收工作组分专业进行现场验收;(3)验收工作组应在规定时间内完成检查,对存在问题提出处理意见、整改期限、复检时间等,对整改问题进行复查,合格后填写《专业工程验收记录表》并签署验收意见;(4)专业工程验收合格后,承包单位向建设单位申请静态综合系统验收并报送静态综合系统验收申请表验收工作组确认达到静态综合系统验收条件后,在综合调试具备条件的基础上进行静态综合系统验收;(5)验收工作组对存在的问题提出处理意见、整改期限、复检时间等,对整改问题复查合格后填写静态综合系统验收记录表并签署意见。静态验收报告应包括静态验收过程、验收人员组成、验收程序、存在问题及整改情况、遗留的零星土建工程和少数非行车设备、验收结论等内容,并附相关数据和试验报告。

根据《铁路建设项目竣工验收交接办法》和《高速铁路竣工验收办法》的规定,铁路建设项目的动态验收是指铁路建设项目静态验收合格后,由建设单位组织整个系统验证性综合调试,并委托专业机构进行动态检测,验收工作组对工程安全运行状态进行的全面检查和验收。通常动态验收按照如下程序进行:(1)建设单位应在静态验收完成20日前拟定详细的动态验收实施方案,报初步验收单位批准,动态验收实施方案应包括动态验收组织形式、综合调试计划、试运行和动态检测方案、拟投入主要设备仪器、安全保证措施等内容;(2)建设单位按照批复的动态验收实施方案组织动态验收;(3)建设单位组织专业机构按批复的动态验收实施方案进行动态检测,并形成动态检测报告;(4)验收工作组按动态验收实施方案进行检查,对动态检测中发现的问题进行研究并提出整改意见,整改问题复查合格后,填写动态验收记录表并签署意见。动态验收报告应包括动态验收组织及人员、存在问题及整改情况,验收结论等内容,并附相关数据和检测试验报告。

关于铁路建设项目的初步验收及安全评估,根据《铁路建设项目竣工验收交接办法》和《高速铁路竣工验收办法》的规定,初步验收是在动态验收合格后,对工程建设情况,以及静态验收、动态验收情况进行确认的过程;安全评估是经初步验收合格且初步验收发现的影响运营安全的问题得到解决后,对安全管理、设备设施、规章制度、人员素质等是否具备开通安全运营条件进行检查评价的过程。通常初步验收及安全评估按照如下程序进行:(1)动态验收合格并达到初步验收条件后,建设单位会同铁路局向建设司报送初步验收申请报告(附初步验收申请表);(2)工程质量监督机构向建设司提交《建设项目工程质量监督报告》;(3)建设司组织部内相关部门进行研究,认为达到初步验收条件的,向铁道部提出初步验收建议及初步验收委员会组成建议;(4)初步验收委员会组织检查资料和现场确认,召开初步验收会议,提出《初步验收报告》,明确验收结论;(5)初步验收合格且初步验收发现的影响运营安全的问题得到解决后,按照铁道部有关规定进行安全评估,形成安全评估报告。

对于铁路建设项目的正式验收,根据《铁路建设项目竣工验收交接办法》和《高速铁路竣工验收办法》的规定,是在开通初期运营后规定时间内由国家主管部门或委托单位组织对建设项目整体情况进行检查和评价的过程。通常正式验收按照如下程序进行:(1)对具备正式验收条件的铁路建设项目,建设单位应向建设管理部门提出申请,上报正式验收申请表和正式验收申请报告,报请正式验收;(2)铁道部建设管理司在收到正式验收申请表、正式验收申请报告,以及《质量安全监督报告》后,会同有关部门进行确认,经确认申报项目符合正式验收条件的,提出正式验收建议报铁道主管部门安排验收;(3)正式验收委员会组织召开验收会议,必要时组织现场检查,对建设项目工程质量、线路运行状况、环境协调性等建设成果以及初步验收结论进行整体评价,形成正式验收证书,明确验收结论。

由前述内容可知,铁路建设项目的验收区别于一般建设项目,实践中在认定铁路建设项目竣工验收的事项时应注意符合铁路建设项目的特殊规定。

在商丘市铭信路桥工程有限公司(以下简称铭信路桥公司)与中铁二十四局集团有限公司(以下简称中铁二十四局)、中铁二十四局安徽工程有限公司建设工程施工合同纠纷案[(2016)皖民终69号]中,安徽省高级人民法院认定中铁二十四局将其承包的工程中的部分劳务分包铭信路桥公司施工,双方均应履行施工合同约定的内容。双方在施工合同中对工程进度款的支付和最终决算作出了约定,铭信路桥公司施工完毕后,双方签订《末次清算协议》,中铁二十四局对其确认的尚未支付的6,886,270元工程款,应当支付给铭信路桥公司,逾期支付则应承担支付工程款的利息和逾期付款的违约责任。但双方在《末次清算协议》第7条中约定待"考验期"满后一个月内,中铁二十四局将剩余款项一次性无息支付。而《铁路建设项目竣工验收交接办法》第8条第5项正式验收应具备的条件规定为"初步验收后一年",该案工程于2013年12月17日通过初步验收,故可以推定该案工程通过正式验收的时间为 2014 年 12 月 17 日,一个月后即 2015 年 1 月 17 日,以《铁路建设项目竣工验收交接办法》中规定的正式验收应具备的条件为初步验收后一年,推定上述约定的"考验期"为一年,认定中铁二十四局应付工程款时间为 2015 年 1 月 17 日,并无不当。中铁二十四局应当将尚欠款项一次性支付铭信路桥公司,未支付应当按照中国人民银行同期同类贷款利率计算的利息。

因此,实践中应注意铁路建设项目将竣工验收分为静态验收等五个阶段,并且对其竣工验收约定的内容、程序和要求均作明确约定。在认定铁路工程总承包项目是否已完成验收及验收所需手续、是否具备付款条件等内容时,应注意结合铁路建设项目对竣工验收的特别规定进行认定。

第三节　机场工程总承包项目

一、机场项目简介及特征

(一)机场项目简介

机场是指专供航空器起飞、降落、滑行、停放以及进行其他活动使用的划定区域,包括附属的建筑物、装置和设施。按照使用主体的不同,机场可以分为军用机场、军民合用机场和民用机场,而民用机场根据《民用机场建设管理规定》的规定,按照其规划、功能、定位的不同,可以分为运输机场和通用机场。除特别说明外,本书的机场项目和机场工程,主要是指民用机场中的运输机场工程。

机场作为重要交通基础设施和交通运输方式,是衔接其他各种运输方式和发挥综合交通网络整体效率的主要支撑,在综合交通运输体系中的占比持续提升,具有不可替代的作用。截至 2021 年底,颁证民用航空运输机场 248 个,其中定期航班通航机场 248 个,定期航班通航城市(或地区)244 个,民用运输机场覆盖 91.7% 左右的地级市;在册通用机场 339 个,经过多年的投资建设,已基本形成布局完善、功能完备的现代化机场体系。[①]

---

① 参见中国民用航空局、国家发展和改革委员会、交通运输部《关于印发〈"十四五"民用航空发展规划〉的通知》,载中国民用航空局网站,http://www.caac.gov.cn/XXGK/XXGK/FZGH/202201/t20220107_210798.html。

（二）机场项目的建设特点

按照《"十四五"民用航空发展规划》的规定,基础设施是建设民航强国的重要支撑,国家综合机场体系是支撑民航强国的重要基础,应继续加大建设投入力度,扩大优质增量供给,突破枢纽容量瓶颈,推动国家综合机场体系向更高质量迈进。具体目标和任务包括:(1)加快枢纽机场建设;(2)完善非枢纽机场布局;(3)推进存量设施提质增效。为实现前述目标和完成对应的任务,需要在机场项目建设方面投入大量的资源,而相对于其他基础设施建设项目,机场项目的建设有其独特之处。

1. 机场建设项目的规范体系相对独立

《民用航空法》明确规定由国务院民用航空主管部门对全国民用航空活动实施统一监督管理,国务院民用航空主管部门设立的地区民用航空管理机构依照国务院民用航空主管部门的授权,监督管理各该地区的民用航空活动。据此,机场建设项目的行业规划、政策和标准、投资规模和方向和市场准入管理等事项,均由交通运输行政部门及民用航空主管部门负责制定和实施,因此与其他基础设施项目相比,机场建设项目形成了相对独立和完善的规范体系。

一是机场建设项目自立项起至项目竣工验收止的全过程,形成了相对完善和独立的行业规范体系。除《民用航空法》和《民用机场管理条例》等法律、行政法规外,还有针对机场建设市场管理事项的相关规范。根据《关于进一步明确民航建设工程招投标管理和质量监督工作职责分工的通知》的规定,民航建设工程中的航站楼、机务维修设施、货运系统、油库、航空食品厂等工程的土建和水、暖、电气(不含民航专业弱电系统)等设备安装工程属于非民航专业工程,住房城乡建设行政管理部门负责监督管理;民航建设工程中的民航专业工程,包括机场场道工程、民航空管工程、机场目视助航工程、航站楼、货运站的工艺流程及民航专业弱电系统工程和航空供油工程,由民用航空职能部门负责管理。为加强运输机场建设监督管理,规范建设程序,保证工程质量和机场运行安全,维护建设市场秩序,交通运输主管部门、民用航空主管部门制定了《运输机场建设管理规定》等规范,明确由民用航空主管部门负责全国运输机场及相关空管工程规划与建设的监督管理,民航地区管理局负责所辖地区运输机场及相关空管工程规划与建设的监督管理。机场建设项目的建设程序、质量安全、建设资金、建设市场信用等事项均有统一规范。针对机场建设项目的招标投标事项,交通运输主管部门、民用航空主管部门在《招标投标法》和《招标投标法实施条例》等法律法规的基础上,制定了《民航专业工程建设项目招标投标管理办法》《民航专业工程建设项目评标专家和专家库管理办法》《民航专业工程建设项目招标后评价工作规则(试行)》等规范性文件,相关规范结合机场建设项目的特点,在招标、投标、开标、评标和中标等阶段对机场建设项目中的民航专业工程的招标投标作了细化规定。同时为保障招标投标活动当事人的合法权益,促进机场建设招标投标活动的发展,民用航空局在《标准施工招标资格预审文件》和《标准施工招标文件》的基础上,结合机场工程建设项目施工招标特点和实际需要,编制了《民航专业工程标准施工招标资格预审文件》和《民航专业工程标准施工招标文件》。针对工程建设项目的质量安全事项,交通运输主管部门、民用航空主管部门在《建设工程质量管理条例》《建设工程安全生产管理条例》等规范的基础上,制定了《运输机场专业工程建设质量和安全生产监督管理规定》《运输机场专业工程建设质量和安全生产监督检查实施细则》《民航专业工程施工图设计文件审查及备案管理办法》等规范,相关规范对工程建设项目的质量、安全管理事项作了明确规定。针对机场建设项目验收事项,交通运输主管部门、民用航空主管部门制定了《运输机场专业工程竣工验收管理办法》,将机场建设项目验收划分为竣工预验收和竣工验收两个阶段,并明确规定了竣工预验收和竣工验收的基本要求。

基于前述梳理论述的内容可知,在《民用航空法》《民用机场管理条例》等法律、行政法规的基础上,交通运输主管部门、民用航空主管部门针对机场建设项目自立项起至项目竣工验收止的全过程制定和出台了一系列的规范,形成了相对完善的规范管理体系。

二是机场建设项目有独立的行业技术标准体系。《民用航空法》第 56 条明确规定,新建、改建和扩建民用机场,应当符合依法制定的民用机场布局和建设规划,符合民用机场标准,并按照国家规定报经有关主管机关批准并实施;不符合依法制定的民用机场布局和建设规划的民用机场建设项目,不得批准。根据《民用航空标准化管理规定》第 6 条规定,民航标准包括国家标准、行业标准和企业标准。其中国家标准的制定、修订按照国家法律、行政法规和国务院标准化管理部门的有关规定执行。行业标准的制定、修订实行计划管理,由中国民用航空局标准化管理职能部门负责。行业标准分为强制性标准和推荐性标准,主要用于满足民航行业下列要求:(1)民航通用、基础标准;(2)公共航空运输、通用航空标准;

(3)飞行安全、飞行技术、飞行保障、民用航空器事故及事故征候的调查与预防标准;(4)航空器维修工程标准;(5)空中交通管理与设备标准;(6)民用机场管理与设备标准;(7)民航专用产品标准;(8)安全保卫标准;(9)卫生、环境监测、航空医学和劳动保护标准;(10)其他标准。

针对机场建设事项,按照《民航工程建设行业标准管理办法》的规定,为保障工程质量、安全、环境和公众利益,促进行业发展、技术进步和提质增效,由民航管理部门对民航建设项目的选址与规划、勘察、设计、施工、监理、验收、运行维护、检测及管理等活动所制定的,在行业内统一适用的技术或规格要求,是民航工程建设行业标准。民航工程建设行业标准分为强制性标准和推荐性标准,其中强制性标准是对直接涉及民航工程建设质量、安全、生态环保、资源节约,以及对公众利益有重大影响等方面明确提出的强制性限值、控制性技术要求;推荐性标准是对有利于提升工程质量和效率,维护公众利益,有助于保障工程安全,提高耐久性,促进资源节约和生态保护等方面提出的推荐性指标、方法等技术或规格要求。

截至 2021 年 12 月 31 日,现行民航领域强制性国家标准 1 项,推荐性国家标准 35 项;民航行业标准 255 项;民航计量技术规范 68 项。其中含民航工程建设类行业标准 61 项,包括《民航工程建设行业标准体系》(MH/T 5044—2020)、《民用机场飞行区技术标准》(MH 5001—2021)、《民用运输机场选址规范》(MH/T 5037—2019)、《民用运输机场供油工程施工及验收规范》(MH 5034—2017)等规范。① 基于《民用航空法》等法律规范的规定,中国民用航空局标准化管理职能部门联合其他单位编制的行业标准,逐步形成了机场建设项目从规划建设到养护管理全过程所需要制定的技术、管理与服务标准,以及相关的安全、环保和经济方面的评价标准,形成了相对独立和完善的行业技术标准体系。

因此,机场建设项目相对于其他基础设施建设项目,无论是行业规范体系,还是技术标准体系,均相对独立、完善和规范。

2.机场建设项目的投资模式丰富

机场建设项目作为公益属性强的基础设施项目,具有投资规模大、投资周期长、收益率较低等特点,仅靠国家财政资金的支持,无法满足机场建设项目的投资

---

① 参见《关于公布民航领域国家标准、行业标准及计量技术规范目录的通知》,载中国民用航空局网站,http://www.caac.gov.cn/XXGK/XXGK/TZTG/202203/t20220304_212195.html。

需求。为满足机场建设项目的资金需求,实现机场建设项目可持续发展的目标,实践中针对不同类型的机场建设项目,可以选择相适应的投资建设模式。

基于机场建设项目的公益属性,机场建设项目资金的主要来源为中央财政资金、地方财政资金。在具体项目中,中央和地方的财政支出责任基本上是按照《交通运输领域中央与地方财政事权和支出责任划分改革方案》确定的。在机场建设项目中,中央财政提供财政资金支持的事项如下。(1)空中交通管理。中央承担专项规划、政策决定、监督评价职责,具体执行事项由中央实施。(2)民航安全管理。中央承担政策决定、监督评价职责,具体执行事项由中央(含中央企业)实施。(3)专项任务机队建设和运营。中央承担相应的管理职责,具体执行事项由中央(含中央企业)实施。(4)重大和紧急航空运输。中央承担政策决定、监督评价等职责,具体执行事项由中央(含中央企业)实施。地方承担通用机场相关职责,主要包括本行政区域内通用机场布局和建设规划、相关审批工作,并负责通用机场(中国民用航空局及其所属企事业单位所有的通用机场除外)的建设、维护、运营等具体事项的执行实施,承担相应财政资金支持责任。中央与地方共同承担运输机场相关职责,共同提供财政资金支持的事项包括:中央承担运输机场布局、建设规划、政策决定和相关审批工作等职责,国务院明确规定由中国民用航空局直接管理的北京首都国际机场、北京大兴国际机场、天津机场、西藏区内机场、洛阳机场的建设、维护、运营等具体执行事项由中央(含中央企业)负责实施;地方根据全国运输机场布局和建设规划,制定本行政区域内的运输机场建设规划,并负责建设、运营、机场公安等具体事项的执行实施。

在前述确定中央和地方财政支出责任的基础上,在具体项目中,中央和地方的财政支出责任和方式,包括中央企业和地方企业的支出责任和方式,需结合具体规范予以确定。例如财政部、中国民用航空局《关于民航发展基金预算管理有关问题的通知》《民航基础设施项目投资管理暂行办法》等规范,对财政预算资金的适用范围、使用方式等作了明确规定。

除中央和地方财政资金外,为进一步转变政府职能,激发市场活力,加大对重点领域和薄弱环节的投资力度,积极吸引社会资本参与民用机场建设和运营,提升机场服务质量和效率,机场建设项目持续不断地推进投融资体制改革。2016年,中国民用航空局《关于鼓励社会资本投资建设运营民用机场的意见》全面放开民用机场建设和运营市场,其中符合全国民用运输机场布局规划、国家批准的专项规划和区域规划以及行业发展规划的运输机场项目,均向社会资本开放;除枢纽机场和具有战略意义的运输机场保持国有或国有控股外,其他运输机场对国有股比不作限制,全面放开通用机场建设,对投资主体不作限制;通过特许经营、经营权转让、股权出让、委托运营、整合改制等资本运作方式,广泛吸引社会资本参与民用机场及其服务配套设施项目的建设和运营;鼓励社会资本通过专项信托计划、认购股权投资基金等方式参与民用机场投资活动。2018 年,国家发展和改革委员会、中国民用航空局《关于促进通用机场有序发展的意见》鼓励和吸引社会资本投资建设通用机场,鼓励政策性、开发性金融机构对通用机场建设提供多样化的金融服务和融资支持,拓宽融资渠道,降低企业融资成本。2018 年发布的《民航领域鼓励民间投资项目清单》,要求项目发起方应通过公开招标、邀请招标、竞争性谈判等多种方式,公平公正择优选择投资经验丰富、运营管理能力强且满足民航行业安全要求的民间投资方作为合作伙伴,并监督民间投资方按约定履行融资、建设、运营、移交责任,依法经营,确保清单项目实施质量。前述相关政策为吸纳社会资本参与机场建设项目奠定了政策基础。在湖北鄂州民用机场工程项目中,项目总投资为 320.63 亿元,工程由机场工程、转运中心及顺丰航空公司基地工程、供油工程三部分组成,具体投资内容如下。(1)机场工程投资 158.57亿元。湖北国际物流机场有限公司作为机场工程项目法人,项目资本金占总投资的 50%,约 79.29 亿元,其中国家发展和改革委员会安排中央预算内投资 8.2 亿元,中国民用航空局安排民用航空发展基金 16.4 亿元。其余资本金 54.69 亿元由湖北省人民政府、深圳市农银空港投资有限公司、深圳顺丰泰森控股(集团)有限公司按 49∶5∶46 的比例出资,分别为 26.8 亿元、2.73 亿元和 25.16 亿元。湖北省人民政府安排财政资金,深圳市农银空港投资有限公司安排自有资金,深圳顺丰泰森控股(集团)有限公司安排自有资金承担。资本金以外资金由三方成立的机场合资公司湖北国际物流机场有限公司申请银行贷款解决。(2)转运中心工程投资 115.29 亿元,顺丰航空公司基地工程投资 37.52 亿元,共计 152.81 亿元,深圳顺丰泰森控股(集团)有限公司作为转运中心及顺丰航空公司基地工程项目法人,资金均由深圳顺丰泰森控股(集团)有限公司负责筹措。(3)供油工程投资9.25 亿元,中国航空油料有限责任公司作为供油工程项目法人,资金由中国航空油料有限责任公司负责筹措。① 可见,湖北鄂州民用机场工程项目基于不同组成部分的建设要求,成功吸引社会资本参与投资建设,有效缓解了项目资金筹措压力。

综上,作为公益属性强的基础设施项目,机场建设项目的资金来源广泛,投资模式丰富,形成了相对独特和完整的投资建设模式。

二、机场工程总承包项目的实施现状及关注要点

机场工程总承包又称机场建设项目工程总承包,是指承包单位按照与建设单位签订的合同,对工程设计、采购施工或者设计、施工等阶段实行总承包,并对工程的质量、安全、工期和造价等全面负责的工程建设组织实施方式。相对于其他基础设施建设项目,机场工程总承包项目的发展及实施有其独特之处。

(一)机场工程总承包的相关政策

2017年,国务院办公厅《关于促进建筑业持续健康发展的意见》明确要加快推行工程总承包,政府投资工程应完善建设管理模式,带头推行工程总承包。作为建筑业的一部分的民航专业工程,也在部分项目中推行机场工程总承包模式。

2020年,为贯彻落实国务院办公厅《关于促进建筑业持续健康发展的意见》,中国民用航空局组织编制了《民航专业工程总承包管理办法(征求意见稿)》,针对在民航专业工程实施工程总承包的规范征求意见。

2021年,中国民用航空局制定了《运输机场专业工程总承包管理办法(试行)》,在针对民航专业工程总承包征求意见的基础上,将适用范围缩小到运输机场专业工程;明确规定了工程总承包项目的发包和承包、工程总承包项目实施等内容,以规范运输机场专业工程的工程总承包活动,促进设计、采购、施工等阶段的深度融合。《运输机场专业工程总承包管理办法(试行)》是指导和规范运输机场专业工程的总承包活动的规范依据,其他非运输机场专业工程实施工程总承包,也可将《运输机场专业工程总承包管理办法(试行)》作为参考规范依据。

(二)机场工程总承包的关注要点

在不断摸索实践中,机场工程总承包形成了相对独立的政策规范体系。在具体工程总承包项目实施时,应注意对资质、发包条件和风险分担等问题予以关注。

---

① 参见国家发展和改革委员会《关于新建湖北鄂州民用机场工程可行性研究报告的批复》,载国家发展和改革委员会网站,https://www.ndrc.gov.cn/fggz/zcssfz/zdgc/201901/t20190116_1146171.html?code=&state=123,最后访问日期:2022年12月31日。

1. 机场工程总承包的资质问题

《运输机场专业工程建设质量和安全生产监督管理规定》第 11 条第 1 款规定：“建设单位应当将工程发包给具有相应资质等级的勘察、设计、监理、施工、试验检测等单位。”第 19 条规定：“勘察、设计单位分别对专业工程建设项目勘察、设计工作质量负责。从事专业工程勘察、设计的单位应当在其资质等级许可的范围内承揽工程，不得转包或者违法分包工程。”第 34 条规定：“施工单位对专业工程建设项目的施工质量负责。从事专业工程施工的单位应当在其资质等级许可的范围内承揽工程。禁止施工单位允许其他单位或者个人以本单位的名义承揽工程。施工单位不得转包或者违法分包工程。”因此，在机场建设项目中，对于运输机场专业工程，无论是从事勘察、设计的单位，还是从事施工的单位，都必须具备与工程相适应的资质条件。考虑到其他机场专业和民航非专业工程也属于《建筑法》所规定的建筑活动范围，按照《建筑法》第 13 条规定，从事勘察、设计的单位和从事施工的单位，都必须具备与工程相适应的资质条件。机场工程总承包作为机场建设项目中的一种，对应的工程总承包单位也必须具备国家规定的资质。考虑到机场工程总承包是设计与施工相融合的发承包方式，需要由总承包单位统一实施机场工程的设计和工程施工等工程内容，实践中需进一步确定总承包单位是否必须同时具有相应的设计资质和施工资质。

《工程总承包管理办法》第 10 条规定，房屋建筑和市政基础设施项目总承包单位必须同时具有与工程规模相适应的工程设计资质和施工资质。《公路工程设计施工总承包管理办法》第 6 条也明确要求总承包单位必须同时具有与招标工程相适应的勘察设计和施工资质，或者由具备相应资质的勘察设计和施工单位组成联合体。机场工程中非民航专业工程，包括对应的房屋建筑和市政基础设施工程，若按照工程总承包模式实施，则对应的工程总承包单位应当同时具备工程设计资质和施工资质。机场建设项目中的民航专业工程，若按照工程总承包模式实施，根据《运输机场专业工程总承包管理办法（试行）》第 9 条规定，工程总承包单位应当同时具有与工程规模相适应的工程设计资质和施工资质，或者由具有相应资质的设计单位和施工单位组成联合体。机场的民航专业工程通过工程总承包模式实施的，工程总承包单位需同时具有与工程内容相适应的设计资质和施工资质。

因此，在具体的机场建设项目中，结合工程项目的实际情况，建设单位可以要求工程总承包单位具备与工程内容相适应的设计资质和施工资质,也可以要求具有设计资质和施工资质的单位组成工程总承包联合体。

2.机场工程总承包项目的发包条件问题

对于计划采用设计施工总承包模式的机场工程项目,建设单位可以进行发包的阶段或发包的条件是各方参与主体应予以注意的问题。

无论是政府投资的机场建设项目,还是企业投资的机场建设项目,按照《运输机场建设管理规定》,实施程序大致可归纳为新建机场选址、预可行性研究、可行性研究(或项目核准)、总体规划、初步设计、施工图设计、建设实施、验收及竣工财务决算等阶段。(1)选址阶段。根据《民用机场选址报告编制内容及深度要求》,由具有相应资质的单位编制机场选址报告,运输机场选址报告应当按照运输机场场址的基本条件提出2个或3个预选场址,并从中推荐1个场址。(2)总体规划阶段。依据批准的可行性研究报告或核准的项目申请报告,委托具有相应资质的单位编制新建运输机场总体规划。(3)初步设计阶段。按照《民用机场工程初步设计文件编制内容及深度要求》等国家和行业现行的有关技术标准及规范,委托具有相应资质的单位编制初步设计文件,并由民航管理部门组织对初步设计文件进行审查,并提出审查意见。(4)施工图设计阶段。依据民航管理部门批准的初步设计,按照《民用机场工程施工图设计文件编制内容及深度要求》等国家和行业现行的有关技术标准及规范,委托具有相应资质的单位编制施工图,并由运输机场建设项目法人按照国家有关规定委托具有相应资质的单位进行施工图审查,并将审查报告报工程质量监督机构备案,上述运输机场工程未经施工图审查合格的,不得实施。(5)施工和竣工验收阶段。机场建设项目按批准的设计文件进行施工,全部竣工或分期、分段完成后,按规定组织竣工验收,办理资产移交。机场工程总承包是设计与施工相融合的发承包方式,故总承包单位承担的设计工作的内容,以及建设单位可以发包的阶段或发包的条件,是实践中普遍予以关注的问题。

《运输机场专业工程总承包管理办法(试行)》第6条规定,工程总承包项目原则上应当在初步设计审批完成后进行工程总承包项目发包;其中,按照国家有关规定简化报批文件和审批程序的政府投资项目,应当在完成相应的投资决策审批后进行工程总承包项目发包。对于具体的机场建设项目,为合理地编制招标文件和发包人要求,原则上建设单位必须在完成初步设计文件的编制和批准后进行招标;对于按照国家有关规定简化报批文件和审批程序的政府投资项目,可以在完成相应的投资决策审批后进行工程总承包项目发包,即至少运输机场专业工程的工程包项目,应在投资决策完成后才能对外发包。

因此,机场工程设计施工总承包,原则上不能从初步设计阶段开始,而应从施工图设计阶段开始;特殊情形下,建设单位可以直接依据可行性研究报告(项目建议书)/项目申请报告进行招标,各方参与主体应予以注意。

3. 机场工程总承包的风险分担问题

虽然工程总承包模式可以在机场建设项目中促进设计、采购、施工等阶段的深度融合,充分发挥设计指导施工、施工优化设计的优势,提升工程建设质量和效益,但并不是所有的机场工程项目都必须按照总承包模式进行建设。针对具体项目,需结合工程规模、技术复杂程度、投资属性、项目管理需要等因素,以确定是否采用设计施工总承包模式。对于可以采用设计施工总承包的项目范围,《运输机场专业工程总承包管理办法(试行)》第5条规定,建设内容明确、技术方案成熟的项目,适宜采用工程总承包方式。相对地,其他机场建设项目不适合采用工程总承包模式。

在采用工程总承包模式的机场建设项目中,建设单位和工程总承包单位各有分工,按照《运输机场专业工程总承包管理办法(试行)》的规定,承包单位按照与建设单位签订的合同,对工程设计、采购、施工或者设计、施工等阶段实行总承包,并对工程的质量、安全、工期和造价等全面负责。《运输机场专业工程总承包管理办法(试行)》第15条规定,鼓励企业投资项目的工程总承包采用总价合同,政府投资项目的工程总承包应当合理确定合同价格形式,但并不意味着总承包单位承担项目建设的所有风险,或者总价任何情况下都保持不变。基于合理分配、风险共担的原则,《运输机场专业工程总承包管理办法(试行)》第14条规定,建设单位主要承担的风险包括:(1)主要工程材料、设备、人工价格与招标时基期价相比,波动幅度超过合同约定幅度的部分;(2)国家法律法规政策变化引起的合同价格的变化;(3)不可预见的地质条件造成的工程费用和工期的变化;(4)因建设单位产生的工程费用和工期的变化;(5)不可抗力造成的工程费用和工期的变化。在建设标准、建设规模、建设工期作重大调整和不可抗力等原因造成重大损失的情形下,需要增加或调减费用,建设单位也应按工程总承包合同约定的计费原则增加或调减费用。

因此,当事人可以在招标文件或合同中对机场工程总承包项目的风险分担原则、风险分担因素和风险分担范围作出约定;通过合理划分风险,强调利益与风险对等,才能控制好风险,有利于节约成本、保护环境,发挥机场工程总承包模式的优势。

三、机场工程总承包项目实施时的注意事项

作为公益属性强的基础设施项目,机场建设项目形成了相对独特和完整的投资建设模式,对应的机场工程总承包也形成了相对独立的政策规范体系,则处理机场工程总承包项目涉及的法律事项时,需以其相对独立的政策规范体系为依据。

1. 机场工程总承包项目的立项问题

项目立项是指政府投资主管部门依据投资主体、项目资金来源、项目规模等因素,对投资项目进行分类监督和管理的活动。基础设施项目的立项,是指政府投资主管部门对基础设施领域的投资项目进行分类监督和管理的活动。关于现行基础设施项目的立项管理机制,较早的规范依据是国务院《关于投资体制改革的决定》,经过不断演进和完成,逐步形成现阶段的项目审批、核准和备案三类基础设施投资项目立项管理机制,其中审批适用于政府投资项目,主要规范依据是《政府投资条例》;核准和备案适用于企业投资项目,主要规范依据是《企业投资项目核准和备案管理条例》和《企业投资项目核准和备案管理办法》。

机场建设项目的立项,主要涉及的问题是项目应该采用何种方式进行立项。《民用机场管理条例》第7条规定:"运输机场的新建、改建和扩建应当依照国家有关规定办理建设项目审批、核准手续。"因此,对于被认定为政府投资项目的机场建设项目,应该按照《政府投资条例》的规定,通过审批方式进行立项;而对于被认定为企业投资项目的机场建设项目,基于前述规定应按照核准方式立项。但对于具体项目而言,是按照核准方式进行立项管理,还是按照备案方式进行立项管理,需结合机场建设项目的实际情况作进一步判断。《政府核准的投资项目目录(2016年本)》对机场建设项目的立项管理机制作了规定,其中新建运输机场项目由国务院、中央军委核准,新建通用机场项目、扩建军民合用机场(增建跑道除外)项目由省级政府核准。地方政府在《政府核准的投资项目目录(2016年本)》规定的基础上,对省级政府和地方政府负责核准的项目作了进一步的划分,如上

海市、江苏省和浙江省共同制定的《长三角生态绿色一体化发展示范区政府核准的投资项目目录(2020年本)》对示范区域内的地方负责的机场建设项目的核准权限作了细化规定。

此外,在具体的机场建设项目中,应注意机场建设项目的资本金比例必须满足规范要求。国务院《关于加强固定资产投资项目资本金管理的通知》规定机场建设项目的资本金比例为25%;对实行审批制的项目,审批部门可以明确项目单位按此规定合理确定的投资项目资本金比例;对实行核准或备案制的项目,项目单位与金融机构可以按此规定自主调整投资项目资本金比例。但实践中为控制新增债务,投资主管部门可能对机场建设项目的资本金比例提出特殊要求,如在湖北鄂州民用机场工程中,投资主管部门就对机场工程提出了50%的资本金比例要求,该比例远高于规范所规定的机场项目的最低资本金比例,实践中在确定具体机场项目的资本金比例时应予以注意。

因此,实践中应注意结合《政府投资条例》等规范和《政府核准的投资项目目录(2016年本)》等标准文件,对机场建设项目的立项方式进行核查,即要求机场建设项目办理必要的审批立项手续或核准立项手续。对于已经办理相应的审批或核准立项手续的机场建设项目,应注意核查审批或核准立项手续的内容是否与项目实际情况相符,以及立项手续是否存在延期、失效等问题。

2. 机场工程总承包项目的验收问题

机场工程建设项目形成了相对独立的规范体系,特别是由交通运输行政职能部门、民航职能部门等主导制定的涉及机场工程的规范、技术标准,是具体的机场工程项目在建设过程中不容忽视的规范。针对机场工程项目的验收,实践中主要执行的是《运输机场专业工程建设质量和安全生产监督管理规定》《运输机场建设管理规定》《运输机场专业工程竣工验收管理办法》等规范,前述规范适用于运输机场专业工程的竣工验收和行业验收。按照《运输机场建设管理规定》和《运输机场专业工程竣工验收管理办法》的规定,机场工程验收分为竣工预验收、竣工验收和行业验收三个阶段。

对于机场建设项目的竣工预验收,根据《运输机场专业工程竣工验收管理办法》的规定,竣工预验收是竣工验收的前置工作,通常参加竣工预验收的单位包括建设、监理、勘察、设计、施工、试验检测等单位。竣工预验收需具备的条件包括:(1)完成建设工程设计和合同约定的各项内容;(2)各参建单位与工程同步生成的文件资料齐备,并基本完成收集、分类、组卷、编目等归档工作;(3)有工程主要材料、构配件和设备的进场试验报告;(4)施工单位完成工程质量自评,并形成工程竣工报告;(5)试验检测完成并出具检测合格报告(如涉及),需要进行试验检测的工程包括场道工程,助航灯光监控系统,民航专业弱电系统,安保设施设备、航油储罐、工艺管道及机坪管道,防雷工程等;(6)完成验收工程竣工图的编制。在满足竣工预验收条件后,通常按照如下程序进行竣工预验收:(1)施工单位完成工程建设内容并对工程质量自检合格后,向监理单位提交竣工预验收申请、工程竣工报告及工程竣工图;(2)监理单位对工程完成情况和申请材料进行审查,对满足验收条件的工程,制定竣工预验收组织方案,报送建设单位审查通过后实施,通知建设、勘察、设计、试验检测、运营单位(如参加)相关专业负责人,监理、施工单位项目负责人等参加竣工预验收;(3)成立由建设、勘察、设计、施工、监理、试验检测、运营单位(如参加)组成的验收组,分专业设立专业验收组,明确验收组和专业验收组组长;(4)召开验收组会议,明确验收日程安排、验收依据、验收范围、验收要求、验收组人员组成及专业分组情况等;(5)各专业验收组按照相关规定和验收检查单对工程开展全面验收检查并进行实测实量,形成书面验收意见;(6)召开验收组会议,各专业验收组向验收组汇报验收情况,验收组讨论并形成竣工预验收意见;(7)召开验收情况通报会,通报各专业验收情况并宣读竣工预验收意见;(8)验收组成员在竣工预验收意见上签字确认;(9)监理单位印发竣工预验收意见。竣工预验收不合格的,监理单位应当督促施工单位进行整改。整改完成后,监理单位重新组织竣工预验收。竣工预验收合格的,勘察、设计单位出具工程质量检查报告;监理单位出具竣工预验收报告和工程质量评估报告;施工单位提交竣工验收申请表,监理单位在竣工验收申请表上签署审核意见。

对于机场建设项目的竣工验收,根据《运输机场专业工程竣工验收管理办法》的规定,是指工程竣工预验收合格并完成整改后,建设单位组织各参建单位,对工程设计文件和合同约定内容执行情况的检查验收,以及对工程质量是否符合法律法规、工程技术标准、设计文件及合同要求的评价。竣工验收需具备的条件包括:(1)完成建设工程设计和合同约定的各项内容;(2)各参建单位与工程同步生成的文件资料齐备,并基本完成收集、分类、组卷、编目等归档工作;(3)竣工预验收合格;(4)已完成飞行校验并形成飞行校验报告(如涉及),且导航设备完成飞行校验后,设备运行状态和相关场地环境未发生变化;(5)勘察、设计单位已分别签署工程质量检查报告;(6)施工单位已签署工程竣工报告和工程保修书;(7)监理单位已签署工程质量评估报告。在具备竣工验收条件后,通常竣工验收按照如下程序进行:(1)建设单位对满足竣工验收条件的工程,制定竣工验收组织方案,在竣工验收前 5 个工作日向质监机构提交竣工验收邀请函、验收条件符合清单和竣工验收组织方案,通知勘察、设计、施工、监理、试验检测单位项目负责人和运营单位相关负责人等参加验收。(2)召开验收准备会,成立由建设、勘察、设计、施工、监理、试验检测、运营单位组成的验收组,分专业设立专业验收组,明确验收组和专业验收组组长、各专业验收组的验收范围和工作要求。(3)召开验收启动会,主要内容包括:①工程建设情况汇报(建设、勘察、设计、施工、监理、试验检测等单位汇报);②宣布竣工验收日程安排、验收依据、验收范围、验收要求、验收组人员组成及专业分组情况等。(4)各专业验收组根据验收依据、验收内容开展验收检查,按照验收检查单进行抽查抽测,形成书面验收意见。(5)召开验收组会议,各专业验收组向验收组汇报验收情况,验收组讨论并形成竣工验收意见。(6)召开验收情况通报会,通报各专业验收情况并宣读竣工验收意见。(7)验收组成员在竣工验收意见上签字确认。(8)建设单位印发竣工验收意见。竣工验收不合格的,建设单位应当组织相关参建单位进行整改。整改完成后,建设单位重新组织竣工验收。竣工验收合格的,建设单位应当及时形成竣工验收报告并提交质监机构,抄送民航行政机关。

对于机场建设项目的行业验收,根据《运输机场建设管理规定》的规定,行业验收是运输机场投入使用前必须完成的验收动作。行业验收必须满足的条件包括:(1)竣工验收合格;(2)已完成飞行校验;(3)试飞合格;(4)民航专业弱电系统经第三方检测符合设计要求;(5)涉及机场安全及正常运行的项目存在的问题已整改完成;(6)环保、消防等专项验收合格、准许使用或同意备案;(7)民航专业工程质量监督机构已出具同意提交行业验收的工程质量监督报告。在具备行业验收条件后,行业验收通常按照如下程序进行:(1)A 类工程、B 类工程的行业验收由运输机场建设项目法人向所在地民航地区管理局提出申请。(2)对于具备行业验收条件的运输机场工程,民航管理部门在受理运输机场建设项目法人的申请后 20 日内组织完成行业验收工作,并出具行业验收意见。未经行业验收合格的运输机场专业工程,不得投入使用。

由前述内容可知,机场建设项目的验收区别于一般建设项目,实践中在认定机场建设项目的竣工验收的事项时应注意符合机场建设项目的特殊规定。因此，实践中应注意机场建设项目将竣工验收分为竣工预验收等三个阶段，并且对其竣工验收约定的内容、程序和要求均有明确约定。在认定机场工程总承包项目是否已完成验收、完成验收所需手续、是否具备付款条件等内容时，应注意结合机场建设目对竣工验收的特别规定进行认定。

第八章

工业制造领域工程总承包项目运作实务

第一节　化工工程总承包项目

一、化工项目简介及特征

化工工程项目,是指石油化工、天然气化工、煤化工、精细化工、传统化工及其他各类化工行业企业的勘察、设计、施工、监理、装备制造、化工工程材料生产以及物流等工程建设活动。化工工程项目是我国工程项目的重要组成部分,随着总体工业经济的迅速发展,化工工程企业也逐渐发展壮大,并形成了化工工程行业,为我国的社会经济和化学工业的发展和人民生活水平的提高作出了卓越贡献。从总体上看,化工工程总承包项目和其他工程总承包项目相比有以下三点特征。

1. 技术要求较高

虽然各种形式的化工项目在生产过程中的危险系数可能不同,但和其他行业的工程建设项目相比,化工项目在总体上均存在较大的危险系数。除此以外,化工工程建设过程通常会涉及多方面的技术,特殊材料和特殊设备的使用量较大,需要的施工技术和施工工艺较为复杂和先进,因此化工工程项目的施工通常有着更高的质量和技术要求。这些技术要求落实在项目现场上,包括但不限于特殊设备的安装和调试、复杂线路及管道的设计与焊接、严格的现场管理工作等。

2. 投资投入较大

现代科学技术在工业生产中的广泛应用,使生产过程的机械化、自动化程度不断提高,也使越来越多的传统工业、劳动密集型工业逐步向资金密集型工业转化。化工工程项目就属于典型的"资金密集型项目",即生产的技术装备程度较高、单位产品所需投资较多的工业部门的工程项目。

3. 施工周期较长

化工工程项目有着技术要求较高、投资投入较大的特点,是一种典型的资金密集型项目,与常规的工程项目相比,其对工程整体规划的要求更加严格。虽然近年来工程施工技术日益先进,但是化工工程项目的施工技术和施工工艺较为复杂、施工要求较高,这就导致了实际施工过程中难以大幅缩短工期,化工工程项目的施工周期普遍较长。

二、化工工程总承包项目的实施现状、关注要点及尽职调查注意事项

(一) 实施现状

2022 年 7 月 15 日,中国化工施工企业协会发布《化工建设行业"十四五"发展规划(2021~2025 年)》(以下简称《化工建设行业发展规划》)。《化工建设行业发展规划》回顾了化工建设行业在"十三五"时期取得的成就,对化工建设行业的实施现状进行了高度总结:化工建设行业发展取得明显成效,但与国际先进水平以及新的发展要求仍有一定差距,主要体现为战略引领能力不强、企业经济效益增长与规模增长不同步、全面风险管控能力弱、企业信息化建设与管理实际需求存在差距、工程建设与产学研一体化参与度不够、国际化经营水平普遍偏低等。

不仅如此,《化工建设行业发展规划》还设立了化工建设行业在"十四五"时期的发展目标,即化工建设行业发展规模和发展质量取得重大进展、社会效益和经济效益同步提升,具有自主知识产权的工艺技术和工程技术得到明显突破,识别和抵御各种风险的能力大幅增强,与国际工程建设技术及管理先进水平的差距明显缩小。此外,《化工建设行业发展规划》还提出化工建设行业在"十四五"期间的主要发展任务:(1)创新体制,深化国有企业产权制度改革;(2)创新发展动力,提升行业核心竞争力;(3)创新管理,推进企业管理及工程建设数字化及智慧化建设;(4)创新机制,完善工程质量提升保障体系;(5)绿色施工、持续发展;(6)完善发展治理体系,增强风险管控能力;(7)加强化工建设技能人才的培训和储备;(8)拓展发展途径,提高中、小企业专业分包能力;(9)创新企业文化,提升品牌建设;(10)发展壮大优势企业,积极参与国际竞争。

（二）相关政策梳理

2012 年，国务院安全生产委员会发布《关于进一步加强化工园区安全管理的指导意见》，提出要建立健全园区安全生产管理机构、规划设立园区的当地人民政府要建立园区内的企业准入和退出机制等要求。

2012 年，原环境保护部发布《关于加强化工园区环境保护工作的意见》（已失效），指出要加强园区开发建设规划环境影响评价工作，并提出了"园区规划环境影响跟踪评价""入园项目必须开展环境影响评价工作"等举措。

2015 年，工业和信息化部发布《关于促进化工园区规范发展的指导意见》，提出开展入园项目评估、建立产业升级与退出机制、已建成投用的园区每 5 年开展一次园区整体性安全风险评价、实施封闭管理、加强园区信息化基础设施建设等要求。

2016 年，国务院办公厅发布《关于印发危险化学品安全综合治理方案的通知》，提出要加强化工园区和涉及危险化学品重大风险功能区及危险化学品罐区的风险管控；部署开展化工园区（含化工相对集中区）和涉及危险化学品重大风险功能区区域定量风险评估，科学确定区域风险等级和风险容量，推动利用信息化、智能化手段在化工园区和涉及危险化学品重大风险功能区建立安全、环保、应急救援一体化管理平台，优化区内企业布局，有效控制和降低整体安全风险；加强化工园区和涉及危险化学品重大风险功能区的应急处置基础设施建设，提高事故应急处置能力。

2016 年，国务院办公厅发布《关于石化产业调结构促转型增效益的指导意见》，指出不符合要求的化工园区、化工品储存项目要关闭退出，危险化学品生产企业搬迁改造及新建化工项目必须进入规范化工园区。

2017 年，国务院办公厅发布《关于推进城镇人口密集区危险化学品生产企业搬迁改造的指导意见》，鼓励承接园区进一步完善基础设施和公用工程配套。

2019 年，应急管理部印发《化工园区安全风险排查治理导则（试行）》（已失效）、《危险化学品企业安全风险隐患排查治理导则》，要求深刻吸取江苏响水"3·21"特别重大爆炸事故教训，提高化工园区和危险化学品企业安全管理水平。

2020 年，国务院安全生产委员会印发《全国安全生产专项整治三年行动计划》，提出这次专项整治一是抓园区的规划布局，二是抓整体性风险管控，三是抓智能化建设。

2020年，中共中央办公厅、国务院办公厅发布《关于全面加强危险化学品安全生产工作的意见》，提出要对危险化学品企业、化工园区或化工集中区实施最严格的治理整顿。

2021年12月28日，工业和信息化部、自然资源部、生态环境部、住房和城乡建设部、交通运输部、应急管理部联合发布《化工园区建设标准和认定管理办法（试行）》，以规范化工园区建设和认定管理，提升化工园区安全发展和绿色发展水平。根据该文件，化工园区是指人民政府批准设立，以发展化工产业为导向、地理边界和管理主体明确、基础设施和管理体系完整的工业区域。化工园区的建设对我国化工业发展具有重要作用，是我国石油和化学工业实现集约化发展的基本条件之一。

（三）尽职调查注意事项

与其他项目相比，化工工程项目由于大多涉及危险品的生产、运输、运输与处置，可能在安全生产和环境保护方面涉及较多的问题，因此，在化工工程收并购项目尽职调查时可以重点关注以下事项。

1. 立项阶段注意事项

立项是项目建设的必经阶段。根据《政府投资条例》，我国政府在境内"使用预算安排的资金进行固定资产投资建设活动"，项目单位应该根据该条例第9条的规定，"编制项目建议书、可行性研究报告、初步设计，按照政府投资管理权限和规定的程序，报投资主管部门或者其他有关部门审批"。至于企业在我国境内投资建设的固定资产投资项目，则应当遵守《企业投资项目核准和备案管理条例》《企业投资项目核准和备案管理办法》等的有关规定。根据《企业投资项目核准和备案管理办法》第4条的规定，"对关系国家安全、涉及全国重大生产力布局、战略性资源开发和重大公共利益等项目，实行核准管理。其他项目实行备案管理"。其中实行核准管理的具体项目范围及其管理方法，根据国务院颁布的《政府核准的投资项目目录》确定。对于化工工程项目，现行的《政府核准的投资项目目录（2016年本）》对化工工程项目的大部分子分类作出了核准要求；对于《政府核准的投资项目目录（2016年本）》未作核准要求的小部分危险性较低的化工项目子分类，应当实行备案管理。

根据本节前文"相关政策梳理"所述，国家陆续出台了多项政策措施来落实

"化工项目必须进园区"的要求,各省、市、自治区也出台了相应文件,以响应国家层面的该项要求。生态环境部在2021年发布的《关于加强高耗能、高排放建设项目生态环境源头防控的指导意见》就指出要严格"两高"项目环评审批,根据该指导意见,"两高"项目指高耗能、高排放的项目。生态环境部在提出"严格'两高'项目环评审批"的要求后紧接着又指出:"新建、扩建石化、化工、焦化、有色金属冶炼、平板玻璃项目应布设在依法合规设立并经规划环评的产业园区。"由此可见,化工项目系典型的"两高"项目,化工项目在立项阶段的选址非常重要。

因此,在对化工工程项目进行立项阶段的尽职调查时,应当注意:(1)目标项目属于应当核准的项目或应当备案的项目,如目标项目适用核准制度,则应进一步核查其核准情况并调取相应的批复文件;(2)危险化学品项目必须进园区,新建、改扩建项目应符合园区发展规划及园区规划环境影响评价要求。

2. 设计阶段注意事项

根据原国家安全生产监督管理总局办公厅于2013年发布的《危险化学品建设项目安全设施设计专篇编制导则》,我国境内新建、改建、扩建危险化学品生产、储存的建设项目以及伴有危险化学品产生的化工建设项目安全设施设计专篇的编制应当符合该导则的要求。此外,应急管理部、国家发展和改革委员会、工业和信息化部和国家市场监督管理总局于2022年联合发布了《危险化学品生产建设项目安全风险防控指南(试行)》,以落实《全国危险化学品安全风险集中治理方案》。根据《危险化学品生产建设项目安全风险防控指南(试行)》,项目建设单位在初步设计完成后、详细设计开始前,应向应急管理部门申请建设项目安全设施设计审查;应急管理部门组织总图、工艺、设备、电气仪表、安全等方面不少于5人的专家组进行审查,工艺较为简单的建设项目如工业气体、油漆、涂料等建设项目专家不少于3人,并出具建设项目安全设施设计的审查意见书;建设项目安全条件审查意见书的有效期为2年。

因此,在对化工工程项目进行设计阶段的尽职调查时,应当注意:(1)化工建设项目是否由具备化工石化医药、石油天然气(海洋石油)等相关工程设计资质的设计单位进行设计,并编制安全设施设计专篇;(2)安全设施设计专篇是否符合《危险化学品建设项目安全设施设计专篇编制导则》的要求;(3)建设项目安全条件审查意见书是否仍在2年的有效期限内。

《危险化学品生产建设项目安全风险防控指南(试行)》第6.2.1条"审查流

程"规定:(1)项目建设单位在开始初步设计前,向应急管理部门申请建设项目安全条件审查,提交下列文件、资料,并对其真实性负责:①建设项目安全条件审查申请书及文件;②建设项目安全评价报告;③建设项目批准、核准或者备案文件和规划相关文件(复制件);④企业营业执照或者企业名称申报告知书(复制件)。(2)应急管理部门应组织总图、工艺、设备、电气仪表、安全等方面不少于5人的专家进行审查,工艺较为简单的建设项目如工业气体、油漆、涂料等建设项目专家不少于3人,并出具建设项目安全条件审查意见书。(3)建设项目安全条件审查意见书的有效期为2年。

3. 施工阶段注意事项

化工项目的生产、运营多涉及危险品的生产、使用、储存、移转和处理等环节,化工企业应当依法对危险品进行合规管理,而化工项目在施工阶段就应当考虑到项目建成后的危险品合规管理问题。2013年,国务院对《危险化学品安全管理条例》进行了修订,危险化学品生产、储存、使用、经营和运输的安全管理应当严格按照该条例的规定进行。根据该条例的有关规定,新建、改建、扩建生产、储存危险化学品的建设项目必须经过安全生产监督管理部门的安全条件审查,并且根据"三同时"的要求,安全设施必须与主体工程同时设计、同时施工、同时投入生产和使用。对于危险化学品的合规管理,化工企业应当采取的措施包括但不限于依法取得危险化学品安全生产许可证、工业产品生产许可证等合规证照,对其铺设的危险化学品管道设置明显的标志,对危险化学品管道定期检查、检测;对于进行可能危及危险化学品管道安全的施工作业,施工单位应当按照规定书面通知管道所属单位,或者与管道所属单位共同制定应急预案、采取相应的安全防护措施等。

因此,在对化工工程项目进行施工阶段的尽职调查时,应当注意:(1)化工企业是否按照《安全生产许可证条例》《工业产品生产许可证管理条例》的要求取得了相应的证照;(2)化工工程项目是否通过了安全条件审查,其安全设施是否与主体工程一并施工;(3)对于进行可能危及危险化学品管道安全的施工作业,施工单位是否按照规定书面通知管道所属单位,或者是否与管道所属单位共同制定应急预案、采取相应的安全防护措施等,否则要承担相应的行政责任。

第二节　电子芯片工程总承包项目

一、电子芯片项目简介及特征

电子芯片产业是信息科技产业的核心硬件,数字经济的基石,国家综合实力的重要标志。随着我国经济发展进入新阶段,电子芯片产业的升级也成为我国高质量发展战略的重要内容之一。在 21 世纪之前,我国的电子芯片工程建设在总体上还落后于世界先进水平,彼时的美国、日本都曾是我国工程建设企业的合作学习对象。而后随着国家对集成电路产业的扶持,国产工程建设企业有了越来越多的实践与机会,陆续积累了不少成功建厂经验,而国外企业在工厂建设数量日渐饱和的情况下,验证和提升空间日渐缩小,从而难以再像集成电路产业发展初期那样取得突破性进展。

梳理北京、上海、广东等省市发布的 2023 年重点工程计划可知,电子芯片产业建设项目均在政府积极推动的科技产业类项目之列。可以说现阶段是我国电子芯片产业的高速发展时期,各地电子芯片建设项目也不断涌现。从工程建设角度来看,我国的电子芯片工程建设可以说已经走在了世界前列;随着工程总承包模式的蓬勃发展,电子芯片项目建设工程也越来越多地采用了这一模式,以提高劳动生产率,降低工程成本。从总体上看,电子芯片工程总承包项目与其他工程总承包项目相比有以下两个特征。

1. 厂房精细度要求高

与大多数行业的高科技厂房建设相比,电子芯片行业对厂房建设的精细度要求更高。以八英寸线为例,在没有洁净传输通道的情况下,工厂对于洁净度的要求极精细,颗粒度需控制在 $0.1\mu m$ 内。而新冠肺炎病毒的粒径大约为 $0.1\mu m$,许多病毒粘附在载体上变成生物气溶胶传播,粒径就远大于 $0.3\mu m$ 了(附着在飞沫上以 μm 记)。除了对颗粒度的等级要求远高于生物医药等行业之外,影响半导体制程良率的气体性分子污染物(AMC)、气浮粒子也要格外严谨把握控制。电子芯片生产的良品率高度依赖于生产条件和生产环境,因此厂房建设的精细程度非常重要。

2. 建设工期要求紧

电子芯片行业的一个重要特点是,其信息技术的进步速度是按照"摩尔定律"发展的。所谓"摩尔定律"的核心内容为:集成电路上可以容纳的晶体管数目每经过 18 个月到 24 个月便会增加一倍。换言之,处理器的性能大约每两年翻一倍,同时价格下降为之前的一半,这是英特尔创始人之一戈登·摩尔的经验之谈,这意味着电子芯片的进步发展速度非常之快。1990 年 8 月,原国家计划委员会和原电子工业部召开会议,目标在"八五"期间,我国半导体技术达到 1μm,即"908 工程"。908 工程的规划总投资 20 亿元,但从立项、经费审批到引进产线、建厂投产历时 7 年之久,建成投产时的技术水平已落后国际主流技术 4 ~ 5 代,投产即落后,导致月产量仅有 800 片,陷入严重亏损。因此,电子芯片工程项目的建设速度应当尽快,工期应当尽量短,以配合电子芯片的信息发展速度。

由于高精度集成电路是涉及国家安全的战略性产业,且近年来国际贸易环境不断恶化、科技制裁不断加剧,故早在 2014 年我国就成立了国家集成电路产业投资基金。该基金由国开金融、中国烟草、亦庄国投、中国移动、上海国盛、中国电科、紫光通信、华芯投资等企业发起,重点投资集成电路芯片制造业,兼顾芯片设计、封装测试、设备和材料等产业,实施市场化运作、专业化管理。公开数据显示,目前我国已经能够自主生产 28nm 先进制程集成电路,在高端刻蚀机、封测设备、光刻机光源、高精度双工件台、原材料等领域也取得了突破性进展。

二、电子芯片工程项目的相关政策梳理及注意事项

(一)相关政策梳理

2013 年,工业和信息化部发布《2013 年工业节能与绿色发展专项行动实施方案》,提出要"加快高效电机技术研发及应用示范。筛选一批高效电机生产、设计、控制及系统匹配等领域的先进技术,发布先进适用技术目录;开展重大应用技术成果鉴定,组织开展应用示范;推动安全可靠的绝缘栅双极型晶体管(IGBT)等电力电子芯片及模块在电机节能领域的推广应用"。

2014 年,工业和信息化部发布《2014 年工业绿色发展专项行动实施方案》,指出要继续实施电机能效提升计划,"开展高效电机重大应用技术成果鉴定,发布一批高效电机系统节能改造先进适用技术。对技术成熟、经济效益显著、推广前景广的先进适用技术,制定专项推广方案。充分发挥地方政府及相关行业协会

作用,组织电机企业与重点区域、重点用户或风机、泵、压缩机、机床等生产商进行对接,加快规模化推广。推动安全可靠的绝缘栅双极型晶体管(IGBT)等电力电子芯片及模块在电机节能领域的推广应用"。

2016 年,国家发展和改革委员会和工业和信息化部联合发布《关于实施制造业升级改造重大工程包的通知》,提出要"推动光纤预制棒、超低损耗光纤、高压直流继电器、宽带网络核心光电子芯片与器件等产品产业化;发展超小型片式元件、柔性印制电路板等产品,提高核心元器件保障能力;突破 CMOS 和 MEMS 传感器、智能光电传感器等瓶颈制约,提升智能化复合型高端传感器技术水平;加快新型汽车电子、电力电子等产品产业化进程;配套发展关键材料、电子装备、测试仪器,夯实产业发展基础"。

2017 年,科学技术部发布《"十三五"先进制造技术领域科技创新专项规划》,提出"针对光通讯器件制造对装备的需求,重点围绕硅基光电子芯片工艺装备、InP(铟磷)基等光电子芯片工艺装备、光纤器件工艺装备、光电子器件耦合封装等关键装备等开展研究,掌握核心技术,实现产品应用,提升国内光通讯器件制造能力及工艺水平"。

(二)关注要点:电子芯片工程总承包模式的价格形式

工程总承包,按照《工程总承包管理办法》第 3 条的规定,是指承包单位按照与建设单位签订的合同,对工程设计、采购、施工或者设计、施工等阶段实行总承包,并对工程的质量、安全、工期和造价等全面负责的工程建设组织实施方式。工程总承包作为一种工程建设组织实施方式,规范层面总结的实施模式包括设计—施工模式(DB 模式)和设计—采购—施工(EPC 模式)。

对于工程总承包模式的合同价格形式,虽然建设工程领域的规范文件并无强制性的适用依据和分类依据,但规范文件和合同示范文本提供了推荐建议,如《工程总承包管理办法》第 16 条规定企业投资项目的工程总承包宜采用总价合同,政府投资项目的工程总承包应当合理确定合同价格形式。《建设项目工程总承包合同(示范文本)》在"合同协议书"部分推荐的合同价格形式是总价合同。从前述规范文件及示范文本的内容可以看出,按照工程总承包模式实施的项目的价格形式,较为常见的是总价合同,但按照工程总承包模式实施的项目的价格形式并非只能采用总价合同。

价格形式是发包人和承包人基于风险偏好的选择和风险承担范围所作的安

排和表现形式。在工程总承包模式下,发包人通常关注的是价格和工期,而承包人关注的是风险和利润。就电子芯片建设项目而言,发包人通常关注的是产能目标、投资预期、建设标准和关键里程碑节点等事项,即发包人通常对项目的最终价格和工期的确定性有较高的要求,希望降低项目在进度和投资方面失控的风险。但针对电子芯片建设项目中的设计、采购和施工内容,不同的发包人和承包人的风险认知能力和风险把控能力存在差异,且项目可能处在不同的发包阶段、前期准备情况存在差异。基于合理风险分担的考虑,最终的结果便是实践中发包人和承包人根据项目情况选择和确定的合同价格形式是多种多样的。

因此,基于规范文件或合同示范文本的规定就认定工程总承包模式下的电子芯片建设项目应采用总价合同模式的观点并不准确。除固定总价的价格形式外,法律、行政法规并不禁止发包人基于工程建设组织形式及项目客观需求,选择其他类型的合同价格形式。实践中电子芯片建设项目采用的合同价格形式还包括固定单价(济南富元高功率芯片生产 EPC 项目①)、成本加酬金(合肥长鑫 12 寸存储器晶圆制造基地 EPC 项目)或定额下浮(南昌高新电子产业园一期建设 EPC 项目)等多种形式。

1. 采用总价合同的注意事项

固定总价模式又称总价合同模式,目前法律、行政法规等规范层面并无禁止采用固定总价模式的规定;相反,政策规范层面对工程总承包项目采用固定总价模式持积极态度。《工程总承包管理办法》第 16 条规定:"企业投资项目的工程总承包宜采用总价合同,政府投资项目的工程总承包应当合理确定合同价格形式。采用总价合同的,除合同约定可以调整的情形外,合同总价一般不予调整。"该办法鼓励企业投资项目采用总价合同模式进行发包,虽然未明确鼓励政府投资项目采用总价合同模式发包,但并不妨碍政府投资项目选择总价合同模式。因此无论是企业投资项目还是政府投资项目,电子芯片建设项目的工程总承包可以采用固定总价模式。

当电子芯片建设项目采用固定总价模式进行发包时,发包人的目的是在招标阶段将买方市场优势发挥到极致,尽可能将项目实施过程中可能出现的风险转移

① 参见《无锡市太极实业股份有限公司关于子公司十一科技中标重大项目工程的进展公告》,载巨潮资讯网,http://www.cninfo.com.cn/new/disclosure/detail? stockCode = 600667&announcementId = 1207948803&orgId = gssh0600667&announcementTime = 2020 - 06 - 23,最后访问日期:2023 年 3 月 23 日。

给承包人。而承包人针对发包人所转移的风险,一般会要求发包人支付承担风险所对应的费用。因此,对采用固定总价模式进行发包的工程总承包项目而言,发包人在发包前一般需完成如下工作。(1)编制发包人要求。发包人要求是工程总承包合同的组成部分,发包人需通过发包人要求列明工程的目的、范围、设计与其他技术标准和要求,包括对项目的内容、范围、规模、标准、功能、质量、安全、节约能源、生态环境保护、工期、验收等的明确要求。(2)确定项目价格目标。根据不同的项目阶段的不同类型的基础性资料,通过概算指标、投资估算、近期类似工程价格和项目预算等,调整和确定项目的价格目标,若设定最高投标限价则应当明确最高投标限价或者最高投标限价的计算方法。(3)拟定合同主要条款,包括发包人和承包人之间风险范围的确定和分配的条款,注意尽量避免使用无限风险、所有风险或类似语句规定风险内容及范围,保证承包人能够充分认识其需承担风险的内容及范围。(4)对于风险较大或不能确定工艺方案、技术标准、规模等的专业工程可考虑设立暂估价项目,在承包人确定后再确定价格,合理分担风险。

对于采用固定总价模式的电子芯片建设项目的工程总承包,相对于合同总价确定后合同的履行,合同总价确定是实施项目的重点、难点,即如何在充分竞争的基础上合理确定合同价格是发包人所必须解决的问题。在建设工程领域,“充分竞争”容易做到,但如何界定“合理确定”则缺乏统一的标准。工程总承包项目的发包通常在可行性研究、方案设计或者初步设计完成后进行,此时发包人可能只有产量目标、投产预期、粗略的建设标准和关键里程碑节点等目标,无法准确把握项目建设的内容。因此发包人选择承包人,并不是进行简单的比价、压价的过程,发包人还要综合考虑承包人提供的方案合理性,考虑承包人提供方案对应的性价比。

考虑到电子芯片建设项目专业性强、复杂程度高,在项目早期准备阶段,发包人对项目可能只有一个粗略计划,如产能目标、投产计划等。因此,合理确定方案和合同价格对发包人要求较高,此时招标人可以考虑两阶段招标方式:第一阶段,投标人按照招标公告或者投标邀请书的要求提交不带报价的技术建议,招标人根据投标人提交的技术建议确定技术标准和要求,编制招标文件;第二阶段,招标人向在第一阶段提交技术建议的投标人提供招标文件,投标人按照招标文件的要求提交包括最终技术方案和投标报价的投标文件。分阶段招标方式可以帮助发包人合理确定项目需求和方案,并在确定方案和需求的情况下合理确定价格。

若发包人确定采用固定总价模式进行发包,则在项目启动时应基本确定项目的预期成本,将合同价格的主要风险由承包人承担,但这种安排模式考验发包人明确需求的能力,也考验承包人的报价能力和风险承受能力。固定总价合同实施过程中产生纠纷的原因主要有:(1)发包人原因导致工程变更和方案调整较多;(2)承包人投标时的成本管控和风险评估不足,导致报价"亏损"。因此,发包人在招标前的准备工作需较充分,需要较高质量的发包人要求和招标控制价,以便减少实施过程中变更,保证价格合理和项目的顺利推进。这需要项目前期的管理人员、设计人员和咨询人具有较丰富的项目经验,有类似项目可供参考,将类似项目的造价经验指标作为可靠的参考依据;需要专业的设计公司和造价咨询公司提供协助和咨询,能够相对准确地评判价格的合理性及对应方案的合理性。施工过程中需做好工程变更的评审和认价工作,推行过程中结算,尽量避免完工后结算的争议。

依据公开资料,电子芯片领域采用固定总价模式的工程总承包案例如表8-1。

表8-1 电子芯片领域采用固定总价模式的工程总承包案例

序号	项目名称	项目核心内容
1	海辰半导体(无锡)有限公司8英寸非存储晶圆厂房建设项目①	发包人:海辰半导体(无锡)有限公司;承包人:信息产业电子第十一设计研究院科技工程股份有限公司。 工程承包范围:总建筑面积159,483m²,工程有关的土木建筑、设施、公用工程、电气工程、水处理、废水处理、废水转移、CCSS、消防、本工程的咨询、测绘、勘察、施工图审查及抗微震测试等。 合同价格和付款货币:合同价格为人民币2,315,900,000元(含税)。除根据合同约定的在工程实施过程中需进行增减的款项外,合同价格不作调整。合同采用固定总价的价格形式,合同价格为承包人完成本工程项目的所有工作而产生的全部费用,若合同价格中存在漏项则风险由承包人承担。除非专用条款另有明确约定,签约合同价总金额及各分项金额不做任何调整。

① 参见《无锡市太极实业股份有限公司关于子公司十一科技拟签订海辰半导体(无锡)有限公司8英寸非存储晶圆厂房建设项目工程总承包合同暨关联交易的公告》,载巨潮资讯网,http://www.cninfo.com.cn/new/disclosure/detail?stockCode=600667&announcementId=1205222577&orgId=gssh0600667&announcementTime=2018-07-24。

续表

序号	项目名称	项目核心内容
2	上海积塔半导体有限公司特色工艺生产线建设项目①	发包人:上海积塔半导体有限公司;承包人:信息产业电子第十一设计研究院科技工程股份有限公司、浙江省工程勘察院、中国建筑第八工程局有限公司。 工程承包范围:上海积塔半导体有限公司特色工艺生产线建设项目一阶段、二阶段工程,建造一座设计先进、功能齐全、运转高效的形成工艺水平的一座现代化工厂。负责项目的勘察、设计(方案、总体、施工图等),协助办理项目的各项报监报批、规划审批、施工许可等手续,协助招标人的机电设备及材料采购,负责工程施工、设备安装调试、测试、检验、第三方检测、验收、竣工验收和交付、试运营、用户交接,以及项目施工前的各项手续的办理和项目完成后各项竣工验收的后期工作,包括但不限于消防、人防、电梯、绿化、卫生防御、雨污水纳管、交警、综合交通、设计审查、环保、工程质量、竣工资料、规土核验、防雷等的全过程服务及相应的保质保修服务,直至完成项目房屋产权初始登记及项目所有验收结束、项目全面顺利投产运营等一切工作。 合同价格和付款货币:合同价格为含税价,人民币 4,763,283,177.35元。除根据合同约定的在工程实施过程中需进行增减的款项外,合同价格不作调整。
3	北京集电集成电路示范线项目(一期)厂务系统包工程②	发包人:北京集电控股有限公司;承包人:信息产业电子第十一设计研究院科技工程股份有限公司。 工程承包范围:项目招标范围为集成电路示范线项目(一期),提供设计、采购及施工一体化直至完成建设,包括但不限于项目的设计、采购及施工,招标人与政府相关职能部门协调,用户交接以及项目施工前的各项手续的办理和项目完成后各项竣工验收的后期工作的全过程服务及相应的保质保修服务。仅限于设计、土建局部改造和工艺机电厂务工程各子项,不包括工艺生产设备。 合同价格和付款货币:项目计价以固定总价计价,共计人民币2,226,995,821 元。

---

① 参见《无锡市太极实业股份有限公司关于子公司联合中标重大工程的进展公告》,载巨潮资讯网, http://www. cninfo. com. cn/new/disclosure/detail? stockCode = 600667&announcementId = 1205338736&orgId = gssh0600667&announcementTime = 2018 – 08 – 28。

② 参见《无锡市太极实业股份有限公司关于子公司十一科技中标重大项目工程的进展公告》,载巨潮资讯网, http://www. cninfo. com. cn/new/disclosure/detail? stockCode = 600667&announcementId = 1208874714&orgId = gssh0600667&announcementTime = 2020 – 12 – 10。

因此,无论是规范层面还是实践操作层面,电子芯片建设项目的工程总承包选择固定总价模式并不存在实质障碍,固定总价模式也是电子芯片建设项目的工程总承包采用的常规模式。但项目采用固定总价模式实施对前期工作的要求较高,因此工期紧急而无法充分进行前期准备工作的项目一般不适合全部采用固定总价模式,此时发包人可以考虑固定总价模式与单价合同、定额下浮计价、成本加酬金等其中的一种或多种模式的组合进行实施。

2. 采用成本加酬金合同的注意事项

正如法律、行政法规并不禁止工程总承包项目采用固定总价合同模式实施,法律、行政法规也并不禁止工程总承包项目采用成本加酬金合同模式实施,实践中电子芯片建设工程总承包项目可以采用成本加酬金合同模式实施。

理论上成本加酬金模式实践中主要适用于两类项目:一是施工技术特别复杂,工艺方案、技术标准在招标时难以确定,没有类似项目经验可供借鉴,成本无法准确预测的项目;二是发包人希望尽快启动的项目,即项目从实施开始便面临紧张的工期要求,若采用固定总价或其他计价方式,可能需要较长的周期选择承包人,无法满足项目需求,而成本加酬金模式可以基本满足承包人的竞价要求,又可以尽快确定承包人以保证项目的快速推进。

成本加酬金合同模式的本质是以项目实际执行后的项目成本,加上按照约定方式计取的酬金,形成最终的合同价。对于项目成本的核算,实践中通常采取两种方式:(1)定额下浮计取,即在合同中明确约定以某地、某版定额、市场信息价等为计价依据,按照确定的下浮率计算最终的项目成本;(2)通过二次竞价方式确定,即由发包人和承包人组成联合招采小组,通过公开或邀请的方式选择分包单位,分包单位的价格形式采用固定总价或固定单价模式,通过分包单位的合同价计算项目最终的项目成本。

对于项目酬金的计取,实践中一般存在三种方式:(1)固定酬金模式,即针对项目约定固定的酬金数额,酬金数额不随着项目执行的最终实际成本发生变动;(2)比例酬金模式,即针对项目约定计取酬金的比例,酬金数额根据项目执行的最终实际成本计算。(3)奖惩模式酬金,即针对项目约定计取酬金的固定数额或比例,同时明确约定项目最高限价,若实际成本低于项目最高限价则按照约定方式给予奖励,若实际成本高于项目最高限价则按照约定方式给予惩罚。

若发包人选择成本加酬金模式实施,在实施过程中为确定成本,应注意以下方面的问题。(1)受设计激励不足的影响,成本加酬金模式下承包人的优化设计的动力不足,相反可能会提高设计标准,主动"扩大投资"。发包人需注意设计方案和图纸的评审工作,根据实际情况可考虑引入第三方设计单位对承包人的设计文件进行评审,以便减少承包人的设计错误,优化设计。(2)计算成本的依据不清晰的问题。如采用定额计价方式确定成本,应注意详细明确适用定额的名称、版本,当约定定额不全、无法满足项目要求时,应明确选择哪种类型的定额(行业、地方或全国统一定额)作为补充。各个类型、版本的定额之间,应该注意明确优先适用顺序,在借用定额时应注意区分和明确是部分借用还是全部套用(消耗量、取费)等情形。定额反映的是常规施工工艺在正常工作环境下的资源消耗和价格数据,缺少新技术、新工艺和采用特殊工艺、特殊设备施工项目的消耗量和价格数据,但电子芯片项目通常面临采用新技术、新工艺的问题,因此应注意明确约定此类问题的解决方式。相同计价原则下不同品质、档次的产品和方案不具有竞争比较的意义,因此应注意明确和完善技术规格要求,约束承包人竞价的随意性。(3)二次竞价的范围问题。在《工程总承包管理办法》明确要求总承包单位具备"双资质"的情况下,所对应的设计、工程等主体结构应由总承包单位自行实施。原有的成本加酬金合同下将全部工程内容进行二次竞价的操作模式,在现阶段存在被认定为违法分包的法律风险,因此应注意控制二次竞价的范围。

　　依据公开资料,电子芯片领域采用成本加酬金模式的工程总承包案例如表8-2。

表8-2　电子芯片领域采用成本加酬金模式的工程总承包案例

序号	项目名称	项目核心内容
1	合肥长鑫12寸存储器晶圆制造基地 EPC 项目①	发包人:合肥长鑫集成电路有限责任公司;承包人:信息产业电子第十一设计研究院科技工程股份有限公司。 工程承包范围:项目前期文件编制和评审(包含可研、环评、能评和安评等)、工程项目设计(不含工艺二次配管配线设计)、工程总承包管理(服务),专业发包,配合发包人办理报建等相关工作。 合同金额 6,686,777,099.4 元,含设计服务费、总承包管理(服务)费、分包专业工程费;合同价格形式为成本+酬金,其中分包专业工程费为成本,设计服务费和总承包管理(服务)费为酬金。

---

　　① 参见《无锡市太极实业股份有限公司关于子公司十一科技拟签订特别重大合同的公告》,载巨潮资讯网,http://www.cninfo.com.cn/new/disclosure/detail? stockCode = 600667&announcementId = 1202838456&orgId = gssh0600667&announcementTime = 2016 - 11 - 22。

续表

序号	项目名称	项目核心内容
2	中芯绍兴 MEMS 和功率器件芯片制造及封装测试生产基地项目 EPC 项目①	发包人:中芯集成电路制造(绍兴)有限公司;承包人:信息产业电子第十一设计研究院科技工程股份有限公司。 工程承包范围:项目勘察、前期方案及初步设计、施工图设计,工程所有材料设备的采购、保管、施工、安装、调试、验收等工作,并对承包工程的质量、安全、工期、造价全面负责。具体包括但不限于:①项目的设计(含初步设计、施工图设计)以及相关的配合服务;②项目投资估算汇总表中所有土建工程、室外工程、园林绿化等总图工程中子项目的施工、设备材料(不包括生产线设备)采购、安装和调试、竣工验收、试运行、缺陷责任期的技术服务与缺陷修复、保修期的保修工作。项目若涉及特殊专业性子项,可由承包方委托专业资质设计单位协作完成,设计费用不再增加。 合同价格人民币 122,597.74 万元;合同项下施工和采购承包人应当邀请符合资质的特定承包商,以密封招标或竞争性谈判的方式选择供应商或分包人。分包合同及分包合同价格经发包人审批后通过合同签订的方式列入合同价格。

可见,电子芯片建设项目可以采用成本加酬金的合同价格形式,但在实施过程中针对计取酬金,应注意以下问题:(1)出于控制项目成本的目的,可以优先考虑适用奖惩模式酬金,促使承包商更关心、更有动力进行项目成本控制,注意明确项目目标成本确定的依据及合理性问题;(2)注意明确约定过程中的成本确认主体和责任,明确约定过程中变更的确认主体和责任,以更加有效地控制项目的成本变化。

3. 确定电子芯片建设项目价格形式的注意事项

基于前述可知,实践操作层面允许发包人根据电子芯片项目的风险差异,采取与具体项目相适应的合同模式予以处理。

对于建设内容明确、技术方案成熟的项目,固定总价可以控制发包人的风险;但对于建设内容不明确、技术方案不成熟的项目,难以合理确定价格。成本加酬金合同可以解决建设内容不明确、技术方案不成熟的项目的实施问题;但成本加酬金合同导致发包人承担工程量和价格的风险,不利于风险管控。因此,在项目

---

① 参见《无锡市太极实业股份有限公司关于子公司十一科技中标重大项目工程的进展公告》,载巨潮资讯网,http://www.cninfo.com.cn/new/disclosure/detail? stockCode = 600667&announcementId = 1205032862&orgId = gssh0600667&announcementTime = 2018 – 06 – 05。

招标阶段基于不同项目的风险差异,可以考虑将固定总价模式和成本加酬金模式结合使用,即可以考虑将不确定性较大的工程按照成本加酬金合同模式实施;工艺、标准、需求尚未确定的其他专业工程可以采用成本加酬金合同模式或采用二次竞价等方式确定成本;其他部分专业工程则按照固定总价模式实施,即常见的设计方案、规模、范围比较确定的装修、电气、消防、其他安装、给排水、道路、绿化等工程采用固定总价模式进行发包。

除发包人考虑的合理设计价格形式的情形外,实践中发包人可以考虑其他方式,缓释发包人和承包人在招标阶段即必须确定合同价格的风险,比较常见的是限额设计情形下通过预算后审的方式确定合同价格。如电子芯片建设项目决定在可行性研究报告编制完成后即进行招标,但项目前期阶段的资料不足以支撑发包人和承包人合理确定价格、合理分配风险,此时便可以通过预算后审方式确定合同价格。发包人应在招标文件中明确约定工程预算、结算的编制依据、合同价格取值办法和价格调整办法,以及项目设计限额等事项,明确勘察设计等咨询费的计费标准和下浮系数,投标人依据投标设计方案编制投标报价,中标价仅作为合同暂定价。在确定项目承包人后,发包人对工程项目的总投资、设计内容标准及各个阶段造价控制享有深度参与的权利,在承包人完成初步设计和设计概算报发包人按程序审批后,承包人进行施工图设计并编制预算。预算造价经发包人或其他第三方机构审核确定后作为合同价,必要时可以与限额设计价格比较,以二者较低者为合同价,即通过签订合同补充协议,确认经审核的预算造价,进而确定项目的合同价。

基于前述可知,对于采用工程总承包模式的电子芯片建设项目,规范层面对合同价格形式并无强制性的限制或要求。而价格形式是发包人和承包人基于风险偏好的选择和风险承担范围所作的安排和表现形式,因此,实践中电子芯片建设项目的工程总承包所采用的合同价格形式也存在多种形式。针对具体项目,发包人可以基于项目实际情况和自身的风险认知能力和承受能力,为项目选择和确定恰当的价格形式。

(三)尽职调查注意事项

一般而言,对于建设单位的尽职调查主要围绕其主体资格、资信情况及支付能力,由于这些内容系各类工程建设项目对建设单位的尽职调查的共性,此处不再作赘述。由于电子芯片企业大多符合高新技术企业要求,或积极争取认定高新技术企业以享受相应的税务优惠待遇,因此在对电子芯片工程建设单位进行尽职调查时,可以对其税务优惠被撤销的风险问题予以关注。

根据《国家重点支持的高新技术领域》,集成电路芯片制造工艺技术、测试与芯片制造服务的支撑技术,基于DSP、FPGA、CPLD、ARM等嵌入式芯片的各种高性能控制与传感器系统关键技术等电子芯片项目中发挥核心支持作用的技术均属于国家重点支持的高新技术领域。因此,电子芯片企业大多符合高新技术企业认定要求或积极争取符合高新技术企业认定要求,但是高新技术企业的认定并非一劳永逸。根据《高新技术企业认定管理办法》第16条的规定,有关部门在日常管理过程中发现已被认定的高新技术企业不符合认定条件的,应提请认定机构复核;复核后确认不符合认定条件的,由认定机构取消其高新技术企业资格,并通知税务机关追缴其不符合认定条件年度起已享受的税收优惠。企业的发展不是一成不变的,如部分电子芯片项目公司生产规模的扩大导致其上一年度的研发人员数量已不满足"企业从事研发和相关技术创新活动的科技人员占企业当年职工总数的比例不低于10%"之条件,抑或其高新技术产品收入占企业同期总收入的比例已低于60%等使其不再符合高新技术企业的法定条件,其享有的高新技术企业资格可能会经认定机构复核后撤销,并被税务机关追缴其自不符合认定条件年度起已享受的税收优惠。

因此,在对电子芯片工程项目建设单位进行尽职调查时,如其已被认定为高新技术企业,应当注意审阅项目公司的高新技术企业证书、年度审计报告、员工花名册等材料,关注其在销售比例、员工构成等方面是否存在不符合《高新技术企业认定管理办法》有关规定、高新技术企业证书被撤销的风险。

第三节　机械制造工程总承包项目

一、机械制造项目简介及特征

制造业是我国实体经济的主体,也是我国现代化经济体系建设的主要内容之一。机械制造业则为整个国民经济提供技术装备,是国家重要的支柱产业,其发展水平是国家工业化程度的主要标志之一。它具体指从事各种动力机械、起重运输机械、农业机械、冶金矿山机械、化工机械、纺织机械、机床、工具、仪器、仪表及其他机械设备等生产的行业。一般而言,机械制造总承包项目与其他项目相比,具备以下特征。

1.设备和工装繁多

当代机械制造业主要采用单件生产、多品种/小批量和重复大批量生产等多种方式。由于市场需求变化,设备资源也随之变化。产品中各部件制造周期不一性和产品工艺路线的不确定性,造成管理对象动态多变,生产管理工作十分复杂,需要从每一产品的交货期倒推,周密安排各部件、零件、毛坯的投入/产出数量和时间,这对厂房的设计也提出了要求。

2.采购要求较高

机械制造业主要采用单件生产、多品种/小批量和重复大批量生产等多种方式,这就导致机械制造业的原材料种类多,且采购过程较为复杂,单批、单次、单类采购的情况少,多为分批、分次、分类采购,所采购的物料变更性强。

3.产品全生命周期管理

随着机械制造业市场竞争的日趋激烈,越来越多的机械制造业企业逐步认识、接受并开始尝试实施新的管理思想,即"产品全生命周期管理"。在这种管理思想的指导下,机械制造业企业为了提高其产品在市场上的竞争力,必须控制产品制造的整个生命过程并对其负责,充分考虑可能影响到产品制造各个过程阶段的可能因素,这些阶段包括但不限于需求调研、方案设计、投产、运输、销售、售后等。

二、机械制造工程总承包项目的相关政策梳理及尽职调查注意事项

(一)相关政策梳理

2010年10月,国务院发布《关于加快培育和发展战略性新兴产业的决定》,该决定指出到2020年战略性新兴产业增加值占国内生产总值的比重力争达到15%左右,节能环保、新一代信息技术、生物、高端装备制造产业成为国民经济的支柱产业。

2015年5月,国务院发布《中国制造2025》,该文件指出:到2020年,基本实现工业化,制造业大国地位进一步巩固,制造业信息化水平大幅提升。掌握一批重点领域关键核心技术;到2025年,制造业整体素质大幅提升;到2035年,我国制造业整体达到世界制造强国阵营中等水平。

2016 年 11 月,国务院发布《"十三五"国家战略性新兴产业发展规划》,该规划指出增材制造(3D 打印)、机器人与智能制造、超材料与纳米材料等领域技术不断取得重大突破,推动传统工业体系分化变革,将重塑制造业国际分工格局。

2017 年 10 月,工业和信息化部发布《高端智能再制造行动计划(2018—2020年)》,该计划指出:到 2020 年,突破一批制约我国高端智能再制造发展的拆解、检测、成形加工等关键共性技术,智能检测、成形加工技术达到国际先进水平;发布 50 项高端智能再制造管理、技术、装备及评价等标准。

2017 年 12 月,国家发展和改革委员会发布《增强制造业核心竞争力三年行动计划(2018—2020 年)》,该计划指出到"十三五"末,智能机器人、智能汽车等制造业重点领域突破一批关键技术,实现产业化。

2018 年 1 月,国家标准化管理委员会、工业和信息化部联合发布《关于组织开展 2018 年国家高端装备制造业标准化试点工作的通知》,该通知指出通过加快高端装备制造业技术标准的研制,完善技术标准体系,强化标准的实施,支撑企业自主品牌建设,形成一批高端装备制造业标准化示范的典型企业和园区,促进装备制造业由大变强。

2018 年 11 月,工业和信息化部等联合发布《促进中大小企业融通发展三年行动计划》,该计划指出,要围绕绿色制造、生物医药、新材料等重点领域开展国际经济技术交流和跨境撮合,吸引高端制造业、境外原创技术孵化落地,推动龙头企业延伸产业链。

2018 年 11 月,国家统计局发布《战略性新兴产业分类(2018)》,该文件指出战略性新兴产业包括新一代信息技术产业、高端装备制造、数字创意相关服务、环保产业等九大领域。

2019 年 3 月,国务院发布《2019 年政府工作报告》,该报告指出推动传统产业改造提升,促进先进制造业和现代服务业融合发展,拓展"智能 +"培育新一代信息技术、高端装备等新兴产业集群。

2019 年 3 月,国家税务总局办公厅发布《关于做好 2019 年深化增值税改革工作的通知》,该通知指出制造业等行业增值税税率由 16% 降至 13%,将交通运输业、建筑业等行业现行 10% 增值税税率降至 9%,保持 6% 一档的税率不变。

2019 年 11 月,国家发展和改革委员会、工业和信息化部等部门联合发布《关于推动先进制造业和现代服务业深度融合发展的实施意见》，该意见指出：推进建设智能工厂；加快工业互联网创新应用；深化制造业服务业和互联网融合发展，大力发展"互联网＋"，激发发展活力和潜力，营造融合发展新生态；深入实施工业互联网创新发展战略，加快构建标识解析、安全保障体系，发展面向重点行业和区域的工业互联网平台。

2020 年 1 月，财政部、工业和信息化部等部门联合发布《重大技术装备进口税收政策管理办法》，该办法指出："对符合规定条件的企业及核电项目业主为生产国家支持发展的重大技术装备或产品而确有必要进口的部分关键零部件及原材料，免征关税和进口环节增值税。"

2020 年 5 月，国务院发布《2020 年政府工作报告》，提出要推动制造业升级和新兴产业发展，提高科技创新支撑能力；加强新型基础设施建设，发展新一代信息网络，拓展 5G 应用等。

（二）尽职调查注意事项

对于企业投资项目，根据《企业投资项目核准和备案管理条例》《企业投资项目核准和备案管理办法》的规定，关系国家安全和涉及全国重大生产力布局、战略性资源开发和重大公共利益等的项目实行核准管理，其他项目实行备案管理。此外，根据《政府核准的投资项目目录（2016 年本）》的规定，目录内的项目实行核准管理，目录外的项目各地区可根据本地实际情况制定本行政区域内统一的政府核准投资项目目录。《政府核准的投资项目目录（2016 年本）》在"六、机械制造"中规定："汽车：按照国务院批准的《汽车产业发展政策》执行。其中，新建中外合资轿车生产企业项目，由国务院核准；新建纯电动乘用车生产企业（含现有汽车企业跨类生产纯电动乘用车）项目，由国务院投资主管部门核准；其余项目由省级政府核准。"依据该文件，各地区可根据本地实际情况制定本行政区域内统一的政府核准投资项目目录，而各地区在制定本行政区域内统一的政府核准投资项目目录时，在机械制造领域内基本与国务院的《政府核准的投资项目目录（2016 年本）》保持了一致。也就是说，对于机械制造业的工程总承包项目而言，新建中外合资轿车生产企业项目应由国务院核准，新建纯电动乘用车生产企业（含现有汽车企业跨类生产纯电动乘用车）项目应由国务院投资主管部门核准，其余汽车机械制造项目应由省级政府核准，此外其他的机械制造项目则适用备案制。

因此,在对机械制造工程项目进行立项阶段的尽职调查时,需注意应当核准或应当备案的目标项目,如目标项目适用核准制度则应进一步核查其核准情况并调取相应的批复文件。

新能源发电领域
工程总承包项目运作实务

第一节　新能源发电总承包项目相关概念

所谓新能源,通常是指常规能源之外的、在新技术基础上加以开发利用的可再生能源,一般包括太阳能、风能、地热能、海洋能、生物质能、核能等,而新能源发电项目就是指利用新能源和现有的技术实现发电的项目。本章主要关注新能源发电领域最常见以及市场热度最高的两个总承包项目:光伏发电项目及风力发电项目。

一、光伏发电项目简介及发展现状

光伏发电项目是指通过光电效应直接将光能转变为电能的发电系统。光伏发电系统通常由光伏方阵、蓄电池组、蓄电池控制器、逆变器、交流配电柜和太阳跟踪控制系统等设备组成,它的主要部件是太阳能电池、蓄电池、控制器和逆变器。光伏发电能够将太阳辐射直接转换为电能,不存在化石燃料燃烧与污染的中间过程,因此发电效率较高,且清洁环保。

光伏发电站可作以下分类。(1)根据光伏发电站是否并网,可以分为离网光伏发电系统和并网光伏发电系统。离网光伏发电系统适用于没有并网或并网电力不稳定的地区,离网光伏系统通常由太阳能组件、控制器、逆变器、蓄电池组和支架系统组成。它们产生的直流电源可直接通过白天发电储存在蓄电池组中,用于在夜间或在多云或下雨的日子提供电力。离网电站的规模和应用形式各异,系统规模跨度很大,小到0.3W～2W的太阳能庭院灯,大到kW级的太阳能光伏电站。其应用形式也多种多样,在家用、交通、通信、空间应用等诸多领域都能得到广泛的应用。尽管光伏系统规模大小不一,但其组成结构和工作原理基本相同。并网光伏发电系统可以将太阳能电池阵列输出的直流电转化为与电网电压同幅、同频、同相的交流电,并与电网连接并向电网输送电能。这种发电系统的灵活性在于,当日照较强时,光伏发电系统在给交流负载供电的同时将多余的电能送入电网;而当日照不足时,即太阳能电池阵列不能为负载提供足够电能时,又可从电网索取电能为负载供电。并网电站又分为如下三种:①集中式地面电站:集中安装在地面区域的光伏电站,一般采用高压、特高压并网。②分布式屋顶电站:组件安装在屋顶的光伏电站,多数为380V电压并网,自发自用。③光伏大棚:光伏电站与农业大棚相结合,一般采用高压并网。

(2)光伏发电站按安装容量分类如下:①小型光伏发电系统安装容量小于或等于1MWp;②中型光伏发电系统安装容量大于1MWp和小于或等于30MWp;③大型光伏发电系统安装容量大于30MWp。根据规模大小,实践中通常将光伏电站分为分布式光伏项目及集中式光伏项目。分布式发电(Distributed Generation),通常是指发电功率在几kW至数百MW(也有的建议限制在30MW～50MW以下)的小型模块化、分散式、布置在用电用户附近的高效、可靠的发电单元。分布式屋顶并网光伏电站基本组成通常包括如下几个部分:与建筑屋面结合的基础光伏方阵、光伏方阵支架安装形式、光伏组件方阵布局、光伏直流/交流电气结构、并网接入部分等。大部分分布式光伏电站与集中式光伏电站相比安装容量偏小、接入电压等级较低,接近负荷,对电网影响小,可以应用在大中型工业厂房、公共建筑以及居民屋顶等建筑上。大中型集中式地面光伏电站的基本特点是:光伏电站安装整体容量大,占地面积广阔;很多电站建设在偏僻、人烟稀少的地方,光伏电站土建工程量较大;为了光伏电站正常运行与维护,光伏电站需要专业人员驻守维护,相应的附属设施较多。大中型集中式地面光伏电站通常由太阳能光伏组件方阵、光伏逆变/光伏电气系统和光伏电站并网接入系统等三大部分组成。大中型集中式地面光伏电站的基本器件与设备包括:光伏方阵、光伏方阵地基/基础/支架、直流汇流箱、直流配电柜、并网逆变器、交流配电柜、高压柜(进线柜、出线柜)、计量柜、电能监测仪、升压变压器、消防配套设施等设备,另外还有电站监控装置和环境监测装置等。

综合光伏发电的发电方式和建设模式,光伏发电项目存在以下特征。(1)光伏发电没有转动部分,不产生噪声;没有空气污染,不排放废水;没有燃烧过程,不需要燃料。相比其他发电项目,光伏发电较为绿色环保。(2)光伏发电技术较为成熟,安装容易,建设周期短,很容易根据需要扩大发电规模。光伏项目运行可靠,维护保养并不复杂,且维护费用低,无工质消耗。(3)作为关键部分的太阳电池使用寿命长,在国内光伏市场激烈竞争下,建设成本进一步减少。(4)建站周期短,规模大小随意,无须架设输电线路,便于与建筑物相结合,启动快。光伏发电项目有太阳光资源就能发电,适用于建立分布式变电站。除此之外,光伏发电还存在发电随天气呈周期性和随机性变化,电力调节比较复杂,以及地区性分布差异巨大等特点。

我国光伏产业虽然起步较晚,但依托强大的工业生产能力和广泛的用能需求,同时依靠国家"双碳政策"的大力推进,已经成为世界太阳能发电的龙头。我国拥有光伏发电全球最大全产业链集群、最大应用市场、最大投资国、最多发明和应用专利和最大产品出口国等一系列桂冠。[①] 2022 年我国光伏产业发展势头依然强劲。在制造端,前三季度多晶硅产量 55 万 t、同比增长 52.8%,硅片产量 236GW、同比增长 43%,电池片产量 209GW、同比增长 42.2%,组件产量 191GW、同比增长 46.9%。在装机端,前三季度全国光伏新增装机 5260 万 kW,从新增装机类型看,集中式光伏电站、工商业分布式光伏、户用光伏占比分别为 32.83%、35.63%、31.54%;从新增装机布局看,装机占比较高的区域为华北、华东和华中地区,分别占全国新增装机的 30%、25% 和 19.1%。在出口端,至 2022 年 10 月,光伏产品(硅片、电池片、组件)出口总额超过 440 亿美元,同比增长 90.3%,创历史新高。[②]

随着我国光伏产业的迅速成长和优势确立,与之相关的市场环境和政策环境也有了新发展。国家能源局在《〈光伏电站开发建设管理办法〉政策解读》中指出了光伏行业发展环境的重大变化:"一是价格补贴方面。光伏发电已进入平价无

---

① 参见《中国日报网评:中国光伏产业步入高质量发展期》,载中国日报网,https://cn. chinadaily. com. cn/a/201912/24/WS5e01bd77a31099ab995f3640. html。

② 参见丁怡婷:《中国光伏产业大发展》,载人民网,http://jx. people. com. cn/n2/2022/1205/c186330-40219723. html。

补贴发展新阶段,不再享受中央财政补贴。二是行业管理方面。国家不再实行规模管理,而是建立规划引领和权重引导机制,各省(区、市)据此安排项目建设规模与储备,制定年度开发建设方案,且由市场机制决定项目的投资主体、建设规模等。三是发展制约方面。碳达峰碳中和目标背景下,光伏发电将实现大规模高比例发展,而接网消纳已成为制约光伏发电又好又快发展的主要因素之一,急需加强网源协调、双向发力:电网企业应主动改进电网的规划设计、建设运行等,加快构建新型电力系统;光伏企业应积极主动配合做好接网工作。四是行业监管方面。目前,国家对生态环保、安全生产等方面提出了更高要求,有关方面应加强光伏电站全生命周期的监管工作。"在光伏发电工程总承包项目的投资、开发、建设等全过程阶段,需要对以上变化予以关注。

二、风力发电项目简介及特征

风力发电是利用风力发电机组直接将风的动能转化为电能的发电方式。风电产业是可循环新能源产业,在常规能源告急和全球生态环境恶化的双重压力下,风能作为一种高效清洁的新能源有着巨大的发展潜力。平均每装一台单机容量为1MW 的风能发电机,每年可以减排2000t 二氧化碳、10t 二氧化硫、6t 二氧化氮。风能产生1MWh 的电量可以减少0.8t 到0.9t 的温室气体排放。大力发展风电产业,对调整能源结构、推进能源生产和消费革命、促进生态文明建设具有重要意义。我国已将风电产业列为国家战略性新兴产业之一,在产业政策引导和市场需求驱动的双重作用下,全国风电产业实现了快速发展,已经成为全国为数不多可参与国际竞争并取得领先优势的产业。风电项目从装机地点角度可分为陆上风电项目和海上风电项目两大类,其中陆上风电项目可根据接入和消纳方式的不同分为集中式风电项目和分散式风电项目,海上风电项目根据装机地点的不同又可分为近海风电项目和潮间带风电项目。目前我国风力发电主流风机的单机容量从1.5MW 到10MW 不等,相对来说小容量的一般建设在陆地上,而大容量的都在海里建设。当然,容量越大,同等情况下发电越多。风力发电机组由风轮、传动系统、偏航系统、液压系统、制动系统、发电机、控制与安全系统、机舱、塔架和基础等组成。

据国内智库研究统计,新能源行业中,风电行业近十几年发展迅速,技术成熟度相对较高,国家政策对风电行业阶段性发展影响相对较大。前期受益于政策补贴等支持政策影响,我国风电累计装机量自2014 年的114,609MW 增长至2021

年的338,309MW,年复合增长率达16.72%;新增装机量自2014年的23,196MW增长至2021年的47,570MW,年复合增长率达10.81%。[①] 2022年,风电发展获得长足进步。国家发展和改革委员会、国家能源局以及工业和信息化部在2022年发布了至少4个涉及能源装备创新发展的政策。其中,《"十四五"能源领域科技创新规划》中对"风电重点任务"提到:开展深远海域海上风电开发及超大型海上风机技术;突破超长叶片、大型结构件、变流器、主轴轴承、主控制器等关键部件设计制造技术;开发15MW及以上海上风电机组整机设计集成技术、先进测试技术等。2022年8月,《加快电力装备绿色低碳创新发展行动计划》发布,其提出将重点发展8MW以上陆上风电机组、13MW以上海上风电机组和深远海漂浮式海上风电装备,突破超大型海风支撑结构、主轴承及变流器关键功率模块等。可以看出,步入平价后,技术创新成为推动国内风电高质量发展的唯一途径。另外,2022年国内风电企业在风机功率等级、叶片长度和新材料应用上屡屡突破,当前国内陆上最大7.XMW风机已在东北地区成功吊装,海上最大H260-18MW机组风机也将下线,引领了全球风电的发展方向。国家能源局发布的2022年全国电力工业统计数据显示,2022年全年全国累计发电装机容量约25.6亿kW,同比增长7.8%。其中,风电装机容量约3.7亿kW,同比增长11.2%,在我国能源领域中风力发电的重要性已越发显著。

第二节　新能源总承包项目的实施要点

依据住房和城乡建设部发布的《光伏发电工程验收规范》(GB/T 50796—2012)的规定,光伏发电工程可以划分为土建工程、安装工程、绿化工程、安全防范工程、消防工程五大类,而住房和城乡建设部公告第1004号《风力发电工程施工与验收规范》(GB/T 51121—2015)将风力发电工程按照发电机组基础作安装工程、发电工程、建筑工程、升压站设备安装调试工程、场内电力线路工程、交通工程划分。这些复杂的建设种类表现出了新能源项目建设内容的综合程度与专业难

---

① 参见《2022年中国风电运维行业核心要素一览(市场规模、竞争格局及发展趋势等)》,载腾讯网,https://new.qq.com/rain/a/20221203A05QIN00。

度,也正是由于设计、施工、采购、安装的复杂性,不少新能源发电项目中业主方常常采用工程总承包形式,也就是全部建设内容由一个总承包方来承担。新能源项目工程总承包项目涉及阶段与环节较多,所以总承包合同的签订、履行过程中关注点较多,下文将重点关注新能源工程总承包项目中招投标问题、资质问题以及总承包合同风控问题。

一、新能源工程总承包项目的招投标要点

《招标投标法》第 3 条规定:"在中华人民共和国境内进行下列工程建设项目包括项目的勘察、设计、施工、监理以及与工程建设有关的重要设备、材料等的采购,必须进行招标:(一)大型基础设施、公用事业等关系社会公共利益、公众安全的项目;(二)全部或者部分使用国有资金投资或者国家融资的项目;(三)使用国际组织或者外国政府贷款、援助资金的项目。前款所列项目的具体范围和规模标准,由国务院发展计划部门会同国务院有关部门制订,报国务院批准。法律或者国务院对必须进行招标的其他项目的范围有规定的,依照其规定。"参考 2000 年《工程建设项目招标范围和规模标准规定》(已失效)第 2 条第 1 项规定,关系社会公共利益、公众安全的基础设施项目包括煤炭、石油、天然气、电力、新能源等能源项目。2018 年国家发展和改革委员会令第 16 号《必须招标的工程项目规定》第 4 条规定:"不属于本规定第二条、第三条①规定情形的大型基础设施、公用事业等关系社会公共利益、公众安全的项目,必须招标的具体范围由国务院发展改革部门会同国务院有关部门按照确有必要、严格限定的原则制订,报国务院批准。"第 5 条规定:"本规定第二条至第四条规定范围内的项目,其勘察、设计、施工、监理以及与工程建设有关的重要设备、材料等的采购达到下列标准之一的,必须招标:(一)施工单项合同估算价在 400 万元人民币以上;(二)重要设备、材料等货物的采购,单项合同估算价在 200 万元人民币以上;(三)勘察、设计、监理等服务的采购,单项合同估算价在 100 万元人民币以上。同一项目中可以合并进行

---

① 《必须招标的工程项目规定》第 2 条:"全部或者部分使用国有资金投资或者国家融资的项目包括:(一)使用预算资金 200 万元人民币以上,并且该资金占投资额 10% 以上的项目;(二)使用国有企业事业单位资金,并且该资金占控股或者主导地位的项目。"第 3 条:"使用国际组织或者外国政府贷款、援助资金的项目包括:(一)使用世界银行、亚洲开发银行等国际组织贷款、援助资金的项目;(二)使用外国政府及其机构贷款、援助资金的项目。"

的勘察、设计、施工、监理以及与工程建设有关的重要设备、材料等的采购,合同估算价合计达到前款规定标准的,必须招标。"2018 年,《必须招标的基础设施和公用事业项目范围规定》(发改法规〔2018〕843 号)第 2 条第 1 项进一步明确,大型基础设施、公用事业等关系社会公共利益、公众安全的项目,必须招标的包括煤炭、石油、天然气、电力、新能源等能源基础设施项目。此外,2020 年国家发展和改革委员会办公厅《关于进一步做好〈必须招标的工程项目规定〉和〈必须招标的基础设施和公用事业项目范围规定〉实施工作的通知》对于强制招标范围在第 1 条第 3 项规定:"依法必须招标的工程建设项目范围和规模标准,应当严格执行《招标投标法》第三条和 16 号令、843 号文规定……没有法律、行政法规或者国务院规定依据的,对 16 号令第五条第一款第(三)项中没有明确列举规定的服务事项、843 号文第二条中没有明确列举规定的项目,不得强制要求招标。"

综合以上招投标相关法律法规及规定,新能源工程项目,包括光伏发电项目及风力发电项目,都属于基础设施项目,尤其是 2018 年《必须招标的基础设施和公用事业项目范围规定》将其明确限定在"能源基础设施项目"的范畴,所以只要满足一定规模标准则必须进行招标。依据最高人民法院《关于审理建设工程施工合同纠纷案件适用法律问题的解释(一)》第 1 条规定,建设工程必须进行招标而未招标或者中标无效的,建设工程施工合同无效。因此新能源工程项目达到一定规模必须招标而未招标的,存在项目合同无效的风险。

但是,实践中一般认为,是否全部新能源项目都需要强制招投标的问题,不能一概而论。除了考虑项目规模,还需要判断和考量目标新能源项目是否属于工程建设项目,抑或仅仅作为部分设备的安装组件。例如部分分布式光伏发电工程(或称智慧能源项目)实质上是在已有建筑物(或构筑物)上加装光伏电池组件,在一些地区多以"自发自用、余电上网"的模式开展,其项目内容在法律性质的界定上就更类似于承揽,如果这些项目不加区分全部通过招投标方式订立合同,可能客观上造成建设成本的增加。依据前述招投标程序的规章制度,无论何种新能源项目,如果未达到规定的合同金额标准,应当允许自行选择招标投标或非招标方式确定施工主体、签订工程合同。在总承包项目中还有一种情形,即发包方已经通过招投标程序选定了总承包方,而总承包方再就部分专业工程进行分包时,是否仍需要进行招投标则视具体情况而定。《招标投标法实施条例》第 29 条规定:"招标人可以依法对工程以及与工程建设有关的货物、服务全部或者部分实行总承包招标。以暂估价形式包括在总承包范围内的工程、货物、服务属于依法必须进行招标的项目范围且达到国家规定规模标准的,应当依法进行招标。前款所称暂估价,是指总承包招标时不能确定价格而由招标人在招标文件中暂时估定的工程、货物、服务的金额。"不过,考虑到新能源项目建设的实务情况,较多的新能源工程总承包合同采用的是固定总价计价方式,而对于该计价工程建设合同在进行分包时是否仍需招投标,目前无明确规定。如果工程总承包合同中没有明确约定分包需招投标,实践中也可以通过自主协商的方式确定分包方。

二、新能源领域工程总承包项目的资质要点

对于工程总承包项目,一般需要关心的是总承包人需要具有哪些法定资质。根据《建筑法》《建设工程质量管理条例》的规定,新能源项目的设计单位和施工单位应分别具有与工程规模相适应的设计和施工资质。对于采用工程总承包方式发包的新能源项目,住房和城乡建设部、国家发展和改革委员会印发的《工程总承包管理办法》第10条第1款规定:"工程总承包单位应当同时具有与工程规模相适应的工程设计资质和施工资质,或者由具有相应资质的设计单位和施工单位组成联合体。工程总承包单位应当具有相应的项目管理体系和项目管理能力、财务和风险承担能力,以及与发包工程相类似的设计、施工或者工程总承包业绩。"《工程总承包管理办法》第2条对于该办法的适用范围作出规定:"从事房屋建筑和市政基础设施项目工程总承包活动,实施对房屋建筑和市政基础设施项目工程总承包活动的监督管理,适用本办法。"也就是说,该办法适用于房屋建筑和市政基础设施项目,并未明确将新能源工程项目划入其适用范围;但考虑到该办法的发布单位之一为住房和城乡建设部,作为工程企业资质的主管部门,其发布的资质要求在实务中可能被某些政府主管部门或发布方参考适用于新能源工程项目。

作为电力设施工程,新能源工程总承包项目不同于普通工程总承包项目,尤其在资质要求上具有特殊性。根据现行规定及项目实践要求,新能源工程承包项目招投标中涉及施工、设计、勘察、电力相关资质要求,需逐一进行分析研究。

1. 工程设计资质、施工资质

根据《工程总承包管理办法》第10条第1款规定,工程总承包单位应当同时具有与工程规模相适应的工程设计资质和施工资质,或者由具有相应资质的设计

单位和施工单位组成联合体。目前,很多新能源工程总承包项目招投标过程中,都要求总承包方同时具备设计、施工双资质。伴随"双资质"要求的推动,资质互认制度也进一步完善,已经取得设计资质的主体在符合法定条件时,可以直接申请对应的施工资质,同样,已经取得施工资质的主体也可通过相应法定程序直接申请设计资质。依据《建设工程勘察设计资质管理规定实施意见》(建市〔2007〕202 号,已失效)规定,具有一级及以上施工总承包资质的企业可直接申请同类别或相近类别的工程设计甲级资质;具有一级及以上施工总承包资质的企业申请不同类别的工程设计资质的,应从乙级资质开始申请(不设乙级的除外)。《建筑业企业资质管理规定和资质标准实施意见》(建市〔2015〕20 号)第 1 条规定,已取得工程设计综合资质、行业甲级资质,但未取得建筑业企业资质的企业,可以直接申请相应类别施工总承包一级资质,企业完成的相应规模工程总承包业绩可以作为其工程业绩申报。《工程总承包管理办法》第 12 条规定,鼓励设计单位申请取得施工资质,已取得工程设计综合资质、行业甲级资质、建筑工程专业甲级资质的单位,可以直接申请相应类别施工总承包一级资质;鼓励施工单位申请取得工程设计资质,具有一级及以上施工总承包资质的单位可以直接申请相应类别的工程设计甲级资质;完成的相应规模工程总承包业绩可以作为设计、施工业绩申报。与此同时,根据住房和建设部《工程设计资质标准》及《电力行业建设项目设计规模划分表》的规定,双资质要求下总承包方应取得与工程规模相适应的电力工程施工总承包及电力行业新能源发电工程专业设计资质;但即便资质互认制度得到完善,部分企业面对资质要求仍力不从心。实践中项目投标人为解决资质问题,不乏通过组成"联合体"进行工程总承包投标的情况,但"联合体"投标对于施工管理和成本管理均具有风险,无论是发包方还是"联合体"成员都应慎重选择,确定资质情况较好的主体参与联合投标。

2. 工程勘察资质

依据住房和建设部颁行的《工程勘察资质标准》(建市〔2013〕9 号)以及《建设工程勘察设计资质管理规定》相关规定,开展新能源勘察需要工程勘察综合资质或者与项目等级相匹配的工程勘察专业资质。然而,该规定与新能源项目的实际流程存在一定出入。《工程总承包管理办法》第 7 条规定:"建设单位应当在发包前完成项目审批、核准或者备案程序。采用工程总承包方式的企业投资项目,应当在核准或者备案后进行工程总承包项目发包。采用工程总承包方式的政府投资项目,原则上应当在初步设计审批完成后进行工程总承包项目发包;其中,按照国家有关规定简化报批文件和审批程序的政府投资项目,应当在完成相应的投资决策审批后进行工程总承包项目发包。"换句话说,采用工程总承包方式的政府投资项目,一般情况下应当在初步设计审批完成后进行工程总承包项目发包。实践中,发包方在进行招投标时新能源项目的勘察通常已经完成,因此在新能源工程总承包项目的招标文件中常常不要求总包方具备工程勘察资质。

3. 电力相关许可证

除上述对于工程总承包项目总承包商的一般资质要求外,新能源项目还存在其他资质规定。因新能源项目涉及电力建设工程,对于该类工程,国家发展和改革委员会于2020年9月发布《承装(修、试)电力设施许可证管理办法》,其中第4条、第6条、第7条及第8条对于承装(修、试)电力设施实施主体的资质作出相关规定,即在境内从事承装、承修、承试电力设施活动的总承包商还应当取得"承装(修、试)电力设施许可证"。该许可证根据该电力设施的电压等级分为五级资质,且对申请人的净资产、技术人员等作出了针对性的要求。此外,发展和改革委员会于2015年发布的《电力建设工程施工安全监督管理办法》第20条规定:"施工单位应当具备相应的资质等级,具备国家规定的安全生产条件,取得安全生产许可证,在许可的范围内从事电力建设工程施工活动。"因此,新能源工程总承包项目的总承包商或施工单位从事电力设施的相关工程施工活动还应当取得安全生产许可证。

三、新能源工程总承包项目的合同风控要点

对于发包方和总包方而言,工程总承包合同的审查无疑是十分重要的一环,也是风险相对集中的一环。就目前而言,众多大型国有电力工程企业参与到新能源发电的项目建设中,它们通常能够发挥自身雄厚的资金实力和融资优势,以垫资方式承接EPC工程。此时EPC总包方为确保工程款的顺利回收,还要关注新能源项目的合规性、项目业主或实际投资人的资信、担保措施的有效性等。另外,虽然住房和城乡建设部、国家市场监督管理总局联合印发了《建设项目工程总承包合同(示范文本)》,但在总承包合同磋商和签订过程中仍存在较多协商空间,同时也带来了不少潜在风险。根据新能源项目相关法律实务经验,新能源项目的总承包合同存在以下需要注意的风控问题。

1. 总包合同价款与新能源补贴问题

新能源并购项目实践中，投资人通常会关心新能源相关补贴的问题，并且要求将工程总承包合同项下的价款与未来该新能源项目能否顺利取得政府部门的电价补贴以及相应的电价补贴金额相挂钩。也就是说，总包合同类似合同项下时常载明如下条款：如果未来该新能源项目无法取得政府补贴，或该新能源项目取得的补贴金额不满足投资人的要求，则投资人有权要求降低工程总承包合同的工程价款，且该等降低的工程价款金额等同于投资人期望取得而实际未能取得的政府补贴金额。之所以存在上述安排，主要是因为股权受让方希望将不能取得相应的电价补贴的风险转嫁给股权转让方及其关联方，一般来说新能源工程项目总包方常常是股权转让方（项目公司股东）的关联方，在这种情况下，股权转让方以及总承包方很大可能会同意上述条款及相关利益安排。进一步而言，各方可能本身也会将部分股权转让的溢价以合同价款形式进行支付，而如果新能源项目未能取得相应的政府补贴金额，则股权受让方会希望不再支付该等溢价。

根据项目的实施情况，相关合同设计与安排主要有以下两种方式。

其一，在总包合同签署之前开始并购交易及上述安排的谈判，并以 EPC 合同项下的价款与未来该新能源项目能否顺利取得政府部门的电价补贴相挂钩的工程价款定价模式进行招投标，并选定股权转让方的关联方作为总承包方。此种交易安排可能给总包合同效力带来一定不确定性：根据《招标投标法》第 43 条、第 53 条、第 55 条的规定，投标人不得与招标人串通投标，损害他人的合法权益，且在确定中标人前，招标人不得与投标人就投标价格、投标方案等实质性内容进行谈判；否则，招标人、投标人及其各自的相关负责人均可能受到处分、罚款且该中标将可能无效。就项目实际而言，总包合同项下的价款与未来该新能源项目能否顺利取得政府部门的电价补贴相挂钩的工程价款定价模式，需要业主方事先与总承包方进行磋商。因此，基于《招标投标法》上述规定，业主方和总包方的磋商行为以及据此签署的合同可能因招标人与投标人事先就投标价格、投标方案等实质性内容进行谈判而被认定为串通投标，存在中标被认定无效的风险。

其二，在总包合同签署之后开始并购交易及上述安排的谈判，并通过签署总包合同补充协议，将工程价款定价与该新能源项目能否顺利取得政府部门的电价补贴相挂钩。此种交易安排亦存在一定法律风险：达到一定规模的新能源工程项目合同均需通过招投标的方式签署，《招标投标法》第 2 条规定"在中华人民共和国境内进行招标投标活动,适用本法",而《招标投标法》第46条第1款则规定:"招标人和中标人应当自中标通知书发出之日起三十日内,按照招标文件和中标人的投标文件订立书面合同。招标人和中标人不得再行订立背离合同实质性内容的其他协议。"根据上述规定,若招投标之后合同项下的工期、工程价款等条款发生变更,则该变更协议将面临被认定为无效的法律风险。虽然上述变更的安排一般发生在总包合同签署后,双方本质上并无直接规避《招标投标法》及其相关规定的意图,但由于该等变更并非合同正常履行过程中的变更(如设计变更或规划调整等导致的变更),实务观点认为,如果各方要求对于通过招投标方式签署的总包合同项下的价款进行变更,并将总包合同项下的价款与未来该新能源项目能否顺利取得政府部门的电价补贴以及相应的电价补贴金额相挂钩,则该价款变更的安排仍然存在被认定无效的风险。在此情况下,项目公司仍将需要按照原有总包合同的约定向工程总承包方支付工程价款,而不能因项目公司未取得政府部门相应的电价补贴而降低应支付的金额。①

综上所述,新能源项目收并购过程中,应在尽调期间明确项目的政策适用情况以及相关补贴是否已经落实,这种情况下完成项目收并购最为稳妥。为符合法律合规要求,项目各参与方应尽可能避免将总包合同项下的价款与未来该新能源项目能否顺利取得政府部门的电价补贴以及相应的电价补贴金额相挂钩。若目标收购过程中优惠政策落实情况仍不明朗,收购方为减少收益风险,则可以将能否顺利取得政府部门的电价补贴与股权转让协议项下的股权转让价款金额相关联,以督促转让方完成优惠政策的申报和落实。

2. 总包合同变更问题

上文对于总包合同变更问题已经有所涉及,鉴于该问题的重要性并且在工程实践中高频率出现,下文仍需对此作进一步研究。根据现有法规,满足规定规模的新能源项目总包合同应当通过招投标的形式签订。而在实践中,不乏当事人在以招投标的方式签署总包合同后,另行签署补充协议或新协议对已签署总包合同进行补充和变更。一旦这些变更构成对总包合同的实质性变更,根据《招标投标法》第46条及相关规定,该补充协议的效力并不优于中标合同,司法机关将要求合同当事人按照中标合同内容继续履行。

---

① 参见樊荣:《新能源项目投资并购法律实务问答》,法律出版社2021年版,第251-252页。

　　从规范目的上看,上述制度意在避免当事人通过另行签署合同的补充协议或变更协议架空招投标法律制度,从而损害招投标行为的公平公开以及其他投标人的合法权益。一般而言在建设工程中,对于工期、工程价款、工程项目性质以及工程质量的变更,会有较大可能被视为实质性变更。《民法典》第488条规定:"承诺的内容应当与要约的内容一致。受要约人对要约的内容作出实质性变更的,为新要约。有关合同标的、数量、质量、价款或者报酬、履行期限、履行地点和方式、违约责任和解决争议方法等的变更,是对要约内容的实质性变更。"根据《招标投标法实施条例》第57条的规定,通过招投标方式签署的合同的标的、价款、质量、履行期限等主要条款,应当与招标文件和投标文件保持一致。除此之外,最高人民法院《第八次全国法院民事商事审判工作会议(民事部分)纪要》第31条明确提出,招标人和中标人另行签订改变工期、工程价款、工程项目性质等影响中标结果实质性内容的协议,导致合同双方当事人就实质性内容享有的权利义务发生较大变化的,应认定为变更中标合同实质性内容。在法律后果上,则应根据最高人民法院《关于审理建设工程施工合同纠纷案件适用法律问题的解释(一)》第2条第1款规定,招标人和中标人另行签订的建设工程施工合同约定的工程范围、建设工期、工程质量、工程价款等实质性内容,与中标合同不一致,一方当事人请求按照中标合同确定权利义务的,人民法院应予支持。除了相关民事责任后果,实质性变更还存在行政责任及刑事责任风险。依据《招标投标法》第59条、《招标投标法实施条例》第75条规定,招标人与中标人不按照招标文件和中标人的投标文件订立合同的,或者招标人、中标人订立背离合同实质性内容的协议的,责令改正;可以处中标项目金额5‰以上10‰以下的罚款。招标人和中标人不按照招标文件和中标人的投标文件订立合同,合同的主要条款与招标文件、中标人的投标文件的内容不一致,或者招标人、中标人订立背离合同实质性内容的协议的,由有关行政监督部门责令改正,可以处中标项目金额5‰以上10‰以下的罚款。招标人与中标人不按照招标文件和中标人的投标文件订立合同的,或者招标人、中标人订立背离合同实质性内容的协议的,由行政监督部门责令改正;可以处中标项目金额5‰以上10‰以下的罚款。当然,如果实质性变更内容严重损害国家利益,或者造成国有资产损失,相关人员因滥用职权、徇私舞弊等行为可能会被追究刑事责任。

　　综合上述法律法规规定,一旦在新能源项目总包合同项下的工期、工程价款、工程项目性质以及工程质量发生变更,合同当事人需要注意,该变更存在被认定为无效的法律风险。除此之外,对于违约责任的变更、质保期等其他事项的变更,是否属于实质性变更,则存在较多争议,目前较多地方法院对此持肯定的观点。例如安徽省蚌埠市中级人民法院认定,双方签订的建设工程施工合同专用条款约定,承包人未按合同约定竣工交付工程,每延期一天支付发包人5000元违约金,提前一天奖励承包人5000元;双方补充协议约定承包方未能按期完成,每逾一天双方按决算价的0.03%支付违约金;关于逾期竣工违约金约定是否属于实质性变更问题,根据建设工程相关司法解释以及合同法律规定,合同违约责任的变更属于合同实质性变更,违约责任对双方权利义务产生重大影响,应属于合同实质性内容。① 所以合同各方在新能源总包合同项下变更违约责任时,仍需考虑该变更行为无效的风险。

虽然如此,如果实践中当事人对中标合同的变更并没有规避招投标相关的法律法规的意图,且该等变更是合同正常履行过程中所进行的变更,如基于总包合同中约定的变更机制对合同进行变更或设计变更、规划调整等原因导致的变更等,法院一般会倾向于认定该等变更并不违反法律法规的规定,并赋予其效力。基于此,当事人应尽量避免对新能源项目的总包合同进行变更。如确实需要对通过招投标方式签署的新能源项目的总包合同进行变更,则当事人首先应尽可能根据中标合同已经约定的变更事由和变更方式,在总包合同现有约定的框架内对合同进行变更;同时,当事人也应尽可能地保留与该等变更相关的背景资料、往来沟通文件,以在发生争议时,能够有更充足的理由主张合同各方对总包合同的变更具有合理性和合法性,而非基于规避招投标制度而做出的变更。

3. 项目工期问题

工期问题一直是新能源项目建设的核心。新能源项目的核准备案文件中对于项目并网发电时间作出规定,所以项目需赶在特定时点并网发电,往往对工期要求十分严格;采用工程总承包模式对于有效缩短项目工期,控制项目投资有明显优势。在2021年之前,"抢装潮"一直是新能源项目建设的主旋律,在如"6.30"等时间节点前完成项目建设与运行,通过国家机关的并网验收,可以获取更高额的政府补贴,甚至部分集中式光伏电站在某一时间节点后再并网验收,将

---

① 参见安徽省蚌埠市中级人民法院民事判决书,(2019)皖03民终1807号。

出现发包人投资亏损的情况。关于项目工期问题,应当关注工程总承包项目实际开工日期及实际竣工日期的认定。

关于实际开工日期的认定。《关于审理建设工程施工合同纠纷案件适用法律问题的解释(一)》第 8 条规定,当事人对建设工程开工日期有争议的,人民法院应当分别按照以下情形予以认定:(1)开工日期为发包人或者监理人发出的开工通知载明的开工日期;开工通知发出后,尚不具备开工条件的,以开工条件具备的时间为开工日期;承包人原因导致开工时间推迟的,以开工通知载明的时间为开工日期。(2)承包人经发包人同意已经实际进场施工的,以实际进场施工时间为开工日期。(3)发包人或者监理人未发出开工通知,亦无相关证据证明实际开工日期的,应当综合考虑开工报告、合同、施工许可证、竣工验收报告或者竣工验收备案表等载明的时间,并结合是否具备开工条件的事实,认定开工日期。新能源工程总承包项目的总工期是涵盖设计、采购、施工等总承包范围内各个实施阶段的时间总和,其起算点应为整个项目开始工作的日期,通常为设计开工日期。而另一较为重要的时点是施工开工日期,在该日期前发包人应按合同约定向承包人移交现场并获得施工所需的相关许可,而承包人应完成施工所需的相关设计工作。实践中相比设计而言,施工部分更易因现场条件不具备或未取得相关许可而延迟开工,但需要注意的是,与传统施工模式下工期自现场施工起算不同,工程总承包模式下此时总工期已起算,承包人应就施工开工日期延迟按合同约定的时间和程序提起工期索赔,否则可能难以实现竣工日期相应顺延。

关于实际竣工日期的认定。《关于审理建设工程施工合同纠纷案件适用法律问题的解释(一)》第 9 条规定,当事人对建设工程实际竣工日期有争议的,人民法院应当分别按照以下情形予以认定:(1)建设工程经竣工验收合格的,以竣工验收合格之日为竣工日期;(2)承包人已经提交竣工验收报告,发包人拖延验收的,以承包人提交验收报告之日为竣工日期;(3)建设工程未经竣工验收,发包人擅自使用的,以转移占有建设工程之日为竣工日期。新能源 EPC 项目的承包人不仅应负责完成 EPC 合同下的各项工作,还应为工程符合发包人要求和合同预期目的负责。因此工程建成后,还需通过试运行和相关验收,并消除缺陷项目后才能正式投入运营,以确保工程性能参数满足合同约定和并网发电要求。故新能源 EPC 项目的竣工阶段可能涉及启动验收、试运行验收、并网验收、竣工验收等多个环节,与民用建筑工程项目一般仅涉及竣工验收具有明显区别。由于此类项目的上述特点,实践中时常会就工程的实际竣工日期发生争议,进而影响到工期计算、价款结算、质保期起算、工程风险转移等诸多方面的问题。特别是在相关验收环节中,往往还涉及工程的移交和并网发电等,此时是否视为工程已竣工,实务中尚存在一定争议。①

在最高人民法院相关司法案件中,承包人主张涉案工程已并网发电,应视为工程已竣工验收;而发包人主张工程未经竣工验收,而且存在质量问题,不具备支付工程款的条件。该案一审法院、二审法院和再审法院就该问题作出了不同认定。一审法院认为,涉案工程属光伏发电工程,依照《光伏发电工程验收规范》的规定,应通过单位工程、工程启动、工程试运和移交生产、工程竣工四个阶段的全面检查验收;承包人未能提供涉案工程已竣工验收合格的证据,且涉案工程因光伏支架基础出现质量问题,承包人需对光伏支架基础进行修复及支架临时加固,该案审理中该工程项目亦未完工,因此对承包人的主张不予支持。二审法院则认为,发包人出具的相关函件载明该项目于2014年3月光伏区全部并网,由此证实工程已转移至发包人占有使用,根据相关司法解释的规定,工程价款结算条件已成就。再审法院即最高人民法院认为,发包人主张光伏行业存在特殊的惯例,并网发电不属于移交生产,但其并未提供充分证据证明其所述惯例;同时,二审判决并未单纯以并网时间为认定的依据,而是结合了合同约定的计划开工和竣工时间,以及发包人出具的工程并网相关函件,故最终维持了二审判决。②

综上所述,项目开工日期和竣工日期的确认,尤其是竣工日期的确定,将密切影响工程总承包合同当事人的相关权利义务。一般总包工程都会以发包人开始使用日期为最终竣工日期,认为已经移交生产,用以说明价款结算、工程风险转移、质保期起算等问题。但新能源项目的特性与一般建设施工项目不同,新能源行业在竣工验收之前一般需要先并网,但此并网发电并不应当认为属于移交生产。除此之外,发包方可以考虑在总包合同中对工期进行更为明确的约定,如按照设计、土建、安装、调试等各个阶段切分工期,把控整个施工阶段的进度。

---

① 参见周兰萍、刘思佯:《优势、风险与索赔,新能源 EPC 项目工期 | 一文全知道》,载中伦网,https://www.zhonglun.com/Content/2021/07 - 15/1412430319.html。

② 参见最高人民法院民事判决书,(2017)最高法民申 4412 号。

第三节　新能源项目经典案例分析
及尽职调查注意事项

一、新能源项目纠纷典型案例分析

（一）关于新能源项目的特殊竣工验收要求

不同于一般工程项目，新能源项目的投资主体对项目的开工及并网时间节点十分关注，尤其对于风电、光伏项目要求可能更为苛刻。如果工程管理不到位造成工期延误，不仅会引发承包人的工期索赔以及业主发电量损失的反索赔，还有可能导致项目无法取得预期的上网电价，给项目业主造成巨大的电费损失。

1. 基本案情

2016 年 3 月，某建设公司经过招投标手续，某城建公司中标了南昌县蒋巷镇三洞湖 150MWp 渔光互补光伏发电项目土建工程（包括公用土建工程和道路及围栏工程），中标价人民币 21,872,965 元，付款方式：10% 预付款；进度款付完成产值的 60%；结算支付至合同结算价的 90%，10% 质保金。随后双方在 2016 年 6 月 8 日签订《南昌县蒋巷镇三洞湖 150MWp 渔光互补光伏发电项目建设工程施工专业分包合同》以及《道路及围栏工程分包合同》。案涉项目分包合同就某城建公司分包了某建设公司蒋巷镇三洞湖 150MWp 渔光互补光伏发电项目公用土建工程，包括协议书、通用条款和专用条款及附件；对工期约定 2016 年 4 月 20 日开工，2016 年 6 月 30 日完成全部工程，合同工期总日历天数 70 天。2016 年 6 月 24 日，某建设公司工作人员通过公司邮箱向某城建公司发送了变更后的升压站水暖、土建、总图全套图纸，表明以前的图纸作废；2016 年 7 月 5 日，又通过公司邮箱向某城建公司转发了光伏区土建图纸。后双方就工期延误问题产生争议，某建设公司诉请法院要求按照 2016 年 6 月 30 日完工计算某城建公司逾期完工违约金。一审法院判决：某城建公司在判决生效之日起 10 日内支付某建设公司违约金 158,204.46 元。后某建设公司进行上诉。①

---

① 参见江西省高级人民法院民事判决书，(2019)赣民终 231 号。

2. 各方观点

某建设公司上诉认为：一审判决对某城建公司逾期完工时间认定错误，认定某城建公司逾期天数为 11 天不符合事实和合同约定。某建设公司请求二审法院依法撤销一审判决。

某城建公司认为：一审判决认定逾期完工天数为 11 天，尽管对某城建公司不公，某城建公司从消化矛盾的角度出发能够接受。某城建公司从 2016 年 4 月 19 日开始进场，于 2016 年 6 月 24 日交付"升压站水暖、土建、总图全套图纸"，2016 年 7 月 1 日确定"升压站土建桩位定位等相关事宜"，在此期间经历了因涌泉而改变桩基、拆除原基础、围堰无效和赣江相通导致封堵困难，中后期由于设计变更增加工程量等情势变更。这就使得"工期从何时开始计算"和"工期是否仍按 70 天计算"需要重新研究和考虑。某建设公司不顾上述事实，仍主张以合同约定的完工日 2016 年 6 月 30 日为逾期开始日计算逾期天数，显然不成立。某建设公司设计变更、施工期间下雨、高温天气因素，使工期顺延既有合同依据，又有事实空间。某建设公司未按照约定支付工程款，在工程竣工前只支付了 12,077,704 元，欠付工程款 960 万元，某城建公司有权停工。当双方不能就工期是否延误达成一致意见时，应视为某城建公司没有延误工期。某城建公司请求二审法院驳回上诉，维持原判。

3. 法院观点

二审法院观点如下：关于一审判决对逾期完工天数的认定是否正确的问题。首先，虽然案涉分包合同约定了开工日期 2016 年 4 月 20 日，2016 年 6 月 30 日完成全部工程，合同工期总日历天数 70 余天，但在电控楼施工过程中出现涌泉，且一时难以封堵。为应对地基出现的新情况，某建设公司将原条基设计改为桩基，已施工的回填毛石凿除，重新回填河沙，并更改了施工图纸，变更的土建图纸于 2016 年 7 月 5 日发送给某城建公司，而电控楼出现的泉涌直到 2016 年 8 月 20 日才被封堵，故关于 2016 年 4 月 20 日开工、2016 年 6 月 30 日完工的约定已不具有约束力。其次，从某建设公司提交的《工程联系单》可以看出，对于土建工程的各个具体施工部分，某建设公司通过联系单分别提出需在哪一时间点完成，并未要求某城建公司在合同约定的 70 日内完成全部工程，双方对何时作为工期的重新起算点、增加工程的工期如何计算等问题也未进行过协商，应认定双方以实际履行的方式改变了就案涉公用土建工程施工工期的约定。因此，某建设公司仍要求按照 2016 年 6 月 30 日完工计算逾期完工违约金的诉请,与事实不符,不予支持。鉴于案涉工程施工工期较长,某城建公司在一审庭审中也自认其延误工期一个月,据此认定城建公司延误工期 30 天。

4.案例评述

在国家实施平价上网之前,国家为规范风电、光伏项目建设,在诸多规范性文件中对项目的开工及并网时间进行了规定,并将其与上网电价相挂钩,如项目未在规定时间开工及并网,则将造成巨大的电费损失。因此,一旦发生工期延误,工期延误原因界定则是争议解决的关键。承包人原因导致项目延期的,其需依法承担违约金、电费收益损失赔偿等违约责任。但若延期系发包人所致,则承包人有权要求工期顺延和相应停工、窝工赔偿。如在上述案件中,法院最终认定某建设公司为应对新情况更改了施工图纸,变更后的土建图纸于 2016 年 7 月 5 日发送至城建公司,原合同约定的 2016 年 6 月 30 日完工已无约束力,工期相应顺延。

同时,除了需要对工期延误的原因进行分析外,还需要关注开工和竣工时间的认定。对此,最高人民法院《关于审理建设工程施工合同纠纷案件适用法律问题的解释(一)》就不同情形下如何认定开工与竣工日期进行了规定。然而,对于光伏、风电项目而言,其具有自身特性,并不同于一般的房建项目,其涉及并网验收、试运行通过、移交生产等多个阶段。在司法实践中,若合同中不存在明确的约定,则前述节点均存在被认定为项目竣工时间的可能,仍需在个案中予以判断。

(二)关于新能源项目的融资建设方式

实践中,很多新能源总承包项目难以通过银行贷款的方式进行融资,所以通常采用"EPC + 融资租赁"的形式进行建设。在融资租赁过程中,承租人通常以电站并网后的电费收益为支付租金及其他费用的资金来源,然而一旦项目无法取得预期的电费收益,则双方很容易就融资租赁合同的履行产生争议。

1.基本案情

2018 年 1 月 31 日,某融租公司作为出租人、某风电公司作为承租人签订了《融资租赁合同》,其中约定了租赁本金、租赁物、起租日、期限、还租日、实际执行年利率、手续费、担保方式等。《融资租赁合同》另约定,出租人根据承租人对卖方和租赁物的选择及确定的交易条件出资购买租赁物,再将租赁物以融资租赁方式出租给承租人使用。后某融租公司、某风电公司与国建公司签订《融租购买协议》,约定如下:鉴于某风电公司已自行选择并与国建公司签订了《项目采购协议》，委托国建公司采购风电场项目设备，三方确认前述合同项下的采购设备由某融租公司为某风电公司提供融资租赁服务，某融租公司通过该协议追溯承认对某风电公司的委托购买行为。设备所有权属于某融租公司，且其仅承担根据某风电公司申请进行付款的义务。后某融租公司依约向国建公司支付了设备购买款项。因某风电公司未能按期支付其到期应付租金，某融租公司遂向法院提起诉讼。①

2. 各方观点

某融租公司观点如下：《融资租赁合同》第 9 条约定了该合同项下某风电公司的违约情形，以及出现违约情形后某融租公司有权采取的措施。某融租公司已根据某风电公司的申请向国建公司和国建某浙江公司依约共计支付涉案租赁物购买款 6 亿元。然而，某风电公司并未按照《融资租赁合同》的约定支付租金，且存在合同约定的其他违约行为，因此某融租公司要求其承担违约责任，并要求相关方承担担保责任。

某风电公司观点如下：其与某融租公司之间并非融资租赁合同关系，二者关系的实质是某华北公司以与某风电公司合作为名义控制某风电公司，并以该公司风电场项目与某华北公司的关联公司订立购买合同，进而向某融租公司融资，某融租公司与中某集团公司及其关联公司构成了事实上的借款关系。另外，某风电公司与某融租公司之间的合同已经解除。某融租公司承认收到解除合同通知书至 2019 年 6 月 16 日已经超过 90 日，某融租公司对此没有提起诉讼或确认，故《融资租赁合同》已经解除。

3. 法院观点

受案法院观点如下：某融租公司与某风电公司签订的《融资租赁合同》及《融资租赁附表》系双方当事人真实意思表示，不违反法律、行政法规强制性规定，合法有效。双方当事人均应依约履行合同义务。据查明事实，某风电公司于 2016 年 12 月取得涉案风电场项目河北省固定资产投资项目核准证；于 2017 年 12 月与国建公司签订《项目总包合同》，由国建公司承包风电场项目厂区、升压站、送出线路及对端站改造，并负责风电场项目厂区、升压站、外送线路、对端站、施工图纸范围内所有设备和材料（由某风电公司提供设备材料的除外）的采购；同时与国建某浙江公司签订《项目采购协议》，由国建某浙江公司代理采购风电场项目

---

① 参见 (2018) 京民初 190 号。

的设备及辅料。2018年1月,某风电公司与某融租公司订立《融资租赁合同》,约定某融租公司根据某风电公司对卖方、租赁物的选定及确定的交易条件,为某风电公司提供融资购买租赁物,并出租给某风电公司使用。后某风电公司与某融租公司共同与国建公司签订《融租购买协议》,明确某融租公司为《项目总包合同》项下的租赁物提供融资租赁服务,追溯承认某风电公司的委托购买行为并根据某风电公司的申请进行付款;与国建某浙江公司另签订《融租购买协议》,明确某融租公司为《项目采购协议》项下的租赁物提供融资租赁服务,追溯承认某风电公司的委托购买行为并根据某风电公司的申请进行付款。某风电公司与某融租公司通过签署的《融资租赁附表》对前述一系列合同与《融资租赁合同》的对应关系及内容予以确认。后某融租公司根据某风电公司的申请,于2018年2月5日分别向国建公司、国建某浙江公司支付租赁物购买价款共计6亿元。根据上述某风电公司与某融租公司签订合同的内容及履约事实,符合原《合同法》第237条规定的"出租人根据承租人对出卖人、租赁物的选择,向出卖人购买租赁物,提供给承租人使用,承租人支付租金"的基本特征,《融资租赁合同》及《融资租赁附表》真实有效。某风电公司以及该公司股东关于某融租公司与某风电公司之间并非融资租赁合同关系而是事实上的借款关系的抗辩,以及其他股东关于《融资租赁合同》因以合法形式掩盖非法目的而无效的抗辩均没有事实和法律依据,法院不予采信。某融租公司依约向某风电公司选择的租赁物出卖人支付了价款,履行了自己的合同义务。某风电公司亦应依约按期支付租金,但其仅于2018年5月15日支付租金11,319,000元,经某融租公司催告仍未支付其余各到期应付租金,已经构成违约。根据原《合同法》第248条"承租人经催告后在合理期限内仍不支付租金的,出租人可以要求支付全部租金;也可以解除合同,收回租赁物"的规定,某融租公司关于要求某风电公司支付全部租金的诉请符合法律规定,法院予以支持。另外,某风电公司于2019年3月14日向某融租公司发出《解除合同通知》,解除其与某融租公司签订的《融资租赁合同》,自某融租公司收到该通知之日起生效。某风电公司及其股东主张某融租公司在收到该解除通知后90日内未提出异议并提起诉讼确认,故《融资租赁合同》已经解除。对此法院认为,只有享有法定或约定解除权的当事人才能以通知方式解除合同;不享有解除权的一方向另一方发出解除通知,另一方即便未在异议期限内提起诉讼,也不发生合同解除的效果。某融租公司根据《融资租赁合同》及两份《融租购买协议》的约定,向某风电公司选择的出卖人国建公司、国建某浙江公司支付款项购买租赁物,故《融租购买协议》的履行存在瑕疵不能直接影响融资租赁合同的履行,相应履行风险应对由某风电公司承担。根据最高人民法院《关于审理融资租赁合同纠纷案件适用法律问题的解释》第6条"承租人对出卖人行使追索权,不影响其履行融资租赁合同项下支付租金的义务"的规定,国建公司、国建某浙江公司未按合同约定交付租赁物,不影响某风电公司向某融租公司履行支付租金的义务。故某风电公司作为未依约按期支付租金的违约一方,不享有法定或约定解除权,其向某融租公司发出的《解除合同通知》的行为不属于最高人民法院《关于适用〈中华人民共和国合同法〉若干问题的解释(二)》(已失效)第24条"当事人没有约定异议期间,在解除合同或者债务抵销通知到达之日起三个月以后才向人民法院起诉的,人民法院不予支持"规定的情形,不发生解除合同的效果。

4. 案例评述

新能源项目开发建设前期资金投入较多,实践中融资租赁是新能源项目获取融资的一种较为常见的方式。在相关融资租赁纠纷中,出租人和承租人通常会对租赁物究竟是组件、风机,还是电站,以及是否完成交付存在争议,因此可能影响法院对于融资租赁关系的认定。对此,根据最高人民法院《关于审理融资租赁合同纠纷案件适用法律问题的解释》第1条第1款规定,"人民法院应当根据民法典第七百三十五条的规定,结合标的物的性质、价值、租金的构成以及当事人的合同权利和义务,对是否构成融资租赁法律关系作出认定"。租赁物客观存在且所有权由出卖人转移给出租人系融资租赁合同区别于借款合同的重要特征。作为所有权的标的物,租赁物应当客观存在,并且为特定物。没有确定的、客观存在的租赁物,亦无租赁物的所有权转移,仅有资金的融通,不构成融资租赁合同关系。① 而在上述案件中,法院认为,某风电公司与某租赁公司以附表的形式对《融资租赁合同》《融租购买协议》等协议的对应关系及内容予以确认,双方签订合同的内容及履约事实符合融资租赁合同的基本特征,并判决某风电公司限期支付合同项下租金、租赁手续费及逾期罚息。

同时,若出租人欲进一步保证自身权益,则可以考虑在中国人民银行征信中心动产融资统一登记公示系统中对租赁物的所有权进行融资租赁、所有权保留、

---

① 参见最高人民法院民事判决书,(2016)最高法民终286号。

自抵押等相关登记,从而防止租赁物被第三方善意取得。此外,就索赔角度而言,根据相关司法解释的规定,当承租人违约时,除赔偿损失外,出租人通常可要求解除合同并取回租赁物或请求支付全部未付租金(包括已到期及未到期租金),择一行之。出租人请求承租人支付合同约定的全部未付租金,在判决后承租人未予履行的,出租人有权再行起诉请求解除合同、取回租赁物。就赔偿损失而言,在要求支付全部未付租金的情形下,主要表现为逾期利息、诉讼费用及其他合理支出等。在解除合同取回租赁物的情形下,除逾期利息外,其损失赔偿范围还包括承租人全部未付租金及其他费用与收回租赁物价值的差额;若租赁物期满后归出租人所有,则损失赔偿范围还应包括合同到期后租赁物的残值。[1]

(三)关于新能源项目的用地规范要求

新能源项目建设运行过用地合规是项目成功落地的关键,也是最容易出现纠纷的问题。无论是风电发电项目,还是光伏发电项目,用地问题的梳理和解决都十分复杂,需根据项目的类型和实际情况考虑目标项目的用地合规手续。尤其是多数新能源项目都在农村建设,需要关注集体用地使用的相关程序和政策,避免用地合规瑕疵导致项目无法建设或者无法实际运行。

1. 基本案情

2015 年 11 月,某光伏公司与柳泉村委会签署《土地租赁合同》,约定某光伏公司租用柳泉村 1400 亩土地用于建设 2×20MWp 分布式太阳能光伏发电项目,租期 27 年。根据一审法院查明的事实,《土地租赁合同》签订前原、被告未进行入户调查,合同签订后柳泉村委会原村党支部书记赵某虎组织对部分村民进行了入户调查,村会计赵某证明未召开村民代表大会,会议记录是原村支书赵某虎指示赵某编写的。柳泉村委会从 2015 年至今未向长武县相公镇人民政府上报关于相关土地流转的文件,未获长武县相公镇人民政府批准。最终,双方对《土地租赁合同》的效力和损失赔偿问题发生争议,柳泉村民委员会向某光伏公司提起诉讼。一审法院判决柳泉村民委员会与某光伏电力公司于 2015 年 11 月 4 日签订的土地租赁合同无效。遂某光伏公司提起上诉。[2]

---

[1]　参见郝利、王威:《新能源项目争议解决典型案例分析之项目用地纠纷》,载微信公众号"中国计划出版社"2022 年 3 月 22 日,https://mp.weixin.qq.com/s/lIUxtOudG3tNlXYTa2KRSg,最后访问日期:2023 年 1 月 6 日。

[2]　参见陕西省咸阳市中级人民法院民事判决书,(2016)陕 04 民终 2151 号。

2. 各方观点

某光伏公司上诉称:2015 年 10 月某光伏公司到长武县境内对光伏发电项目投资进行考察,长武县招商局、相公镇政府及柳泉村委会等多个政府部门引荐,最终选定项目地址为长武县相公镇柳泉村。2015 年 11 月 4 日,某光伏公司与柳泉村民委员会签订了《土地租赁合同》。《土地租赁合同》约定:某光伏公司租用柳泉村民委员会 1400 亩土地用于建设太阳光伏发电项目,租期 27 年,租金共计 4,914,000 元。双方签订《土地租赁合同》前,柳泉村民委员会专门召开了会议对某光伏公司租用该土地一事进行了讨论,一致同意《土地租赁合同》的内容。随后,柳泉村民委员会又派人以《村民意见书》的形式,挨家逐户进行征求意见,共征得 157 份《村民意见书》。该 157 份《村民意见书》充分证明双方签订《土地租赁合同》已经征得该村民经济组织 2/3 以上成员的同意。一审法院对该 157 份《村民意见书》不予认定,属于认定事实错误。《土地租赁合同》签订以后,柳泉村民委员会向长武县相公镇政府进行审批,相公镇政府正在审批中。某光伏公司也正在向政府有关部门办理规划建设用地审批手续。涉案土地流转程序符合《农村土地承包法》的规定。双方签订的《土地租赁合同》合法有效,受法律保护。

柳泉村民委员会辩称:(1)一审中,证人赵某明确说明村委会主任冯某楼、原村支书赵某虎私自与某光伏公司签订合同,在签订合同之前村里没有召开三委会(监委会、支委会、村委会),上诉人的 157 份意见书不符合法定程序,真实性存在问题;(2)某光伏公司向法庭提供的长武县相公镇人民政府出具的证明文件证明双方至今没有向长武县相公镇人民政府提交过任何书面的审批文件,某光伏公司上诉状中说镇政府正在审批无事实依据;(3)双方签订的土地租赁合同,未事先经该集体经济组织成员的村民会议 2/3 以上成员或者 2/3 以上村民代表的同意,未报长武县相公镇人民政府批准。该租赁合同的内容违反了原《合同法》和《土地管理法》的相关规定,其土地流转程序也不符合《农村土地承包法》的规定,一审法院确认合同无效符合法律规定。

3. 法院观点

一审法院观点如下:违反法律强制性规定的合同无效。一审原告柳泉村民委员会与一审被告某光伏公司签订土地租赁合同,未事先经该集体经济组织成员的村民会议 2/3 以上成员或者 2/3 以上村民代表的同意,未报长武县相公镇人民政府批准;建设光伏发电项目改变了土地的农业用途,违反了法律的强制性规定,故合同无效。

二审法院观点如下：一审诉讼过程中，证人柳泉村委会会计赵某出庭作证，证明柳泉村民委员会与某光伏公司签订《土地租赁合同》之前未召开村民会议，某光伏公司对此节事实亦不持异议，故该合同签订之前未经该集体经济组织成员的村民会议2/3以上成员或者2/3以上村民代表的同意，且至今未报长武县相公镇人民政府批准，亦未进行改变土地用途的变更审批手续，违反了《土地管理法》第63条、《农村土地承包法》第8条、第33条、第48条的强制性规定，故一审判决认定合同无效正确，应予维持。

4. 案例评述

《农村土地承包法》第52条第1款规定："发包方将农村土地发包给本集体经济组织以外的单位或者个人承包，应当事先经本集体经济组织成员的村民会议三分之二以上成员或者三分之二以上村民代表的同意，并报乡（镇）人民政府批准。"因此，若通过发包土地承包经营权的方式取得新能源项目用地，则应当按照前述规定履行民主决策程序。并且，是否为村集体直接发包，不能仅以合同名称进行判断，如本案中虽然村集体与项目公司之间的合同名为租赁合同，但其实则通过村集体直接将土地发包给项目公司，而非村民承包后由其个人进行转租，故仍需履行相应的民主决策程序。

在法律后果上，最高人民法院《全国法院民商事审判工作会议纪要》（法〔2019〕254号）第30条规定："下列强制性规定，应当认定为'效力性强制性规定'：强制性规定涉及金融安全、市场秩序、国家宏观政策等公序良俗的；交易标的禁止买卖的，如禁止人体器官、毒品、枪支等买卖；违反特许经营规定的，如场外配资合同；交易方式严重违法的，如违反招投标等竞争性缔约方式订立的合同；交易场所违法的，如在批准的交易场所之外进行期货交易。关于经营范围、交易时间、交易数量等行政管理性质的强制性规定，一般应当认定为'管理性强制性规定'。"而上述《农村土地承包法》规定虽为禁止性规定，但实践中对于未履行民主决策程序而签订的承包合同法律后果仍然存在争议，也就是说，对于是否将上述规定认定为效力性禁止性规定，各地方法院的观点并不一致。部分法院认为，违反前述程序并不直接导致合同无效，前述规定并非效力性强制性规定。例如，山西省高级人民法院（2017）晋民再审的63号案仅认定合同为可撤销，而非直接无效：村民委员会是村民选举出来代表村民处理村务的组织机构；村委会处理村务应视作村民的授权,如果村民委员会或者村民委员会成员作出的决定侵害村民合法权益,受侵害的村民可依法申请人民法院予以撤销,责任人承担法律责任。再如,最高人民法院(2013)民一终字第 44 号案也作出类似认定。诚然,亦存在相关案例认为违反民主决策程序而签订的承包合同无效,如前述咸阳市中级人民法院(2016)陕 04 民终 2151 号案中法院即认定合同无效,承德市中级人民法院(2018)冀 08 民终 2214 号案等也作出类似认定。

主流观点认为,民主决策程序应属于维护土地秩序的重要措施,从立法目的、保障土地合理利用及村民合法权益的角度而言,涉及公共利益以及国家宏观政策的保护,存在构成效力性强制性规定的必要性及可能性,故项目方直接从村集体取得用地时,仍应积极履行民主决策程序,并要求村集体提供能证明其已依法履行民主决策程序的资料,否则新能源项目相关合同可能存在被法院认定无效的风险。

二、新能源项目尽职调查注意事项

(一)项目公司情况

1. 工商登记信息

参与新能源工程总承包项目应对项目公司与目标项目进行全面且详细的法律尽职调查,而调查项目公司的工商登记信息是法律尽职调查工作的基础。在实地尽调过程中,应要求项目公司自行或委托律师①前往调取全套企业信息登记材料。获取项目公司工商资料后,应对公司的设立及历史沿革相关信息进行梳理,对公司基本信息、出资状况、股东信息、出资情况、登记状态、变更信息、公司经营情况及对外投资情况等重要信息进行审阅记录。在无法实地调取工商档案或作为项目公司的初步了解时,可通过网络检索的方式进行资料收集。进行网络信息收集时,首先应使用国家企业信用信息公示系统(http://www. gsxt. gov. cn/index. html)及其他政府性信息公开网站进行调查。"国家企业信用信息公示系统"是国家市场监督管理总局主办的企业信息查询网站,是律师查询企业主体资格的官方渠道。该系统列明企业的基本信息、历史沿革、分支机构、行政许可、行政处

---

① 需要注意的是,为规避执业风险,即使项目公司已委托律师调取相关材料,应尽量由项目公司人员陪同调取,同时原件材料、印章、U 盘等重要物品应由项目公司人员持有保存。

罚、异常信息、企业年度报告等,还提供经营异常名录、严重违法失信企业名单等查询服务,相关数据和信息具有权威性。另外,还可以通过非政府信息网站如企查查、天眼查等,进行信息补充或初步了解。但需注意的是,上述非政府信息网站所查询信息不能直接应用于尽调报告,需结合官方数据信息进行真实性和全面性验证后才能使用。另外,网络检索信息具有滞后性,可能存在公司变更后变更信息未及时上传网络的情况,因此相关信息应以实地调取的全套工商资料为准。

2. 股权变动信息

防范目标项目陷入"买卖路条"风险,是新能源项目投资建设的关注点,在法律尽调过程中应特别注意项目公司的股权变动情况。"买卖路条"指新能源项目在全容量并网投产前擅自变更投资主体及股权比例的行为。关于光伏项目,根据国家能源局《关于规范光伏电站投资开发秩序的通知》(国能新能〔2014〕477 号,已失效)规定,"已办理备案手续的项目的投资主体在项目投产之前,未经备案机关同意,不得擅自将项目转让给其他投资主体。项目实施中,投资主体发生重大变化以及建设地点、建设内容等发生改变,应向项目备案机关提出申请,重新办理备案手续"。同时,根据《关于完善光伏发电规模管理和实施竞争方式配置项目的指导意见》(发改能源〔2016〕1163 号)的规定,光伏电站项目纳入年度建设规模后,其投资主体及股权比例、建设规模和建设场址等主要内容不得擅自变更,在建设期确因企业兼并重组、同一集团内部分工调整等需要变更投资主体或股权比例的,或者调整建设规模和场址的,项目投资主体应向所在省(自治区、直辖市)发展改革部门(能源部门)提出申请,获得审核确认后方可实施变更,并向国家能源局派出机构报备,否则存在被省级能源主管部门处罚的风险。关于风电项目,《风电发展"十三五"规划》也规定了"买卖路条"相关禁止性条款[1]。由此可以看出,国家对新能源项目"买卖路条"行为的明令禁止。参与方对于投产前、已备案的光伏项目转让处理,要关注项目公司取得能源主管部门的项目备案文件至光伏电站并网发电期间,项目公司股权是否发生过变更,以及此前是否已经备案以及本次变更是否需要重新备案等。

---

[1] 《风电发展"十三五"规划》第四部分第 5 条中规定,国家"规范风电项目投资开发秩序,杜绝企业违规买卖核准文件、擅自变更投资主体等行为"。

3. 股权交易限制情况

如果目标项目涉及项目公司的股权变动，还需关注项目公司的股权交易限制情况。新能源行业属于资金密集型行业，所需资金量较大，通常需要通过融资解决。项目公司在采用股东或银行借款、融资租赁等融资过程中，投资方一般会要求融资方以项目公司股权质押的方式进行担保。而在质押合同中，质权人与出质人通常会约定股权转让应提前通知并征得质权人的同意；存在股权质押情形的，应仔细审核质押合同，核实是否存在股权转让限制条款。① 此外，还应注意核实是否存在其他股权交易限制情况，如法定的股东优先购买权以及章程或股东协议中约定的股权对外转让限制条款。

4. 主要资产情况

关于项目公司的资产情况，律师需要调查目标公司项下土地、房屋、固定资产、知识产权、租赁情况等重大资产信息。例如土地的性质、土地获取方式的合规情况，土地的权属情况，房屋的权属情况，房屋建设的合法合规性，重大固定资产的采购手续及权属情况，知识产权的真实权属情况及实际价值状况等。需注意的是，项目公司项下的土地核查和目标项目项下的土地核查应当相互区分。在项目公司项下，应重点关注在土地合规层面对于目标公司的经营发展，是否存在重大风险。在此阶段应核查项目公司拥有的土地使用权获得情况、权属证书、土地所有权有无存在抵押或限制情况、土地出让金是否已支付完毕、有无租赁土地及其合法有效性，收集目标项目相关土地租赁合同、建设项目涉及的征地、拆迁及补偿协议、补偿款支付情况、土地使用权出让合同、土地出让金、土地使用税支付情况、国有土地使用权证等。

5. 债权债务及重大合同情况

法律尽职调查中进行债权债务及重大合同情况审查，主要目的在于全面深入了解项目公司的主要业务、履约情况、或存风险、重大资产变动、是否存在关联交易等经营性风险，应关注项目公司的借款及履约还款的情况，融资租赁情况，为第三方设立担保情况，重要合同的履约情况，政府合作协议情况，其他前期工作协议获取及履行情况，与主要客户、供应商之间协议的签订及履行情况等。实践中，项

---

① 参见郝利主编：《新能源项目开发建设与投资并购法律实务》，中国计划出版社 2020 年版，第 141－142 页。

目公司历史上曾签订或正在履行中的重大合同,如融资租赁合同、贷款合同、借款合同、能源管理合同、EPC 合同、运营合同等往往呈现履行周期长、履约状态复杂等特点,若对此类协议的关注不够充分,可能对交易方案的可行性造成实质性影响。项目经办律师不仅需要审查合同的相对方是否具备相关资质、合同标的、金额、合同期限、履行情况等,还需要审查目标项目相关的重大工程类合同是否履行了招投标程序。与此同时,因新能源项目存在发电工程特殊性,还需要重点关注特别关注并网调度协议和购售电合同。《电力并网运行管理规定》第 7 条规定:并网主体应与电网企业根据平等互利、协商一致和确保电力系统安全运行的原则,参照国家有关部门制订的《并网调度协议》《购售电合同》等示范文本及时签订并网调度协议和购售电合同,无协议(合同)不得并网运行。由此可知,并网调度协议和购售电合同是新能源项目投入实际运营的必备支持性文件,为确保发电的安全和后续的电力商品顺利交易,在法律尽职调查阶段需要对此项合同和协议进行特别关注。

6.劳动人事和社会保险情况

律师在进行尽职调查时,应核查项目公司劳动用工、社保缴纳、劳动争议等情况,查明有无法律风险。律师可以向项目公司索要在职员工清单以及雇员情况统计说明,了解在职员工基本情况,包括但不限于在职员工的类别、人数、职位、服务年限、工资、保险等情况,重点核查项目公司提供的基本信息与实际情况是否一致。此外,律师还可以向项目公司索要其使用的标准聘用协议、标准劳动合同和集体合同,并仔细审阅,核查劳动合同中有关工资薪金标准、奖金等福利、补贴内容、社会保险、住房公积金标准是否与国家法律、法规等相关规定一致。对于项目公司为员工缴纳社保及公积金的问题,律师在尽职调查过程中应重点关注,并向项目公司索要其为员工缴纳社保及公积金的相应文件,将其与劳动合同中的约定相比较,还应将其与当地缴纳社保与公积金的法定标准相比较,核查项目公司是否低于法定标准给员工缴纳社保及公积金。

7.税务情况

在税务审查环节,经办律师需关注项目执行的税种税率情况,其中需额外重点关注城镇土地使用税、耕地占用税等。在光伏和风电领域,中央和地方出台了多个优惠政策,律师应核查项目公司和目标项目可以享有的税收优惠及财政补贴情况,对此需对现状享有及未来可享有的情况进行详细梳理,重点关注其合规性及可持续性。此外,还应审查项目公司纳税的合法合规性情况,是否存在税务处罚且情节严重的情况等。

8.重大诉讼、仲裁与行政处罚情况

关于项目公司涉及的重大诉讼、仲裁与行政处罚,经办律师在尽职调查过程中应要求项目公司披露项目公司及其控股股东、实际控制人、董事、监事、高级管理人员、重要股东的诉讼、仲裁及行政处罚情况,项目公司与员工之间的劳动争议情况等。当然,相关信息也可以通过网络检索的方式查询。律师可通过中国执行信息公开网(http://zxgk. court. gov. cn)查询项目公司的被执行案件信息情况及失信被执行人信息情况,通过中国审判流程信息公开网(https://splcgk. court. gov. cn)、人民法院公告网(https://rmfygg. court. gov. cn)、中国裁判文书网(https://wenshu. court. gov. cn)等网站查询项目公司的诉讼/仲裁案件,通过国家企业信用信息公示系统(http://www. gsxt. gov. cn)、信用中国(http://www. creditchina. gov. cn)等网站查询项目公司的行政处罚情况。

(二)目标项目情况

1.基本信息

对于目标项目的合规性审查,是新能源项目区别于其他行业项目的本质之所在,在法律尽调中应予以重点关注。对于新能源项目的基本情况核查是从宏观角度全面了解项目的相关信息,应包含国家针对标的项目行业出台的产业政策情况,项目行业的整体发展情况,项目所在地区的行业发展情况,项目名称/数量/位置/规模的整体情况,项目的年度开发计划/建设规模指标情况,项目合法性的基础情况,项目的投产、并网情况,项目的上网电价情况,项目配套设施的投入及运行情况,等等。在获取目标项目基本信息时,应全面掌握项目所涉资料,对目标项目进行整体把握。

2.光照情况/风资源情况

就光伏发电项目和风力发电项目而言,光照情况/风资源情况信息是目标项目建设、运行的根本影响因素,但往往在法律尽调过程中被忽视。对于光照情况/风资源情况信息,律师通常可以通过目标项目的可行性研究报告获取。可行性研究报告中的相关信息是由专业人员经过实地勘测后对目标项目的光照情况/风资源情况等进行专业分析、得出专业数据,并根据目标项目的光照情况/风资源情况等对目标项目作出的整体性判断。在尽职调查过程中,律师应向项目公司索要目标项目的可行性研究报告。除了光照情况/风资源情况之外,可行性研究报告还可以提供目标项目基本信息、自然性风险、社会性风险等专业信息,可辅助法律尽调工作的开展和深入进行。

3.项目规模指标、备案/核准情况

项目指标及备案/核准文件的获取是新能源项目实际落地并运行发电的基础。对于光伏电站,需要取得建设规模指标方能列入可再生能源电价附加资金补贴目录,从而获得电价补贴。光伏电站的建设规模指标将根据光伏电站的投资主体、基本情况、上网电价、建设进度、电网接入落实情况等进行竞争性配置取得。同样,就风力发电项目而言,《风电开发建设管理暂行办法》(国能新能〔2011〕285号)第9条规定,国务院能源主管部门依法对地方规划进行备案管理,各省(区、市)风电场工程年度开发计划内的项目经国务院能源主管部门备案后,方可享受国家可再生能源发展基金的电价补贴。因此在尽职调查过程中,应注意核查风电、光伏项目是否列入年度开发计划和取得建设规模指标,确保项目可以取得国家补贴。

取得备案/核准文件是光伏和风电项目合法性的前提,我国现行法规要求光伏发电项目在投资管理角度均由市或县一级主管机关进行备案管理,①光电项目的备案文件通常会写明目标项目的名称、建设地址及面积、总装机规模、上网方式、项目估算总投资额等内容。而风电项目由地方政府在国家依据总量控制制定的建设规划及年度开发指导规模内核准。② 风电项目的核准文件通常会写明目标项目的名称、建设地址、建设装机容量、项目计划总投资额、资金来源、建设时间、核准文件有效期、核准文件的延期等内容。律师在进行尽职调查过程中,须向项目公司获取备案/核准文件,审查目标项目建设合法性。另外,在对光电、风电项目尽职调查过程中,若发现项目在不同文件中所涉信息不一致,则应向项目公司询问信息不一致的原因;涉及变更备案/核准文件则应向项目公司索要相关部门出示的目标项目所涉变更文件。

---

① 参见《光伏电站开发建设管理办法》(国能发新能规〔2022〕104号)第12条:按照国务院投资项目管理规定,光伏电站项目实行备案管理。各省(区、市)可制定本省(区、市)光伏电站项目备案管理办法,明确备案机关及其权限等,并向社会公布。备案机关及其工作人员应当依法对项目进行备案,不得擅自增减审查条件,不得超出办理时限。备案机关及有关部门应当加强对光伏电站的事中事后监管。

② 参见《政府核准的投资项目目录(2016年本)》"二、能源":"风电站:由地方政府在国家依据总量控制制定的建设规划及年度开发指导规模内核准。"

4. 项目有关批文取得情况

新能源项目在项目前期和开发建设过程中需要取得诸多审批文件,律师在进行尽职调查时需要各项对审批文件及其过程性文件作仔细核查。风电、光伏项目开工前所需取得的主要批文有项目核准/备案文件、规模指标文件、建设项目用地预审与选址意见书、社会稳定风险评估文件、水土保持批复、环境影响评价批复意见、建设工程文物保护和考古许可文件、压覆矿产资源审批文件、电网接入意见、建设用地规划许可证(含建设用地批准书)、建设工程规划类许可证、建筑工程施工许可证等。此外,针对不同的项目,还会涉及其他相关审批文件的办理,如洪水影响评价审批文件、风景名胜区保护审核文件、自然保护区审核意见文件、民用机场安全环境保护意见文件、同意林(草)地使用意见书/林地采伐许可证、农用地转用审批、征地、临时用地审批文件等。

在上述各项审批文件中,最值得关注的是目标项目的用地合规情况。关于目标项目用地合规情况,需审查以下内容:目标项目办理建设用地手续的情况(就光伏标的项目而言,综合楼用地、光伏板铺设用地及外送线路工程用地、项目生产区用地、生活区用地和电场外永久性道路用地等均需办理建设用地手续;就风电项目而言,升压站及运行管理中心用地、风电机组用地、机组变电站用地、电缆沟敷设式集电线路用地、架空线路式集电线路的杆塔基础用地、进场通道路用地及运行期检修道路用地等均需办理建设用地手续);目标项目办理临时用地手续的情况(以直埋电缆敷设的集电线路用地,施工期施工道路用地一般均需办理临时用地手续);目标项目用地是否涉及占用农用地,是否可能造成水土流失,是否涉及文物保护单位的保护范围,是否涉及压覆文物,是否涉及矿产资源、是否涉及占用草地、林地等。

5. 项目重大合同及履行情况

项目工程历史及现有重大合同的履行关系着目标项目能否顺利进行建设,新能源项目所涉及的项目工程重大合同主要涉及工程总承包合同、设备采购合同、监理合同等。在工程总承包合同的合规情况审查中,主要审查合同签署否依法履行招投标程序,工程总承包合同与招投标文件中的实质性内容是否一致以及总承包合同的履行情况等。在设备采购合同的签订及履行情况,监理合同的签订及履行情况以及运维合同的签订及履行情况审查中,需要对标的项目的运维方式进行重点核查,如涉及委托第三方运维则需要重点对运维合同的服务期限、服务金额、合同双方的权利义务、第三方的资质情况等方面进行核查。此外,还需审查各重大合同如工程总承包方相应的设计及施工资质,电力业务许可证等,以及项目的整套招投标文件等。

6. 项目建设及验收情况

经办律师应根据项目公司披露文件,核查项目工程是否存在设计缺陷,施工质量及设备机组质量是否达标,施工进度是否存在延误,工程费用是否按时支付,光伏设备衰减率是否超标等。如果目标项目已涉及竣工验收程序,法律尽调还需要对项目验收情况进行核查。在尽职调查过程中,律师应核查目标项目已取得的相应验收合格证明文件。风电、光伏项目验收阶段需要取得的文件主要有五方主体竣工验收单、并网验收报告、质量监督检查验收、环境保护验审查意见等。此外,针对不同的项目,还会涉及其他相关验收文件的办理,如防洪验收文件、水土保持验收文件等。

7. 项目电价及补贴情况

风电、光伏等新能源项目的投资回报主要源于项目的电价与补贴,新能源项目补贴经历了"事前补贴"到"2013 年的目录式事后补贴"到"2020 年后的清单式目录补贴"到"2021 年后的平价上网"等阶段,律师在尽职调查过程中应根据目标项目的地区条件及时间条件,对电价与补贴情况重点关注。在尽职调查过程中,律师应核查相关部门出具的电价批复文件及补贴的文件,国家及相关省市地区的新能源补贴政策情况,目标项目已获得以及未来的补贴情况等。

第十章

新型基础设施发展领域
工程总承包项目运作实务

第一节　大数据中心工程总承包项目

一、大数据中心项目简介及建设特点

（一）大数据中心项目简介

随着区块链技术、5G 技术、工业互联网技术、人工智能技术等的应用与普及，数据呈爆发式增长，如同农业经济的水利、工业经济的电力，数据已成为当代经济发展的核心生产要素。大数据中心是承载数据运算、交换、处理、储存等功能的新型基础设施，如同交通领域的高速公路、高速铁路，是战略资源，是打造强大数字经济的根基。

大数据中心通常包括三个层次的内容，即基础设施层（数据中心）、平台层（云计算）和应用层（数据应用）。大数据中心可按照规模进行分级，超大型数据中心指拥有 1 万个以上标准机架的数据中心；大型数据中心指拥有 3000 个至 1 万个标准机架的数据中心；中小型数据中心指拥有 3000 个标准机架以下的数据中心。2021 年 7 月工业和信息化部印发《新型数据中心发展三年行动计划（2021—2023 年）》（工信部通信〔2021〕76 号），提出要引导传统数据中心向新型数据中心演进，把体量优势变成质量优势；计划到 2023 年年底，将全国数据中心平均利用率提升到 60% 以上，建成的全国总算力规模超过 200EFLOPS（EFLOPS

是 ExaFLOPS 的缩写,表示每秒能执行 10 的 18 次方次浮点运算)。2020 年 2 月国家发展和改革委员会等部门批复同意规划设立 10 个国家数据中心集群,即张家口集群、长三角生态绿色一体化发展示范区集群、芜湖集群、韶关集群、天府集群、重庆集群、贵安集群、和林格尔集群、庆阳集群、中卫集群。

(二)大数据中心项目的建设特点

大数据中心项目现阶段的投资主体呈现多元化,各级政府、国有企业、大型互联网企业和其他民企都能积极参与进来。各省份均出台了大数据中心发展规划,在土地、网络、电力、能耗指标及市政配套建设、人才引进、奖补政策等方面给予相应政策扶持,以推动大数据中心项目落地建设。大数据中心项目的落地建设,主要有以下四个特点。

1.需要统筹布局,以规划为引导

大数据中心项目的规划布局,需要考虑多种因素,如气候冷暖条件、绿色能源优势,以强化能源配套;需要以市场需求为导向,合理布局、有序发展,结合各地区的优势产业和发展定位,引导大数据中心聚集发展。过去,我国的大数据中心多布局在东部省份,基于土地和能源紧张的原因,继续在东部省份大规模数据中心较艰难。西部省份气候冷、可再生能源丰富,具有发展大数据中心的天然条件。大数据中心项目投资由东部转移至西部已呈趋势,现国家批复同意规划设立 10 个国家数据中心集群,充分结合了西部地区的天然优势和东部地区的市场需求。大数据中心项目向西部转移也应梯次布局、循序渐进,一些后台加工、离线分析、存储备份等对网络要求不高的业务,可率先向西部转移;一些对网络要求较高的业务,比如工业互联网、灾害预警、远程医疗、人工智能等,可在京津冀、长三角、粤港澳大湾区等地区布局,同时也应推动数据中心从一线城市向周边城市转移,如在广东韶关建立数据集群。

大力推动大数据中心项目发展,应注意避免数据中心盲目发展。规划设立大数据中心项目,应划定项目边界,设定绿色节能、上架率等目标。项目落地后要进行效果评价,比如考核平均上架率,考核可再生能源的使用率,考核大数据项目的应用和产业链的带动效果。因此,大数据中心项目要结合未来的发展情况,优化布局,适度扩大集群边界或增加集群,目标是实现统筹有序、健康发展。

2.项目建设立足高标准

传统的大数据中心通常的功能和核心业务是机架出租、带宽出租、数据存储

等。现阶段建设的大数据中心项目是锚定新型数据中心,主要功能和业务是发展数字经济、支持产业智能升级,以5G技术、工业互联网技术、云计算技术、人工智能技术等为动力,组合多元数据、赋能千行百业应用。这就要求大数据中心项目必须高标准建设,至少应达到国家标准A/Tier3+及以上标准,绿色/低碳标准等级应达到4A级以上,应满足支持IPv6技术,PUE的年综合运营应在1.3以下,单机架的运行功率通常不会低于5kW,即使是新建中小型数据中心的PUE的年综合运行也不应高于1.5。大数据中心项目建设往往还会配套智能计算中心建设和区块链算力中心建设,为人工智能应用提供所需的算力、数据和算法资源,支撑构建人工智能产业和区块链发展生态。

立足高标准,需要对已有的大数据中心进行升级、整合、改造。已有大数据中心多呈现"小散"状态,需要往集约化、大型化、高效能方向整合,以提高能源利用率和数据供给能力,满足新兴产业的成长需求。例如年综合运行PUE高于2.0或单机功率低于2.5kW的设备,需要进行IT设备和基础系统更新,更新后的设备应支持IPv6协议,具有高密度、高效率的特点。

3. 能耗大,需兼顾绿色节能发展

大数据中心项目号称"能耗巨兽",我国西部地区能源丰富,这是大数据中心项目向西部地区转移的重要原因。据统计,2015年全国的大数据中心项目耗电量达1000亿kW·h,相当于三峡水电站的年发电量;2018年全国的大数据中心项目耗电量增长到1609亿kW·h,预计到2030年全国的大数据中心项目耗电量将占到全社会耗电量的30%。因为能耗大,建设大数据中心项目必须兼顾绿色节能发展。工业和信息化部在《新型数据中心发展三年行动计划(2021—2023年)》中明确引导新型大数据中心项目走清洁、高效、循环的绿色低碳发展道路。

大数据中心项目绿色节能发展包括三个方向:一是应用绿色节能技术产品,包括应用高密度、高集成、高效的IT设备,应用液体冷却系统,应用高压直流供配电系统,应用温湿度智能化控制系统,应用锂电池、钠电池等储能技术多元化动力电源;二是尽可能利用清洁能源,鼓励大数据中心企业建设分布式光伏发电、风力发电、建设燃气分布式供能系统,就地消纳新能源,推动大数据中心项目与清洁能源、可再生能源协调建设、应用;三是强化大数据中项目的绿色运营管理能力,建立运营能耗评估监测体系,建立能耗动态台账,在运营过程定期进行运营能耗综合测评,引导大数据中心项目实现持续、健康发展。

4.需培育大数据应用及产业生态

数据产业形成数字经济在于应用,大数据中心项目需要通过应用体现价值、创造价值。大数据中心项目建设需要与大数据应用和相关产业统筹考虑,推动数据中心、云服务、数据应用一体化发展,创新大数据应用场景,拓展算力服务与数据加工,最大限度地释放数据资产价值。大数据在可延伸的产业生态中的应用领域非常广泛,举例如下:一是在农业领域推广大数据的应用,在农作物、林作物、放牧业、渔业推行从种养、运输、加工、储存、销售全流程的大数据建设,提高农业领域可追溯、可监控、可采集、可预警的产品质量,也可在耕作方案、生态监控、病虫害预测、市场价格预测等方面给农业主提供有帮助的工具。二是在工业领域推广大数据的应用,汽车、冶炼、能源等各行业都有建立主数据资料的需求,可利用大数据构建宏观经济、企业运行、市场需求、生产要素、价格水平等各方面的资源库,还可针对各行业的企业提供产业分析、投资决策建议、资源共享、信息支持、解决方案等基础服务。三是在服务业领域推广大数据的应用,比如在餐饮、电影等行业建立数据资源中心,用于商业精准营销,用于分析潜在客户的行为。四是对文化旅游业进行数字化改造,建立文化遗产标本库,将文物、古籍进行数字化采集、存储、展览,将自然风光数字化,利用 AR、VR 技术开展云旅游、云宣传。五是在金融行业推广数据积累、共享应用,以大数据推进供应链金融、优化中小企业融资服务,构建数字化金融生态。六是在物流业推广大数据应用,进行物流数据收集与共享,建立跨地区、跨企业的物流监控平台,为客户提供一站式信息服务。此外,推行数字化政务服务,建设智慧城市、智慧交通、智慧医疗、智慧教育等均离不开大数据中心的应用。

二、大数据中心项目的实施现状及产业政策

(一)大数据中心产业现状

工业和信息化部发布的《2021 年通信业统计公报》显示,2021 年数据及互联网业务收入平稳增长,固定数据及互联网业务收入 2601 亿元,比上年增长9.3%;移动数据及互联网业务收入 6409 亿元,比上年增长 3.3%。云计算、大数据等新兴业务发展加速,2021 年实现相关业务收入 2225 亿元,比上年增长27.8%,其中数据中心、大数据业务比上年分别增长 18.4%、35.5%。工业和信息化部在《"十四五"大数据产业发展规划》中预测,大数据中心产业将继续保持高速增长,到

2025 年大数据中心产业测算规模将突破 3 万亿元,年均复合增长率保持在 25%
以上,到 2025 年创新力强、附加值高、自主可控的现代化大数据产业体系将基本
形成。

（二）大数据中心产业政策梳理

2015 年,国务院印发《促进大数据发展行动纲要》,提出如下发展要求:"信息
技术与经济社会的交汇融合引发了数据迅猛增长,大数据已成为国家基础性战略
资源,大数据正日益对全球生产、流通、分配、消费活动以及经济运行机制、社会生
活方式和国家治理能力产生重要影响。结合国家政务信息化工程建设规划,应统
筹政务数据资源和社会数据资源,布局国家大数据平台、数据中心等基础设施;加
快完善国家人口基础信息库、法人单位信息资源库、自然资源和空间地理基础信
息库等基础信息资源和健康、就业、社保、能源、信用、统计、质量、国土、农业、城乡
建设、企业登记监管等重要领域信息资源,加强与社会大数据的汇聚整合和关联
分析;充分利用现有企业、政府等数据资源和平台设施,注重对现有数据中心及服
务器资源的改造和利用,建设绿色环保、低成本、高效率、基于云计算的大数据基
础设施和区域性、行业性数据汇聚平台,避免盲目建设和重复投资。到 2020 年,
培育 10 家国际领先的大数据核心龙头企业,500 家大数据应用、服务和产品制造
企业。"

2015 年,农业农村部印发《关于推进农业农村大数据发展的实施意见》,要求
充分发挥大数据在农业农村发展中的重要功能和巨大潜力,有力支撑和服务农业
现代化;提出在未来 5～10 年内,实现农业数据的有序共享开放,初步完成农业数
据化改造;以建设全球农业数据调查分析系统为抓手,推进国家农业数据中心云
化升级,建设国家农业数据云平台,在此基础上整合构建国家涉农大数据中心。

2016 年,中共中央办公厅、国务院办公厅印发《国家信息化发展战略纲要》,
提出:"提高政府信息化水平。完善部门信息共享机制,建立国家治理大数据中
心。加强经济运行数据交换共享、处理分析和监测预警,增强宏观调控和决策支
持能力。深化财政、税务信息化应用,支撑中央和地方财政关系调整,促进税收制
度改革。推进人口、企业基础信息共享,有效支撑户籍制度改革和商事制度改革。
推进政务公开信息化,加强互联网政务信息数据服务平台和便民服务平台建设,
提供更加优质高效的网上政务服务。"

2019 年,中共中央、国务院印发《粤港澳大湾区发展规划纲要》,提出积极引

导侨资侨智参与创新创业,支持建设华侨华人创新创业基地和华侨大数据中心。

2019 年,中共中央、国务院印发《交通强国建设纲要》,提出:"大力发展智慧交通。推动大数据、互联网、人工智能、区块链、超级计算等新技术与交通行业深度融合。推进数据资源赋能交通发展,加速交通基础设施网、运输服务网、能源网与信息网络融合发展,构建泛在先进的交通信息基础设施。构建综合交通大数据中心体系,深化交通公共服务和电子政务发展。"

2019 年,中共中央办公厅、国务院办公厅印发《关于强化知识产权保护的意见》,提出:"加强基础平台建设。建立健全全国知识产权大数据中心和保护监测信息网络,加强对注册登记、审批公告、纠纷处理、大案要案等信息的统计监测。建立知识产权执法信息报送统筹协调和信息共享机制,加大信息集成力度,提高综合研判和宏观决策水平。强化维权援助、举报投诉等公共服务平台软硬件建设,丰富平台功能,提升便民利民服务水平。"

2020 年,工业和信息化部印发《关于推动工业互联网加快发展的通知》,提出:"加快国家工业互联网大数据中心建设,鼓励各地建设工业互联网大数据分中心。建立工业互联网数据资源合作共享机制,初步实现对重点区域、重点行业的数据采集、汇聚和应用,提升工业互联网基础设施和数据资源管理能力。"

2020 年,《关于加快构建全国一体化大数据中心协同创新体系的指导意见》提出:"到 2025 年,全国范围内数据中心形成布局合理、绿色集约的基础设施一体化格局。东西部数据中心实现结构性平衡,大型、超大型数据中心运行电能利用效率降到 1.3 以下。数据中心集约化、规模化、绿色化水平显著提高,使用率明显提升。公共云服务体系初步形成,全社会算力获取成本显著降低。政府部门间、政企间数据壁垒进一步打破,数据资源流通活力明显增强。大数据协同应用效果凸显,全国范围内形成一批行业数据大脑、城市数据大脑,全社会算力资源、数据资源向智力资源高效转化的态势基本形成,数据安全保障能力稳步提升。"

2022 年,《"十四五"扩大内需战略实施方案》提出:"加强新型基础设施建设。加快构建全国一体化大数据中心体系,布局建设国家枢纽节点和数据中心集群。加快 5G 网络规模化部署。加快千兆光网建设,扩容骨干网互联节点,新设一批国际通信出入口,全面推进互联网协议第六版(IPv6)商用部署。加快运用 5G、人工智能、大数据等技术对交通、水利、能源、市政等传统基础设施的数字化改造。"

2022 年，重庆市人民政府印发《重庆市城市更新提升"十四五"行动计划》，指出全面加强基础设施建设，要求建设提升"通信网"，推进 5G、千兆宽带等基础网络建设，打造一批产业互联网、人工智能平台；建设全国一体化大数据中心体系成渝节点，统筹布局大型云计算和边缘计算数据中心；优化工程建设组织模式，加快完善工程总承包相关的招标投标制度规定，制定工程总承包评标办法；加大设计牵头的工程总承包实施力度，推动政府投资工程带头推行工程总承包。

2022 年，自贡市人民政府办公室印发《自贡市推动制造业竞争优势重构打造"产业名城"工作方案》，提出要培育大数据产业：依托自贡市大数据中心，对现有数据进行开发利用，拓展数据资源的市场化应用场景，发展数据采集、存储、加工、应用、交易、安全等产业，引进一批大数据、云计算及相关信息产业的重点企业，培育一批创新能力突出的大数据应用中小微企业；鼓励建设面向政务服务、公共资源交易、交通、教育、体育、旅游、医疗、养老、防灾减灾、快递物流、金融、信用、应急救援等重要领域的大数据行业应用平台，探索形成行业大数据应用解决方案；推进政务数据资源向社会开放，鼓励和支持利用公共数据开展服务，提升公共数据应用水平；引导企业利用互联网技术，探索发展服务型制造、个性化定制、网络化协同等新模式；鼓励整机企业通过"制造＋服务"模式重点拓展工程总包业务，探索 EPC、EP、BOT 等多种业务模式；支持工程服务类企业扩大规模，不断提高其在行业中的占比。

2021 年，绍兴市人民政府印发《绍兴市服务业"十四五"发展规划的通知》提出加快产业生态圈构建：以镜湖 5G 试验区等城市核心区为引领，加快 5G 基站、大数据中心、人工智能、工业互联网等新基建全市域覆盖；加快绍兴高校的软件工程、集成电路设计等专业建设，强化产教联合培养复合型、实用型人才；加强与上海、杭州等地的行业交流，招引优质企业和高精尖人才；加快块状特色集群数字化转型，建设柯桥"印染大脑"等特色工业大脑；推广共享制造、大规模个性化定制、小批量柔性化生产等模式；鼓励面向重点工程与重大项目，承揽设备成套、工程总承包和交钥匙工程，提供整体解决方案。

2021 年，上海市人民政府印发《上海市先进制造业发展"十四五"规划》，提出以自主创新、规模发展为重点，提升芯片设计、制造封测、装备材料全产业链能级；加快突破面向云计算、数据中心、新一代通信、智能网联汽车、人工智能、物联网等领域的高端处理器芯片、存储器芯片、微处理器芯片、图像处理器芯片、现场可编程逻辑门阵列芯片(FPGA)、5G核心芯片等,推动骨干企业芯片设计能力进入3nm及以下,打造国家级电子设计自动化(EDA)平台,支持新型指令集、关键核心IP等形成市场竞争力;鼓励大数据中心相关制造业企业提升离散化资源整合能力,建设"硬件＋软件＋平台＋服务"的集成系统,提供咨询设计、远程运维、项目经营管理等一体化系统解决方案,发展建设—移交(BT)、建设—运营—移交(BOT)、建设—拥有—运营(BOO)、交钥匙工程等多种形式的工程总承包服务。

可见,在政策要求及指引层面,我国鼓励和引导在大数据中心项目的建设中推广使用工程总承包模式,大力培育具有工程总承包服务能力的大数据中心制造企业。

三、大数据中心项目建设实务解析

(一)大数据中心项目的报批报建

大数据中心项目的报批报建是指依据法律法规规定向行政审判机关履行审批手续;报批报建伴随项目建设的全周期,包括前期立项阶段、施工阶段、竣工验收阶段。大数据中心项目的土地出让、用地审批手续由自然资源部门负责,建设用地规划、建设工程规划的审批手续由规划部门负责;大数据中心项目的投资立项手续由发展与改革部门负责,施工许可的审批手续由住建部门负责。在大数据中心项目的竣工验收阶段,环保验收、消防验收、人防验收由相应的环保、消防、人防部门负责。

特别需说明的是大数据中心项目的前期立项阶段的审批手续。根据《政府投资条例》、《企业投资项目核准和备案管理条例》、《政府核准的投资项目目录(2016年本)》、国务院《关于创新重点领域投融资机制鼓励社会投资的指导意见》等的相关规定,大数据中心项目的投资立项包括审批制、核准/备案制两个路径。使用政府资金直接投资或者政府资金采用资本金注入方式投资的大数据中心项目实行审批制,此类项目未经审批不得进行建设,违规建设的建设单位将被行政处罚。投资立项审批机关是项目所在地政府投资主管部门,审批的事项包括项目建议书、可行性研究报告、初步设计文件、项目实施方案等;对于使用政府资金投资补助或贷款贴息的大数据中心项目,还需审批资金申请报告。企业投资包括国有企业、民营企业、外资企业投资的大数据中心项目实行核准/备案制,由建设单位向项目所在地政府投资主管部门申请核准/备案,备案内容包括企业基本情况,项目名称、建设地点、建设规模、建设内容,项目总投资额,项目符合产业政策的声明等。例如西青区大数据中心项目属政府资金投资项目,适用审批制,西青区审批局于 2020 年 6 月 28 日通过项目建议书审批,于 2020 年 10 月 16 日通过可行性研究报告审批,于 2022 年 9 月 7 日通过初步设计文件审批。又如中国电信中部大数据中心(网安基地)项目属于企业投资,适用备案制,东西湖区发展和改革委员会于 2021 年 12 月 23 日通过企业投资项目备案。为更形象地了解政府主管机关的审批内容,列举广昌县发展和改革委员会《关于广昌县"莲乡云"大数据云计算中心项目可行性研究报告的批复》供参考。

广昌县工业和信息化局:报来《关于要求批复广昌县"莲乡云"大数据云计算中心项目可行性研究报告的请示》收悉。经研究,具体批复如下:一、为解决我县智慧城市的发展,促进城市的高效有序运行,提升城市生活品位。依据《政府投资条例》(国务院令第 712 号)、《江西省投资管理办法》(省政府令第 251 号)同意实施广昌县"莲乡云"大数据云计算中心项目(项目代码:2211 - 361030 - 04 - 01 - 688722)。项目单位为广昌县工业和信息化局。二、项目建设地点:广昌县解放北路 47 号。三、项目主要建设内容和规模:本项目占地 3118.9 平方米,主要建设内容为数字大厦建设及"莲乡云"大数据云计算中心,其中数字大厦建设每层建设面积 1200 平方米,共计 8 层,数字大厦总建筑面积 9600 平方米,大数据云计算中心总体规划 500 个机柜,算力资源不低于 6000 核、内存不低于 10000GB、存储空间不低于 800TB(实际裸存储投入 1.2PB)及其他配电机柜、供电光缆等配套工程,为广昌"莲乡云"大数据云计算中心提供数据存储、处理与分析、展现、管理能力方面的支撑。四、项目计划建设工期 24 个月。五、项目总投资及资金来源:项目总投资 10000 万元。建设资金来源:申请地方政府专项债券及县财政资金。六、在项目建设过程中,应严格执行《招标投标法》等有关法律法规和规章规定,认真组织项目的招标投标工作,具体按文件所附《招标事项核准意见表》要求执行。七、请广昌县工业和信息化局按照《江西省投资管理办法》(省政府令第 251 号)要求,编制项目初步设计报我委审批(国家和省规定不需批初步设计的项目除外)。并在下一项工作中加强管理,严格控制投资,确保建设工期和质量。严禁在项目中设置培训中心等各类具有住宿、会议、餐饮等接待功能的设施或场所。八、如需对本项目批复文件所规定的建设地点、建设规模、主要建设内容等进行调整,请按照《江西省投资管理办法》(省政府令第 251 号)的有关规定,及时提出变更申请,我委将根据项目具体情况,作出是否同意变更的书面决定。九、请广昌县工业和信息化局在项目开工建设前,依据相关法律、行政法规规定办理规划许可、土地使用、资源利用、安全生产、环评等相关报建手续。十、工程建设必须按照《中华人民共和国安全生产法》要求,严格执行"建设项目安全设施与主体工程同时设计、同时施工、同时投入使用"的安全生产"三同时"制度。认真落实各项安全生产措施。十一、本批复有效期为二年,需要延期的请在期限届满的三十个工作日前,向我委申请延期。本批复只能延期一次,延期期限最长不得超过一年。国家另有规定的,依照其规定执行。

(二)大数据中心项目的 EPC 实施模式

大数据中心项目亦可归类于工程建设,传统工程的实施模式包括代建、PPP、BOT 项目管理模式等。PPP、BOT 模式多适用于传统的基础设计领域,比如市政工程、公路工程、铁路工程等,这些项目的特点是技术成熟、专业可通用、建设工期长、投资回收周期长等,对于大数据中心项目来说 PPP、BOT 模式并不适用。大数据中心项目建设专业性极强,属于多技术密集集合型项目,除传统工程建设内容外,还包括多专业分包商、设备采购与安装。大数据中心项目建设需求源于 IT 产业的飞速发展,投资人的需求是快速建设、快速入局,在激烈的市场竞争中取得先人一步的优势。适用于大数据中心项目建设的模式,主要包括了代建模式和 EPC 模式。例如东莞市滨海湾 OPPO 数据中心采用代建模式实施,长沙健康医疗大数据产业孵化基地大数据中心采用 EPC 模式实施。代建模式和 EPC 模式均能有效解决投资方建设经验、管理能力和技术人员不足的问题,但相比代建模式,EPC 模式更成熟、有优势。EPC 模式是将设计、采购、施工组合起来的工程总承包模式,投资方通过发包选择工程总承包单位,工程总承包单位负责整个大数据中心工程的设计、采购、施工、验收等全流程,对工程质量、工程安全、工程工期、工程造价等全方位负责,负责向投资方交付一个满足约定、达到功能标准的大数据中心工程。

1.采用 EPC 模式实施大数据中心项目的优势

采用 EPC 模式实施大数据中心项目的总投资金额控制风险较小。代建模式通常以总投资金额乘以费率计算代建费用,费率约 4% 左右,代建单位的收入不与总投资金额控制挂钩,代建单位进行总投资金额控制的动力不足。EPC 模式下,工程总承包单位对工程造价全面负责,发包人制定了明确的建设目标和交付标准,工程总承包单位可以通过控制总投资金额获取更多的利润,工程总承包单位负责大数据中心项目的设计工作,有充分的手段和措施进行总投资金额控制。EPC 总承包单位多是专业公司,在手资源丰富、项目众多,可以通过协调资源将众多在手项目集中采购,以采购数量换取采购价格,降低采购总成本。

采用 EPC 模式实施大数据中心项目的管理层级少,管理流程较简单。引入 EPC 总承包单位后,投资方不需要将数据中心分拆成几十个分包并组织几十次招标采购流程,缩小了管理层级,降低了管理成本和腐败风险。EPC 工程总承包单位可发挥已有的类似工程管理、合同管理经验,快速选定供应商、分包商,从而提高工作效率、缩短工程工期。投资方不需配备众多专业技术人员,可从复杂的项目设计、采购和施工工作中脱身,将更多的精力投入工程质量、运营和研发工作,增加公司获得更大利益的可能性。

2. 采用 EPC 模式实施大数据中心项目的发包和工作内容划分

根据《招标投标法》第 3 条、《必须招标的工程项目规定》第 4 条、《必须招标的基础设施和公用事业项目范围规定》第 2 条规定,大数据中心项目属于通信基础设施项目,系涉及社会公共利益、公众安全的项目;大数据中心项目发包必须采用招标发包,原则上应当进行公开招标。例如榆林航宇路应急楼(数据中心)EPC 项目在陕西省公共资源交易中心网站公开招标;中国移动(湖南株洲)数据中心二期土建工程总承包项目在中国移动采购与招标网站公开招标。

大数据中心项目的工作内容包括 10 多个系统,有土建与装饰系统工程、低压配电系统工程、电力监控系统工程、暖通系统工程、给排水系统工程、UPS 应急供电系统工程、安防系统工程、运维广播系统工程、智能化系统工程、弱电综合布线系统工程、信息化建设系统工程、楼控系统工程、ECC 系统工程、空调新风排风系统工程、照明系统工程、消防系统工程等。采用 EPC 模式实施的大数据中心项目的工作内容应尽量覆盖全部的系统工程,也有项目根据实际情况将部分系统工程单独剔除进行专项发包,如将供配电系统工程、安防系统工程、消防系统工程发包给工程所在地的专业公司,以达到尽快完成验收的目的。

大数据中心 EPC 项目的工作内容通常有三种体现形式:一是通过招标文件中的投标人须知、发包人要求进行描述;二是通过工程总承包合同中的通用合同条件、专用合同条件、合同附件来进行约定;三是通过可行性研究报告或初步设计文件展现。下面结合案例长沙健康医疗大数据产业孵化基地大数据中心一期工程总承包项目(以下简称"案例 A 项目")①看看如何表现施工内容。

"案例 A 项目"在招标文件投标人须知前附表的第 1.3.1 条以招标范围描述工作内容,工作内容包括两个部分。第一部分是施工图设计工作,包括柴油发电机组及其配电系统、空调系统、低压配电系统、UPS 系统、机柜配套、动环监控、智能化系统、机电配套及装饰装修工程等的施工图设计,并配合原始土建及机电条件对高低压配电、消防系统等进行施工图设计修改。第二部分是施工工作,包括柴油发电机组及其配电系统、空调系统、低压配电系统、UPS 系统、机柜配套、动环监控、智能化系统、信息化建设(含软件集成开发)系统、机电配套系统及施工图设计范围内的装饰装修工程施工,并配合对高低压配电、消防系统等进行改造施工。在第二部分的施工工作,招标人还指出施工工作详见《工程量清单》及设计图纸,是以《工程量清单》及设计图纸为施工内容做兜底描述,此处所说设计图纸应是指初步设计文件。投标人在投标时应完整查看《工程量清单》及设计图纸,以估算本项目的工作量,评估本项目的风险,填报恰当的投标报价。

"案例 A 项目"在专项文件发包人要求中描述工作内容,发包人要求使用了较大篇幅详尽描述工作内容:描述了 A 项目数据中心用房的使用配置,建筑面积 10056.82 平方米,地上 4 层、地下 1 层,负一层为高压室、并机室、空调水泵房、运营商接入机房,一层为油机房,北楼二层为机房、UPS 及其电池室、ECC 监控室及其相关公共走道;描述了本项目的目标和需求,设计等级为国标 B 级机房,能效指标为年均 PUE 目标值 1.35。关于结构荷载要求,第二、三、四层层高要求 5m,梁下高度要求 3.8m,主机房、油机房承重要求是 $12kN/m^2$,电池室承重要求是 $16kN/m^2$,空调室承重要求是 $8kN/m^2$。关于装修内容,要求装修材料的燃烧性能应符合规范要求,应选用气密性好、不起尘、易清洁、符合环保要求的材料,装修材料需满足在温度和湿度变化作用下变形小、表面静电耗散性能优良,不得使用强吸湿性材料及未经表面改性处理的高分子绝缘材料作为面层,需保证机房达到阻燃、防尘、防静电、恒温恒湿、美观实用等要求。电气系统采用 N + 1 系统。不间断供电系统采用 N + 1 的供电方式,要求 UPS 电池后备时间达到 15 分钟。制冷系统采用模块化机柜建设模式,机房空调采用冷冻水空调系统。给排水系统要考

---

① 参见长沙公共资源交易电子服务平台网站,https://fwpt.csggzy.cn/jyxxfjjggg/68918.jhtml,最后访问日期:2022 年 12 月 28 日。

虑市政补水和应急储水两个途径供水,在市政停水情况下使用应急市政用水,机房蓄水池蓄水量不少于机房满负荷 12 小时用水量,还设计加湿补水软化水系统。关于机柜系统,机柜数量不少于 126 架,机柜平均功耗 5kW/台,包括 IT 机柜和综合布线柜。机柜尺寸要统一,机柜接口满足 IEC60297 - 2 标准,采用前后风道,密封冷通道宽度为 1.2m。智能化系统的监控数据、图像等信息可通过网络传输到监控中心显示系统上进行监控,各系统监控信息要预留同步远程接口。智能化弱电系统的设计内容包括但不限于:(1)综合布线系统;(2)安全防范(SAS)系统,包括视频安防监控系统、出入口控制系统;(3)动力与环境监控系统;(4)弱电系统集成(BMS);(5)监控中心大屏幕显示系统。关于消防系统,数据机房、UPS 电池室和变配电室等采用外储压七氟丙烷灭火系统,机房、变配电室等按严重危险级配置推车式二氧化碳灭火器。设置机房、电力电池室、设备间光缆、电缆桥架(线槽)、母线槽、管道等穿越防火分隔构件,在建筑外墙及建筑屋顶等的贯穿孔口、空开口、建筑缝隙设置防火分隔构件。关于综合布线系统,所有水平缆线的长度均不能超过 90m,楼层通信间(弱电间)满足楼层配线设备、水平布线的终接配线设备、局域网(LAN)、集线器或交换机设备和其他弱电设备安装的要求。

"案例 A 项目"在《工程总承包合同》条款中约定 EPC 承包人在大数据中心项目的工作内容。《工程总承包合同》第 3 条约定,承包人应按照发包人要求的标准、规范、功能、规模、考核目标和竣工日期,完成设计、采购、施工、竣工试验和竣工后试验等工作;约定承包人应自费修复设计、施工中存在的缺陷或在竣工试验和竣工后试验中发现的缺陷;约定承包人应建立有效的质量保证体系,履行质量保修责任书中约定的保修范围、保修期限和保修责任,确保设计、采购、施工、竣工试验等各项工作的质量;约定承包人应按照国家有关安全生产的法律规定,进行设计、施工,保证工程的安全性能,承包人应全面负责其施工场地的安全管理,保障所有进入施工场地的人员的安全;约定承包人应进行工程的环境保护设计及职业健康防护设计,保证工程符合环境保护和职业健康的规定;约定承包人应按照项目进度计划,合理有序地组织设计、采购、施工、竣工试验所需要的各类资源,派出有经验的技术人员指导竣工后试验,采用有效的实施方法和组织措施,保证项目进度计划的实现。《工程总承包合同》第 5 条约定,承包人负责提供生产工艺技术设计(包括专利技术、专有技术、工艺设计)和建筑设计方案(包括总体布局、功能分区、建筑造型和主体结构等设计),承包人应提供工艺流程、工艺技术数据、工艺条件、软件、分析手册、操作指导书、设备制造指导书和其他资料；承包人应保证相关设计通过审查和批准，并依据设计审查会议纪要和整改要求，对相关设计进行修改、补充和完善。《工程总承包合同》第 6 条约定，承包人应依据设计文件规定的技术参数、技术条件、性能要求、使用要求和数量，进行物资采购（包括备品备件、专用工具），负责将物资运抵现场，并对其质量和性能进行检验检查；若承包人提供的工程物资不符合国家强制性标准和规范，由承包人自费更换、修复；承包人应积极配合质量监督部门、消防部门、环保部门等专业检查人员对工程物资的制造、安装及试验过程进行检查。

(三) 采用 EPC 模式实施大数据中心项目的合同价格形式

与传统的 DBB 承包模式相比，EPC 承包模式更适于选用总价合同模式。《工程总承包管理办法》第 16 条第 1 款规定："企业投资项目的工程总承包宜采用总价合同，政府投资项目的工程总承包应当合理确定合同价格形式。采用总价合同的，除合同约定可以调整的情形外，合同总价一般不予调整。"从国家政策看，其也倾向于 EPC 承包合同采用总价合同。适宜采用总价合同也是 EPC 模式自身的特点决定的，相比传统 DBB 承包模式，EPC 总承包商对整个项目的把控力更强，拥有从源头进行设计的权限。当前的大数据中心 EPC 项目亦更多地采用总价合同，大数据中心 EPC 项目多是在可行性研究或初步设计完成后即进行招标，存在设计不完善、功能目标不清晰、工程量清单不准确的问题，这些都给合同价格带来风险，甚至将引起纠纷。为合理分配 EPC 总承包合同的风险，当前的大数据中心项目多以综合单价和施工图预算为工具，确定合同总价，即通过模拟清单招标确定综合单价和（或）投标下浮率，在完成施工图设计后计算清单工程量，使用中标综合单价和（或）投标下浮率编制施工图预算总价，施工图预算总价即合同总价。此类方法在施工图设计后确定的合同总价固定包干，除合同约定的可以调整合同总价的因素外，合同总价不再调整。下面我们结合"案例 A 项目"看看如何在合同中约定合同总价，以及合同总价包含的风险。

"案例 A 项目"在《工程总承包合同》通用条款第 14 条、专用条款第 14 条约定了合同价格和付款，还专门编制合同附件 6 详细说明合同价款及工程量计算规则。第一，关于合同总价的确定，合同总价款包括工程设计费、工程设备费、工程施工费。工程设计费固定总价包干，在招投标阶段确定设计费总价，合同履行过程设计费不再调整。工程设备费采用综合单价计价，综合单价在招投标时确定，综合单价已考虑合同履行期间采购价格风险因素,合同履行期间即使发生设备主材市场价格浮动,也不予调整综合单价。工程施工费在招投标时以综合单价和招标工程量形成暂定合同总价,施工图设计完成后,发包人与承包人就其实际承包范围进行施工图预算核对工作。发承包双方核定的施工图预算总价作为双方合同执行的固定总价,取代签约时的暂定合同总价,并作为结算依据。除非合同中另有约定,工程施工费总价已经包括完成合同中全部工作内容所需费用以及以下风险:(1)所有分部分项工程成本和措施项目成本;(2)企业管理费、利润、规费、税费(含清单中列出的甲供材应缴纳的税费)、风险;(3)缺陷责任期、保修期的修复和保修费用;(4)向甲方指定或甲方提供的承包商、供应商提供管理、协调、配合服务对应的总承包服务费;(5)冬季、雨季施工措施费;(6)为保证合同工期而采取的赶工措施费、超时工作费;(7)因场地限制可能发生的额外的贮存、二次搬运费用;(8)因施工需要与市政道路、管网、管线的接驳费、接入费等;(9)所有(含红线外)临建、临时道路、出入开口等费用;(10)拆除、外运、消纳本工程的建筑垃圾及遇到的障碍物(包括但不限于石块、混凝土、钢筋混凝土、砖块、淤泥、道渣、木材等);(11)不良土质的施工费用。

第二,《工程总承包合同》附件6指明了合同综合单价和合同总价包含了哪些风险,具体如下:(1)自然灾害、承包人施工方案变化引起的费用增加。(2)合同所附工程量清单项目特征描述相对于工程量清单计价规范项目特征描述有漏项、有错误。(3)实际工程量与招标工程量差异对综合单价的影响。(4)因规范、标准或建设行政管理部分文件规定对施工方案进行调整、审批的风险等。(5)发包人对施工组织设计的确认是对施工组织设计可行性的确认,所涉及费用已在综合单价和合同总价中综合考虑,施工组织设计有缺陷、有调整的,发包人不再承担额外费用;发包人、监理指出承包人在进度、质量、安全文明施工等方面的缺陷或要求承包人整改的工程联系单不得作为调整合同价格的依据。发生以上事项时,合同综合单价和合同总价均不做调整。

第三,《工程总承包合同》附件6指明了哪些情况下可以调整合同综合单价和合同总价,包括:(1)人工费及机械费在项目实施期间不因政策变化而调整;(2)工程结算主要材料预算价格调整参考《湖南省建筑工程材料预算价格编制与管理办法》(湘建价〔2018〕129号)第9条执行,政府发布的信息价中没有包含的材料价格不予调差,调差公式参照2013年《建设工程工程量清单计价规范》执行;(3)若发包人取消工程量清单部分工作内容,无论发包人是否发出变更,发包人可直接扣除取消部分的金额,此部分的管理费和利润也不再计取;(4)若承包人未按施工图纸进行施工,则扣除该部分施工内容的金额;(5)承包人实际未实施措施费中包含的计价项目,发包人有权扣除对应项目的金额。

第二节　新能源汽车充电桩工程总承包项目

一、新能源汽车充电桩工程项目简介及建设特点

(一)新能源汽车充电桩工程项目简介

当前我国经济发展进入新的发展阶段,高质量发展是经济发展新阶段的客观要求,具体表现为新的科技革命和产业革命带来国民经济新陈代谢和激烈商业竞争。汽车产业是我国经济的支柱产业,经济高质量发展需要汽车产业发展转型和技术创新,2012 年国务院发布《节能与新能源汽车产业发展规划(2012—2020年)》,提出纯电动新能源汽车战略发展方向。经过数年发展,我国新能源汽车产业发展取得巨大成就,我国正从汽车大国转向汽车强国。2020 年国务院印发《新能源汽车产业发展规划(2021—2035 年)》,提出进一步增强新能源汽车发展的核心创新能力,完善质量保障体系、基础设施建设和产业生态,以推动新能源汽车产业高质量发展,加快建设汽车强国。

新能源汽车产业高质量发展离不开相应充电桩工程的配套建设,新能源汽车充电桩工程建设属于新基建,完善新能源汽车充电桩工程建设的措施大致如下:一是推动完善充电桩网络建设;二是提升充电桩工作效率,提高充电桩工程设施服务水平;三是开展商业模式创新改革,引导多方联合开展充电桩设施建设运营。

2022 年《关于进一步提升电动汽车充电基础设施服务保障能力的实施意见》提出到"十四五"末,新能源汽车充电桩要能够满足 2000 万辆电动汽车充电需求。各省市也相继出台新能源汽车充电桩的"十四五"规划和发展目标,如《"十四五"时期北京市新能源汽车充换电设施发展规划》提出到 2025 年年底建设完成覆盖北京市的新能源汽车充电桩网络,北京市充电桩总数量达到 70 万个,其中居民区充电桩达到 57 万个,单位团体内部充电桩达到 5 万个,社会公用充电桩达到 6 万个,业务专用充电桩达到 2 万个,满足 200 万辆新能源汽车充电需求;《吉

林省电动汽车充换电基础设施发展规划(2021—2025 年)》提出建设以专用充电基础设施为主体,以公用充电基础设施为辅助的充电基础设施体系,保障居民绿色出行,满足电动汽车便捷充电需求。吉林省在"十四五"期间,计划建设居民类电动汽车充电桩7000 个,充电站70 座;计划建设社会公用类充电桩 1 万个以上,充电站 500 座。吉林省提出居民类充电桩由社会资本投资建设,社会公用类充电桩由政府资金投资建设,预测到2025 年吉林省社会公用充电桩投资金额将达到11.99 亿元。

新能源汽车充电桩工程网络建设需要与城乡建设规划、电网规划、停车场规划等统筹考虑,科学布局。新能源汽车充电桩包括慢充和快充两种类型,在居民区通常建设以慢充为主的充电桩,在高速公路沿线和城乡接合区域建设以快充为主的充电桩。新能源汽车充电桩工程通常会和智能化系统工程配套组合,采用智慧能源技术,提高充电效率。新能源汽车充电桩工程通常还会融合"互联网 +"技术系统,构建互联互通、信息共享与统一结算的充电桩工程网络。新能源汽车充电桩工程本身还会配备充电与配电设备安全监测预警系统,以提高充电桩工程的安全性、一致性、可靠性等。

(二)新能源汽车充电桩工程项目的建设特点

当前我国经济面临社会整体需求收缩、产业产能过剩、经济复苏偏弱的三重压力,2020 年 5 月国务院在《政府工作报告》中首次提出加强 7 个领域的"新基建"投资,其中便包括鼓励新能源汽车充电桩基础设施投资建设。伴随新能源汽车产业迅速发展和快速迭代,新能源汽车充电桩工程项目建设明显加速。当前,新能源汽车充电桩工程项目建设展现出以下特点。

1. 投资主体多元化,社会资本参与积极

近年来新能源汽车充电需求增长迅猛,以北京市为例,2015 年至 2020 年新能源汽车保有量从3.6 万辆增长至40 万辆,[①]新能源汽车充电桩工程建设项目的潜在客户需求增长很快,意味着此类项目的现金流有良好基础。此外,各级政府均出台政策服务文件对充电桩工程建设项目给予资金支持和运营补助,社会资本参与投资、建设、运营新能源汽车充电桩工程项目的积极性较高,并探索出多种特

---

① 参见北京市人民政府网站,https://www.beijing.gov.cn/zhengce/zhengcefagui/202208/t20220809_2788814.html。

色商业模式。例如充电桩企业与汽车企业合作,为购车客户提供私人充电桩安装、维护服务,搭建充电桩的共享平台,提供共享充电增值服务,代表企业包括"星星充电""华商三优"等。再如充电设备制造商开展全链条产业服务,包括新能源汽车充电桩的生产、销售、建设、运营等,代表企业包括"特来电""星星充电"等。又如以现有供电设施和停车物业为基础建设充电桩,开展充电 + 增值服务,增值服务的内容包括广告、停车等,代表企业包括供电公司、物业公司等。

充电桩包括专用充电桩和社会公用类充电桩。社会公用类充电桩是指在特定城区、园区、公路等地建设保障型充电设施,补充支持新能源交通工具正常运转。社会公用类充电桩可归类于市政基础设施,通常由政府负责投资、建设、运营。当前,社会公用类充电桩工程的投资主体也呈现多元化趋势,不仅有政府直接投资,还有政府引进社会资本参与投资。政府直接投资的社会公用类充电桩工程,多采用工程总承包模式建设,比如桐柏县城市管理局负责建设的"桐柏县新能源汽车公共充电服务基础设施建设总承包(EPC)项目"①。政府引进社会资本参与投资的社会公用类充电桩工程,常见的运作模式是 BOT + EPC,比如禹州市交通运输局负责实施的"禹州市新能源汽车充电桩建设项目特许经营权采购项目"② + 禹州市交运投资有限责任公司负责建设的"禹州市新能源汽车充电桩工程总承包 EPC 建设项目"。

2. 新能源汽车充电桩工程涉及多种设备采购、多专业工程施工与安装,较适宜采用工程总承包模式

新能源汽车充电桩工程属于"新基建",与传统基建比较,发包人缺少相应的项目建设、管理经验。若采用传统施工总承包模式,发包人需要对设计、施工、采购、运营平行发包,对多合同招标和履行职责,这对发包人来说具有一定的管理难度。施工总承包模式下管理层级和程序较多,新能源汽车充电桩工程项目通常投资额较小,建设周期较短,若采用施工总承包模式则管理成本较高。新能源汽车充电桩工程涉及多种专业组成,包括建筑安装工程专业、设备采购专业和综合运营服务平台系统等。建筑安装工程包括 10kV 及以上的高压电力线路工程专业、

---

① 参见全国公共资源交易平台网站,http://ggzyjyzx. tongbai. gov. cn/MHH5/103_module/1002_sectlc/1002_sectlc_main. html? id =4113300320220718001001,最后访问日期:2023 年 3 月 25 日。

② 参见河南省政府采购网站,http://www. hngp. gov. cn/henan/content? infoId =1166439,最后访问日期:2023 年 3 月 25 日。

变压及配电系统安装专业、充电设备安装专业、配电房土建及装修工程专业、雨棚工程专业、路面场地工程专业等。设备采购专业种类包括变压器采购、成套变配电柜采购、充电桩设备采购等;其中充电桩设备根据技术方案不同分为一体式设备、分体式设备,根据充电方案不同可分为高压直流快充和交流慢充等。综合运营服务平台系统包括硬件设备和软件系统安装,如充电运营管理系统和停车运营管理系统,用于支持用户进行在线操作充电服务、停车服务,用于支持运营方对充电设施、停车场进行及时调配、维修、管理。基于新能源汽车充电桩工程的复杂专业性,传统基建施工单位承建新能源汽车充电桩工程并不具备专业安装、供应链采购和成本控制的优势。综合来看,新能源汽车充电桩工程更适宜采用工程总承包模式,由专业充电桩企业或电力设备企业负责设计、采购、施工、运营等全流程,由专业性企业在充电桩工程的全生命周期对建设工期、质量、安全、造价全负责。

3. 应用"互联网+"技术实现互联互通,通过技术创新增加充电桩产品附加值和运营收益

"十三五"期间建设并投入运营的新能源汽车充电桩项目出现的比较突出问题是使用效率较低。之所以新能源汽车充电桩使用效率低,有的是因为部分区域充电桩过度超前规划,数量和布局明显不合理;有的是因为充电电费、停车费明显高于其他设施;有的是因为维护、管理不及时,非充电车辆长时间占用充电桩车位;有的是因为单位、小区内部的充电桩,对外开放程度不够,难以充分利用。

新能源汽车充电桩建设项目应用"互联网+"技术能有效解决充电桩使用效率较低的问题,新建的新能源汽车充电桩项目正推广使用"互联网+"技术。"互联网+"技术能链接电力能源网络,能与智慧能源系统互联,通过智慧能源系统在现货电力市场和风光储绿色电力市场进行切换,优化和降低电力成本。"互联网+"技术能链接新能源汽车,可与汽车企业合作打造汽车与充电桩互联互通的平台,通过新能源汽车、充电桩之间的互动,为车主选择距离近、时间短、价格优的充电设施。"互联网+"技术链接充电桩,形成充电桩网络,能够引导智能、有序充电,有助于建立充电桩峰谷电价政策,通过价格调整充电高峰期的拥挤度,通过闲置充电桩和价格优惠指引,提高充电桩利用率。

新能源汽车充电桩建设项目的技术创新还体现为智能化、装配化和先进充电技术。新能源汽车充电桩的运营已实现智能化,充电桩智能化系统可向车主推送优惠信息和指引,车主可通过手机 App 或扫描二维码自助充电、充值、结算等。

新能源汽车充电桩设备已基本实现装配化,故障检测和维修简易、快捷,大大降低了设备拆除、移动和安装的成本。如果充电桩出现过度闲置的情形,设备会自主向智能化系统反馈,运营单位可根据智能化系统的反馈信息,对利用率低的设备进行调整。先进充电技术的先进体现在能提高新能源汽车充电的便捷性、高效性、安全性、可靠性上,相关技术如无线主动充电技术、高压直流快速充电技术等。

二、新能源汽车充电桩工程项目的实施现状及产业政策

(一)新能源汽车充电桩产业现状

随着新能源汽车产业迅猛发展,新能源汽车充电桩数量也迅速增长。根据工业和信息化部公布的数据,2020年6月全国累计建成充电站3.8万座,各类充电桩130万个,其中公共充电桩55.1万个,私人桩74.9万个。[①] 经过近年来快速建设,到2022年年底,全国累计建成充电桩已达521万个,其中仅2022年新增的充电桩就达259.3万个。[②] 高速公路的快充桩网络已覆盖我国"十纵十横两环"的高速公路,能基本保障新能源汽车出城、城际之间长途运输,基本做到了有高速公路、有加油站的地方就有充电站。未来我国新能源汽车充电桩的建设数量仍将保持快速增长,国家统计局公布的《2022年国民经济和社会发展统计公报》显示全国汽车充电桩设备的产量已达191.5万个/年,比2021年增长80.3%。

(二)新能源汽车充电桩工程产业政策梳理

2020年10月,《新能源汽车产业发展规划(2021—2035年)》提出如下要求:大力推动充换电网络建设。加快充换电基础设施建设,科学布局充换电基础设施,加强与城乡建设规划、电网规划及物业管理、城市停车等的统筹协调。依托"互联网+"智慧能源,提升智能化水平,积极推广智能有序慢充为主、应急快充为辅的居民区充电服务模式,加快形成适度超前、快充为主、慢充为辅的高速公路和城乡公共充电网络,鼓励开展换电模式应用,加强智能有序充电、大功率充电、无线充电等新型充电技术研发,提高充电便利性和产品可靠性。鼓励商业模式创新。结合老旧小区改造、城市更新等工作,引导多方联合开展充电设施建设运营,

---

① 参见工业和信息化部网站,https://www.miit.gov.cn/xwdt/gxdt/art/2020/art_61ea082eefda42c08ac813731e32e346.html,最后访问日期:2023年3月25日。

② 参见工业和信息化部网站,https://www.miit.gov.cn/gzcy/zbft/art/2023/art_d08e8b350372457c9abc769b92e419b1.html,最后访问日期:2023年3月25日。

支持居民区多车一桩、临近车位共享等合作模式发展。鼓励充电场站与商业地产相结合,建设停车充电一体化服务设施,提升公共场所充电服务能力,拓展增值服务。完善充电设施保险制度,降低企业运营和用户使用风险。

2022年1月,《关于进一步提升电动汽车充电基础设施服务保障能力的实施意见》提出到"十四五"末,我国电动汽车充电保障能力进一步提升,形成适度超前、布局均衡、智能高效的充电基础设施体系,能够满足超过2000万辆电动汽车充电需求;提出加快推进居住社区充电设施建设安装,完善居住社区充电设施建设推进机制,推进既有居住社区充电设施建设,严格落实新建居住社区配建要求,创新居住社区充电服务商业模式;提出做好配套电网建设与供电服务,要求加强配套电网建设保障,加强配套供电服务和监管;提出加大财政金融支持力度,要求优化财政支持政策。该意见对作为公共设施的充电桩建设给予财政支持,鼓励地方建立与服务质量挂钩的运营补贴标准,进一步向优质场站倾斜;鼓励地方加强大功率充电、车网互动等示范类设施的补贴力度,促进行业转型升级。该意见要求提高金融服务能力;创新利用专项债券和基金等金融工具,重点支持充电设施以及配套电网建设与改造项目;鼓励各类金融机构通过多种渠道,为充电设施建设提供金融支持;鼓励保险机构开发适合充电设施的保险产品。

2016年1月,《关于"十三五"新能源汽车充电基础设施奖励政策及加强新能源汽车推广应用的通知》提出,中央财政设立充电基础设施建设运营奖补资金,对充电基础设施配套较为完善、新能源汽车推广应用规模较大的省(区、市)政府进行综合奖补;要求各省(区、市)切实加强组织领导,结合本地实际,制定出台充电基础设施建设运营管理办法和地方鼓励政策,并向社会公布,加快形成适度超前、布局合理、科学高效的充电基础设施体系。该通知指出,奖补资金应当专门用于支持充电设施建设运营、改造升级、充换电服务网络运营监控系统建设等相关领域;地方应充分利用财政资金杠杆作用,调动包括政府机关、街道办事处和居委会、充电设施建设和运营企业、物业服务等在内的相关各方积极性;对率先开展充电设施建设运营、改造升级、解决充电难题的单位给予适当奖补,不得用于新能源汽车购置补贴和新能源汽车运营补贴,纳入奖补范围的充电设施应符合相应国家和行业相关标准。

2022年10月,广东省财政厅印发《关于提前下达2023年中央节能减排补助(充电基础设施奖励)资金的通知》,公布广东省2023年度"中央节能减排补助资金(充电基础设施奖励)提前下达分配情况表"和"绩效目标表",旨在推动广东省充换电基础设施科学布局、加快建设,确保充电基础设施数量稳步增长,充电网络进一步完善,为电动汽车推广做好基础保障工作。相关绩效考核标准包括数量指标即建成投运并接入粤易充平台的充电基础设施数量(个),质量指标即充电设施验收合格率(%),经济效益指标即年充电量提升幅度(%),生态效益指标即项目对减少汽车尾气排放有积极作用,可持续影响指标即行业对环境污染持续减少,服务对象满意度指标即用户对充电条件满意度(%)。广东省2023年度共安排充电基础设施奖补资金2亿元,其中广州市4201.72万元、珠海市1221.97万元、汕头市609.57万元、佛山市2176.55万元、江门市869.29万元、湛江市773.48万元、茂名市432.39万元、肇庆市430.59万元、惠州市898.03万元、梅州市463.93万元、汕尾市479.8万元、河源市1466.55万元、阳江市495.62万元、清远市1063.28万元、东莞市1332.89万元、中山市764.71万元、潮州市271.73万元、揭阳市597.58万元、云浮市526.57万元、韶关市923.73万元。

2022年7月,北京市发布《关于印发2022年度北京市电动汽车充换电设施建设运营奖补实施细则的通知》,旨在加强北京市市电动汽车充换电设施建设运营管理,推动构建"以居住地、办公地充电为主,社会公用快速补电为辅"的充电设施网络和"布局合理、高效集约"的换电设施网络,全面提升充换电设施服务保障能力。该通知规定奖补对象包括社会公用充电设施、换电设施、单位内部充电设施的投资建设运营单位;奖补方式包括社会公用充电设施和换电设施运营奖励和单位内部充电设施建设补助,其中运营奖励分为日常运营奖励和年度运营奖励。

2022年5月,山东省人民政府办公厅印发《关于推动城乡建设绿色发展若干措施的通知》,旨在提升山东省城乡建设绿色发展水平,助力实现碳达峰、碳中和目标。该通知要求推进公共服务设施便捷化,包括推进新能源、清洁能源汽车使用,要求新建居民小区停车位建设充电设施或预留建设安装条件;预计到2025年建成各类充换电站8000座、充电桩15万个,新增和更新公交车中新能源车占比达到100%,建成中心城区平均服务半径小于5km的公共充换电网络。该通知还要求推进工程建设组织方式改革,对非经营性政府投资项目推行代理建设制度,鼓励政府投资项目和国有资金投资项目实行工程总承包和全过程工程咨询服务;推进智慧工地建设,打造建筑施工安全文明标准化工地;探索实行工程建设项目招投标"评定分离",推进工程造价市场化改革,完善新型计价规则和计价依据,推行清单计量、市场询价、自主报价、竞争定价计价方式。

2023年2月,天津市发展和改革委员会印发《2023年民心工程居民小区公共充电桩建设实施方案》,将小区公共充电桩建设纳入了天津市2023年20项民心工程,目的是进一步加快和规范天津市居民小区公共充电桩建设,缓解居民小区充电难问题。该方案指出以需求为导向,结合新能源汽车推广和老旧社区改造推动居民小区公共充电桩建设,2023年全市各区完成2000台居民小区公共充电桩建设;要求天津市各街道办事处、镇人民政府做好承建企业与小区业主委员会、物业服务企业的对接协调工作;要求电力公司及其他电力企业在做好自身承建充电设施建设的同时,积极服务、配合其他企业的报装需求,开展配套供电设施改造,合理配置供电容量;鼓励物业服务企业与充电桩建设运营企业密切合作,配合做好现场勘查、施工协调等工作,协助企业向电力部门申请报装。强调加强运营服务;要求充电桩运营企业开通24小时服务热线,对于设备故障及时安排人员维修,若3天内无法修复应将相关情况予以公示;要求充电桩运营企业建立定期巡检制度,切实消除安全隐患;要求充电桩运营企业做好应急措施,保障居民充电需求;鼓励小区车主配合充电桩运营企业引导,做到有序充电,减少油车占位。

2023年3月,福建省印发《福建省"光储充检"充电基础设施建设管理指南(试行)》。"光储充检"充电基础设施是指内部采用直流母线技术将光伏发电系统、储能电池系统、新能源汽车充电系统、动力电池在线检测系统和智慧能源管理云平台接入功能等集成为一体的综合充电设施及同步建设的配套设施。其中,光伏发电系统是指在停车位上部建设或同一产权红线范围内接入的光伏发电设施;储能电池系统额定容量不小于200kW·h;充电桩的单桩最大充电功率不小于180kW,且具有电动汽车动力电池检测功能。"光储充检"充电基础设施通常建设在停车位上部光伏雨棚、休息室、公共卫生间、便利店、户外导视牌等处。该试行指南支持各设区市、平潭综合实验区建设"光储充检"充电基础设施示范区,探索开展"光储充检"一体化试点应用,结合需求、适度超前布局"光储充检"充电基础设施,目标是到2025年力争全省建成"光储充检"充电基础设施200个;鼓励"光储充检"充电基础设施项目采用工程总承包等方式进行建设,要求参建单位具有国家规定的有关资质;鼓励光伏发电系统、储能电池系统、新能源汽车充电系统等生产企业参与"光储充检"充电基础设施建设。

2023年3月,四川省发展和改革委员会、四川省能源局印发《四川省充电基础设施建设运营管理办法》,在充电桩的规划管理、建设管理、运营管理等方面作了相应的规定。该办法要求新建居住社区固定车位充电基础设施 100% 预留充电基础设施安装条件和配变电设施增容空间;老旧小区可采用集中式、片区式、相对集中、就近建设等方式,因地制宜配建公共充电车位;新建高速公路、普通国省公路服务区充电基础设施与服务区一并设计,同步建设投运;充电基础设施车位比例不低于小型客车停车位的 10%,其余停车位预留安装条件,单枪输出功率不小于 60kW。该办法鼓励流量较大或距离公用充电基础设施较远的高速公路出口布点建设充电基础设施;推动具备条件的普通国省干线公路服务区(站)利用存量土地资源和停车位建设或改造充电基础设施,单枪输出功率不小于 60kW。该办法提出党政机关、国有企事业单位从 2022 年起新建停车场设置专属新能源充电停车位原则上不低于 20%;2025 年,既有停车场设置专属充电停车位原则上不低于 20%;城市综合体、大型商场、商务楼宇、超市、宾馆、医院、文体场馆、旅游集散中心等人口集聚区的公共停车场充电基础设施停车位直流桩比例原则上不低于 15%;A 级旅游景区、度假区、高新技术产业开发区、经济技术开发区、物流园区等公共停车场所直流桩配建率不低于 10%。该办法指出遵循公平、公正、公开的原则,充电基础设施投资对个人、机关事业单位、社会团体、国有企业及国有控股企业、私营企业、外资企业等各类投资主体公平开放。该办法规定充电基础设施建设审批应按照简政放权、放管结合、优化服务的要求,减少审批环节:(1)在既有停车场(位)建设充电基础设施,无须办理相关报建手续;(2)在新建停车场(位)配建充电基础设施,无须单独办理相关报建手续;(3)新建独立占地的充电基础设施,办理相关报建手续。该办法规定在居住(小)区、办公场所、停车场等地安装充电基础设施的,物业服务企业应当支持和配合开展现场勘查、用电安装、施工建设等工作,不得阻挠充(换)电设施合法建设需求。

可见,在政策要求及指引层面,我国大力支持和引导新能源汽车充电桩工程项目的建设,同时也鼓励使用工程总承包模式,支持培育具有工程总承包服务能力的充电桩制造企业。

三、新能源汽车充电桩工程项目建设实务解析

(一)新能源汽车充电桩工程项目的承发包模式如何选择

从实践来看,新能源汽车充电桩工程项目的承发包模式有施工总承包模式、

工程总承包模式(EPC/DB)、采购＋安装模式、特许经营模式(BOT)等。各工程项目是考虑自身工程特点、资金来源、承包范围、发包阶段等因素,选择适宜的承发包模式。

施工图设计已经完成的,不需要承包人进行资金投入和运营的新能源汽车充电桩工程项目适宜采用施工总承包模式。例如碌曲县城区充电桩建设项目(一期)①采用的是施工总承包模式,该项目承包范围是施工图范围内设计的部分工程(具体以施工图设计为准),项目资金来源是申请地方政府专项债券资金及其他投资,采用的合同文本是《建设工程施工合同(示范文本)》,工作内容包括碌曲县财政局停车场、县政府综办楼、市政停车场、住建局、月牙湖、党校门前、县人民会堂两侧、隆达洮源明珠院内、县委、华格停车场、赛尔青滩停车场工程、西出入口停车场、三岔路口、洮河源酒店安装充电桩共 135 套以及配套配电系统和监测系统等附属工程及运营管理中心及运营系统一套。项目费用中设备货物采购费用、安装费用占比较大的,建筑工程费占比较小的新能源汽车充电桩工程项目适宜采用采购＋安装模式。再如昌乐县充电桩及基础设施采购安装项目采用的是采购＋安装模式,该项目采购范围是昌乐县充电桩及基础设施采购安装项目的供货、安装、调试、运营及保修等阶段的全部工作内容,采购内容包括 10kV 电力环网柜、10kV 箱式变电站、10kV 箱式变电站、10kV 箱式变电站、10kV 电源接入、直流充电控制柜、直流充电模块、直流充电桩、充电管理平台、光储充微网系统、智能道闸系统、插箱、机柜、电杆及组立、监控摄像设备、电力电缆、钢管保护管、电力电缆头、配电箱、电站品牌柱、公示牌、车辆限位器、灭火器、指示牌、地坪漆、充电车位图案、栅栏、充电桩用地面部署装置、膜结构雨棚、雨棚亮化照明灯、驿站等。需要引入社会资本参与投资、建设、运营的新能源汽车充电桩工程项目可以考虑采用特许经营模式,由政府方以一定期限内的经营收益权吸引社会资本进行投资,此类项目可在可行性研究后招标,也可在初步设计后进行招标。又如禹州市新能源汽车充电桩建设项目特许经营权采购项目采用的是特许经营模式,该项目由特许经营者承担投融资、设计、建设、运营、维护和用户服务职责,待特许经营期满后将禹州市新能源汽车充电桩及其附属设施、相关资料及相关权利等移交。该项目

---

① 参见全国公共资源交易平台网站,http://www.ggzy.gov.cn/information/html/a/620000/0101/202304/28/00627a0021fb77a041d3b58557b7eef2911f.shtml,最后访问日期:2023 年 3 月 25 日。

特许经营期限为 30 年,其中建设期为 2 年,运营期为 28 年,中标人在特许经营期内享有独家的权利,具有充电桩建设的投融资、建设、运营和维护权利,并有收取充电使用费的权利。该项目采取使用者付费机制,项目运营期内,特许经营者通过运营收回成本和取得合理利益。该项目建设内容为在汽车站、停车场、医院、学校、机关以及商场、体育场、植物园、游园等场所等建设充电桩 1693 个,以及配建供电、智能化服务平台等附属设施,其中建设 120kW 直流充电桩 1033 个,60kW 直流充电桩 200 个,7kW 交流充电桩 460 个。

从全国公共资源交易平台网站检索可以发现,近 3 年新能源汽车充电桩工程项目采用最多的承发包模式是工程总承包模式。例如蒙自经开区大屯片区新增新能源汽车充电桩建设项目采用设计施工总承包模式,该建设规模为:规划用地 6500m²,计划布置 246 个电动汽车充电车位,配置 123 个 240kW 双头一体式直流充电桩及配套设施,招标范围包括新增新能源汽车充电桩建设项目的设计(施工图设计及后续服务)、材料设备采购、安装及施工总承包。再如贵阳市乌当区主城区充电桩建设项目采用设计施工总承包模式,该项目建设内容为在乌当区主城区及城郊范围内新建 2023 个 120kW 智慧充电桩以满足主要公共停车场的充电服务基础设施建设。招标范围包括:(1)方案设计、初步设计(含设计概算编制)、施工图设计、施工过程设计控制及设计跟踪、工程设计变更、施工现场配合服务、专业设计配合服务及配合审核施工图及质量缺陷处理等过程服务、施工图送审、缴纳审查费及后续服务,协助采购人验收并提交最终审查通过的后所有成果文件;(2)工程施工、重要设备及材料的采购安装、施工现场有关问题的协调配合、竣工图编制、竣工资料编制、竣工验收等相关工作,设备供货、运输、安装、调试、培训以及技术服务、质量保证、售后服务、系统升级等直至所有设备交付使用工作。又如兴义市城市充电桩配套基础设施建设项目采用设计、施工、设备采购总承包模式,该项目建设内容为新建 180kW 新能源汽车充电桩 105 个及附属配套设施,招标范围包括设计(包含施工图设计及后续服务,并提交最终审核通过的所有成果文件及施工图审查合格书)、施工(包含土建、给水、供电、弱电、排水、排污、配套设施)、设备采购、安装、调试、后期维保等,投标人对所有工程的质量、安全、工期全面负责。下面我们将对新能源汽车充电桩工程项目采用工程总承包模式的实务操作问题做重点讨论。

(二)新能源汽车充电桩工程总承包项目 EPC 模式和 DB 模式的区别

根据《建设项目工程总承包计价规范》规定,采用 EPC 模式的新能源汽车充电桩项目的承包内容应包括设计＋采购＋施工。采用 EPC 模式的项目可在可行性研究报告批准后进行发包，也可在方案设计批准后进行发包，工期要求较紧、需要尽快开工建设的新能源汽车充电桩项目适合采用 EPC 模式。采用 DB 模式的项目需要在初步设计批准后进行发包，如果招标时投标人没有足够的时间或信息仔细审核发包人要求或没有足够的时间或信息进行设计、风险评估和估价，或者充电桩施工涉及实质性地下工程或投标人无法检查的其他区域工程，或者发包人需要密切监督或控制承包人的工作或需要审查大部分施工图纸等，也应当优先选择 DB 模式。需注意新能源汽车充电桩项目不适合采用工程总承包模式的情形，比如发包人没有编制充电桩项目"发包人要求"的情形或者编制的"发包人要求"不能实现工程建设目标的情形。如果发包人拟使用以施工图设计进行新能源汽车充电桩工程的计量和计价，也不适合采用工程总承包模式。

新能源汽车充电桩项目的发包人在拟定合同条款时，新能源汽车充电桩项目的承包人在投标时，需注意 EPC 模式和 DB 模式在发包人提供基础数据错误和发包人要求错误风险分担的差异。关于发包人提供数据错误的风险分担，《建设项目工程总承包计价规范》第 3.3.2 条规定：采用设计采购施工总承包（EPC）模式时，发包人除按照合同约定承担责任外，不对现场数据和参考数据的准确性、充分性和完整性承担责任。EPC 模式下，除国家法律法规变化引起的数据错误外，发包人提供现场数据、参考数据错误的风险由承包人承担，承包人有验证和复核发包人提供的现场数据、参考数据的职责。采用 DB 模式则不同，发包人提供现场数据、参考数据错误的风险由发包人自担，承包人有权获得由此导致工期的延长和（或）额外费用的增加及合理的利润。关于发包人要求错误的责任承担，《建设项目工程总承包计价规范》规定，承包人有复核发包人要求的职责，发现发包人要求错误应及时通知发包人；采用 EPC 模式的，发包人要求错误的风险由承包人承担，但发包人要求中下列错误的责任由发包人承担：（1）合同文件约定由发包人负责的或不可变的数据和资料；（2）对工程或其他任何部分的预期目的的说明；（3）竣工工程的试验和性能的标准；（4）除合同另有约定外承包人不能核实的数据和资料；（5）承包发现发包人要求中的错误，但发包人坚持不更改的。采用 DB 模式则不同，发包人要求错误的责任由发包人自担。承包人有权获得由此造成工期的延长和（或）额外费用的增加及合理的利润。

（三）编制新能源汽车充电桩工程总承包项目发包人要求的注意事项

新能源汽车充电桩项目采用工程总承包模式与传统的设计施工分离的施工

总承包不同,施工总承包商的工作重点是施工,不必过多关注设计,原则上只需按图施工即可;施工总承包商不负责设计,故优化设计产生的效益难以被其分享。设计施工结合的工程总承包模式则能有效缓解上述弊端,这对工程总承包商也提出了更高的要求。采用总价合同的工程总承包项目,优化设计的经济效益能直接体现为工程总承包商的利润,故设计能力的高低将直接影响工程总承包商的项目效益并长远影响其市场竞争力;同时设计错误的责任也应当由工程总承包商承担,发包人会在发包人要求中对工程总承包商的设计文件编制、设计审查、设计管理、设计优化等方面提出更高的要求。

发包人要求是发包人对项目最为全面系统的描述,是发承包双方履行合同的重要依据,应尽可能清晰准确。发包人要求不仅要明确项目产能、功能、用途、质量、环境、安全,并且要明确偏离的范围和计算方法,以及检验、试验、试运行的具体要求等,其中也有发包人对设计的具体要求,包括但不限于设计的时间要求、设计阶段和任务、设计标准和规范、设计文件等。发包人需要高度重视在发包人要求中明确提出对设计的具体要求,而承包人则需要在合同履行过程中对发包人提出的要求予以落实。对发包人而言,发包人要求不明确可能导致项目最终状态不能完全满足自身的预期,甚至严重偏离预期导致项目建设的目的实现受损。对于承包人而言,发包人要求是发包人向承包人提出的关于项目最为全面的描述,承包人应当高度重视发包人要求,将其作为项目履约的重要依据,避免因达不到发包人要求而构成违约,承担相应的法律责任。因此,发承包双方均应高度重视发包人要求的约定,尤其是对设计标准要求的约定。

关于发包人要求中的设计标准,国家颁布了诸多法律法规和规范性文件,如《建筑法》《建设工程勘察设计管理条例》《建设工程质量管理条例》《建设工程勘察设计资质管理规定》《工程设计资质标准》(已失效)等。合同双方应通过约定将具体的国家、行业和地方的规范和标准纳入合同条款中,赋予该规范、标准在合同当事人之间的强制执行力。根据合同法的基本原理,合同即为当事人之间的"法",是当事人的最高行为准则,在不存在违反法的效力性强制性规定的前提下,应当充分尊重当事人之间的意思自治。不当然具有强制执行力的规范、标准被纳入合同条款中时,即代表合同当事人通过合意赋予了该规范、标准以强制执行力,应当依照合同当事人的合意执行。合同双方在订立合同条款时需要特别注意,如果将具体规范、标准约定为合同履行标准,则需要认真审查该标准、规范,厘清是否有超出己方真实意思表示的内容,以免作出超越己方真实意思表示的承诺。

(四)新能源汽车充电桩工程总承包项目采用总价合同的计价条款设置

与工程总承包配套的合同价格形式是总价合同,但由于我国工程总承包模式推行还不够成熟,故有的新能源汽车充电桩项目会选用单价合同、费率合同等价格形式,单价合同、费率合同的缺点是不能充分发挥工程总承包模式设计施工融合的优势。例如禹州市新能源汽车充电桩工程总承包 EPC 建设项目[①]的合同价格形式采用费率合同,该项目招标文件规定项目采用工程总承包方式,投标报价包括完成项目招标范围内各项工作的费用、利润、税金及风险等。该项目报价采用费率方式报价,中标人人身意外险及法律法规规定应由中标人承担的所有保险,中标人应以招标人和中标人双方的名义为合同工程投保,其费用含在合同金额中,投标人报价时应综合考虑项目实际情况、各类风险因素并结合自身实力,以合理的报价进行投标,投标人不得以低于成本报价竞标。又如遵义市新蒲新区新能源汽车与充电桩一体化设计—采购—施工—运营总承包(EPCO)项目[②]的价格形式采用总价合同、费率合同和单价合同相结合的方式。该项目招标文件规定,关于设计费报价,由投标人自愿作出设计收费总报价及相应优惠下浮率,但不得低于成本竞争,也不得高于设计费最高上限价;关于建筑安装工程费,由投标人根据自身管理水平结合合同相关规定计价取费标准分别报出总价及结算优惠下浮率(报价内容见投标函格式),但不得低于成本竞争,也不得高于建安工程费上限价;关于设备采购费报价,由投标人根据市场行情及自身管理水平结合投标文件格式中投标一览表报出相应总价,但不得低于成本竞争,也不得高于设备采购费上限价。总价合同之所以与工程总承包模式相匹配,是因为总价合同的计价机制能够发挥设计与施工融合的优势,有助于承包人在合同履行中应用价值工程,为合同双方均带来好处。

关于 EPC 模式下的总价合同性质,从《建设项目工程总承包计价规范》可以看出,EPC 合同是发包人将设计、采购、施工等内容通过交钥匙合同一并交给承

---

① 参见许昌市公共资源交易公共服务平台网站,http://ggzy.xuchang.gov.cn/jzbyzs/75579.jhtml,最后访问日期:2023 年 3 月 25 日。

② 参见贵州省公共资源交易网站,https://ggzy.guizhou.gov.cn/tradeInfo/detailHtml? metaId = 793691671475081216,最后访问日期:2023 年 3 月 25 日。

包人,并通过招标文件、投标须知以及最后形成的合同文件就工程范围、设计标准、价款、工期、质量、验收和安装调试、运行等方面协商一致签订的总承包协议。在 EPC 合同模式下,这类项目发包人的要求一般是价格、工期和合格的工程,承包人需要全面负责工程的设计和实施;从项目开始到结束,发包人很少参与项目的具体执行,故 EPC 合同要求承包人承担工程量和报价风险。EPC 合同要求边设计、边施工、边修改,在施工过程中的不可预见性、随意性较大,引发的变更较多,非承包商过错或疏忽,而是发包人的责任造成损失的,承包人可以向发包人提出补偿。作为投资方的发包人在投资前关注工程项目的最终价格和最后工期,以便得到项目的投资回报。发包人将投资和工期变为可控制风险。对于承包人而言,其通过自身专业的项目管理技能和工程实施能力,将项目风险控制到最低,从而取得比传统工程承包模式更多的经济利益。

新能源汽车充电桩工程总承包项目采用总价合同的,需设置有关"合理化建议""工程变更""优化设计""深化设计""设计优化"的计价条款。根据《建设项目工程总承包计价规范》规定,"合理化建议"指承包人为缩短工期、提高工程经济效益等按照约定程序向发包人提出的改变发包人要求和方案设计或初步设计文件的书面建议,包括建议的内容、理由、实施方案及预期效益等。"工程变更"指工程总承包合同实施中,由发包人提出或由承包人提出,经发包人批准对发包人要求所做的改变;方案设计后发包的发包人对方案设计所做的改变;初步设计后发包的发包人对初步设计所做的改变。"优化设计"指承包人从满足发包人要求的众多设计方案中选择最佳设计方案的设计方法。"深化设计"指承包人对发包人提供的设计文件进行细化、补充和完善满足设计的可施工性的要求。"设计优化"指承包人对发包人提供的设计文件进行改善与提高并从成本的角度对原设计进行排查,剔除其中虚高、无用、不安全等不合理成本的加工。从总价合同的性质看,工程变更的计价风险由发包人承担,施工图设计变更的计价风险由承包人承担,发生工程变更时应当调整合同价款和工期;由承包人提出的,可以缩短工期、节约成本、增加其他收益的工程变更,属于合理化建议,发包人应对承包人合理化建议形成的利益双方分享,并应调整合同价款和(或)工期。从名词定义看,"优化设计""深化设计"不属于工程变更,构成"优化设计""深化设计"的前提条件是发包人未提供或未固定具体的设计方案或设计细节,"优化设计""深化设计"的成果应归承包人享有。"设计优化"涉及对方案设计或初步设计文件的改变、加工,其定义与工程变更、合理化建议存在竞合。实践中,"设计优化"与合理化建议的区分容易产生争议,导致关于"设计优化"的利益归属也容易产生争议,相关计价条款应注意合理设置,约定清楚。